U0161012

国家出版基金项目
NATIONAL PUBLICATION FOUNDATION

"十三五"国家重点出版物出版规划项目

光电子科学与技术前沿丛书

飞秒光谱技术及其应用

龚旗煌 等/编著

科学出版社
北京

内 容 简 介

  本书深入介绍了超快光谱学研究技术,内容包括飞秒脉冲激光基础知识、常用的飞秒时间分辨谱学技术以及与飞秒超短脉冲密不可分的飞秒光脉冲相干调控、基于二阶/三阶非线性光学原理的光谱学测量和表征技术等。另外,本书还简要介绍了基于飞秒超快/非线性谱学机制的高精度空间三维材料制备和表征技术。

  本书可供超快光学研究领域的研究生和相关研究人员阅读。

图书在版编目(CIP)数据

飞秒光谱技术及其应用 / 龚旗煌等编著. —北京:
科学出版社,2020.12
(光电子科学与技术前沿丛书)
"十三五"国家重点出版物出版规划项目 国家出版
基金项目
ISBN 978 - 7 - 03 - 066950 - 6

Ⅰ.①飞… Ⅱ.①龚… Ⅲ.①飞秒激光—光谱 Ⅳ.
①TN24

中国版本图书馆 CIP 数据核字(2020)第 226726 号

责任编辑:许 健 / 责任校对:谭宏宇
责任印制:黄晓鸣 / 封面设计:黄华斌

科学出版社 出版
北京东黄城根北街 16 号
邮政编码:100717
http://www.sciencep.com

南京展望文化发展有限公司排版
苏州市越洋印刷有限公司印刷
科学出版社发行 各地新华书店经销

*

2020 年 12 月第 一 版 开本:B5(720×1000)
2020 年 12 月第一次印刷 印张:23
字数:460 000
定价:160.00 元
(如有印装质量问题,我社负责调换)

"光电子科学与技术前沿丛书"编委会

主　编　褚君浩　姚建年

副主编　黄　维　李树深　李永舫　邱　勇　唐本忠

编　委（按姓氏笔画排序）

王　树	王　悦	王利祥	王献红	占肖卫
帅志刚	朱自强	李　振	李文连	李玉良
李儒新	杨德仁	张　荣	张德清	陈永胜
陈红征	罗　毅	房　喻	郝　跃	胡　斌
胡志高	骆清铭	黄　飞	黄志明	黄春辉
黄维扬	龚旗煌	彭俊彪	韩礼元	韩艳春
裴　坚				

丛书序

  光电子科学与技术涉及化学、物理、材料科学、信息科学、生命科学和工程技术等多学科的交叉与融合,涉及半导体材料在光电子领域的应用,是能源、通信、健康、环境等领域现代技术的基础。光电子科学与技术对传统产业的技术改造、新兴产业的发展、产业结构的调整优化,以及对我国加快创新型国家建设和建成科技强国将起到巨大的促进作用。

  中国经过几十年的发展,光电子科学与技术水平有了很大程度的提高,半导体光电子材料、光电子器件和各种相关应用已发展到一定高度,逐步在若干方面赶上了世界水平,并在一些领域实现了超越。系统而全面地梳理光电子科学与技术各前沿方向的科学理论、最新研究进展、存在问题和发展前景,将为科研人员以及刚进入该领域的学生提供多学科交叉、实用、前沿、系统化的知识,将启迪青年学者与学子的思维,推动和引领这一科学技术领域的发展。为此,我们适时成立了“光电子科学与技术前沿丛书”编委会,在丛书编委会和科学出版社的组织下,邀请国内光电子科学与技术领域杰出的科学家,将各自相关领域的基础理论和最新科研成果进行总结梳理并出版。

  “光电子科学与技术前沿丛书”以高质量、科学性、系统性、前瞻性和实用性为目标,内容既包括光电转换基本理论、有机自旋光电子学、有机光电材料理论等基础科学理论,也涵盖了太阳能电池材料、有机光电材料、硅基光电材料、微纳光子材料、非线性光学材料和导电聚合物等先进的光电功能材料,以及有机／聚合物光电子器件和集成光电子器件等光电子器件,还包括光电子激光技术、飞秒光谱技术、太赫兹技术、半导体激光技术、印刷显示技术和荧光传感技术等先进的光电子技术及其应用,将涵盖光电子科学与技术的重要领域。希望业内同行和读者不吝赐教,帮助我们共同打造这套丛书。

在丛书编委会和科学出版社的共同努力下,"光电子科学与技术前沿丛书"获得2018年度国家出版基金支持并入选了"十三五"国家重点出版物出版规划项目。

我们期待能为广大读者提供一套高质量、高水平的光电子科学与技术前沿著作,希望丛书的出版有助于光电子科学与技术研究的深入,促进学科理论体系的建设,激发科学发现,推动我国光电子科学与技术产业的发展。

最后,感谢为丛书付出辛勤劳动的各位作者和出版社的同仁们!

"光电子科学与技术前沿丛书"编委会

2018 年 8 月

前　言

　　这是一个光电子学迅猛发展的时代,基于飞秒激光超短脉冲的应用及飞秒光谱学已经成为光电子学应用与基础研究的关键技术之一。经过近三十年的耕耘,中国的超快光谱学领域日益壮大,在诸多院校都有相关的研究。国内的全国超快光谱系列会议已举行四届,而著名的飞秒系列国际会议也在 2009 年和 2019 年分别在中国的北京和上海召开。随着人才的引进和对基础研究的大力支持,超快光谱学在物理、化学、生物、材料等领域大显身手,愈发深入。本书的撰写,旨在介绍广泛开展的超快光谱学研究及相关技术,为超快光学领域的研究生和相关研究人员提供知识参考。

　　飞秒光脉冲具有时间短(可达周期量级)、宽光谱(数百纳米)、高峰值功率(可远高于原子内电场强度)等特征,因此具有极为丰富的应用。本书首先介绍了飞秒脉冲激光的基本知识和常用的飞秒时间分辨谱学技术(如泵浦探测、荧光上变换、克尔门技术等),以及基于二阶/三阶非线性光学原理的光谱学测量和表征技术,如可以对脉冲宽度及光谱位相进行分析的 SPIDER 和 FROG。随后介绍了飞秒光脉冲整形技术,这是一种将光作为新的控制维度引入光与物质相互作用体系的技术,其控制原理称为相干控制。利用飞秒脉冲的高强度可以实现非线性成像,如通过相干反斯托克斯拉曼散射成像,在本书也有详尽的介绍。要进一步突破光学衍射的极限,实现超高时空分辨测量,本书介绍了两种重要的研究手段,一是飞秒与近场扫描探针显微镜的结合,二是飞秒脉冲与光电子显微镜的结合。这些研究手段可以使空间分辨能力达到 10 nm 的水平,有效促进微纳光电子器件及光电子器件的深入研究。此外,飞秒光学也向着阿秒光学的领域进军,利用飞秒脉冲的高峰值功率实现极紫外高次谐波,获得短至数十阿秒的脉冲,这在本书也有介绍。最后,本书介绍了飞秒激光的一个特殊应用——微纳制造,讲解了其基本原理、特性,以及在光、电、医、机械等诸多领域中的应用。

　　本书由龚旗煌组织编写,北京大学物理学院李焱、吴成印、蒋红兵、王树峰、褚赛赛、吕国伟、陈建军、施可彬等老师和中国科学院化学研究所张贞老师参与了本书的写作编纂。感谢北京大学物理学院现代光学研究所极端光学研究团队师生在成书过程中的协助和支持。同时也非常感谢中国科学院化学研究所郭源、中国科学院上海光学精密机械研究所曾志男研究员、华中科技大学兰鹏飞教授、中国科学院物理研究所赵昆研究员、国防科技大学赵增秀教授等诸多老师的大力协助。

龚旗煌

2020 年 6 月

目　录

第1章

飞秒超快激光

（施可彬　陆星）

1.1　飞秒超快光学

飞秒超快激光自 20 世纪 90 年代问世以来,快速推进了光物理和光子学领域的科学研究。飞秒脉冲将激光能量集中在 $10^{-15}\sim10^{-12}$ s 时间尺度,是介观/微观科学研究中分子、原子动力学过程发生的时间标度范畴。因此,飞秒超快激光问世以来,在材料、化学和生命科学等研究领域的超高时间分辨谱学测量中,发挥着不可替代的作用。同时,超快激光的单脉冲能量虽然一般仅在 $10^{-9}\sim10^{-3}$ J,但由于其极短的时间尺度,因此能提供 $10^{4}\sim10^{11}$ W 激光峰值功率,实现传统连续激光无法达到的强激光场条件。因此,超快脉冲激光在可控的较低激光平均功率输出下,可以高效率地激发光与物质非线性相互作用。基于超快脉冲激光以及光与物质相互作用中二阶、三阶甚至更高阶非线性光学效用的获得,极大地拓展了光物理的研究领域。其中,非线性效应的高效获得,结合超快脉冲的高时间分辨能力,使得超快光谱表征技术和科学研究手段近年来在材料、化学以及生物医学等领域成为重要的研究平台。此外,产生超快光脉冲的重要机制之一——光学锁模(mode-locking)效应,使得超快脉冲的频域分布呈宽带梳齿状等间距分布,因此锁模光学脉冲的频域特征又被称为"频率梳"。其绝对频率值在电磁波的光学波段,而相邻"梳齿"的频率数值等于光脉冲重复频率,一般在 MHz 至 GHz 量级,属于微波波段。因此,锁模超快光脉冲又可以作为光波和微波间的桥梁,在微波光子学和精密测量研究领域发挥着重要作用。

本书着重阐述基于飞秒超快光脉冲的超快光谱及谱学成像研究领域,内容包括:基于线性瞬态吸收时间分辨光谱及其利用三阶非线性光学开关效应的超快探测;基于二阶非线性效应的光谱研究;基于三阶非线性及拉曼共振效应的空间分辨谱学探测;结合超高空间分辨的超快光谱/光电子谱探测;阿秒超快谱学技术以及飞秒激光微纳制备研究。本章将对飞秒激光源的产生机制和飞秒光谱基本原理做简要阐述。

1.2 飞秒超短脉冲

激光是 20 世纪最伟大的发明之一,它的出现,促进了激光通信、激光检测与计量、激光加工、激光全息、激光光谱学等一大批学科的诞生和发展,其在科学研究和社会经济发展中的地位举足轻重。激光的发明,其理论基础可以追溯到 1917 年。这一年,爱因斯坦提出:在物质与辐射场的相互作用过程中,构成物质的原子或分子可以通过光子的激励,实现光子的受激辐射或吸收[1]。这意味着,如果能使组成物质的原子或分子的数目按能级的玻尔兹曼统计分布出现反转,就有可能实现受激辐射光放大(light amplification by stimulated emission of radiation, LASER)。后来物理学家又证明,受激辐射场具有与激励辐射场相同的频率、相位、方向和偏振。这些为激光器的出现打下了坚实的理论基础。1954 年,美国科学家汤斯和苏联科学家巴索夫、普洛霍洛夫首次实现了氨分子微波激射器(microwave amplification by stimulated emission of radiation, MASER)[2],证明了受激辐射原理技术的可行性。1958 年,汤斯和他的合作者肖洛,提出利用尺度远大于光波长的开放式谐振腔实现受激辐射光放大的新方案[3]。1960 年,美国休斯公司的梅曼,在实验室演示了世界上第一台红宝石激光器[4],激光器终于从理论走向了现实。随后,激光技术不断发展,各种新型激光器层出不穷,为科学研究、工业制造等提供了强有力的支撑。

飞秒激光是脉冲宽度在飞秒(fs, $1 \text{ fs} = 10^{-15} \text{ s}$)量级的激光,是激光技术研究领域的重要组成部分,广受人们关注。在物理学、化学、生物学等学科,超短飞秒激光脉冲是对微观/宏观世界进行研究的重要手段,它不仅成为研究超快现象的强有力工具,还促进了微波光子学、频标测量、飞秒激光精密微加工、飞秒纳米科学等新兴学科的发展和重大突破。

1.2.1 飞秒激光器的发展历史

1960 年,第一台红宝石激光器诞生[4]。1961 年,通过调 Q(Q switching)技术,在红宝石激光器上首次实现了脉冲宽度为百纳秒的脉冲激光输出[5]。由于调 Q脉冲宽度的极限约为 $2L/c$ 量级(L 为激光腔长,c 为光速,对于一般激光器而言,这一极限约为 10^{-9} s 级),要获得短于纳秒级的激光脉冲需要另辟蹊径。1964 年出现的锁模技术,为更短脉冲的实现带来了新思路,通过主动锁模技术,在氦氖激光器上完成了纳秒级的脉冲输出[6]。1966 年,在钕玻璃激光器上,脉冲宽度又降至亚纳秒级[7]。20 世纪 80 年代,染料激光器中碰撞锁模(colliding pulse mode-locking, CPM)技术的引入,将激光脉冲压缩到 90 fs[8],紧接着这一数字又降至 27 fs[9]、6 fs[10]。超短脉冲正式进入飞秒时代。但染料激光器的增益介质是液体,一般需采用喷流方式,使得其结构相对复杂,不便于使用和携带。

1991 年,基于克尔透镜锁模(Kerr lens mode-locking, KLM)机制的掺钛蓝宝石

飞秒激光器出现,实现了 60 fs 的激光脉冲输出[11]。随后,掺钛蓝宝石激光器不断发展,一步步追赶直至超越染料激光器的最短脉宽记录。2001 年,利用啁啾镜和棱镜进行色散补偿,钛宝石飞秒激光器输出的脉冲宽度被压缩到 5 fs[12]。利用腔外压缩技术,这一数字降至 2.6 fs[13]。由于克尔透镜锁模难以实现自启动,1992 年 Keller 等提出了使用半导体可饱和吸收镜(semiconductor saturable absorber mirrors,SESAM)实现锁模的方法[14],这种方案可以从噪声中提取信号,实现自启动,克服了克尔透镜锁模难以自启动的问题。同时,SESAM 由于可以根据需要自由设计工作波长、调制深度等参量,也简化了激光器的设计。这些技术的诞生,使得飞秒激光器运转更加稳定、结构更加简单、维护更加方便,飞秒激光器从此进入实用阶段。

光纤飞秒激光器的出现,又将飞秒激光器的实用化向前推进了一步。稀土元素掺杂的单模光纤激光器研制于 20 世纪 80 年代中期,真正运转稳定的超短脉冲光纤激光器出现于 1989 年,这时的脉冲宽度可达 2 皮秒(ps,1 ps = 10^{-12} s)[15]。1993 年,展宽压缩锁模型的全光纤激光器输出的激光脉冲,其脉宽已低达 77 fs[16]。2009 年,光纤锁模激光器输出的激光脉冲,经过预啁啾、光谱展宽、再压缩,脉宽可达 7.8 fs[17]。而通过相干合成,这一数字又可降至 4.3 fs[18]。光纤锁模激光器由于具有良好的稳定性和便携性,成为当前应用最为广泛的飞秒激光器之一。

1.2.2　飞秒激光的特点

飞秒激光最突出的特点是极短(10^{-15} s 量级)的脉冲宽度。人眼可分辨的时间极限是 0.05 s,利用机械快门则可分辨毫秒级的变化,随着电子产业的迅猛发展,使用最先进的示波器已可观察到皮秒级的信号。而飞秒激光的出现,则使得飞秒量级的时间分辨成为可能,相较于人肉眼的时间分辨率,这已提升 13 个数量级。人们不再满足于用高速摄像机观察马奔跑过程中四蹄的动作顺序,而逐渐转向对更快时间现象的探索。在飞秒数量级,化学键的断裂与形成、半导体载流子的弛豫变化等以前难以观察的过程都成为可捕捉的对象,泽维尔更是因为利用飞秒激光技术观察化学反应中分子原子的运动而获 1999 年诺贝尔化学奖。科学家对超快技术的探索从未停步,以飞秒激光为基础的阿秒(as,1 as = 10^{-18} s)激光已实现了 80 as 的脉冲输出[19],利用阿秒脉冲,原子核的运动和重组已被成功观测到[20]。

飞秒激光另一个重要特点则是极高的峰值功率。由于飞秒脉冲很短,激光器所产生的激光脉冲很容易实现兆瓦(MW,1 MW = 10^{6} W)量级的峰值功率,进一步放大则可达拍瓦(PW,1 PW = 10^{15} W)量级,这一数字已远远超过全世界发电的总功率。将这样的脉冲聚焦后,其峰值功率密度可达 10^{21} W/cm^2,其 TV/cm 量级的电场已是氢原子束缚其核外电子的库仑场的上百倍,可以产生在地球上难以实现的极端物理条件。如此高的峰值功率密度,使得光与物质相互作用出现的物理现象愈加丰富,为超高次谐波产生[21]、超快 X 射线产生[22]、激光尾波场粒子加速[23]等前沿研究提供了强有力的支撑。

根据傅里叶变换关系,极短的脉冲对应于极宽的光谱。因此,宽的光谱范围是飞秒激光又一个重要特点。飞秒激光的光谱宽度可达 100 nm 以上,甚至是一个倍频程[12]。如此宽的光谱包含数以千万计的纵模,这些等间隔的纵模形成光学频率梳。稳定后的光学频率梳不仅可以成为光学频率标准[24],在精密光谱学中也有着重要应用,可以作为多波长干涉(multi-wavelength interferometry, MWI)绝对测距的光源[25]。

1.3 几类典型的锁模飞秒激光器

目前应用最广泛、最具代表性的飞秒锁模激光器为掺钛蓝宝石飞秒锁模激光器、半导体可饱和吸收镜飞秒锁模激光器和光纤飞秒锁模激光器。下面分别简要介绍这几种激光器。

1.3.1 掺钛蓝宝石飞秒锁模激光器

掺钛蓝宝石飞秒锁模激光器基于克尔透镜锁模机制,图 1.1 是其原理示意图。克尔透镜锁模的机制是:激光增益介质的非线性克尔效应使得激光谐振腔中的光产生自聚焦效应,光脉冲中功率密度高的部分被聚焦成的光斑半径较小,而功率密度低的部分被聚焦成的光斑半径较大。当在激光谐振腔中放置一个光阑时,功率密度高的部分由于光斑较小,可以通过光阑;而功率密度低的部分由于光斑较大,在光阑处损耗较大。当光脉冲在腔内来回往返多次时,功率密度高的部分由于不断穿过增益介质而被持续放大,而功率密度低的部分却由于光阑处的损耗而不断衰减,最终的结果是脉冲不断被窄化,形成脉宽极窄的锁模脉冲[26]。由于克尔效应是由激光介质中的电极化引起的,其响应时间在飞秒量级,因此基于克尔透镜锁模机制的掺钛蓝宝石锁模激光器的脉宽可以轻松地达到百飞秒以下。但这种锁模机制无法自启动,在一定程度上限制了掺钛蓝宝石锁模激光器的使用。

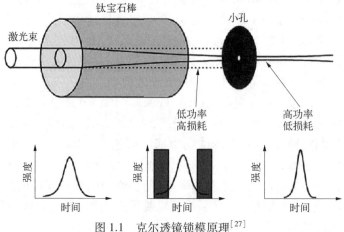

图 1.1 克尔透镜锁模原理[27]

　　图 1.2 展示的是典型的掺钛蓝宝石飞秒锁模激光器的结构。钛宝石晶体由氩离子激光器泵浦,也可由性能更好的二极管泵浦固体激光器泵浦。钛宝石晶体不仅是激光增益介质,同时也是用于锁模的非线性材料。棱镜则用于补偿增益介质中的色散[28],这个功能也可用啁啾镜[29]来代替。通过优化腔内色散[30]、使用啁啾镜[31],直接从锁模激光器输出的光脉冲的宽度可减少接近一个数量级,5 fs 的脉宽已可以实现[31],这比两个光学周期还要短。此外,从激光器直接输出的激光光谱可覆盖一个倍频程[12],这对于光学频率梳的相位稳定具有非常重要的意义。

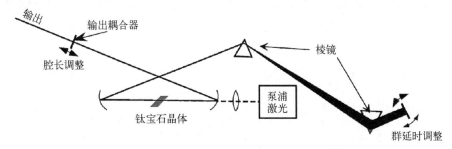

图 1.2　掺钛蓝宝石飞秒锁模激光器结构图[32]

1.3.2　半导体可饱和吸收镜飞秒锁模激光器

　　可饱和吸收体是一种具有饱和吸收特性的材料,其对于越强的光吸收越弱。利用这个特性可以实现锁模。脉冲强度低的部分会被吸收,而强度高的部分则会以较小的损耗通过可饱和吸收体,当脉冲往返多次经过可饱和吸收体后,脉冲宽度将会被压窄。可饱和吸收体的关键参数主要包括光谱吸收范围、饱和恢复时间、饱和光强及饱和通量等[33]。

　　染料实际上也是一种可饱和吸收体,但它毒性强,使用也不方便。半导体材料则提供了一种新的选择。半导体材料有很宽的光谱吸收范围,从可见波段到中红外都可以覆盖。通过改变生长参数和器件结构,半导体材料的饱和恢复时间和饱和通量都可以按照需要设计,这使得半导体可饱和吸收体的使用非常灵活。当将半导体可饱和吸收体集成到镜子上时,就形成了一种对强激光反射率更高的器件,这种器件就是半导体可饱和吸收镜。半导体可饱和吸收镜是一种反射式的可饱和吸收体,因此它的反射率随入射光的增强而增加,如图 1.3 所示。

　　当光子能量足以激发载流子从价带跃迁到导带时,这部分光就被半导体吸收了。而在强激发状态下,由于泵浦跃迁的基态粒子被耗尽、激发态被部分占据,吸收达到饱和。一般来说,半导体的吸收有两个特征弛豫时间,一个对应于带内热化过程(intraband thermalization),一个对应于带间复合(interband recombination),如图 1.4 所示。在激发过程的 60~300 fs 内,在各个能带的载流子会热化,这将导致吸收的部分恢复,这个是带内热化过程。在稍长一些的时间尺度(几飞秒到几皮秒)内,载流子则会被复合或俘获,导致吸收的恢复,这个是带间复合过程。长一些的时间常数(对应于带间复合过程)会导致一部分吸收中饱和吸收光强的降低,这将有利于锁模的自启动;短一些的时间常数(对应于带内热化过程)则对于形成亚皮秒的超短脉冲非常有用[33]。SESAM 使锁模的自启动变得容易,克服了克尔透镜锁模难以自启动的问题。但 SESAM 应用于固体激光器易出现调 Q 输出,而不是连续的稳定锁模脉冲序列[26]。图 1.5 所示为 Keller 等 1992 年提出的半导体可饱和吸收镜锁模激光器示意图[14]。该激光器使用反谐振法布里-珀罗型 SESAM(FPSA),在 2 W 的泵浦功率条件下,输出为连续的稳定锁模脉冲序列,而在小于 1.6 W 的泵浦功率条件下,则为调 Q 输出。

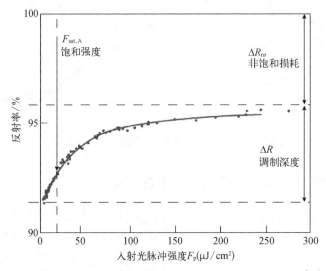

图 1.3　半导体可饱和吸收镜的反射率与入射光通量的关系[33]

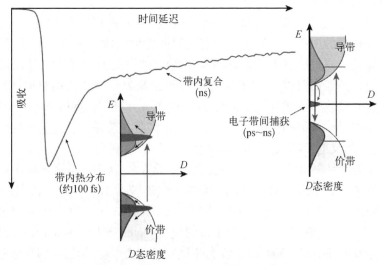

图 1.4　典型半导体可饱和吸收体的时间特性及其物理机制[33]

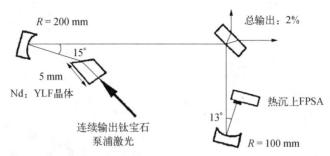

图 1.5　一种半导体可饱和吸收镜锁模激光器结构示意图[14]

注：图中 R 为半径

1.3.3　光纤飞秒锁模激光器

光纤锁模激光器以其鲁棒性好、易于操作、轻便紧凑、成本低廉、长时间运转稳定性好、散热效率高等诸多优点而备受关注。基于非线性偏振旋转（nonlinear polarization rotation，NPR）锁模机制和基于非线性放大环形镜（nonlinear amplifying loop mirror，NALM）锁模机制的光纤飞秒激光器是最具代表性的光纤飞秒锁模激光器。这两种机制都与光克尔效应有关，克尔型被动锁模的最大优点是可以充分利用光纤介质的带宽，因此可以产生极短的脉冲。下面一一介绍。

1. 基于非线性偏振旋转锁模机制的光纤飞秒激光器

非线性偏振旋转锁模的基本原理如图 1.6(a)所示：利用光纤中的克尔非线性效应，强度相关的非线性相移导致偏振态的改变，这个偏振态的改变将随光强的改变而变化。输出端的偏振器（analyzer）可以布置成这个状态——使强光损耗更低，这实际上形成了一种快可饱和吸收体。图 1.6(b)展示的是典型的基于非线性偏振旋转锁模机制的环形腔光纤飞秒激光器的结构。与多种多样的基于色散控制的脉冲整形机制相结合，非线性偏振旋转锁模已成为使用最为广泛的产生亚百飞秒级脉冲和宽光谱的光纤激光技术。由于超短的脉冲宽光谱、高的腔内脉冲能量和低色散情况下的相关处理，已有很多低噪声光纤激光器和频率梳光源可以通过非线性偏振旋转锁模机制实现[34-39]。由于基于 NPR 锁模机制的光纤激光器是基于非保偏光纤中的偏振演化的，相较于保偏光纤激光器，它对于光纤弯折等外界因素更为敏感。

2. 基于非线性放大环形镜锁模机制的光纤飞秒激光器

非线性光学环形镜（nonlinear optical loop mirror，NOLM）最初被提出时是用来作为光开关的[41]。而非线性放大环形镜（NALM）则是非线性光学环形镜的一个延伸：在 NOLM 中添加增益介质，就成了 NALM。NALM 于 1990 年被提出[42]，随后便被用于光纤锁模激光器中[43-46]。NALM 的基本原理如图 1.7(a)所示，沿环路正反方向传播的会产生与功率相关的非线性相移，这将导致环路透过率的改变。这种透过率的改变，就可以作为一种快可饱和吸收体。为了便于锁模的实现，环路里

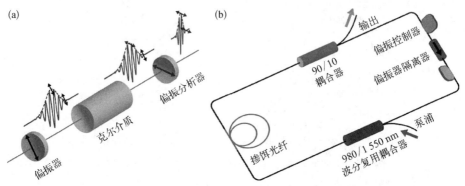

图 1.6 （a）非线性偏振旋转锁模基本原理[40]；（b）基于 NPR 锁模机制的光纤飞秒激光器[40]

可以添加一个非互易性的相移器,这个相移器可以提供固定的相位偏置。图 1.7(b) 和图 1.7(c) 分别展示的是最具代表性的基于 NALM 锁模机制的光纤飞秒激光器——8 字形光纤激光器[46] 和 9 字形光纤激光器[45]。在 8 字形光纤激光器中,2×2 耦合器的两侧分别自相连接,构成了两个环,一个是 NALM 环,第二个则是有隔离器的光纤环。功率较低时,大部分的光都会返回入口端,然后被第二个环里的隔离器挡住而被损耗掉。当功率升高时,信号则会到达另一个端口,然后沿着光纤环传播,最终产生光脉冲。9 字形光纤激光器则由 NALM 环和线性区组成。在 9 字形光纤激光器中,非互易性相移器对于锁模是必不可少的,这是由于连续波运转(continuous-wave, CW)状态下腔的损耗是小于锁模状态下的。基于 NALM 锁模机制的光纤激光器的一个主要优点是,它可以被设计成全保偏型的光

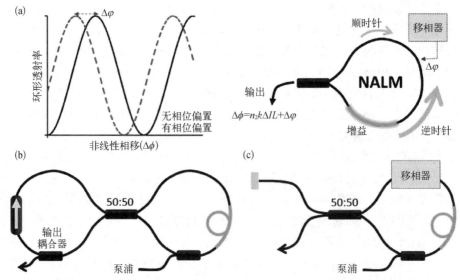

图 1.7 （a）非线性放大环形镜的基本原理[40]；（b）8 字形光纤激光器[40]；
（c）9 字形光纤激光器[40]

纤激光器,相较于 NPR 型锁模激光器,它抵抗环境干扰的能力更强、长时连续运转稳定性更好。正是这样的原因,8 字形光纤激光器已经被用来作为光学频率梳光源[47]。8 字形光纤激光器的主要问题是自启动困难,但添加非互易性相移器可以使这一问题得到改善[48]。基于 NALM 锁模机制的光纤激光器已成为能够长时稳定运转的低噪声激光器的有力竞选者,近几年也有关于其优良噪声特性的相关报道[49]。

超短脉冲激光的发展,奠定了超快时间分辨光谱学技术的应用基础。基于超短脉冲激光的超快光谱技术就像一台有高速快门的相机,可以为我们记录下许多之前无法分辨的物理、化学、生物反应或过程。从第 2 章起,将详细介绍多种飞秒谱学技术。

参 考 文 献

[1] Einstein A. Zur quantentheorie der strahlung [J]. Physika Zeitschrift, 1917, 18: 121 - 128.

[2] Gordon J P, Zeiger H J, Townes C H. The maser-new type of microwave amplifier, frequency standard, and spectrometer [J]. Physical Review, 1955, 99(4): 1264 - 1274.

[3] Schawlow A L, Townes C H. Infrared and optical masers [J]. Physical Review, 1958, 112(6): 1940.

[4] Maiman T H. Stimulated optical radiation in ruby [J]. Nature, 1960, 187(4736): 493 - 494.

[5] Mcclung F J, Hellwarth R W. Giant optical pulsations from ruby [J]. Applied Optics, 1962, 1(S1): 103 - 105.

[6] Hargrove L, Fork R L, Pollack M. Locking of He - Ne laser modes induced by synchronous intracavity modulation [J]. Applied Physics Letters, 1964, 5(1): 4 - 5.

[7] Demaria A, Stetser D, Heynau H. Self mode-locking of lasers with saturable absorbers [J]. Applied Physics Letters, 1966, 8(7): 174 - 176.

[8] Fork R, Greene B, Shank C V. Generation of optical pulses shorter than 0.1 psec by colliding pulse mode locking [J]. Applied Physics Letters, 1981, 38(9): 671 - 672.

[9] Valdmanis J, Fork R L, Gordon J P. Generation of optical pulses as short as 27 femtoseconds directly from a laser balancing self-phase modulation, group-velocity dispersion, saturable absorption, and saturable gain [J]. Optics Letters, 1985, 10(3): 131 - 133.

[10] Fork R L, Cruz C B, Becker P, et al. Compression of optical pulses to six femtoseconds by using cubic phase compensation [J]. Optics Letters, 1987, 12(7): 483 - 485.

[11] Spence D E, Kean P N, Sibbett W. 60 fsec pulse generation from a self-mode-locked Ti: Sapphire laser [J]. Optics Letters, 1991, 16(1): 42 - 44.

[12] Ell R, Morgner U, Kärtner F X, et al. Generation of 5 fs pulses and octave-spanning spectra directly from a Ti: Sapphire laser [J]. Optics Letters, 2001, 26(6): 373 - 375.

[13] Matsubara E, Yamane K, Sekikawa T, et al. Generation of 2.6 fs optical pulses using induced-phase modulation in a gas-filled hollow fiber [J]. Journal of the Optical Society of America B, 2007, 24(4): 985 - 989.

[14] Keller U, Miller D, Boyd G, et al. Solid-state low-loss intracavity saturable absorber for Nd:

YLF lasers: An antiresonant semiconductor Fabry-Perot saturable absorber [J]. Optics Letters, 1992, 17(7): 505 - 507.

[15] Menyuk C R. Pulse propagation in an elliptically birefringent Kerr medium [J]. IEEE Journal of Quantum Electronics, 1989, 25(12): 2674 - 2682.

[16] Tamura K, Ippen E, Haus H, et al. 77 fs pulse generation from a stretched-pulse mode-locked all-fiber ring laser [J]. Optics Letters, 1993, 18(13): 1080 - 1082.

[17] Sell A, Krauss G, Scheu R, et al. 8 fs pulses from a compact Er: fiber system: Quantitative modeling and experimental implementation [J]. Optics Express, 2009, 17(2): 1070 - 1077.

[18] Krauss G, Lohss S, Hanke T, et al. Synthesis of a single cycle of light with compact erbium-doped fibre technology [J]. Nature Photonics, 2009, 4: 33 - 36.

[19] Goulielmakis E, Schultze M, Hofstetter M, et al. Single-cycle nonlinear optics [J]. Science, 2008, 320(5883): 1614 - 1617.

[20] Baker S, Robinson J S, Haworth C, et al. Probing proton dynamics in molecules on an attosecond time scale [J]. Science, 2006, 312(5772): 424 - 427.

[21] Macklin J J, Kmetec J, Gordon Iii C. High-order harmonic generation using intense femtosecond pulses [J]. Physical Review Letters, 1993, 70(6): 766 - 769.

[22] Workman J, Maksimchuk A, Liu X, et al. Control of bright picosecond X-ray emission from intense subpicosecond laser-plasma interactions [J]. Physical Review Letters, 1995, 75(12): 2324 - 2327.

[23] Modena A, Najmudin Z, Dangor A, et al. Electron acceleration from the breaking of relativistic plasma waves [J]. Nature, 1995, 377(6550): 606 - 608.

[24] Holzwarth R, Udem T, Hänsch T W, et al. Optical frequency synthesizer for precision spectroscopy [J]. Physical Review Letters, 2000, 85(11): 2264 - 2267.

[25] Van Den Berg S, Persijn S, Kok G, et al. Many-wavelength interferometry with thousands of lasers for absolute distance measurement [J]. Physical Review Letters, 2012, 108(18): 183901.

[26] 张志刚.飞秒激光技术[M].北京: 科学出版社, 2011.

[27] Krüger J, Kautek W. Ultrashort pulse laser interaction with dielectrics and polymers [J]. Polymers and Light, 2004: 247 - 290.

[28] Fork R, Martinez O, Gordon J. Negative dispersion using pairs of prisms [J]. Optics Letters, 1984, 9(5): 150 - 152.

[29] Szipöcs R, Spielmann C, Krausz F, et al. Chirped multilayer coatings for broadband dispersion control in femtosecond lasers [J]. Optics Letters, 1994, 19(3): 201 - 203.

[30] Asaki M T, Huang C P, Garvey D, et al. Generation of 11 fs pulses from a self-mode-locked Ti: Sapphire laser [J]. Optics Letters, 1993, 18(12): 977 - 979.

[31] Morgner U, Kärtner F X, Cho S H, et al. Sub-two-cycle pulses from a Kerr-lens mode-locked Ti: Sapphire laser [J]. Optics Letters, 1999, 24(6): 411 - 413.

[32] Cundiff S T, Ye J. Colloquium: Femtosecond optical frequency combs [J]. Reviews of Modern Physics, 2003, 75(1): 325.

[33] Keller U. Recent developments in compact ultrafast lasers [J]. Nature, 2003, 424(6950): 831 - 838.

[34] Song Y, Kim C, Jung K, et al. Timing jitter optimization of mode-locked Yb-fiber lasers

toward the attosecond regime [J]. Optics Express, 2011, 19(15): 14518 - 14525.

[35] Swann W C, Mcferran J J, Coddington I, et al. Fiber-laser frequency combs with subhertz relative linewidths [J]. Optics Letters, 2006, 31(20): 3046 - 3048.

[36] Mcferran J J, Swann W C, Washburn B, et al. Suppression of pump-induced frequency noise in fiber-laser frequency combs leading to sub-radian fceo phase excursions [J]. Applied Physics B: Lasers and Optics, 2007, 86(2): 219 - 227.

[37] Chen J, Sickler J W, Ippen E P, et al. High repetition rate, low jitter, low intensity noise, fundamentally mode-locked 167 fs soliton Er-fiber laser [J]. Optics Letters, 2007, 32(11): 1566 - 1568.

[38] Kim J, Chen J, Cox J, et al. Attosecond-resolution timing jitter characterization of free-running mode-locked lasers [J]. Optics Letters, 2007, 32(24): 3519 - 3521.

[39] Nugent-Glandorf L, Johnson T A, Kobayashi Y, et al. Impact of dispersion on amplitude and frequency noise in a Yb-fiber laser comb [J]. Optics Letters, 2011, 36(9): 1578 - 1580.

[40] Kim J, Song Y. Ultralow-noise mode-locked fiber lasers and frequency combs: Principles, status, and applications [J]. Advances in Optics and Photonics, 2016, 8(3): 465 - 540.

[41] Duling I N. All-fiber ring soliton laser mode locked with a nonlinear mirror [J]. Optics Letters, 1991, 16(8): 539 - 541.

[42] Richardson D J, Laming R I, Payne D N, et al. Selfstarting, passively modelocked erbium fibre ring laser based on the amplifying Sagnac switch [J]. Electronics Letters, 1991, 27(6): 542 - 544.

[43] Fermann M E, Turi L, Hofer M, et al. Additive-pulse-compression mode locking of a neodymium fiber laser [J]. Optics Letters, 1991, 16(4): 244 - 246.

[44] Duling I N. Subpicosecond all-fibre erbium laser [J]. Electronics Letters, 1991, 27(6): 544 - 545.

[45] Washburn B R, Diddams S A, Newbury N R, et al. Phase-locked, erbium-fiber-laser-based frequency comb in the near infrared [J]. Optics Letters, 2004, 29(3): 250 - 252.

[46] Lin H, Donald D, Sorin W V. Optimizing polarization states in a figure-8 laser using a nonreciprocal phase shifter [J]. Journal of Lightwave Technology, 1994, 12(7): 1121 - 1128.

[47] Kuse N, Jiang J, Lee C C, et al. All polarization-maintaining Er fiber-based optical frequency combs with nonlinear amplifying loop mirror [J]. Optics Express, 2016, 24(3): 3095 - 3102.

[48] Kuizenga D, Siegman A. FM and AM mode locking of the homogeneous laser-Part I: Theory [J]. IEEE Journal of Quantum Electronics, 1970, 6(11): 694 - 708.

[49] Haus H A, Mecozzi A. Noise of mode-locked lasers [J]. IEEE Journal of Quantum Electronics, 1993, 29(3): 983 - 996.

第 2 章

飞秒泵浦探测与超快荧光光谱技术

（王树峰）

2.1 泵浦探测技术

泵浦探测技术的起源要追溯到脉冲光源的利用,最早的方法称为闪光光解法。它是利用微秒闪光灯来研究光化学过程的研究手段,诞生于第二次世界大战之后。1949 年,Manfred Eigen、Ronald George Wreyford Norrish 和 George Porter 发展了这一方法,并且因此获得 1967 年诺贝尔化学奖[1]。该方法利用高强度的脉冲光源(闪光灯)照射样品,使体系获得远高于连续光激发的状态,瞬时的分子光解或激发浓度达到很高的水平。然后用另外一束脉冲光探测分子瞬态吸收的变化,从而分析反应动力学或激发态动力学。由于分子的吸收截面较小,因此需要高浓度的激发产物,从而引发探测光有足够的相对强度变化来实现探测。闪光光解技术的发展为研究气相化学自由基动力学等带来了革命性的变化。

激光出现之后,人们随即发展了利用纳秒、皮秒乃至飞秒激光光源代替闪光灯的实验装置。这样,时间分辨探测从微秒分辨率进入纳秒、皮秒和飞秒超快时间分辨的尺度。飞秒化学最重要的先驱人物是 1999 年诺贝尔奖获得者,埃及裔 Ahmed Hassan Zewail 博士[2-4]。他通过超快速飞秒瞬态吸收(transient absorption, TA)技术记录了亚埃分辨率的化学反应快照。

研究对象中存在多种激发态与产物,固体材料物理、化学分子体系和生物分子过程由这些态和过程决定。样品被光激发到激发态之后,会通过一系列超快物理过程发生分解、合成,或者转移至别的能态,从而引发更为复杂的反应。这些光驱动下产生的中间态或产物是非常丰富的。例如,光伏器件中激子、电子的产生、复合、扩散,以及界面电荷分离等。这些产物及其动力学就可以经由超快泵浦探测进行研究。

目前,泵浦探测技术已经是常见的超快动力学研究方法。由于该技术在光学上较为易于实现,具有配置灵活、波长等参数多变等特点,其商业化设备较少,更多的通过实验室自行搭建,并与相应的探测设备结合,如图 2.1 所示的泵浦探测技术与表面光电子显微技术相结合。这一设计利用周期量级飞秒激光实现小于 10 fs 的时间分辨,并与光电子显微镜结合获得 10 nm 的空间分辨能力。

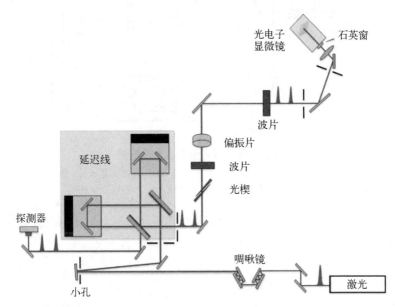

图 2.1 飞秒泵浦探测技术与表面光电子显微技术的结合。周期量级飞秒激光光源经过分光束形成泵浦和探测两束光,并最终合束后进入表面光电子显微镜,激发表面光电子作为探测信号

2.1.1 瞬态吸收(泵浦–探测)光谱技术基础与原理

泵浦探测系统需要泵浦和探测两束光。针对研究对象的不同,它们可以从 X 射线波段一直到太赫兹波段,研究从结构动力学到电子动力学一系列的过程。瞬态吸收光谱的基本光路如图 2.2 所示,一束较强的泵浦光激发样品,并将此时刻定义为时间零点,它将基态/价带电子激发到激发态/导带;另一束光通过光学延迟线,并以 Δt 延时与泵浦光在样品处重合。探测器记录探测光光强,并同时记录泵浦脉冲不存在时的探测光光强。通过两者的比较,获得透射改变量随相对延时 Δt 的变化。如果探测光强的光谱分布为 $I_0(\nu)$,样品厚度为 l,则根据 Beer – Lambert 原理,透过样品之后的光强为

$$I(\nu, 0) = I_0(\nu) \times 10^{-\varepsilon_\nu N(0) l} \qquad (2.1)$$

经历时间 Δt 后,

$$I(\nu, \Delta t) = I_0(\nu) \times 10^{-\varepsilon_\nu N(\Delta t) l} \qquad (2.2)$$

其中,ε_ν 为样品在光波频率为 ν 时的吸收系数;$N(0)$ 和 $N(\Delta t)$ 为 0 时刻和 Δt 时刻

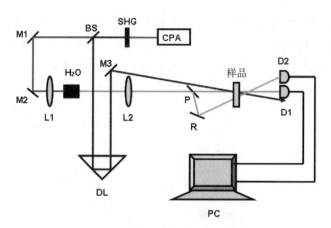

图 2.2　瞬态吸收光谱光路示意图

注：M 为晶片；L 为透镜；DL 为光学延迟线；SHG 为倍频晶体；BS 为分束片；
H$_2$O 为产生白光的水池。此示意图将超连续白光分为探测和参考两束

吸收频率为 ν 光子的粒子数浓度；l 为样品的厚度。0 时刻和 Δt 时刻样品的吸收值 OD 和光强 $I(t)$ 可以表示为

$$OD(\nu, 0) = \lg \frac{1}{T(\nu, 0)} \tag{2.3}$$

$$I(t) = \sum_{i=1}^{n} A_i \exp(-t/\tau_i) \quad OD(\nu, \Delta t) = \lg \frac{1}{T(\nu, \Delta t)} \tag{2.4}$$

T 表示透过率，根据式(2.3)和(2.4)，OD 值的变化量为

$$\Delta OD(\nu, \Delta t) = \lg \frac{T(\nu, 0)}{T(\nu, \Delta t)} = \lg \frac{I(\nu, 0)}{I(\nu, \Delta t)} \tag{2.5}$$

再结合式(2.4)和(2.5)得

$$\Delta OD(\nu, \Delta t) = \varepsilon_\nu [N(\Delta t) - N(0)] l \tag{2.6}$$

对于吸收系数和厚度固定的薄膜来说，吸收强度的变化正比于某一能级布居数在激发延时 Δt 后的变化。

泵浦探测信号往往比探测光强度小一个数量级以上。并且由于信号可能与泵浦光强度相关，或受到损伤阈值的制约，需要在较低的泵浦光强下工作，导致信号较低，这使得对于信号的探测需要有效提高信噪比。可以采用的方法有光学斩波加锁相放大器的方法，以及参比的方法等。光学斩波器采用激光同步触发模式，周期性阻挡和导通泵浦光来激发样品，使探测光也受到周期性的影响，从而获得透射率的变化量 ΔI。也可以进一步将探测光经过一次斩波器，并经由第二个锁相放大器获得探测光的读数。此为探测光的绝对强度 I，通过比较而获得透射率的变化

$\Delta t = \Delta I / I$。这第二种配置可以有效消除探测光 I 在探测过程中随时间的漂移。

泵浦探测光频技术是指观测随波长和时间演化的光谱,从而获得研究对象的物理和化学动力学性质,其主要过程有以下几个方面:

(1) 激发态吸收。在光激发分子后,分子处于激发态。位于激发态的电子仍然可以吸收光子并跃迁至更高的激发态。由于第一激发态向高激发态跃迁的能量通常小于其与基态间的跃迁,因此通常情况下会在比激发波长更长的波长位置观察到激发态吸收。信号表现为吸收增强,即 ΔA 为正,或者 Δt 为负。

(2) 受激发射。这个是指两个能级间布居数发生反转时,探测光通过样品时引发的受激辐射放大过程。对于二能级系统来讲,根据爱因斯坦的理论,分子从下能级跃迁至上能级的概率 A_{12} 和被激发的分子受激跃迁至下能级并放出光子的概率 A_{21} 相等,当同时考虑上能级还存在额外的自发跃迁时,会发现粒子数是无法反转的。但是由于基态多振动能级的存在,激发态相对于这些振动能级粒子数反转,从而可以在探测光通过时产生受激放大现象。这个放大过程释放出的光子与探测光光子同方向、同位相、同偏振。因此可以被探测器检测。同时,由于能级差略小于基态和激发态能级差,受激发射的波长会长于基态吸收波长,也是一种 Stocks 移动。不过由于这种移动较小,往往可以观察到基态漂白和受激发射的部分重叠。在信号上,受激发射表达为吸收减少,透射增强,即 ΔA 为负,或者 Δt 为正。

(3) 基态漂白。当基态的分子或激子,以及半导体价带中的电子等有一部分被泵浦脉冲激发到激发态上时,基态分子的数目减少,导致探测光通过时吸收减少。因此,在瞬态吸收光谱上得到一个负信号,即 ΔA 为负,或者 Δt 为正。这个随时间延迟变化的信号可以与激发态衰减信号相对照,判断激发态的衰减是否意味由激发态直接回到基态,或者有其他的态参与动力学过程。

(4) 光产物吸收。光致的物理及化学变化会导致一定的光产物,例如电荷转移态、三线态,以及化学键的断裂与形成等。这些光产物同样也可以吸收一定波长的光子,形成可探测的信号。

2.1.2　泵浦探测信号的数据处理

仪器响应能力确定了系统的极限分辨能力,对于超快光谱来说这个极限就是飞秒激光的脉冲宽度。但是由于几何配置、色散等原因,脉冲宽度也会发生相应的变化,例如经过透镜而产生的色散等,这对于宽光谱飞秒脉冲尤为显著。对于一个理想的探测系统,仪器响应如果为 δ 函数,其探测出的信号则对应于实际的衰减信号。但是,当仪器响应函数 IRF 宽度非零,并且信号衰减速率与其相近时,探测到的信号衰减不可避免地被仪器响应所影响,从而被拉长。此时需要通过解卷积的方式解出实际衰减信号。

实验所获得的衰减信号是真实信号与仪器响应函数的卷积。这意味着在某一时刻 t 的信号实际是 t 附近真实信号与仪器响应函数卷积的结果。举例来说,一个

可以用多 e 指数模型来描述的信号,可以写成:

$$I(t) = \sum_{i=1}^{n} A_i \exp(-t/\tau_i) \tag{2.7}$$

其中,A_i 为第 i 个指数衰减的振幅;τ_i 为第 i 个指数衰减的寿命。通过实验得到的实验数据 $F(t)$ 为

$$F(t) = \int_{-\infty}^{+\infty} \mathrm{IRF}(t') \sum_{i=1}^{n} A_i \exp\left(-\frac{t-t'}{\tau_i}\right) \mathrm{d}t' \tag{2.8}$$

这一卷积形式对于其他形式的弛豫模型,如其他指数模型或幂律模型,也有类似的结果。

要解出真实信号 I,需通过实验获得仪器响应函数 IRF,并与 F 进行解卷积。我们可以通过非线性晶体的瞬态响应来获得飞秒泵浦光与探测光的时间互相关,并作为仪器响应函数。随后我们可以通过软件(如 Fluofit 等)实现解卷积,获得真实衰减曲线。

实验曲线的拟合最常见的是以下几种情形:

(1)单指数及多指数。单指数衰减是最常见的衰减形式,它是指体系中衰减速率正比于粒子数的衰减过程,即 $\mathrm{d}N/\mathrm{d}t = -\lambda N$,并由此获得 $N(t) = N_0 \mathrm{e}^{-\lambda t}$。其中 $N(t)$ 是随时间变化的粒子数,N_0 是初始粒子数目,λ 是衰减速率,t 为时间。这个过程表示体系中每个粒子都具有不随时间变化的相同的衰减概率。如果体系中一个粒子同时具有多重的衰减通道,各自遵循不同的衰减速率,则他们的组合的衰减表达为 $-\mathrm{d}N/\mathrm{d}t = N\lambda_1 + N\lambda_2 = (\lambda_1 + \lambda_2)N$,并得到 e 指数衰减 $N(t) = N_0 \mathrm{e}^{-(\lambda_1+\lambda_2)t} = N_0 \mathrm{e}^{-(\lambda_c)t}$。其中,$\lambda_c = \dfrac{1}{\tau_c} = \lambda_1 + \lambda_2 = \dfrac{1}{\tau_1} + \dfrac{1}{\tau_2}$,这导致衰减速率的变化,但仍然遵循单 e 指数衰减,其结果表示了多重通道的共同效果。

如果体系中的粒子发生分化,分别遵循不同的衰减通道和速率,则体系表现为多重的指数衰减,如粒子可分为 N_1 和 N_2,$N_1 + N_2 = N$,则 $N(t) = N_1 \mathrm{e}^{-t/t_1} + N_2 \mathrm{e}^{-t/t_2}$。这是多 e 指数衰减的情形。

(2)扩展的 e 指数(stretched exponential)。对于通常的单指数衰减,如果将幂率函数加入指数中,就构成了扩展 e 指数函数,形式如 $f_\beta(t) = \mathrm{e}^{-t^\beta}$,其中当 β 等于 1 时,$f(t)$ 回归到标准的单 e 指数函数。这一分析方法是 1854 年由德国物理学家 Rudolf Kohlrausch 描述电容器放电过程时引入的。一般来说 β 介于 0 和 1 之间。在大于 1 时,通常只有 $\beta = 2$,代表了正态分布(高斯分布);其他值代表了压缩的扩展 e 指数,较少有实际对应。在 log-normal 图中,信号的衰减不是随着时间呈现分段式的线性衰减,而是衰减速率随时间连续变化。

扩展 e 指数主要用于描述无序系统中带有一定速率分布的衰减过程,其物理意义可以认为是这些衰减过程的线性叠加[5,6]。即

$$e^{-t^\beta} = \int_0^\infty du \rho(u) e^{-t/u} \tag{2.9}$$

其中,$\rho(u)$ 是衰减速率为 u 的分布函数。

（3）指数函数（power law）。是指衰减过程是时间的指数函数,$f(x) = ax^{-k}$ [7-9]。这种过程表现了系统的衰减速率随时间发生变化,表示了粒子间的关联现象,如复杂系统中的自相似特征。由于产生机制复杂,涉及大量统计知识,因此实际较少用到。这种衰减在 log - log 图中较易于辨认,衰减曲线表现为一条直线,斜率代表了幂率。例如,在半导体材料中,自由载流子中的电子与空穴复合,复合速率正比于浓度的平方,从而荧光光强与浓度呈现幂率为 2 的关系,即 $I \propto n^2 \propto t^{-2}$。

以上几种方法只是较为常用的分析方法,并不能涵盖瞬态信号分析的全部内容。更核心的部分是对于物理模型的考察。例如,多 e 指数衰减在很大程度上可以替代扩展的 e 指数和幂率衰减拟合,但是却实际具有不同的物理意义。同时,还存在以上几种方法不能表示的物理过程。例如,半导体中自由载流子与激子共存的体系,衰减的物理过程与浓度有关联,在高浓度时是激子单子复合为主,对应指数衰减;而在低浓度时为双分子复合,为指数衰减。同时在更高浓度范围还会引入俄歇过程,更低浓度引入缺陷复合。因此整个衰减过程无法用以上任何一个单一过程描述[10,11]。

2.1.3　空间分辨超快泵浦探测技术的应用延伸

飞秒泵浦探测技术是一种超快光谱技术,较为常用的观测方法是基于波长分辨的相关动态过程。作为广泛使用的基础物理研究手段,已经有很多报道。但是作为时间、光谱、强度的多维度研究,根据研究对象的物理模型灵活运用这些维度可深度挖掘这一技术的潜力。以下举两例说明:

瞬态光谱随激发光强蓝移。2014 年,Manser 和 Mamat 在钙钛矿薄膜中进行泵浦探测实验时,从时间零点时刻的光谱观察到特征吸收峰随光强发生蓝移的现象,如图 2.3（a）所示[12]。这一现象代表了能带填充的过程:向上弯曲的价带顶中的电子被瞬时激发至导带从而被抽空,而导带被填充导致电子具有更高的能量,从而使得从价带到导带的跃迁需要更高的光子能量,在光谱上表现为蓝移,如图 2.3（c）所示。而蓝移的对应的能带宽度可以用下式表达:

$$\Delta E_g^{BM} = \frac{\hbar^2}{2m_{eh}^*}(3\pi^2 n)^{2/3} \tag{2.10}$$

式中,ΔE 为由 Burstein - Moss 能带填充效应引起的带隙改变;$\hbar$ 为普朗克常数;m_{eh}^* 为电子的有效质量;n 为电子浓度。

图 2.3（b）为能级宽度与 $n^{2/3}$ 之间的线性关系。并由此可以推导出点子空穴对的有效质量 m_{eh}。

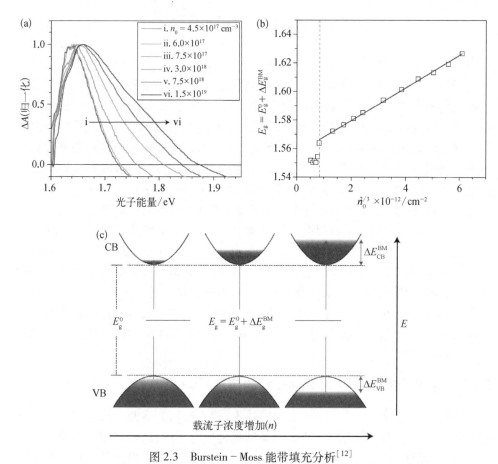

图 2.3　Burstein–Moss 能带填充分析[12]

（a）钙钛矿薄膜归一化的泵浦探测信号，时间延迟为 5 ps，此时基态漂白信号最大；
（b）光谱移动与激发粒子数目间的线性关系；（c）高激发下能带填充导致光谱移动示意图

　　超快时间分辨与超高空间分辨的结合是材料科学领域前沿的基础研究手段，可以用于体系时空演化动力学的研究，例如在点激发条件下研究载流子扩散。以半导体中的载流子扩散为例，普度大学的 Guo 等研究了钙钛矿薄膜中载流子在横向空间的迁移[13]。尽管光学衍射极限将点扩散函数限制在数百纳米，但是如果载流子以均匀的高斯形式扩散，则可以数学拟合的方式将空间分辨率推进至几十纳米。钙钛矿是一类具有优良光电性质的半导体材料，在光伏、发光等领域有巨大潜力，其优良的载流子传输特性一直是人们关注的核心。在这个研究中，泵浦光与探测光卷积形成的仪器响应函数（IRF）的空间半宽为 260 nm，脉冲宽度 300 fs。当利用 3.14 eV 的光激发时，在零时刻即观察到空间泵浦探测信号从 IRF 扩散开，表明热电子的快速弹道输运扩散，扩散长度达到 230 nm［图 2.4（a）］。但是如果用弱光子能量的 1.97 eV 的光子激发，尽管仍高过能隙，却没有观察到热电子的空间扩散［图 2.4（b）］。然而在零时刻之后，泵浦探测信号则展现了较慢的非热平衡载流子的空间扩散,分为 3 ps 和 20 ps 两个阶段,从空间观察,扩散的距离达到 600 nm。

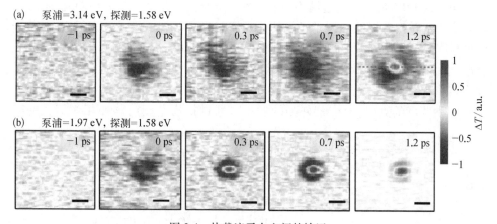

图 2.4　热载流子在空间的输运

（a）激发光子能量 3.14 eV;（b）激发光子能量 1.97 eV。标线宽度 1 μm

2.2　飞秒时间分辨超快荧光探测技术

如上一节所述,泵浦探测可同时观察宽波段、多动力学过程,因此使用最为广泛。但因此也同时具有信号灵敏度低、多物理过程光谱重合、系统较为复杂等问题。超快荧光光谱技术则只针对体系的发光过程进行研究,物理过程较为明确,可以说是泵浦探测研究的一个补充。此外,荧光探测系统简单,广泛用于系统荧光寿命测量,从而直接获得分子自身的寿命信息及分子间相互作用信息。例如,利用荧光探针分子研究溶剂体系对瞬时偶极的响应(溶剂化动力学)[14];观察探针荧光分子与其他分子发生能量传递而导致的寿命变化;观察光伏器件中载流子空间分离而发生的荧光淬灭等[15]。

2.2.1　飞秒荧光上转换技术

飞秒荧光上转换(femtosecond fluorescence up-conversion)技术是指将样品发射的可见光波段的荧光上转换至紫外波段并加以探测的技术。上转换过程是利用非线性光学晶体的二阶非线性合频效应将飞秒激光与荧光合频,最常用的晶体为偏硼酸钡(BBO)晶体。这种晶体具有极宽的光学窗口(190 ~ 3 500 nm)、较大的相位匹配角以及均匀性好、损伤阈值高等特点,并易于进行温度相位匹配,在飞秒光学中应用广泛,在泵浦探测和荧光实验中常用来产生倍频及三倍频激光。图 2.5 就是一个飞秒荧光上转换系统实验光路。由飞秒光学振荡器产生的 800 nm 为中心的飞秒脉冲激光经过 BBO 晶体可以部分倍频,得到波长为 400 nm 的倍频光,用于激发样品产生荧光。激发产生的荧光被透镜收集后送入第二块 BBO 晶体准备实现上转换。激光光束中剩余的 800 nm 的基频光则作为门脉冲(gate pulse)同样也射入第二块 BBO 晶体。通过精确调节基频脉冲与荧光在这第二块 BBO 上的重合,可以产生上转换的紫外合频光子。其光子能量为基频光子与荧光光子之和,位于紫外(UV)波段。基频脉冲被称为门脉冲是因为能够参与合频产生紫外的荧光在时间上需要与基频脉冲重合。而基频脉冲的宽度只有百飞秒,只有百飞秒时间窗口内部分的荧光才能参与合频,如图 2.6 所示。基频脉冲的作用就像开启了百飞秒宽度的大门,允许紫外光的发生。通过扫描基频门脉冲相对荧光的时

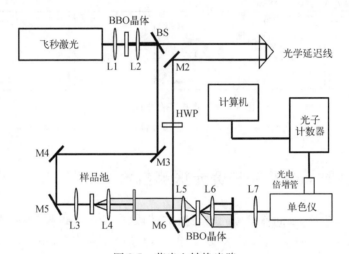

图 2.5　荧光上转换光路

注：L 为透镜;BBO 晶体为倍频晶体和上转换合频晶体;BS 为分束片;M 为反射镜片

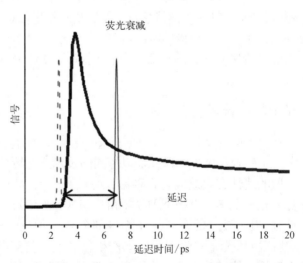

图 2.6　时间分辨荧光上转换方法原理

注：经过延迟的激光与部分荧光在时间上重叠,并通过非线性过程转换到紫外区

间延迟,就可以描绘出荧光衰减的全貌。合频信号的强度正比于样品与基频门脉冲时间上重合时的荧光强度,从而使得紫外探测的信号正比于荧光瞬时强度。此外,由于合频晶体的角度匹配特性,对于通常采用的 0.3 mm 厚的 BBO 晶体,仅能实现几个纳米的光谱分辨。因此,通过旋转晶体角度,可以实现光谱分辨的荧光上转换。这一合频信号可以通过滤光片+单色仪+光电倍增管+光子计数器系统来探测。

非线性光学晶体的合频过程要求荧光与门脉冲光子必须在晶体中满足相位匹配(能量和动量守恒)条件:

$$\omega_S = \omega_F + \omega_G \tag{2.11}$$

$$\boldsymbol{k}_S = \boldsymbol{k}_F + \boldsymbol{k}_G \tag{2.12}$$

式中,$\boldsymbol{k}$ 为波矢;ω 为频率;下标 S、F 和 G 分别代表合频、荧光和基频光。在共线或近似共线的情况下,动量守恒(相位匹配)条件可写成:

$$\frac{n_G}{\lambda_G} + \frac{n_F}{\lambda_F} = \frac{n_S}{\lambda_S} \tag{2.13}$$

由于合频过程只在门脉冲的时间尺度内发生,因此这一技术的时间分辨能力可以达到飞秒脉冲宽度的量级,这大大超过了光电探测器的分辨能力。此外,由于荧光上转换技术探测的是紫外波段的合频信号,所以信号背景较低,具有较好的信噪比。

需要注意的是,采用较厚的 BBO 晶体会降低荧光上转换的光谱分辨能力。其可接受的光谱宽度 $\Delta\nu \approx (1/d)[c/V(U) - c/V(F)]^{-1}$,即与晶体的厚度 d 成反比[其中 c 为光速,$V(U)$ 和 $V(F)$ 为上转换 U 和荧光 F 处的群速色散][16]。要实现宽光谱的荧光上转换,可以采用超薄的非线性合频晶体。例如 Schanz 等利用 0.1 mm 厚度的 KDP 晶体实现了 10 000 cm^{-1} 光谱宽度的同步上转换[16]。但是这种超薄晶体不可避免会降低上转换效率。随着技术的发展,人们将多层薄晶体叠合起来,产生了周期性极化铌酸锂晶体(PPLN)。实验表明,利用 20 mm 厚度的晶体可在中红外波段(3.6~4.85 μm)实现宽达 1 200 nm 的平坦响应[17]。并且,利用 PPLN 晶体可实现单光子的上转换过程,将 1.5~1.6 μm 的光子转换到可见光波段[18]。

2.2.2　飞秒时间分辨参量荧光放大技术

荧光上转换技术将荧光转换至紫外探测,背景噪声弱,因此具有较高的信噪比,是一种较为通用的超快荧光动力学研究方法。但是受限于合频晶体的角度相位匹配条件,荧光探测是基于单频率的超快弛豫,即只能单波长测量。同时这一方法对弱荧光不敏感,对于低发光强度的样品其探测受到了一定限制。一般来说,人们通过电子学的手段来实现弱荧光信号的探测和放大,如多通道板(MCP)等。光学方法也可以实现对荧光的放大,这里介绍一种超快荧光探测方法——时间分辨光参量放大技术[19-21]。

光参量荧光放大技术是利用光学参量放大的非线性过程来实现荧光放大。这种过程可用于可调谐光源。与荧光上变换方法相反,它是一种下转换过程,即将泵浦光子转换为一个信号光子和一个闲频光子。通过角度来调谐信号光子的波长。然后以产生的信号光子作为种子,再次或多次通过非线性晶体,继续利用下转换过程得以放大。与光学参量振荡器结合的参量放大器通常称为光学参量振荡器(OPO),而利用啁啾放大器(CPA)输出激光作为光源的则称为参量放大器(OPA)。

在荧光参量放大技术中,采用荧光光子作为种子光。当频率较低的荧光与另一束频率较高的强泵浦光源同时入射到非线性晶体内时,在满足相位匹配的条件下,荧光将从强光束获得能量,得到放大。强泵浦光将自己的光子转换成具有和荧光同频的荧光光子和一个闲频光光子。这种转换过程使得荧光光子数增加,从而获得放大,实验观察放大的效率可以达到10^6。实验验证经过放大的荧光与入射弱荧光呈现强度线性关系,因此可以正确地反映荧光的动力学过程。此外,通过选择特定的非线性光学晶体切割角度,可以在一个较宽的光谱范围内获得均一的相位匹配条件,即在此光谱范围内的荧光都可以经由光学参量放大过程同步放大。这种方法的时间分辨能力也是由强泵浦光的脉冲宽度决定的,因而同样具有脉冲宽度一致的时间分辨能力,因此强泵浦光同时具有门脉冲和放大源的两个功能。具体实验光路如图2.7所示。其与荧光上转换光路的设计有类似之处,但对于晶体的角度有特殊要求。

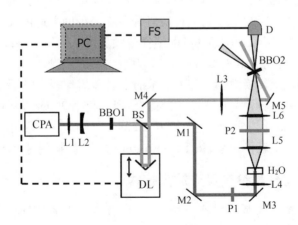

图 2.7 荧光光学参量放大系统

注: CPA 为超短脉冲激光源;DL 为光学延迟线系统;FS 为光纤光谱仪;BBO1 为用于倍频的 BBO 晶体;BBO2 为用于参量放大的 BBO 晶体;BS 为分束镜;L 为透镜;M 为全反镜;P1、P2 为起偏器和检偏器

　　当泵浦脉冲的能量超过某阈值后,参量放大晶体会产生受激圆锥辐射(图 2.8)[22]。这些圆锥辐射对应的波长符合晶体的相位匹配条件,因此它与所选参量放大晶体的光学特性直接相关。光锥在接收平面上的光环呈旋转对称均匀分布,中心轴为泵浦光的传播方向。当泵浦脉冲波矢与晶体光轴夹角比较小时,光环内部呈现长波光环[图 2.8(a)]。随着该夹角的增大,圆锥辐射角度变大(接受平面上光环直径增大),而且长波光环扩大速度快于短波光环,当该夹角比较大时,长波光环分布于圆锥辐射的外部[图 2.8(b)]。因此在中间某个角度,各个波长彼此重叠,圆锥辐射光环呈现出单一的橙色[图 2.8(c)]。这一系列变化可以通过旋转晶体相对于激光的角度连续产生,因此非常便于调谐。

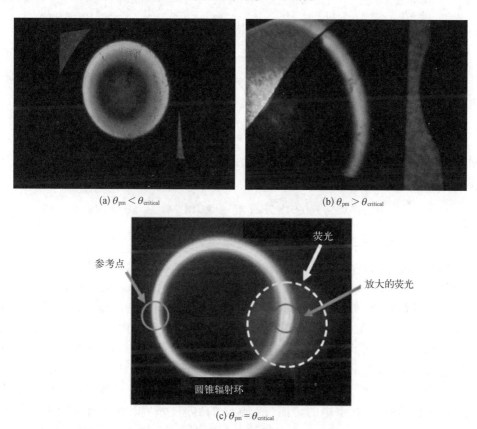

(a) $\theta_{pm} < \theta_{critical}$　　　　　　　　　　(b) $\theta_{pm} > \theta_{critical}$

(c) $\theta_{pm} = \theta_{critical}$

图 2.8　圆锥辐射光环随泵浦脉冲波矢与晶体夹角 θ_{pm} 的变化

注: θ 指多波长在空间中发生重叠的角度

　　这一现象也可以通过理论计算得到。如图 2.9 所示, z 轴为 BBO 晶体的光轴方向, $\boldsymbol{k}_p$、$\boldsymbol{k}_s$、$\boldsymbol{k}_i$ 分别表示泵浦脉冲、种子光和闲频光的波矢, θ_{pm} 为泵浦脉冲与光轴间的夹角, α_{pm} 为泵浦脉冲和种子光间的相位匹配角。晶体内的参量放大作用必须满足能量守恒和动量守恒,有

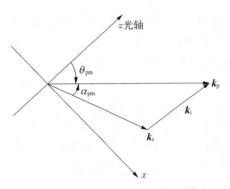

$$\begin{cases} \cos(\alpha_{pm,\ ideal}) = \dfrac{k_p^2 + k_s^2 - k_i^2}{2k_p k_s} \\ \dfrac{k_p}{n_p} = \dfrac{k_s}{n_s} + \dfrac{k_i}{n_i} \end{cases} \tag{2.14}$$

图 2.9 参量放大中波矢与光轴的相对
夹角。k_p、k_s、k_i 分别表示泵浦
脉冲、种子光和闲频光的波矢

式中,n 为 BBO 晶体的折射率。对于实验中所用的 BBO 晶体的 I 类相位匹配参量放大过程,泵浦脉冲为 e 光,种子光和闲频光均为 o 光。在非共线配置下可以解得

$$\alpha_{pm} = \arccos\left\{\left(n_p^2/\lambda_p^2 + n_s^2/\lambda_s^2 - n_i^2/\lambda_i^2\right)/\left[2n_p n_s/(\lambda_p \lambda_s)\right]\right\} \tag{2.15}$$

其中

$$1/n_p^2 = \cos^2\theta_{pm}/n_o^2(\lambda_p) + \sin^2\theta_{pm}/n_e^2(\lambda_p) \tag{2.16}$$

式中,n_o、n_e 为主轴折射率,它们随波长的变化由 Sellmeier 方程(其中波长单位为 μm)给出

$$\begin{cases} n_o^2 = 2.735\ 9 + 0.018\ 78/(\lambda^2 - 0.018\ 22) - 0.013\ 54\lambda^2 \\ n_e^2 = 2.375\ 3 + 0.012\ 24/(\lambda^2 - 0.016\ 67) - 0.015\ 16\lambda^2 \end{cases} \tag{2.17}$$

根据运算,我们可以获得各个夹角下,满足下转换波长的相位匹配角,也就是色彩环圆锥锥角的大小。在特定角度下,我们会发现有相当宽的一段光谱具有近似单一的匹配角度,如图 2.10 所示。这个角度由于包含了多个波长,呈现出橙黄的颜色。峰值出现在 650 nm。如果在这种角度下,我们人为引入一束和圆锥辐射方向相同的种子光信号,则种子光信号也将会和宽光谱同时被放大,也就是说,我们的光学参量放大系统具有实现宽光谱放大的能力。实验照片如图 2.8(c)所示。

此方法对荧光放大的实例可以以放大白光演示。在水池产生的超连续白光具有宽的光谱,并且其在水中的传播带有显著的群速色散,因此具有时间相关的光谱。将其作为种子光信号入射到参量放大 BBO 晶体上,并在 x-z 平面内沿圆锥辐射的光锥传播。当泵浦脉冲和种子光信号时间重合时,可以得到种子信号的放大信号。结果如图 2.11 所示,超连续白光具有从 500~800 nm 的光谱,中心波长为 720 nm。其中仅有 40 nm 的超连续光谱得到放大,而相邻的光谱则完全没有得到放大。但扫描泵浦光与超连续光的相对延时,却可以发现超连续光谱中的各个波长具有相对的时间延迟,即色散。在 500~750 nm,时间离散为 4 ps。随着光学延迟的改变,在 4 ps 时间内,种子放大光信号光谱从红外移动到绿光,放大的光谱宽

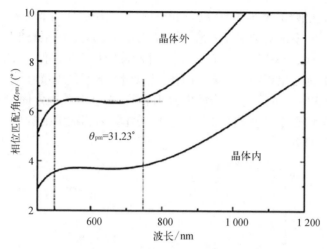

图 2.10　θ_{pm} = 31.23°情况下在晶体内外相位
匹配角 α_{pm} 随波长的变化曲线

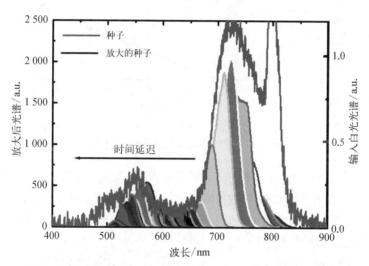

图 2.11　不同延迟时刻的超连续白光放大光谱。最外红色曲线为超连续白光光谱

度始终保持在几十纳米。短波边放大截止于 520 nm,该截止波长对应于可以在
BBO 晶体的红外透射范围内通过的闲频光的波长。在长波边,750 nm 以后放大能
力开始降低,800 nm 以后放大信号消失,对应于图 2.11 中相位匹配的截止。从图
2.11 中还可以看到,放大信号的整体轮廓和种子光信号相似。因此这一实验装置
可获得超过 200 nm 的同步光谱输出,时间分辨能力为泵浦光的脉冲宽度。

　　如果将泵浦脉冲能量逐步增加,当泵浦脉冲增强到 30 μJ 后,种子光开始被放
大,并随着泵浦光强线性增加,但此时圆锥辐射不明显;当泵浦脉冲增强到 45 μJ
后,圆锥辐射出现并随泵浦脉冲线性增强;当泵浦脉冲能量大于 70 μJ 后,弱种子

光信号放大出现饱和,不再随泵浦脉冲能量线性增加。从图 2.12 中可以看出,随着泵浦光的增加,系统对种子放大光信号增加速率远远快于圆锥辐射的增加速率。当泵浦脉冲能量比较高时(大于 70 μJ),泵浦脉冲能量不足以保持如此高的放大能力,放大种子光信号出现饱和现象。因此,此参量放大系统的线性放大对泵浦脉冲能量的要求为 30~70 μJ。进一步的实验则表明,在这个范围内固定泵浦光强、改变种子(荧光)光强,放大光信号也随之线性变化。表明放大后的信号强度变化代表了实际荧光的起伏。

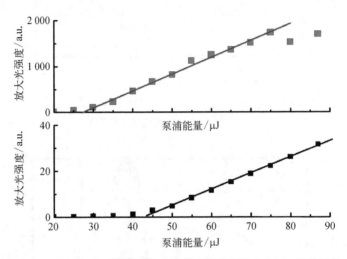

图 2.12　种子光在不同泵浦脉冲能量下被参量放大(上);无种子的
圆锥辐射也呈现出随泵浦光强线性增加的趋势(下)

需要特别指出的是,由于不同实验的光路配置、光束发散角度和角度匹配等都有所不同,泵浦脉冲能量的绝对数值意义有限。在实际实验中,泵浦脉冲能量的选取以圆锥辐射产生的阈值为基准,这样不仅降低了系统对激光光源输出能量的要求,而且判定选取方便,易于调节。

这一技术因为具有超高的放大率(约 10^6),因此对荧光光子非常敏感,单个门脉冲得到的光谱可以展现分立的荧光光子。要获得连续、光滑的瞬时荧光光谱,需要一定的积分和平均时间,这同时要求激光光源在积分时间内的稳定性。实验证明圆锥辐射的波动与被放大荧光的起伏成正比,因此利用圆锥辐射的自参考可以有效地修正参量荧光放大的起伏,大大缩短积分时间,提高数据采集效率。

2.2.3　条纹相机技术

飞秒超快荧光上转换技术可以获得飞秒脉冲宽度极限的时间分辨能力,也是获得该时间分辨能力的必须手段。不过整个系统的精密调节要求比较高,另外单波长探测也导致数据采集效率低,并且系统的时间测量范围受延迟线几何长度的限制,通常只能达到纳秒量级。而对于某些需要飞秒和纳秒之间的物理过程(如大分子结构演化等)以及寿命测量等,可以采用高效的采集方法——条纹相机(streak camera)。

这种方法可以是单一仪器,也可以将光谱仪与相机联用。因为仅采用单光束入射,也不需要时间延迟系统,因此外光路要求十分简单。仪器自身即具有皮秒时间分辨能力,单次扫描即可以获得整个时间分辨荧光光谱。由于它不是全光学技术,时间分辨能力极限达到皮秒量级[23]。该设备的主要工作模式有同步模式和单次触发模式。前者与飞秒激光振荡器结合,与振荡器脉冲周期同步,从而尽可能减少触发的不确定性,从而使系统的时间分辨能力达到 2 ps 左右,但是其观察的时间范围有限,仅为约 2 ns;后者则是利用单次脉冲触发收集信号并累计,时间分辨能力为约 20 ns,窗口时间则很灵活,从 1 ns 至 1 ms 可灵活配置。其中最长的时间窗口取决于激光器的重复频率。

条纹相机是利用高速空间电场扫描实现皮秒级时间分辨,当条纹相机外接光谱仪后,就可以实现光谱分辨。原理如图 2.13 所示,入射光通过光谱仪,在出射狭缝将入射荧光按光谱成分在空间顺序排列,随后通过透镜成像到条纹相机的狭缝上。由于不同的光谱成分在空间沿狭缝方向分布,因此每个波长可以相对独立的被探测。经过条纹相机狭缝的光聚焦到条纹管的光阴极上,实现光电子的产生。光电子经过加速电场进入条纹相机偏转电场。高速线性偏转电压随时间变化,使不同时刻进入的光电子感受到不同的电场,因而发生偏转的角度或距离产生差异。经过偏转的电子入射到一块二维微通道板,在微通道倍增后轰击荧光屏产生图像,此图像对应了初始入射光在光谱方向(狭缝方向)和时间方向(电场方向)的展开。电子的偏转与它在偏转电场内瞬间偏转电压成正比。因此,入射荧光的时间分布就被转换成与狭缝方向垂直的纵向的空间分布,条纹的亮度表示对应延时的光源的瞬时亮度。因此,通过条纹相机可以一次性获得完整的荧光光谱-时间二维图谱,沿狭缝方向为光源按照光谱展开,垂直狭缝的偏转方向表示入射光在时间上的分布。

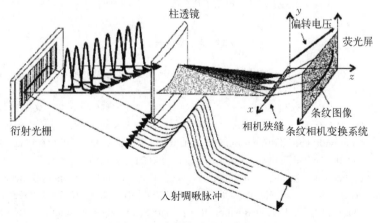

图 2.13　条纹相机的工作原理

2.2.4 克尔快门法

另外还有一种时间分辨荧光光谱方法,其时间分辨率介于飞秒荧光上转换与条纹相机之间。它是利用材料的光克尔效应(OKE)实现的时间分辨[24],其当强光场在介质中传播时,光场中振荡的电场可引起介质的极化,极化强度随光强发生变化,称为光克尔效应,其本质是光致各向异性。在发生极化后,物质的性质类似于单轴晶体,当另外一束入射光的偏振方向不与介质极化方向平行或垂直时,其偏振方向就会在介质内传播过程中发生改变,产生垂直于初始偏振方向的分量,利用检偏器就可以滤出这一分量并加以测量。这一偏转只与材料的极化强度相关,因此偏转后的垂直方向分量与原光强成正比,可以用于反映原荧光的强度及动态过程。在克尔快门法装置中,一束强激光极化脉冲作为开关脉冲经过延迟线后通过克尔样品池(常用CS_2)产生极化,另一束激光激发待测样品产生荧光,荧光经过偏振片变成线偏振荧光,并与极化脉冲的偏振成45°。后入射进克尔样品池产生垂直分量,通过检偏器后被光谱仪收集。只有在开关脉冲经过的时间内,荧光信号才会有垂直分量产生并进入探测器,调节开关脉冲和样品激发脉冲间的时间延时,就可以测量荧光强度随时间的变化(图2.14)。克尔快门法的时间分辨率受限于激光脉冲宽度和克尔介质的响应时间,一般为亚皮秒量级。

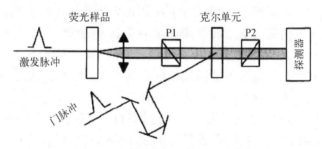

图 2.14 光克尔快门工作原理示意图

参 考 文 献

[1] The Nobel Prize. The Nobel Prize in chemistry 1967 [EB/OL]. https://www.nobelprize.org/prizes/chemistry/1967/summary [2019 - 12 - 10].

[2] Zewail A. Laser femtochemistry [J]. Science, 1988, 242(4886): 1645 - 1653.

[3] Zhong D, Pal S K, Wan C, et al. Femtosecond dynamics of a drug-protein complex: Daunomycin with Apo riboflavin-binding protein [J]. Proceedings of the National Academy of Sciences of the United States of America, 2001, 98(21): 11873 - 11878.

[4] Pal S K, Peon J, Bagchi B. Biological water: Femtosecond dynamics of macromolecular hydration [J]. Journal of Physical Chemistry B, 2002, 106(48): 12376 - 12395.

[5] Hu M, Hartland G V. Heat dissipation for Au particles in aqueous solution: Relaxation time versus size [J]. Journal of Physical Chemistry B, 2002, 106(28): 7029 - 7033.

[6] Lou G, Andricioaei I, Xie X S, et al. Dynamic distance disorder in proteins is caused by trapping [J]. Journal of Physical Chemistry B, 2006, 110(19): 9363 - 9367.

[7] Cang H, Li J, Fayer M D. Orientational dynamics of the ionic organic liquid 1-ethyl-3-methylimidazolium nitrate [J]. Journal of Chemical Physics, 2003, 119(24): 13017 - 13023.

[8] Zhu Z, Crochet J, Arnold M S, et al. Pump-probe spectroscopy of exciton dynamics in (6,5) carbon nanotubes [J]. Journal of Physical Chemistry C, 2007, 111(10): 3831 - 3835.

[9] Li J, Wang I, Fruchey K, et al. Dynamics in supercooled ionic organic liquids and mode coupling theory analysis [J]. Journal of Physical Chemistry A, 2006, 110(35): 10384 - 10391.

[10] Wang W, Li Y, Wang X, et al. Interplay between exciton and free carriers in organolead perovskite films [J]. Scientific Reports, 2017, 7(1): 14760.

[11] Wang W, Li Y, Wang X Y, et al. Density-dependent dynamical coexistence of excitons and free carriers in the organolead perovskite $CH_3NH_3PbI_3$ [J]. Physical Review B, 2016, 94(14): 140302.

[12] Manser J S, Kamat P V. Band filling with free charge carriers in organometal halide perovskites [J]. Nature Photonics, 2014, 8: 737 - 743.

[13] Guo Z, Wan Y, Yang M, et al. Long-range hot-carrier transport in hybrid perovskites visualized by ultrafast microscopy [J]. Science, 2017, 356(6333): 59 - 62.

[14] Jimenez R, Fleming G R, Kumar P V, et al. Femtosecond solvation dynamics of water [J]. Nature, 1994, 369: 471 - 473.

[15] Li Y, Yan W B, Li Y L, et al. Direct observation of long electron-hole diffusion distance in $CH_3NH_3PbI_3$ perovskite thin film [J]. Scientific Reports, 2015, 5: 14485.

[16] Schanz R, Kovalenko S A, Kharlanov V, et al. Broad-band fluorescence upconversion for femtosecond spectroscopy [J]. Applied Physics Letters, 2001, 79(5): 566 - 568.

[17] Barh A, Pedersen C, Tidemand-Lichtenberg P. Ultra-broadband mid-wave-IR upconversion detection [J]. Optics Letters, 2017, 42(8): 1504 - 1507.

[18] Meng L, Hogstedt L, Tidemand-Lichtenberg P, et al. Enhancing the detectivity of an upconversion single-photon detector by spatial filtering of upconverted parametric fluorescence [J]. Optics Express, 2018, 26: 24712 - 24722.

[19] Ding Q, Meng K, Yang H, et al. Femtosecond noncollinear parametric amplification for ultrafast spectral dynamics [J]. Optics Communications, 2011, 284(12): 3110 - 3113.

[20] Li F M, Wang S F, Gong Q H. Optimization of optical parametric amplification on femtosecond fluorescence spectra by referring to cone emission [J]. Spectroscopy and Spectral Analysis, 2011, 31(5): 1283 - 1285.

[21] Han X F, Chen X H, Weng Y X, et al. Ultrasensitive femtosecond time-resolved fluorescence spectroscopy for relaxation processes by using parametric amplification [J]. Journal of the Optical Society of America B, 2007, 24(7): 1633 - 1638.

[22] Zhang J S, Li F M, Wang S F, et al. Femtosecond laser pumped conical emission and seeded ring amplification in BBO crystals [J]. Chinese Physics Letters, 2005, 22(7): 1652 - 1655.

[23] Knox W, Mourou G. A simple jitter-free picosecond streak camera [J]. Optics Communications, 1981, 37(3): 203 - 206.

[24] Ippen E P, Shank C V. Picosecond response of a high-repetition-rate CS_2 optical Kerr gate [J]. Applied Physics Letters, 1975, 26(3): 92 - 93.

第 **3** 章

飞秒激光脉冲整形和相干控制光谱技术

（褚赛赛）

3.1 激光脉冲整形

3.1.1 激光脉冲整形简介

激光脉冲包含多种参数,包括光谱、脉宽、相位、电场强度、偏振等。在应用激光脉冲的过程中,正如同改变受力大小可以改变物体的状态一样,通过改变激光脉冲的参数(如位相)来改变激光脉冲的形状等。这样就发展起来一个新的方向——激光脉冲整形。广义上讲,激光脉冲整形包括频率、偏振、脉宽、能量等多个方面。任何改变激光脉冲参数的过程都可以称为激光脉冲的整形。

激光脉冲整形是在飞秒激光脉冲产生后的一种补充手段,可以产生形形色色的脉冲形状:单脉冲、双脉冲、脉冲串、带有各种啁啾的脉冲,甚至极化方向随时间改变的脉冲等。超短脉冲整形大致可以分为两大类:主动脉冲整形和被动脉冲整形。被动脉冲整形通常是基于棱镜对、光栅对、啁啾镜等而进行的脉冲整形。主动脉冲整形主要是自适应脉冲整形,其中比较有代表性的是基于空间光调制器和反馈信号的脉冲整形。这些主动脉冲整形系统,通过集成计算机软件,自动调节脉冲的相位、幅度等信息,调节脉冲,获得理想的脉冲形状。

3.1.2 激光脉冲整形的物理基础

飞秒脉冲整形建立在电子工程里线性、时间不变系统的概念基础上[1]。在电子信号的处理过程中,要用到线性滤波的概念。在电子领域,线性滤波可以在时域也可以在频域描述。如图 3.1(a)所示,在时域,滤波器是以脉冲的响应函数 $h(t)$ 为标志的。滤波器的输出函数 $e_{out}(t)$ 与输入函数 $e_{in}(t)$ 的关系是:

$$e_{out}(t) = e_{in}(t) * h(t) = \int dt' e_{in}(t') h(t - t') \tag{3.1}$$

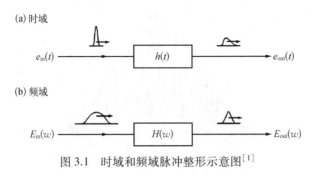

图 3.1　时域和频域脉冲整形示意图[1]

这里 * 描述的是卷积。

对于一个入射的 δ 函数,输出是简单的仪器响应函数 $h(t)$。因此,对于一个足够短的脉冲,脉冲整形的任务就是做一个具有瞬间响应的线性滤波器。而对于飞秒激光脉冲,没有响应如此快的仪器。傅里叶变换提供了一个有效的解决办法,可以把光波变换到频域进行调制。在频域[图 3.1(b)],滤波器的响应函数为 $H(w)$,输出波形 $E_{\mathrm{out}}(w)$ 是输入脉冲波形 $E_{\mathrm{in}}(w)$ 与频率响应函数 $H(w)$ 的乘积:

$$E_{\mathrm{out}}(w) = E_{\mathrm{in}}(w)H(w) \tag{3.2}$$

然后把激光脉冲从频域变换到时域即可实现时域脉冲的调制。

3.1.3　激光脉冲整形的分类

早在 1983 年 Froehly 等就开始研究超短激光脉冲整形。在其早期的研究成果里提出了多种脉冲整形方案,影响最大的是基于傅里叶变换的脉冲整形方案[2]。由于系统中元件间隔距离均为透镜焦距(f),故称为 4f 系统。接着 Weiner 等对 4f 脉冲整形方案进行了进一步的发展,并开展了大量的工作[3]。脉冲整形包括用固定相位板和用可编程的相位板进行激光脉冲整形。下面分别回顾一下相关的例子。

1. 用固定相位板进行激光脉冲整形

固定相位板可以提供比较好的脉冲整形质量,在非线性光纤光学、光纤通信和超快光谱中都得到应用。缺点是一方面固定相位板不能提供连续的相位变化;另一方面,每一次实验都需要一个新的相位板。

图 3.2 是一个用双缝做的相位板调制得到脉冲的强度相关图像。两个频率成分在时域干涉,产生光学拍频。这个拍频的周期是 2.6 太赫兹(THz),对应时间间隔 380 飞秒(fs)。图中实现的是两个光谱同相时的结果,虚线是两个光谱反相时的结果(相位差为 π)。可以看到,时域的干涉变化反映了光谱相位的变化,为测量未知超短脉冲的相位提供了一个有用的手段。这也可以看作是一个时域的杨氏双峰干涉实验。这也证明了时域傅里叶光学和空间域傅里叶光学的相似性。

下面看一个用固定相位板产生超短方形脉冲的例子。一个方形脉冲的光谱表示为 sinc 函数:

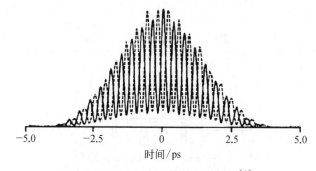

图 3.2　两个频率干涉对应的拍频[1]

注:实线为两个频率同相位;虚线为两个频率反相位

$$E(f) = E_0 T \frac{\sin(\pi f T)}{\pi f T} \tag{3.3}$$

对应的相位板为

$$M(x) = \frac{\sin(\pi x/x_0)}{\pi x/x_0} \tag{3.4}$$

式中,T 为脉冲周期;f 为频率;$M(x)$ 是相位板函数;x 为相位板上的位置,$x_0 = (T\partial f/\partial x)^{-1}$,$\partial f/\partial x$ 是相位板的空间色散。这里,相位板的透射函数需要连续改变,光谱的相位和幅度都需要连续改变。由于方波脉冲需要快速的时间变化(100 fs 以内),幅度板需要一个大范围内快速变化的精细的旁瓣。幅度板可以在硅片上用全息的方法做成的,而相位板是用聚焦离子束刻蚀的方法做的。图 3.3 是用这样一固定板对应的对数图像。这样的模板每侧包含 15 个旁瓣。功率谱中对应的透射比为 $10^4:1$。虚线是 sinc 函数的图形,这里功率谱中没有零值是光谱仪器的光谱分辨率的缘故。

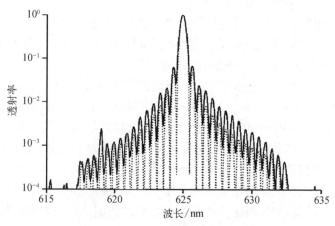

图 3.3　方波脉冲对应的功率谱[1]

图 3.4(a)是用每个侧边有 5 个旁瓣的固定模板产生的方波脉冲的自相关图像,脉宽为 2 ps,边沿的上升时间和下降时间为 100 fs。图 3.4 中的起伏来源于光谱的断裂,这点与理论上也是相符的[图 3.4(b)]。如果采用更为温和的光谱切齿,则可以得到更加光滑的方形脉冲,如图 3.4(c)所示。

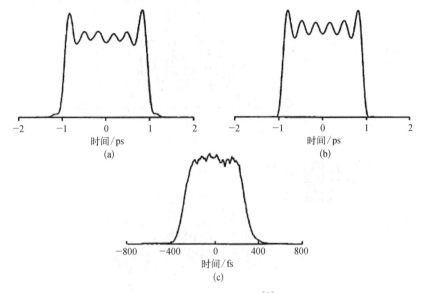

图 3.4　光学方波脉冲[1]

(a)测量到的方波脉冲;(b)计算得到的方波脉冲;(c)减弱旁瓣以后的方波脉冲

在固定编码脉冲调制中,纯相位调制有个优点,就是不存在非相干损失。其中一个例子就是利用随机相位编码对脉冲进行调制加密。图 3.5 就是一个随机编码(插图所示)调制脉冲的例子,图 3.5(b)是理论上的结果。图中可以看到,理论和实验非常相符。当第二个模板提供的相位和第一个互补时,脉冲又可以恢复到原来的形状。这个特点使得相位调制可以用在码分复用(code division multiple access,CDMA)通信上。

有时只是希望利用输出波形的强度信息。这时,纯相位调制可以产生需要的时域分布形状。比如,可以通过光谱的周期性纯相位调制产生高质量的脉冲串。图 3.6 所示是用纯相位调制器产生脉冲串的例子。脉冲串中子脉冲之间的间隔等于相位调制的周期。与幅度调制不同的是,相位调制可以产生光滑包络的脉冲串。图 3.6(a)所示的 4 太赫兹(THz)的脉冲串是用 75 fs 的脉冲产生的。脉冲串是干净、均匀分开的。这样的脉冲串已经用在选择性的放大晶体中的光学支声子和提高光导天线中的太赫兹相干辐射。

通过改变模板的相位函数,各种包络的脉冲串都可以产生。比如用基于达曼光栅的模板可以产生平顶(flat-topped)脉冲串。达曼光栅是可以空间上分离激光束的全息相位图。因为在空间光学中,达曼光栅包含一系列的周期性的二元相位函数,这些周期性二元相位函数可以把光束进行空间傅里叶变换。因而在脉冲整形中,可以把达曼光栅放置在脉冲整形系统的傅里叶平面上。图 3.6(b)就是这样一个例子。通过调整相位差,实现了中间的子脉冲缺失。通过调节相位板上的相位差,可以把中间的子脉冲调节出来,如图 3.6(c)所示。

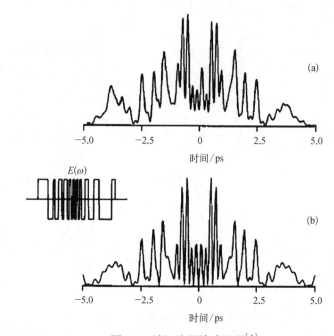

图 3.5　随机编码脉冲整形[1]

(a)实验上测到的强度自相关;(b)理论上计算得到的强度自相关图

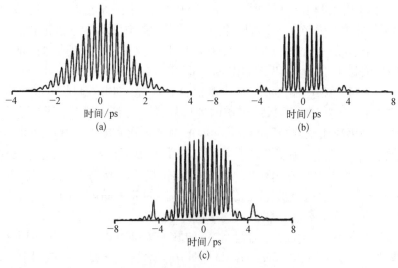

图 3.6　利用纯相位调制产生的脉冲串[1]

(a)光滑包络的脉冲串;(b)(c)方波包络的脉冲串

2. 自适应脉冲整形

虽然固定相位板可以得到高质量的脉冲形状,但是存在很明显的缺点。比如,每次实验都需要一个新的相位板。更致命的缺点是:对于复杂的系统常常不知道需要什么样的脉冲形状,这就需要用到自适应脉冲整形的方法,也就是闭环自优化的方法。这个优化过程通常用计算机软件来控制。

在自适应脉冲整形中,一般开始先给一系列随机相位调制,产生一系列随机的脉冲串,然后根据反馈信号再自行优化的过程。具体算法在第三章会给出更详细的描述。例如,图 3.7 是一个自适应脉冲整形的例子。在这个实验中,人为调整钛宝石激光器产生高啁啾的脉冲,光谱宽度为 150 nm,脉宽为 80 fs,如图 3.7(a)所示。根据傅里叶变换关系,150 nm 谱宽的光谱脉冲可以压缩到 10 fs。把带啁啾的脉冲入射到自适应脉冲整形系统里,用退火算法逐渐循环优化。以倍频晶体的二

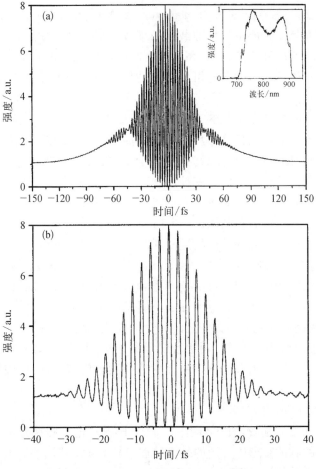

图 3.7　自适应脉冲压缩的结果[1]

(a)调制前的脉冲的干涉自相关图(插图为脉冲的功率谱);(b)调制以后的脉冲的干涉自相关图

次谐波作为反馈信号,通过 1 000 次的循环后,压缩后的脉冲如图 3.7(b)所示,压缩到 14 fs。在压缩后的脉冲中,无论脉宽还是脉冲质量都得到明显的提高。

在这种自适应脉冲整形中,空间光调制器不需要校准,输出波形也不需要考虑,控制软件仅仅通过反馈信号,自动寻找最优脉冲。现在自适应脉冲整形在相干控制中也已经被应用在各种领域,包括飞秒化学、飞秒生物等。

3.1.4 激光脉冲整形的实现

激光脉冲整形经历多年的发展,整形系统也发展了多种多样的系统。从整形原理上可以分为电光晶体原理、双折射原理和傅里叶变换原理。现在飞秒领域采用比较多的就是基于傅里叶变换原理的整形。频域的相位调制,从最初的固定相位整形,到后来发展起来的声光调制器,现在用得最多的是可编程液晶空间光调制器的整形。

1. 空间光调制器(spatial light modulator, SLM)简介

空间光调制器是指能将信息加载于一维或二维的光学数据场上,有效利用光的固有速度、并行性、互联能力,并在构成实时光学信息处理的系统中作为基本的构造单元的主动器件。这种器件可以在驱动信号的控制下,改变空间上光分布的相位、振幅等特性。

空间光调制器按照读出光的方式的不同,可以分为反射式空间光调制器和透射式空间光调制器。根据目前市场使用的产品看,反射式空间光调制器可承受的光强更大,更适合用于单脉冲能量为毫焦耳(mJ)放大级脉冲。

空间光调制器按照写入信号和控制信号的不同,又可以分为光寻址和电寻址的两种[4]。光寻址的空间光调制器是把输入的控制信号(光学信号)转化为电荷分布、折射率分布等,然后再利用这些电荷分布、折射率分布调制待调制光,也就是用光来调制光的过程。光寻址空间光调制器多为模拟的、非像素的单元构成,具有连续的寻址机构和调制机构,主要用于光光转换器件。此外,光寻址的空间光调制器所能提供的最大相移较小,因此,它更适合放大系统中较小残留相位的修正,不适合大范围调整光谱的相位。电寻址的空间光调制器是用电信号(通常是计算机电平信号)来控制空间光调制器的复透过率。常用的电寻址的方式是通过空间光调制器上两组正交的栅状电极,用逐行扫描的方法,把信号加到对应的单元上去。电寻址的空间光调制器由单个分离的元素或像素组成,是目前应用最多的空间光调制器。

2. 激光脉冲整形光路

在激光脉冲整形领域,通常利用傅里叶变换方法进行脉冲整形。这种基于傅里叶变换方法的脉冲整形中常用的是可编程液晶空间光调制器。液晶阵列相位调制器主要包括纯相位调制器和相位-振幅调制器。与固定相位板整形的不同之处在于可编程相位调制器用液晶空间调制器和一对半波片代替固定的相位板。液

晶阵列中的每个像素单元可以连续改变相位值。图 3.8 中示意了电子编制的纯相位液晶空间光调制器。一薄层的液晶阵列夹在两层玻璃（ITO 导电玻璃）中间。在没有加电压的时候液晶分子是沿着 y 轴取向的。当沿着 z 方向加了电场以后，由于非线性光学效应而产生 y 方向的偏振光。液晶阵列的最大相位调制幅度一般为 2π。早期的商用 SLM 一般都是一维 128 像素，现在的 SLM 发展到二维，像素也得到了明显的提高（792×600 像素或者更高）。

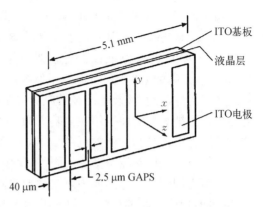

图 3.8 电子编制的液晶阵列示意图

最常用的脉冲整形系统是 4f 系统。在 4f 系统中，光脉冲可以从时域变换到频域进行调制。基于这个概念的光路配置如图 3.9 所示。第一个光栅起到傅里叶变换的作用，把不同的频率沿着不同的方向分开，第一个透镜（距离第一个光栅距离为一倍焦距）把不同频率的光准直。这样，在第一个透镜的焦平面上，不同的频率在空间上是分开的。然后第二组透镜和光栅把分开的频率进行合束。这个设置，也叫"零色散压缩装置"。两个透镜中间，也就是第一个透镜和第二个透镜之间的正中位置放置相位板（mask），这样相位板可以对空间上分开的不同的频率成分起到相位调节和幅度调节的作用。有时用棱镜代替光栅起分光的作用。

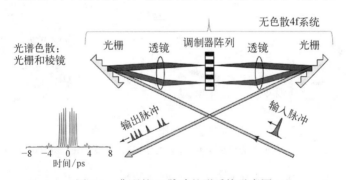

图 3.9 典型的 4f 脉冲整形系统示意图

为了使该系统正常工作，当不加相位板的时候，输出脉冲应该与输入脉冲相同，也就是说系统处于零色散状态。因此棱镜和光栅必须处于零色散状态。这个只有在一系列的近似下才能满足，比如棱镜是薄透镜、没有球差或色差，光栅的光谱响应函数均匀。当脉冲比较长的时候（大于 50 fs），可以把脉冲展宽限制在几个飞秒范围内。对比较短的脉冲，比如 10~20 fs，对这些元件的要求比较高。这样，通常需要把透镜换成球面镜，以避免球差、色差、色散等问题。

最早使用该 4f 装置的是 Froehly 等,用该装置调制 30 ps 的激光脉冲[2,5]。后来 Heritage 等把该装置用在几个皮秒的脉冲的相位调制上,他们去掉该系统中的棱镜,用光栅对引入色散以补偿脉冲在光纤中传播时带来的色散[6]。再后来,Weiner 把该零色散装置和固定的相位板用在调制 100 fs 的脉冲上[1]。现在,通过把透镜换为球面镜,该装置已经被成功用在控制 10~20 fs 的脉冲。在激光器中,也有很多厂家把类似的装置用在高功率激光器中脉冲的压缩上,可以通过改变光栅之间的距离来控制脉冲中的色散。

根据空间光调制器类型的不同,图 3.10 示意了常用的几种不同的 4f 脉冲整形装置。声光调制器通过晶体中声波对光的调制来实现整形的目的。在图 3.10(c)中,光谱的相位是通过在变形镜中,几何上改变光程来实现相位调制的目的。在变形镜中,通过压电陶瓷或小的电极等来控制变形镜中不同的单元。变形镜的特点是可以连续加相位,而不像其他的器件一样,调制的相位是不连续的,比如图 3.10(d)中的微机械变形镜。而在图 3.10(e)中,是通过选择每个玻璃基片单元来实现相位调制。

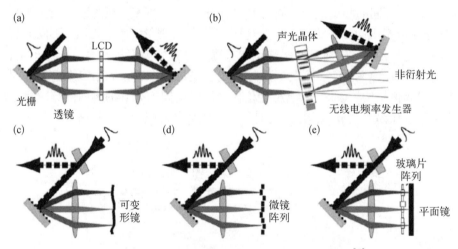

图 3.10 不同的空间光调制器对应的脉冲整形系统[7]

注:分别基于透射式液晶 SLM(a)、声光调制器(b)、反射式变形镜(c)、微机械变形镜(d)、反射式玻璃基片(e)

双脉冲在光谱实验中应用比较广泛,尤其是在泵浦探测等实验中。阶跃 π 相位可以产生双激光脉冲。在 4f 系统中,对脉冲做阶跃 π 相位的调制,可产生双脉冲。阶跃 π 相位的相位关系如图 3.11 所示,当波长小于中心点 ω_0 对应的波长时相位调制为零,当波长大于中心点 ω_0 对应的波长时相位调制为 π。通过在空间光调制器上加上这样阶跃 π 相位的相位调制后,产生的双脉冲序列如图 3.12 所示。通过改变中心点 ω_0 的位置,可以控制脉冲序列中双脉冲之间的强度比,得到双脉冲的结果如图 3.12 所示。从图中可以看到,4f 系统可以相对精确地产生需要的脉冲形状。

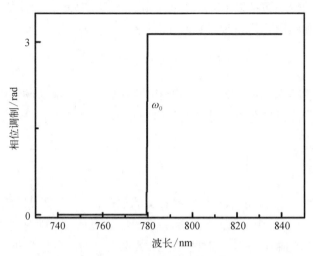

图 3.11 π-阶跃相位调制示意图

注：ω_0 对应的波长为相位调制的阶跃位置

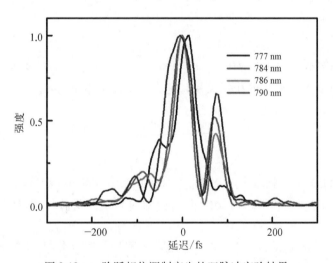

图 3.12 π 阶跃相位调制产生的双脉冲实验结果

3.2 脉冲测量

3.2.1 脉冲测量简介

前面讨论了激光脉冲的整形问题,主要有两个问题：第一,应该知道整形后的激光脉冲是什么形状;第二,在科学研究中,需要知道脉冲的形状与实验结果的关系。这两个问题都涉及激光脉冲的测量。

　　激光脉冲的性质包括以下几个方面：脉冲宽度（时间）、脉冲能量、脉冲频谱、脉冲载波相位和频谱相位。激光脉冲在时域中可以表示为

$$E(t) = E_0 \varepsilon(t) e^{i\omega_c t + \varphi(t)} \tag{3.5}$$

其中，ω_c 是载波频率；$\varphi(t)$ 为脉冲瞬时相位，包含与时间有关的频率部分；E_0 为脉冲幅值；$\varepsilon(t)$ 为光脉冲包络。脉冲的瞬时频率为

$$\omega(t) = \omega_c - \frac{d\varphi}{dt} \tag{3.6}$$

因而，一个常数相位关系 φ 不含与频率有关的部分，与时间呈线性关系的 φ 的部分意味着频率的平移，φ 中与时间成二次关系的部分表示频率随时间的线性上升（正啁啾）或下降（负啁啾），φ 中与时间成三次关系以上的部分称为非线性啁啾。

　　对时域脉冲进行傅里叶变换，可以得到脉冲在频域的表示：

$$E(\omega) = \frac{1}{\sqrt{2\pi}} \int_{-\infty}^{+\infty} E(t) e^{-i\omega t} dt \tag{3.7}$$

$E(\omega)$ 也可以写成：$E(\omega) = \sqrt{I(\omega - \omega_c)} \exp[i\varphi(\omega - \omega_0)]$。$\sqrt{I(\omega - \omega_c)}$ 是光谱的形状，$\varphi(\omega - \omega_0)$ 是光谱的相位关系。定义一个群延迟量：

$$t(\omega) = \frac{d\varphi(\omega - \omega_c)}{d\omega} \tag{3.8}$$

可以看到，$\varphi(\omega - \omega_c)$ 频域中的常数相位，说明所有的频率同步传输，$\varphi(\omega - \omega_c)$ 中的线性相位是时间上的平移，二次相位部分对应着线性啁啾，三次及以上对应非线性啁啾。

　　对飞秒脉冲的测量，目前尚未有可以直接测量其时间特性的仪器。自相关测量技术仍是一个相对简单的方法，也就是说把时间上的距离转化为空间上的距离。因为通常用到的脉冲宽度是几飞秒至几十飞秒，一个飞秒对应的距离为 $0.3~\mu m$，这个距离可以通过精密平移台的扫描而分辨。常用的测量方法有：自相关法、频率分辨光学门（frequency resolved optical gating, FROG）的方法、自参考光谱相位相干电场重建法（spectral phase interferometry for direct electric-field reconstruction, SPIDER）。由于自相关的方法仅能给出强度信息，FROG、SPIDER 可以给出脉冲的相位关系。在用激光脉冲整形控制物理化学过程的过程中，相位信息非常重要，尤其是通过相干控制研究其中的物理过程，所以这里主要讨论 SPIDER 和 FROG 两种方法。

3.2.2　SPIDER 介绍

　　SPIDER 是一种实时测量脉冲的方法[8-10]。在 SPIDER 装置中,首先把入射脉冲分为三束,其中两束完全相同。其中一束经过延迟线,第三束脉冲人为地引入啁啾(通过石英玻璃或光栅对)。然后把前两束光脉冲分别和第三束带有啁啾的脉冲在非线性晶体中和频。由于啁啾脉冲中时间和即时频率之间是线性关系,在混频过程中,两个短脉冲分别与啁啾脉冲中不同时刻处的即时频率和频。由于展宽脉冲的啁啾性,两个即时频率将有一个差值 Ω,设其中一个频率 ω_0,则另一个频率为 $\omega_0 + \Omega$。这样,在和频的过程中,前两个短脉冲的所有光谱成分都将上移 ω_0 和 $\omega_0 + \Omega$。然后调节延迟线,让这两个脉冲在频域发生光谱相干,通过记录相干光谱,然后再做一系列的数学处理,即可得到入射脉冲的相位。典型的 SPIDER 的装置,如图 3.13 所示。SPIDER 的优点是不用扫描延迟线,可以实时检测脉冲的相位关系。

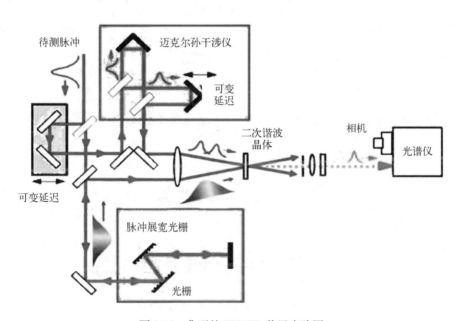

图 3.13　典型的 SPIDER 装置光路图

3.2.3　FROG 介绍

　　FROG 最早是由 Trebino 等提出的,该方法能给出光谱的带宽、相位等信息[11,12]。FROG 的整体思想是:入射脉冲分成两束或三束,其中一束用于探测脉冲,剩下的用作门脉冲,门脉冲来自二阶或三阶非线性效应。FROG 的光谱强度关系为

$$S(\omega,\tau)=\left|\int_{-\infty}^{+\infty}E(t)g(t-\tau)\exp(-\mathrm{i}\omega t)\mathrm{d}t\right|^2 \tag{3.9}$$

式中,$E(t)$ 描述的是电场强度;$g(t-\tau)$ 是可变的门函数;τ 是门脉冲的延迟时间。根据门脉冲的不同,FROG 分为基于二阶非线性光学效应的二次谐波的 FROG (SHG-FROG)、基于三阶非线性效应的偏振的 FROG(PG-FROG)、自衍射 FROG (SD-FROG)、瞬态光栅 FROG(TG-FROG)和三次谐波 FROG(THG-FROG)[13]。

PG-FROG 的方法是把探测光通过正交偏振片,同时让门脉冲通过一个波片,把其偏振方向改变45°,然后探测光和门脉冲在非线性介质中交叠。由于光克尔效应,门脉冲会在介质中引起双折射,使得探测脉冲的偏振方向发生改变,就会有一部分偏振方向改变了的光通过正交的偏振片,如图 3.14 所示。

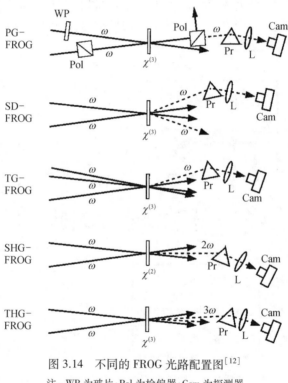

图 3.14　不同的 FROG 光路配置图[12]

注:WP 为玻片;Pol 为检偏器;Cam 为探测器

SD-FROG 的方法是利用两束偏振相同的光在非线性介质中重叠发生相互作用,产生一个正弦分布的光强,使介质成为一个光栅把两个入射光衍射,光谱仪接收衍射光与延迟之间的关系,如图 3.14 所示。与偏振开关法相比,自衍射法不需要偏振片,因此可以用于深紫外区和脉冲宽度非常小的脉冲。

TG-FROG 的方法是把入射光分为三束,其中两束光在光克尔介质上重合,形成衍射光栅,第三束光经过延迟线,然后被瞬态光栅衍射,如图 3.14 所示。瞬态光栅不会因为非线性介质太厚或者光束之间的夹角过大而引起相位失配。瞬态光栅有个弱点就是需要三束光在时间和空间上的重合,调节难度比较大。

　　SHG - FROG 的方法是利用的二阶非线性光学和频效应,如图 3.14 所示。入射光分为两束,其中一个作为门脉冲,另外一个作为探测脉冲,两束光在倍频晶体上和频时,将产生和频信号。通过探测和频信号的光谱随时间的演化来探测脉冲的形状。SHG - FROG 调节起来简单,并且具有很高的灵敏度,因而被广泛应用。但是二次谐波 FROG 有个弱点,就是由于 $E(-t)$ 和 $E(t)$,和频信号是一样的,因而不能区分脉冲的啁啾方向。

　　THG - FROG 是基于三次谐波的产生过程。把待测光分为两束,其中一束经过延迟线,然后两束光在三阶非线性介质上聚焦并重合,如图 3.14 所示。通过探测三次谐波的光谱来追迹脉冲形状与相位信息。三次谐波能克服二次谐波中的时间上的对称性,但是信号强度要弱,不过比 SD - FROG、TG - FROG 信号要强一些。信号强度与电场的关系分别为

$$\text{PG}: E_{\text{sig}}(t, \tau) = E(t) \left| E(t - \tau) \right|^2$$

$$\text{SD}: E_{\text{sig}}(t, \tau) = E^2(t) E^*(t - \tau)$$

$$\text{TG}: E_{\text{sig}}(t, \tau) = E^2(t) E^*(t - \tau)$$

$$\text{SHG}: E_{\text{sig}}(t, \tau) = E(t) E(t - \tau)$$

$$\text{THG}: E_{\text{sig}}(t, \tau) = E^2(t) E(t - \tau)$$

　　图 3.15、图 3.16 显示是以上几种 FROG 对应的标准图形。

　　总结这几种 FROG 的优点和缺点,列于表 3.1 中[12]。

表 3.1　总结以上几种不同的 **FROG** 配置的优缺点[12]

装置	PG - FROG	SD - FROG	TG - FROG	THG - FROG	SHG - FROG
非线性	$\chi^{(3)}$	$\chi^{(3)}$	$\chi^{(3)}$	$\chi^{(3)}$	$\chi^{(2)}$
灵敏度 (单脉冲)	1 μJ	10 μJ	0.1 μJ	0.03 μJ	0.01 μJ
灵敏度 (多脉冲)	100 nJ	1 000 nJ	10 nJ	3 nJ	0.001 nJ
优点	直观;自动相位匹配	直观	无背景;灵敏;直观	灵敏;非常大的带宽	非常灵敏
缺点	需要偏振器	需要薄介质;相位不匹配	三光束	不直观;非常短波长信号	不直观;短波长信号
不确定性	未知	未知	未知	多脉冲的相对位相:φ, $\varphi \pm 2\pi/3$	时间的方向;多脉冲的相对位相:φ, $\varphi + \pi$

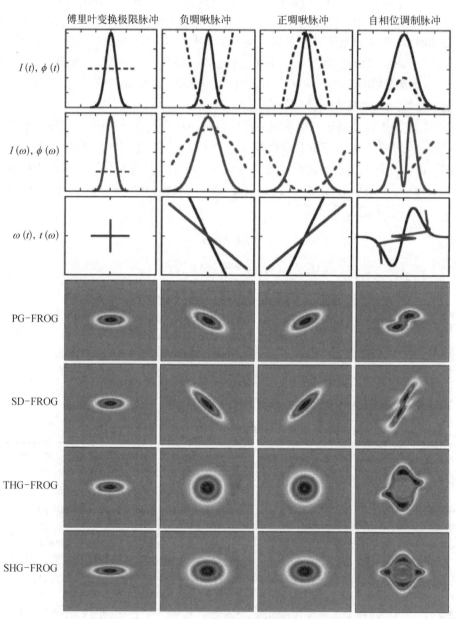

图 3.15　图 3.14 配置对应的不同啁啾的 FROG 图[12]

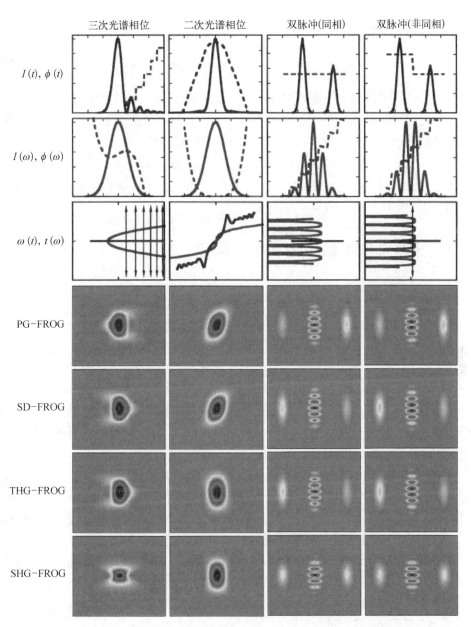

图 3.16　图 3.14 中的几种 FROG 配置对应的不同啁啾的 FROG 图[12]

实验中采集的数据为光谱强度与门脉冲的延迟之间的关系，是三维数据。

FROG 实验数据需要通过追迹拟合，才能得到脉冲的电场形状和光谱相位。追迹需要找到一个能满足以下两个条件的电场：第一个条件是，测量的 FROG 数据必须是信号强度 $E_{sig}(t,\tau)$ 的傅里叶变换的幅度平方

$$I_{FROG}(\omega,\tau) = \left| \int_{-\infty}^{+\infty} E_{sig}(t,\tau)\exp(-\mathrm{i}\omega t)\,\mathrm{d}t \right|^2 \tag{3.10}$$

第二个条件是追迹得到的电场强度可以由相应的非线性效应产生信号场的电场。基本的追迹过程是基于信号场的时域 $E_{sig}(t,\tau)$ 和频域 $E_{sig}(\omega,\tau)$ 之间的变换。首先随机产生一个电场分布，用傅里叶变换到频域 $E_{sig}(\omega,\tau)$，然后根据第一个限制条件，用实际测量的 FROG 数据 $E'_{sig}(\omega,\tau)$ 修正 $E_{sig}(\omega,\tau)$。第二步，把修正后的 $E'_{sig}(\omega,\tau)$ 反变换到时域 $E'_{sig}(t,\tau)$，然后再开始新的一轮的循环迭代，直至循环饱和为止。

3.3 脉冲整形在相干控制中的应用

3.3.1 相干控制

从量子力学诞生的第一天起，科学家们就希望操纵和控制量子力学现象。1960 年激光的出现使这一研究得到了很大的进步，主要表现在飞秒光学领域的一系列突破。1999 年的诺贝尔化学奖授予了泽维尔(A.H. Zewail)，以表彰他在飞秒化学领域用飞秒超快激光的手段观察到化学键的形成和断裂的过程。认识世界的目的是为了改造世界。人类对于科学的追求总是孜孜不倦，精益求精。现在飞秒化学领域又在追求怎么利用飞秒激光来控制化学键的形成和断裂，也就是说控制化学反应过程，称为相干控制。

相干控制的研究可以追溯到 20 世纪 80 年代。化学家关注选择性的破坏或创造多原子分子中的化学键。他们尝试使用不同频率的激光，通过辨别与目标化学键相关的局域模式频率，调节激光到相应的频率，实现控制化学反应产物的能力。除了小分子以外，他们没有取得实质性的进展。这是由于局域振动的能量会通过分子的振动快速重新分布，从而破坏了这种选择性。失败的原因是，他们忽略了量子力学的波动性的性质，凡是波动性都有干涉增强或减弱的性质。相干控制也正是利用这一点，把激光固有的相干转换到量子系统，制备一个终态的过程就是构造干涉增强或干涉减弱的过程。

早在 1985 年前后，美国芝加哥大学的 Tannor、Rice 等和以色列威兹曼研究所的 Shapiro、Brumer 就独立地从理论上得到了在双光子吸收中通过控制两个光子之间的相对相位关系来控制化学反应通道的比例[14-16]。如果两个化学反应通道的

初始本征态相同,而且终态又处在同一组简并的连续态中,则可以通过控制激发脉冲的相对相位来控制这两个通道的比例。1989 年,Shi 和 Rabitz 提出了在和谐分子中通过选择合适的最优场来有选择地激发特定分子的方法[17]。这种最优设计场结合了分子系统的力学特性,并通过控制分子内部能量交换来最终实现分子系统局部激发的目标。Tannor 等提出根据光脉冲的波形来选择控制最优场的方法[16]。通过光脉冲的波形来控制化学元素按照人们期望的方向发生反应并形成相应产物。这是量子控制在实验方面迈出的关键一步。我们把这种预先给定激光光场形状的控制称为开环相干控制。

以上控制光场的设计,需要满足以下条件:① 为了准确描述系统的量子状态,系统的哈密顿量必须准确地描述出来;② 为了得到系统的控制脉冲形状,薛定谔方程必须能得到精确求解;③ 在实验室条件下必须能够精确实现需要的激光脉冲形状。除了简单的分子以外,以上条件通常都很难得到满足,尤其是薛定谔方程通常是很难求解的。遗传算法为解决这个问题提供了方便。1992 年,普林斯顿大学的 Rabitz 等提出利用遗传算法的思想来寻找最优光场分布。这种方法也叫闭环相干控制[18]。具体操作是:采用遗传算法的思想,先给出一定的随机的光场分布,包括相位和振幅,然后根据目标信号,通过遗传和变异,产生下一代光场分布,优胜劣汰,逐渐优化,最终得到最优的光场分布。这种方法不需要知道分子的势能面的分布,采用自优化的方法寻找最优的条件。1997 年,Bardeen 等利用这种思想实现了染料 IR125 的激发控制[19]。他们通过利用 100 代(每一代 50 个种群)的量子系统学习的方法最终获得了激发样品 IR125 分子的脉冲形状。这标志着闭环相干控制在实验上的成功实现。

3.3.2　相干控制在各个领域中的应用

自此,基于自适应脉冲整形的相干控制技术迅速发展起来,其应用扩展到各个光学领域,包括控制双光子跃迁、光致分子异构、化学键的形成和断裂等。

3.3.2.1　相干控制在双光子和多光子跃迁中的应用

1998 年,Meshulach 和 Silberberg 证明了飞秒激光脉冲整形在铯(Cs)气体的双光子激发中的应用,如图 3.17 所示[20]。通过对不同的光谱成分的相位调制,可以成功地控制铯(Cs)原子从基态 $6S_{1/2}$ 向激发态 $8S_{1/2}$ 的能级跃迁。

这里用 822 nm 的激光通过双光子激发铯(Cs)气,被激发到 $8S_{1/2}$ 后,Cs 会弛豫到 7P 态,从 7P 态向基态 $6S_{1/2}$ 跃迁发出 460 nm 的荧光。成功地控制了双光子荧光强度随控制

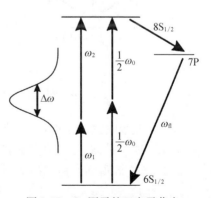

图 3.17　Cs 原子的双光子荧光跃迁能级结构图

相位的改变。后来作者在理论上分析得到有些整形后的脉冲并不激发样品,其他脉冲激发系统的效果和傅里叶极限脉冲一样。作者用阶跃的 π 脉冲去扫描整个脉冲频谱,当扫描到中心频率时,得到一个尖锐的双光子吸收(two photon absorption)跃迁线。2001 年 Silbererg 小组发表于《物理快报评论》(physical review letters,PRL)上的文章报道,对于共振多光子激发,TL 脉冲不是最优化的,可以通过相位调制增加多光子跃迁的概率[21]。但是这个实验换为香豆素(Coumarin 6H)时,这个尖锐的线就不再存在,说明在连续能级的大分子中这种现象是不存在的。在凝聚相中,相干控制的情况比较复杂。凝聚相中的量子相干控制是另一个很重要的发展方面。由于凝聚相中分子间的作用、分子与溶剂的作用等使得凝聚相的系统控制显得更加复杂,从而使这种自适应学习算法可以得到更有效的应用。凝聚相中存在这样的难点:对于需要通过强场改变势能面的情况,由于分子间的相互作用,激光强度太大会产生超连续白光,影响势能面的改变。另外,在凝聚相中,实现库仑爆炸和强的斯达克分裂时也会受到限制。

Geber 小组用相干控制的方法成功地控制了染料[Ru(dpb)$_3$](PF$_6$)$_2$的激发态能量转移过程。染料分子[Ru(dpb)$_3$](PF$_6$)$_2$的能级结构如图 3.18 所示[22,23]。

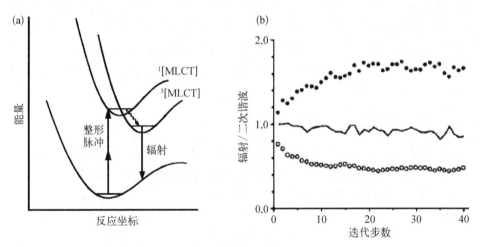

图 3.18 控制染料磷光发射的示意图[23]

(a)能级结构示意图;(b)磷光的增大(实)和减小(虚点)控制图

由于其吸收波长在 450 nm 处,因而只能通过双光子激发。通过双光子激发到单重态[1][MLCT],然后再弛豫到三重态[3][MLCT],从三重态发射 620 nm 磷光。图 3.18(b)是实验得到的控制磷光发射强度增大或减小的过程。最终得到:变换极限的脉冲和强度最大的脉冲不是最有利于磷光发射的。

该小组后来又利用相干控制双光子过程来实现研究了[Ru(dpb)$_3$](PF$_6$)$_2$和

染料 DCM 的选择性激发[7]。这两个分子的吸收光谱相似,通过改变激发波长的方法是不能区分它们的,而用优化控制的方法可以区分。实验中得出,单参数的扫描是不能区分他们的,只有通过遗传算法进行多参数优化,才可以选择性地激发这两种分子。由于改变啁啾、脉冲能量等因素均不能改变其荧光发射比率,说明量子控制对该系统来讲,影响的是其波包运动。

2009 年,Silva 等[24]研究了双光子荧光信号的调制深度与样品的双光子吸收波长的关系。对双光子吸收带在 400 nm 以下的样品,像 MEH – PPV、Coumarin 307和 Coumarin 522 等,随着双光子激发波长的降低,调制深度增加,而双光子吸收带在 400 nm 以上的样品则呈相反的趋势,其原因还在研究之中。现在的研究工作已经开始发展为从优化控制得到的脉冲形状来研究光与物质内部分子的相互作用机制。

3.3.2.2　相干控制在光致异构等激发态过程中的应用

2005 年,Gerber 小组研究了 NK88 的染料分子的异构的控制[25]。室温下只存在反式异构,当被激发到激发态 S_1 后,弛豫下来的分子可能处于顺式,也可能处于反式,如图 3.19(b)所示。通过基于自适应脉冲整形的优化,可以使顺式和反式的比例分别得到控制,如图 3.20 所示。

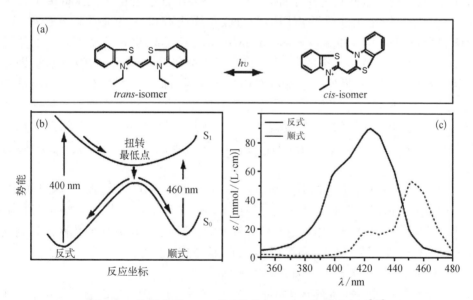

图 3.19　染料分子 NK88 的异构能级以及吸收谱示意图[25]

(a) NK88 分子的同分异构体;(b) 简化的势能面;(c) 两个同分异构体的基态吸收谱

3.3.2.3　相干控制在光生物学中的应用

随着飞秒生物的发展,越来越多的工作集中在生物分子系统的控制实验上。相干控制在人工光合作用、视觉过程、生物标记等重要的研究方面都得到了应用。

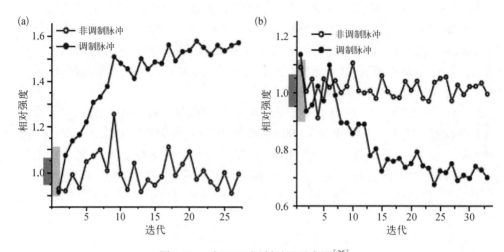

图 3.20　对 NK88 调制过程示意图[25]

(a) 优化反式结构分子的过程;(b) 优化顺式结构的过程

天线是光合作用很重要的一个方面,因为它要接收太阳能,经过一系列的能量转移步骤,然后把能量转化为化学能。2002 年,Motzkus 小组首次在 Nature 上发表了研究的光合作用中起重要作用的能量收集天线 LH2 中的能量转移过程[26]。LH2 包含类胡萝卜素和 bacteriochlorohpyll(BChl),类胡萝卜素吸收光子的能量在 450~550 nm。然后这个能量要经过两个转移通道: 一个是有用的通道,即能量转移到 BChl 中去;另外一个是没有用的单通道,即类胡萝卜素本身的能量耗散,如图 3.21 所示。这里作者通过脉冲整形的相干控制的方法控制能量的流动方向,优化了能量转移的效率(提高 35%)。然后通过开环控制,得到正弦相位调制,产生间隔为 250 fs 的脉冲序列可以有效增加有用通道的能量转换的效率。

2006 年,Miller 小组用相干控制的方法,成功地控制了视觉过程。视觉过程,一个很重要的物理过程就是菌视紫红质(bacteriorhodopsin)的光致异构的过程,如图 3.22 所示[27]。Miller 小组通过相位和幅度的整形,可以在 20%的范围内控制这个光致异构过程,为视觉过程的研究提供了很好的物理工具。

3.3.2.4　相干控制在控制振动态中的应用

相干控制在控制振动态中也发挥了很重要的作用。振动光谱通常需要中红外波长的激光来激发(MIR),但是 MIR 的脉冲整形技术还不够成熟。目前已有的技术还是通过拉曼光谱的方法来研究。由于很多化学反应是发生在 S_0 的振动态,因而制备非稳定基态尤为重要。Bardeen 等在 LD690 的拉曼过程中以 S_1 作为中间态用脉冲整形的方法成功制备了这样的基态[28]。脉冲测量与分析得到负啁啾用于激发时对制备非稳定基态是有利的。

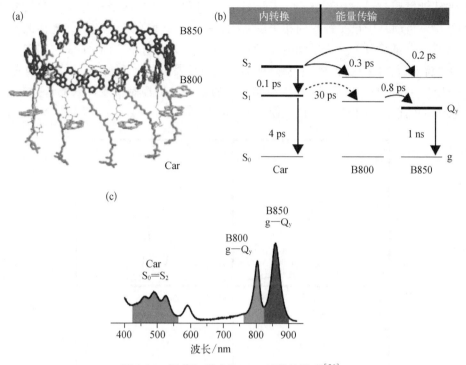

图 3.21　视紫红质中的 LH2 天线的性质[26]
（a）类胡萝卜素（蓝色）和 BCHL 分子（B850：红色；B800：橙色）的构型示意图；
（b）能量转移示意图及转移速率；（c）类胡萝卜素和 B800、B850 的稳态吸收谱

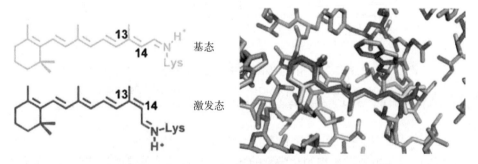

图 3.22　视觉功能中涉及的视紫红质的同分异构体示意图[27]

　　1999 年，Weinacht 等开始了闭环自适应控制来研究液态甲醇的受激拉曼散射[29]。由于实验中斯托克斯频移远远大于激光光谱宽度，因而通过自相位调制展宽光谱后控制拉曼散射。这里成功实现了对称和反对称 C—H 键振动的选择性控制，同时激发或只激发其中一个。后来的研究发现其物理过程，应该来源于分子内的过程，即分子内的两种振动模式之间的耦合，而非自相位调制的过程。结果如图 3.23 所示：（a）是没有经过整形的脉冲；（b）是仅仅优化这两个拉曼频率而抑制其

他非线性过程;(c)是仅仅优化其中一个拉曼过程;(d)是两个拉曼频率都被抑制的结果。目前基于量子控制的相干反斯托克斯拉曼散射分辨率比激光光谱的宽度能优化一个量级以上。华东师范大学孙真荣教授课题组在 2010 年成功实现了二溴甲烷和氯仿中拉曼模式的选择性激发,并拓展了相干反斯托克斯拉曼散射(CARS)中脉冲整形的手段,不仅泵浦脉冲的整形可以控制拉曼模式的选择性,对探测脉冲的整形也可以实现拉曼模式的选择性[30]。

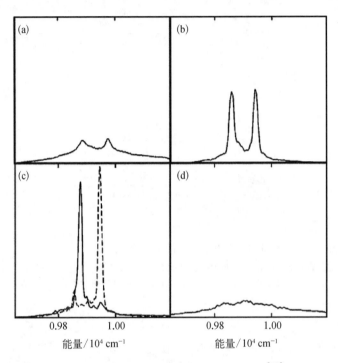

图 3.23　相干控制甲醇中的受激拉曼散射[30]
(a) 150 fs 的优化前的脉冲激发的拉曼信号;(b) 双峰均优化时的拉曼信号;
(c) 优化其中一个(实线为反对称峰;虚线为对称峰)的结果;(d) 抑制两个拉曼峰的结果

3.3.2.5　相干控制在化学键的形成和断裂中的应用

飞秒化学开始于激光控制化学键的断裂。开始时是单纯通过调节激光波长来打断化学键。如前面所述,除了少数小分子外,不是最有效的。脉冲整形为这一光化学过程提供重要手段[31]。Assion 等首先开展了光催化中常常用到的金属有机络合物[CpFe(CO)$_2$Cl](Cp $=$C$_5$H$_5$)的脉冲整形控制研究[32]。由于该络合物包含多种化学键,因而激光作用之后,多个化学键会被打断,会有多种产物出现。Assion 等选择其中两种碎片[CpFe(CO)Cl]$^+$和[FeCl]$^+$作为研究对象,如图 3.24 所示。并以这两种碎片的比例作为反馈信号,成功控制了这两种碎片的产率之比。经过优化控制后的两者产率之比可以在(5∶1)和(1∶1)的范围内调控。

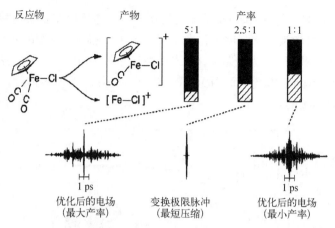

图 3.24　脉冲整形控制[CpFe(CO)Cl]/[FeCl]的比例示意图[32]

2001 年,Levis 等[31]首次在强场条件下,用脉冲整形控制了 CH_3COCF_3 的化学键的断裂过程,成功控制 CH_3^+ 和 CF_3^+ 碎片的比例(图 3.25、图 3.26)。

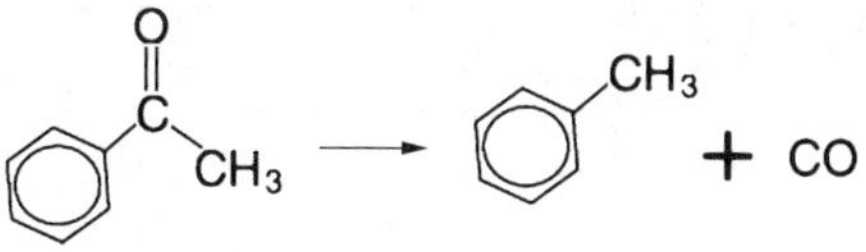

图 3.25　CH_3COCF_3 分子的化学键的重组示意图[31]

更为重要的是,Levis 等的工作不仅把相干控制的思想用到了强场解离方面,而且用到了化学键的重组上。如图 3.25 所示,用脉冲整形控制并优化了苯乙酮中苯环和碳氧(C ═O)键的断裂后,同时形成苯环和甲基(CH_3)键的重组,这在飞秒化学领域里是一个划时代的进步。

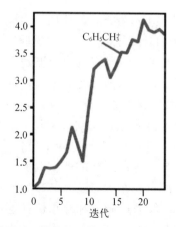

图 3.26　优化 CH_3COCF_3 分子的化学键
重组后的 $C_6H_5CH_3^+$ 比例过程[31]

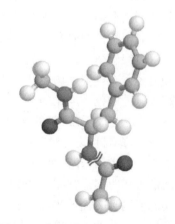

图 3.27　氨基酸 Ac－Phe－NHMe 中
打断 N1—C3 键的示意图

　　2007 年,波恩研究所 Laarmann 等又展开了用脉冲整形控制氨基酸中化学键的断裂过程的研究,为蛋白质测序工作奠定了一定的基础[33]。Laarmann 等选取了氨基酸 Ac‑Phe‑NHMe 作为控制对象,选择性地打断其中的 N1—C3 键,而保持其他的化学键不受影响,如图 3.27 所示。结果得到如图 3.28 所示的脉冲是最适合打断该种类的化学键的。

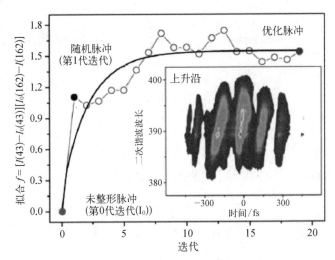

图 3.28　优化控制 N1—C3 键断裂的过程

注:插图为优化结果得到的最优脉冲

　　2010 年,维尔茨堡大学 Nuernberger 等成功实现了激光控制化学键的形成[34]。H_2 和 CO_2 在 Pd(100)单晶的作用下可以成键,形成一系列的产物,Nuernberger 等通过脉冲整形的方法实现了控制其中的 CH^+ 比例,从而优化了 C—H 成键的比例。

3.3.2.6　脉冲整形在纳米光学中的应用

　　脉冲调制在揭示表面等离激元时域振荡特性上有着重要的应用。表面等离激元振荡的时间特性的研究一直受限于激光脉冲的时间分辨能力。扫描近场显微镜虽然有可以突破衍射极限的空间分辨能力,能在宽的波段范围内探测到等离激元模式和光场分布。但近场光学显微镜有个缺点:时间分辨率很难控制。这主要来源于超短脉冲的色散。比如 Wu 等的研究表明,16 fs 的激光脉冲,通过包括光纤在内的飞秒近场光学系统,脉冲展宽为 5 ps,因而会使得超快时间分辨几乎成为不可能[35]。虽然光栅和棱镜对等可以对二阶色散和三阶色散起到一定的补偿作用,但是对更高阶的色散,却很难补偿。高阶色散会带来脉冲形状的严重畸变。表面等离激元的去相时间通常在 2~20 fs。探测到脉冲对表面等离激元的影响的首要因素是实时探测到表面等离激元信号。Nishiyama 等通过调节脉冲相位补偿色散等方法有效控制脉冲的间隔,通过近场干涉的方法,研究了表面等离激元的近场激发与传播过程[36]。通过脉冲调制消除色散可以提高近场光学的时间分辨能力。通过改变两个子脉冲的延迟,可以相干控制近场中局域表面等离激元信号强度的空间分布。通过激发不同的局域表面等离激元模式,根据空间模式随着时间的干涉条纹的变化,得到两个模式振荡的拍频周期在 20 fs。Imaeda 等把脉冲调制用在近场显微镜中,通过调制色散的方法,在有孔(50~100 nm)近场光学显微镜环境下研究了金膜表面的等离子体寿命分布,得到样品表面的去相时间为小于 15 fs,同时实现了相位调制带来的双光子荧光的空间分布[37]。该研究者通过脉冲整形的方法补偿光学系统的色散,把脉冲弛豫时间从 55 fs 压缩到 11 fs。Wu 等在近场光学系统中,通过飞秒脉冲压缩的方式,用一个 100 μm 厚的 BBO 晶体产生的二次谐波作为反馈信号,采用自适应遗传算法补偿光纤引入的色散,把原来 5 ps 的激光脉冲压缩到 17 fs。Mårsell 等在光电子显微镜(PEEM)中研究了飞秒脉冲调制纳米光学天线的近场动力学过程[38]。光电子显微镜(PEEM)是实验上可以分辨时空表面等离激元传播过程的技术手段。以往的光电子局域动力学的研究通常是在 10 fs。该研究中,研究人员用 5.5 fs 的激光脉冲,通过脉冲延迟的控制,研究不同纳米天线的局域表面等离激元局域振荡的飞秒动力学。通过研究不同位置的光电子弛豫动力学过程,实现了 3 fs 的时间分辨能力,并通过有限元模拟验证了该实验结果。该结果向着近场飞秒纳米尺度的相干控制再次推进了一步。

飞秒激光脉冲整形同时实现超快和超小尺度的操控对样品也有较高的要求。因为光波是微米量级,很难使光波聚焦在一个比较小的尺寸。另外一点,长程的偶极相互作用也会带来光场作用的离域。光学天线是满足这种局域表面等离激元电场增强的结构。光学天线中的局域等离子体振荡模式的动力学恰好在飞秒量级。因而光学纳米天线是实现超快超小控制的手段。基于表面等离激元中能量与振荡频率有关的原理,Mårsell 等在飞秒光电子显微镜(PEEM)系统下,通过振幅和相位调制的手段对飞秒激光脉冲进行操纵,选择性地激发其中的本征模式[38]。周期量级的飞秒脉冲具有较宽的带宽,可以激发多个模式,通过幅度和相位的调制,可以选择性地激发其中的部分模式。Dombi 等用光电子发射的方法证明了周期量级的飞秒脉冲可以激发宽带等离子体模式,从而开辟了周期量级的表面等离激元研究的先河[39]。金属纳米针尖在周期量级激光脉冲的辐照下,可以产生高度局域的持续时间在阿秒尺度的相干同步电子波包,这种电子波包具有非常好的方向性。控制这类波包有希望直接看到纳米等离子体场的传播动力学和实时探测固态纳米结构中的电子运动。因为固体结构中电子的振动幅度和电子的近场弛豫幅度不同,固体结构中电子的弛豫过程与已经探明的原子分子中的电子的弛豫动力学不同。在满足一定条件的强场加速情况下,电子会在半个光学周期的范围内从针尖逃逸,产生具有非常好的方向性的电子流。因而载波包络相位(CEP)效应可以很好地调控该电子发射过程和 CEP 对光电子能谱的影响。通过调节周期量级的 CEP,在光电子显微镜下研究单晶金针尖的光电子发射产率。由于表面等离激元的传播场随着针尖直径的缩小,倏逝场的传播长度会变小,直径只有几个纳米的针尖可以激发

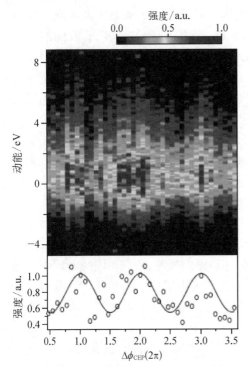

图 3.29　激光脉冲 CEP 控制 PEEM
信号效果图[41]

强局域的表面等离激元。该装置中具备全反射式强场物镜,可以把飞秒脉冲聚焦在 2 μm 范围。通过对 16 fs 激光脉冲的载波包络相位在 6π 范围内的调节,可以调节电子产率到 50% 的范围,如图 3.29 所示。Krueger 等报道了通过相位调制可以在 100% 的范围内控制 10 nm 钨针尖的光电子发射过程[40]。另外,由于金属针尖具有场增强效应,通常几十倍到几百倍,因而可以在振荡级激光的环境下实现阿秒脉冲,比通常在气体中需要放大级的激光具有先天的优点。另外,纳米针尖的光电子发射通常在 10 nm 左右,相比激光的焦点,在分辨能力上有数量级的改进,在超分辨领域有着广泛的应用。

2012 年,Martin 等发展了双色光场脉冲的偏振调制在纳米光电子显微镜(PEEM)中的应用[42]。对脉冲的两个偏振部分,通过脉冲的 π 相位调制,可以使金纳米三棱柱的光电子发射信号达到最优的空间近场分布,同时揭示了局域模式的干涉是控制光与物质相互作用的重要工具。这里把 80 MHz、30 fs、中心波长在 795 nm 的激光脉冲分为两路,一路经过倍频,另一路经过偏振的整形,以特定角度入射到样品表面,激发电子信号。单纯的探测光,激发的电子信号是空间分布均匀的。而当泵浦脉冲和探测脉冲时间和空间重叠以后,激发的电子信号则有空间分布特性和整体信号的叠加增强。根据 Tuchscherer 等在表面等离激元中的理论解析计算,两个激光脉冲的偏振部分的振幅和相位差可以带来表面等离激元的空间分布的不同[43]。另外脉冲的时域调制可以带来脉冲中光谱成分的相位同相。以上两者皆可带来电子信号的空间分布。这里把经过自适应优化算法得到的脉冲形状,在其中一个偏振分量加了 π 的相位调制,的确带来了空间光电子信号的反转,如图 3.30 所示。

光场相位调制除了应用在以上提出的近场和光电子显微镜(PEEM)环境、载波包络相位(CEP)等苛刻的实验条件下,对表面等离激元的性质进行揭示和操控。研究者也试图在更为简单的环境中,比如大气环境下进行远场光学的研究。美国 Stockman 等理论上提出利用相位调制的方法,实现光场能量空间分布的控制[44]。对通过相位调制产生的不同啁啾方向的激发脉冲,产生能量局域的情况不同,对 V

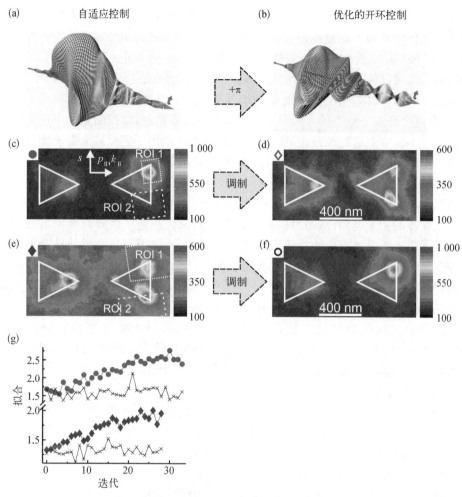

图 3.30　调制激光偏振控制 PEEM 信号空间分布示意图[42]

形的金属纳米结构,正向啁啾不产生能量局域,而负向啁啾易于产生能量局域,在理论上为纳米尺度的光学能量的空间分布和时域分布的控制带来了指导作用。Rewitz 等通过光谱相位调制与干涉的方法研究了银纳米线中表面等离激元信号的传播过程[45,46]。对于直径在 100 nm 以下的纳米线,等离激元的群速度会有显著降低,色散会比较小;而直径在 100 nm 以上的纳米线,群速度和色散都会达到一个稳定值。此外,表面等离激元的群速度还与纳米线的环境有关。这里通过一个飞秒脉冲分为两束:一束激发一个 4.5 μm 长的银纳米线,银纳米线的另一端散射出表面等离激元信号;另外一束光通过相位调制后与信号光产生超外差干涉,产生的信号用一个超灵敏热电制冷 CCD 和光谱仪收集。通过一系列的对比可以得到银纳米线的群延迟效应。

　　通过偏振的调控,可以同时激发纳米粒子阵列中的横向和纵向等离子体模式,并改变两种模式之间的相位关系。Sukharev 等用相位和偏振的调制来控制等离子体纳米器件的性质。通过基因算法优化器件的参数和光场的参数,可以实现 T 形纳米粒子阵列的选择性局域电场强度的控制[47]。Cao 等采用三维有限元模拟的方法研究了激光脉冲啁啾在银纳米线中激发表面等离激元过程中能量的相干控制。金属纳米结构可以利用局域表面电场增强的效应产生高强度的表面等离子体热点,通常这个热点是稳态的。通过调节激光相位的方法,可以控制这热点成为瞬态过程[48]。Lee 等通过模拟裁切激光脉冲相位的方式给出了啁啾在激发表面等离激元过程中的控制作用[49]。通过模拟金属颗粒表面的电场分布,表明不同的啁啾脉冲激发的表面等离激元到达热点的时间是不同的。这类表面等离激元的操控可以在微纳米尺度的编码解码等方面有着重要的应用。Rewitz 等理论上实现了表面等离激元脉冲的相干叠加,从而可以产生表面等离激元波包。该研究理论上分析了等离激元模式传播过程中的相速度与频率的反比关系,因而负啁啾的脉冲可以实现等离激元波包的相干同步叠加。在超小器件的使用中,表面等离激元信号的传播群速度和色散是其中的重要问题,这与几何形状有关[46]。局域表面等离激元电场增强为超小超快操纵提供了重要手段。在脉冲调制产生 CD 谱上,通过双光子荧光信号的二向色性谱比二次谐波有数倍的提高。Jarrett 等制备了间距小于10 nm 的两个纳米颗粒,这两个纳米颗粒由于直径不同,纳米颗粒之间的局域表面等离激元共振场的分布也是非对称的,并且具有共振增强效应,因而会产生各向异性,从而带来圆二向色性[50]。

2019 年,Liu 等开展了脉冲整形控制在荧光超分辨显微宽场成像领域的应用(至本书出版时尚未正式发表)。利用整形脉冲对荧光分子具有选择性激发的特点,通过设置一串整形脉冲序列,周期性地对 ZnCdSe 量子点激发,并将荧光信号通过显微系统采集,来区分衍射极限以内的发光粒子。相干控制本质上就是调控粒子激发态的相干性,由于分子大小形状以及所处的微环境的差异,即使是全同粒子,它们的势能面形貌和激发态上分裂的能,也会变得不同,从而导致不同粒子对整形脉冲的激发态相干结果即响应不同。Liu 等发现在两束不同的整形脉冲宽场激发下,不同的 ZnCdSe 量子点有的荧光增强,有的荧光强度不变,还有的荧光减弱。于是他们利用随机调制生成的整形脉冲,在全同的量子点体系中获得了 20%的荧光调制深度。通过周期性增强对涨落信号的提取以及超分辨定位算法,实现了相邻 50 nm 的两点超高分辨能力,以及连续结构的 30 nm 的超分辨定位精度,并在 QD625 标记的 COS7 生物细胞样品中验证了脉冲整形控制超分辨成像的有效性。

3.3.2.7 脉冲整形在单分子荧光动力学中的应用

激光脉冲整形的模型是建立在单原子气体物理过程控制和自适应优化过程基础上的。由于凝聚相中的分子之间的热运动带来的相互作用,去相效应掩盖了相位控制信息,因而体相材料的相干控制过程进入瓶颈阶段。在复杂系统中研究单个分子的荧光动力学过程可以排除不同分子之间的干扰和外界环境的影响。另外,也可以屏蔽多个分子的平均效应,可以更精确地研究分子动力学过程。利用有效的光子计数器,通常单个荧光分子的荧光计数可以在 $10^2 \sim 10^5$ 个。单分子荧光中发生的物理过程的时间尺度如图 3.31 所示[51]。

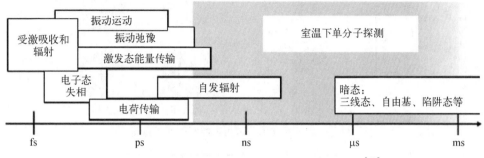

图 3.31   分子激发态弛豫物理过程的时间尺度分布[51]

荧光自发发射的时间在纳秒尺度,而电子的去相时间、激发态能量转移的时间、电荷转移和分子内振动能量转移等物理过程的时间尺度远远小于这个时间尺度,通常在飞秒或皮秒的时间尺度。因而用传统的荧光光谱的方法来研究这些物理过程是不足的,激光脉冲整形恰恰弥补了这一空白。比如,视网膜中视紫质的光致异构过程发生在飞秒时间尺度,激子的迁移时间也在飞秒时间尺度。光合作用中的超快能量转移在生命过程中扮演重要的角色。近年来的研究发现这个过程中存在相干性的问题。一方面,用传统的泵浦探测方法探测的物理过程是一个非相干的过程,随着光学延迟线的移动,泵浦脉冲和探测脉冲之间的相位关系不是固定的;另外一方面,在单分子荧光过程中,单分子的荧光通常发生在几秒范围内,通过脉冲的相位调制方法可以研究相位在单分子的相干性中的作用。

Hulst 等在单分子中研究脉冲间隔与载波包络相位的关系,通过单分子荧光信号强度揭示出单分子中二能级的相干性的弛豫过程[52]。Hulst 等通过第一个脉冲制备相干态,第二个脉冲探测相干态的弛豫过程。图 3.32 所示为二能级系统的相干控制的基本原理。一个单分子从能级 1 被共振激发到能级 2。激发会产生受激发射和受激吸收。当分子与外界环境完全没有作用,也就是不引入去相因素时,由光学布洛赫球的性质可以知道,该相互作用不改变分子数布居,也不改变两个能级之间的相干特性;当有外界环境的干扰,引入去相因素时,会改变两个能级之间的布居数和相干性。去相的影响可以通过脉冲序列中两个子脉冲之间的相对相位 $\Delta\phi$ 反映出来。因为在光学布洛赫球中,$\Delta\phi$ 反映了第二个脉冲对能级的相干性的影响。$\Delta\phi$ 为零时,不影响分子数的布居,而 $\Delta\phi$ 为 π rad 时,分子在上下能级的粒子数布居是受到影响的。因此可以通过相位调制,实现量子信号的存储。这里研究者通过脉冲选择器把兆赫兹的脉冲降低为千赫兹,人为生成两个载波包络相位可控的子脉冲对,研究了 TDI(terrylenediimide) 分子的单分子荧光信号随着 $\Delta\phi$ 和

Δt 的变化关系。得到单分子荧光信号在 $\Delta\phi$ 为零和 π 时随着子脉冲时间间隔的关系,如图3.33所示。证明了激光脉冲序列的相对相位对量子相位的操控能力。

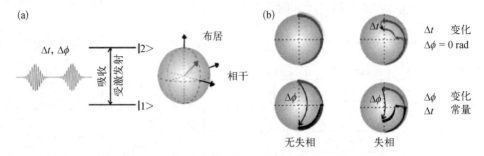

图 3.32　二能级系统单分子相干控制原理示意图[52]

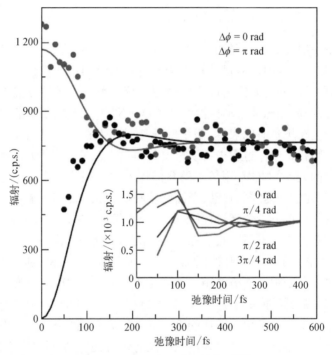

图 3.33　单分子相干控制效果[45]

在奠定了控制单分子的能级布居之后,Brinks 等发展了宽带相干控制技术。在宽带相干控制中,一个重要的目标是从多个能级中选择其中一个进行控制。在传统的体相材料中,相干控制是通过基因算法优化完成的,优化算法需要多个循环迭代过程,而在单分子中这一方法是不适用的,这源自单分子的信号只会持续几秒的时间。Brinks 等在共焦显微镜系统中,通过固定 $\Delta\phi$,改变子脉冲对之间的延迟来控制单分子的荧光过程[53,54]。限定子脉冲间隔在 0 fs、21 fs 和 42 fs,可以看到有的分子从暗到亮再变暗,有的分子从亮到暗再到亮,而有的分子荧光信号开始是亮的,后来变暗。这个反映了分子之间的差异性。这些与脉冲间隔相关的控制来源于波包之间的干涉。一束宽的脉冲光可以把分子从基态激发到激发态中涵盖所有的振动态,这样第二个子脉冲可以与之作用,从而控制该振动能级的增强或湮灭。通过改变波包之间的相对相位可以改变荧光信号的强度,表明了波包干涉对信号的控制能力。

此外,相干控制在控制太阳能电池材料的激子的光吸收与激子弛豫、冷原子控制等过程中也有着广泛的应用。

3.4　空间波前整形

随着空间光调制器的发展,二维平面结构的空间光调制器也逐步得到推广。二维空间光调制器可以用在波前的调制上。波前的空间相位调制是一个新的发展方向。2009 年科罗拉多大学 Moerner 小组通过空间相位调制的方法把焦点处的形状调节为双螺旋结构[55],从而实现高分辨成像,如图 3.34 所示。这里通过在焦平面上进行相位调制,可以改变焦平面处的焦点结构。图 3.34(b)中的插图为沿着光传播方向的双螺旋结构示意图。图 3.34(c)为焦点附近不同位置处的光斑截面结构。这样的双螺旋结构可以实现横向分辨率 10 nm、纵向分辨率 20 nm 的分辨能力。

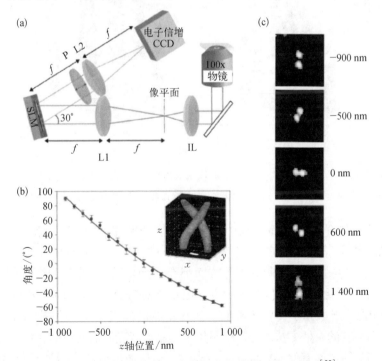

图 3.34　把焦点调制为双螺旋结构的成像系统示意图[55]

(a)成像系统的装置,其中,IL 为成像透镜,L1 和 L2 为消色差透镜,SLM 为二维空间光调制器;
(b)双光束的夹角与焦点位置的关系;(c)双光束的光斑与焦点位置的关系

德国维尔茨堡大学 Walter 等通过空间相位整形,调节光束的空间模式的方法控制高次谐波的产生,如图 3.35 所示[56]。

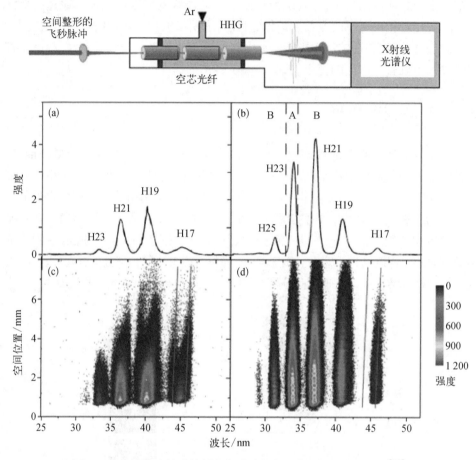

图 3.35　空间脉冲整形控制高次谐波的产生装置图和实验结果[56]

注：(a) 积分强度和(c) 空间分布是优化之前的高次谐波；(b) 和(d) 是优化 23 次谐波后的结果

光在非均匀介质的传播过程中会引起波前的畸变,从而损失激光的相干性。连续光和脉冲光,若存在波前畸变,都会影响脉冲在焦点处的时域分布。存在波前畸变的激光在生物成像、空间观测等方面都有着严重的影响。2008 年美国加州理工大学 Yaqoob 小组通过相位共轭的方法记录波前畸变[57]。2010 年法国巴黎高科 Popof 小组通过测量光学传输矩阵的方法纠正波前畸变[58]。自适应激光脉冲整形是纠正空间畸变的有效方法之一。最早用于调制连续光波前的空间相位调制的方法在技术上相对简单而有效。Vellekoop 等通过自适应波前的优化增加了聚焦的强度。2007 年通过空间相位调制的方法,Vellekoop 等把经过混浊散射介质(tuibid medium)的氦氖(Helium-Neon, He-Ne)连续光的焦点处的激光强度提高了 1 000 倍[59]。

　　相位调制器用于空间波前的调制不仅可以用在准连续激光成像上,而且可以用在脉冲光的成像上。2011 年以色列威兹曼研究所 Silberberg 小组首次把相位调制用在纠正空间波前畸变的修正上,用于散射介质的成像[60]。这里通过空间波前的整形,优化控制了时间上和空间上的聚焦程度(图 3.36)。图 3.36(a) 为基于迈克耳孙干涉仪的时空自相关表征系统。入射激光脉冲先经过一个玻璃棒人为引入啁啾,然后经过空间光调制器(spatial light modulator, SLM) 对波前进行空间预调制,调制后的光束经过散射介质(scattering medium),然后聚焦到双光子荧光发射屏(2PF screen) 上。后面用物镜(×20) 和透镜(F) 收集后用电子放大电荷耦合器件(electron-multiplying charge-coupled device, EMCCD) 探测双光子荧光信号。通过三维扫描双光子荧光发射屏即可得到焦点附近不同位置处的信号强度。对比图中优化前后的结果,可以看到时间和空间上,焦点处的聚焦情况都得到了明显的改善。

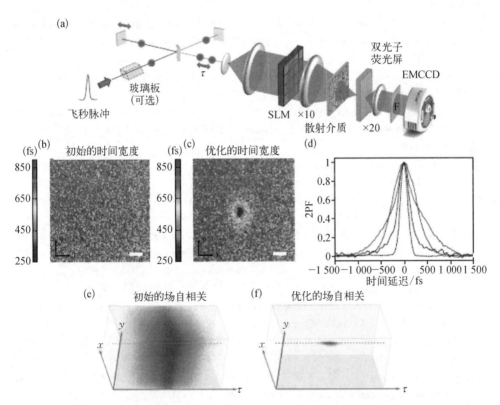

图 3.36　测量波前整形的装置图与实验结果[60](彩图请扫封底二维码)

(a) 基于迈克耳孙干涉仪的空间分辨的自相关仪。(b) 和(c) 分别是空间分辨的自相关图像。
(d) 时间自相关(空间平均效果)。红色(715 fs)是入射前带啁啾的脉冲,绿色(875 fs)是经过散射介质后的脉冲(未做波前调制),蓝色(370 fs)是经过波前调制后的脉冲,虚线是对应的傅里叶变换极限的脉冲(230 fs)。(e) 和(f) 分别是优化前后的时空自相关图

参 考 文 献

[1] Weiner A M. Femtosecond pulse shaping using spatial light modulators [J]. Review of Scientific Instruments, 2000, 71: 1929.

[2] Froehly C, Colombeau B, Vampouille M. Shaping and analysis of picosecond light pulses [J]. Progress in Optics, 1983, 20: 63 – 153.

[3] Weiner A M, Enguehard S, Hatfield B. Femtosecond optical pulse shaping and processing [J]. Progress in Quantum Electronics, 1995, 19(3): 161 – 238.

[4] Dorrer C, Salin F, Verluise F, et al. Programmable phase control of femtosecond pulses by use of a nonpixelated spatial light modulator [J]. Optics Letters, 1998, 23(9): 709 – 711.

[5] Colombeau B, Vampouille M, Froehly C. shaping of short laser pulses by passive optical fourier techniques [J]. Opt. Comm., 1976, 19: 201 – 204.

[6] Heritage J P, Thurston R N, Tomlinson W J, et al. Spectral windowing of frequency modulated optical pulses in a grating compressor [J]. Applied Physics Letters, 1985, 47(2): 87 – 89.

[7] Nuernberger P, Vogt G, Brixner T, et al. Femtosecond quantum control of molecular dynamics in the condensed phase [J]. Physical Chemistry Chemical Physics, 2007, 9(20): 2470 – 2497.

[8] 王鹏, 王兆华, 魏志义, 等. 用 SPIDER 法测量飞秒激光脉冲的光谱相位 [J]. 物理学报, 2004, 53(9): 3004 – 3009.

[9] von Vacano B, Buckup T, Motzkus M. In situ broadband pulse compression for multiphoton microscopy using a shaper-assisted collinear SPIDER [J]. Optics Letters, 2006, 31(8): 1154 – 1156.

[10] Iaconis C, Walmsley I A. Spectral phase interferometry for direct electric-field reconstruction of ultrashort optical pulses [J]. Optics Letters, 1998, 23(10): 792 – 794.

[11] Kane D J, Trebino R. Characterization of arbitrary femtosecond pulses using frequency-resolved optical gating [J]. IEEE Journal of Quantum Electronics, 1993, 29(2): 571 – 579.

[12] Trebino R, DeLong K W, Fittinghoff D N, et al. Measuring ultrashort laser pulses in the time-frequency domain using frequency-resolved optical gating [J]. Review of Scientific Instruments, 1997, 68: 3277.

[13] 王兆华, 魏志义, 张杰. 飞秒脉冲测量技术 [J]. 物理, 2002, 31(10): 659 – 666.

[14] Tannor D J, Rice S A. Control of selectivity of chemical reaction via control of wave packet evolution [J]. The Journal of Chemical Physics, 1985, 83: 5013.

[15] Shapiro M, Brumer P. Laser control of product quantum state populations in unimolecular reactions [J]. The Journal of Chemical Physics, 1986, 84(7): 4103 – 4104.

[16] Tannor D J, Kosloff R, Rice S A. Coherent pulse sequence induced control of selectivity of reactions: Exact quantum mechanical calculations [J]. The Journal of Chemical Physics, 1986, 85: 5805.

[17] Shi S, Rabitz H. Selective excitation in harmonic molecular systems by optimally designed fields [J]. Chemical Physics, 1989, 139(1): 185 – 199.

[18] Judson R S, Rabitz H. Teaching lasers to control molecules [J]. Physical Review Letters, 1992, 68(10): 1500 – 1503.

[19] Bardeen C J, Yakovlev V V, Wilson K R, et al. Feedback quantum control of molecular electronic population transfer [J]. Chemical Physics Letters, 1997, 280(1-2): 151-158.

[20] Meshulach D, Silberberg Y. Coherent quantum control of two-photon transitions by a femtosecond laser pulse [J]. Nature, 1998, 396(6708): 239-242.

[21] Dudovich N, Dayan B, Gallagher F S M, et al. Transform-limited pulses are not optimal for resonant multiphoton transitions [J]. Physical Review Letters, 2001, 86(1): 47-50.

[22] Damrauer N H, Boussie T R, Devenney M, et al. Effects of intraligand electron delocalization, steric tuning, and excited-state vibronic coupling on the photophysics of aryl-substituted bipyridyl complexes of Ru(II) [J]. Journal of the American Chemical Society, 1997, 119(35): 8253-8268.

[23] Brixner T, Damrauer N, Kiefer B, et al. Liquid-phase adaptive femtosecond quantum control: Removing intrinsic intensity dependencies [J]. The Journal of Chemical Physics, 2003, 118: 3692.

[24] Silva D L, Misoguti L, Mendonça C R. Control of two-photon absorption in organic compounds by pulse shaping: Spectral dependence [J]. The Journal of Physical Chemistry A, 2009, 113(19): 5594-5597.

[25] Vogt G, Krampert G, Niklaus P, et al. Optimal control of photoisomerization [J]. Physical Review Letters, 2005, 94(6): 068305.

[26] Herek J L, Wohlleben W, Cogdell R J, et al. Quantum control of energy flow in light harvesting [J]. Nature, 2002, 417(6888): 533-535.

[27] Prokhorenko V I, Nagy A M, Waschuk S A, et al. Coherent control of retinal isomerization in bacteriorhodopsin [J]. Science, 2006, 313(5791): 1257-1261.

[28] Bardeen C, Wang Q, Shank C. Femtosecond chirped pulse excitation of vibrational wave packets in LD690 and bacteriorhodopsin [J]. The Journal of Physical Chemistry A, 1998, 102(17): 2759-2766.

[29] Weinacht T, White J, Bucksbaum P. Toward strong field mode-selective chemistry [J]. The Journal of Physical Chemistry A, 1999, 103(49): 10166-10168.

[30] Zhang S, Zhang H, Jia T, et al. Selective excitation of femtosecond coherent anti-Stokes Raman scattering in the mixture by phase-modulated pump and probe pulses [J]. Journal of Chemical Physics, 2010, 132(4): 4505.

[31] Levis R J, Menkir G M, Rabitz H. Selective bond dissociation and rearrangement with optimally tailored, strong-field laser pulses [J]. Science, 2001, 292(5517): 709-713.

[32] Assion A, Baumert T, Bergt M, et al. Control of chemical reactions by feedback-optimized phase-shaped femtosecond laser pulses [J]. Science, 1998, 282(5390): 919-922.

[33] Laarmann T, Shchatsinin I, Singh P, et al. Coherent control of bond breaking in amino acid complexes with tailored femtosecond pulses [J]. The Journal of Chemical Physics, 2007, 127: 201101.

[34] Nuernberger P, Wolpert D, Weiss H, et al. Femtosecond quantum control of molecular bond formation [J]. Proceedings of the National Academy of Sciences, 2010, 107(23): 10366.

[35] Wu H J, Yoshio N, Tetsuya N, et al. Sub-20-fs time-resolved measurements in an apertured near-field optical microscope combined with a pulse-shaping technique [J]. Applied Physics Express, 2012, 5(6): 062002.

[36] Nishiyama Y, Imura K, Okamoto H. Observation of plasmon wave packet motions via femtosecond time-resolved near-field imaging techniques [J]. Nano Letters, 2015, 15(11): 7657 - 7665.

[37] Imaeda K, Imura K. Optical control of plasmonic fields by phase-modulated pulse excitations [J]. Optics Express, 2013, 21(22): 27481 - 27489.

[38] Mårsell E, Losquin A, Svärd R, et al. Nanoscale imaging of local few-femtosecond near-field dynamics within a single plasmonic nanoantenna [J]. Nano Letters, 2015, 15 (10): 6601 - 6608.

[39] Dombi P, Irvine S E, Rácz P, et al. Observation of few-cycle, strong-field phenomena in surface plasmon fields [J]. Optics Express, 2010, 18(23): 24206 - 24212.

[40] Krueger M, Schenk M, Hommelhoff P. Attosecond control of electrons emitted from a nanoscale metal tip [J]. Nature, 2011, 475(7354): 78 - 81.

[41] Piglosiewicz B, Schmidt S, Park D J, et al. Carrier-envelope phase effects on the strong-field photoemission of electrons from metallic nanostructures [J]. Nature Photonics, 2014, 8(1): 37 - 42.

[42] Martin A, Michael B, Daniela B, et al. Optimal open-loop near-field control of plasmonic nanostructures [J]. New Journal of Physics, 2012, 14(3): 033030.

[43] Tuchscherer P, Rewitz C, Voronine D V, et al. Analytic coherent control of plasmon propagation in nanostructures [J]. Optics Express, 2009, 17(16): 14235 - 14259.

[44] Stockman M I, Faleev S V, Bergman D J. Coherent control of femtosecond energy localization in nanosystems [J]. Physical Review Letters, 2002, 88(6): 067402.

[45] Rewitz C, Keitzl T, Tuchscherer P, et al. Spectral-interference microscopy for characterization of functional plasmonic elements [J]. Optics Express, 2012, 20(13): 14632 - 14647.

[46] Rewitz C, Keitzl T, Tuchscherer P, et al. Ultrafast plasmon propagation in nanowires characterized by far-field spectral interferometry [J]. Nano Letters, 2012, 12(1): 45 - 49.

[47] Sukharev M, Seideman T. Phase and polarization control as a route to plasmonic nanodevices [J]. Nano Letters, 2006, 6(4): 715 - 719.

[48] Cao L, Nome R A, Montgomery J M, et al. Controlling plasmonic wave packets in silver nanowires [J]. Nano Letters, 2010, 10(9): 3389 - 3394.

[49] Lee T W, Gray S K. Controlled spatiotemporal excitation of metal nanoparticles with picosecond optical pulses [J]. Physical Review B, 2005, 71(3): 035423.

[50] Jarrett J W, Zhao T, Johnson J S, et al. Plasmon-mediated two-photon photoluminescence-detected circular dichroism in gold nanosphere assemblies [J]. The Journal of Physical Chemistry Letters, 2016, 7(5): 765 - 770.

[51] Brinks D, Hildner R, van Dijk E M H P, et al. Ultrafast dynamics of single molecules [J]. Chemical Society Reviews, 2014, 43(8): 2476 - 2491.

[52] Hildner R, Brinks D, van Hulst N F. Femtosecond coherence and quantum control of single molecules at room temperature [J]. Nature Physics, 2011, 7(2): 172 - 177.

[53] Brinks D, Stefani F D, Kulzer F, et al. Visualizing and controlling vibrational wave packets of single molecules [J]. Nature, 2010, 465: 905 - 908.

[54] Brinks D, Hildner R, Stefani F D, et al. Coherent control of single molecules at room temperature [J]. Faraday Discussions, 2011, 153: 51 - 60.

[55] Pavani S R P, Thompson M A, Biteen J S, et al. Three-dimensional, single-molecule fluorescence imaging beyond the diffraction limit by using a double-helix point spread function [J]. Proceedings of the National Academy of Sciences, 2009, 106(9): 2995.

[56] Walter D, Pfeifer T, Winterfeldt C, et al. Adaptive spatial control of fiber modes and their excitation for high-harmonic generation [J]. Optics Express, 2006, 14(8): 3433.

[57] Yaqoob Z, Psaltis D, Feld M S, et al. Optical phase conjugation for turbidity suppression in biological samples [J]. Nature Photonics, 2008, 2(2): 110 - 115.

[58] Popoff S, Lerosey G, Carminati R, et al. Measuring the transmission matrix in optics: An approach to the study and control of light propagation in disordered media [J]. Physical Review Letters, 2010, 104(10): 100601.

[59] Vellekoop I, Mosk A. Focusing coherent light through opaque strongly scattering media [J]. Optics Letters, 2007, 32(16): 2309 - 2311.

[60] Katz O, Small E, Bromberg Y, et al. Focusing and compression of ultrashort pulses through scattering media [J]. Nature Photonics, 2011, 5(6): 372 - 377.

第 **4** 章

非线性克尔效应

（褚赛赛）

4.1 三阶非线性光学效应概述

光作用于介质会带来介质的极化,当光强比较大时,极化强度与光场的电矢量 E 不再是通常的线性关系,这时称为非线性极化,表示为(CGS 制):

$$P = \chi^{(1)} E + \chi^{(2)} : EE + \chi^{(3)} : EEE + \cdots \tag{4.1}$$

其中, $\chi^{(1)}$ 为线性极化率,反映了介质的线性极化; $\chi^{(2)}$ 和 $\chi^{(3)}$ 分别为二阶和三阶非线性极化率,各种非线性光学效应分别来自上述这些非线性极化项。非线性极化率的大小反映了介质对光场非线性响应的强弱。根据对称性要求,在极化强度表达式中,电场的偶次方项在具有中心对称的介质中为零,而与奇次方项相关的非线性效应(如三阶非线性效应)在所有介质中都存在。

材料的三阶非线性极化率的物理起源可以从 $\chi^{(3)}$ 的表达式开始探讨。1972 年 Wynne 给出了 $\chi^{(3)}$ 的完整表达式[1]。在该表达式中根据密度矩阵表达式和微扰量子理论将 $\chi^{(3)}$ 表示为一系列能级之间的跃迁关系,其中的每一项都是由矩阵元的选择定则决定。体材料由分子等基本单元组成,人们更希望了解单个分子或者基本单元的三阶非线性性质,这个通常用二阶超极化率来表示。三阶非线性极化率 $\chi^{(3)}$ 是光波场与介质相互作用结果的宏观体现,微观上,分子的极化率 p 表示为

$$p = \alpha E + \beta : EE + \gamma : EEE + \cdots \tag{4.2}$$

其中, α 、 β 、 γ 分别称为微观线性极化率、一阶超极化率和二阶超极化率。

$\chi^{(3)}$ 是和频率紧密相关的,对于不同的测量波长,在共振和非共振情况下,各种参数的影响会有显著的不同。微观系数和宏观系数之间通过局域场修正因子 f_w 相互联系:

$$\chi^{(1)}(-\omega_2;\omega_1)=Nf_{w_2}f_{w_1}\alpha(-\omega_2;\omega_1)$$

$$\chi^{(2)}(-\omega_3;\omega_1,\omega_2)=Nf_{\omega_3}f_{w_2}f_{w_1}\beta(-\omega_3;\omega_1,\omega_2)$$

$$\chi^{(3)}(-\omega_4;\omega_1,\omega_2,\omega_3)=Nf_{\omega_4}f_{\omega_3}f_{w_2}f_{w_1}\gamma(-\omega_4;\omega_1,\omega_2,\omega_3) \tag{4.3}$$

$$f_\omega=(n^2+2)/3$$

式中,N 是介质中单位体积内的原子或分子数密度;f 是局域场修正因子;n 为介质的折射率。这样我们就可以通过理论计算分子的二阶超极化率来估算宏观的三阶非线性极化率,也可以通过宏观测量到的三阶非线性极化率反过来计算二阶超极化率。

产生非线性极化的微观作用机制随着介质的不同以及其他因素的不同可以是多种多样的,下面就几种主要的物理机制简述如下。

(1)强光作用下介质内部电子云分布的畸变,会引起介质极化强度的改变,这种响应过程极快,一般在 $10^{-15} \sim 10^{-14}$ s。

(2)与分子取向有关的高频克尔信号。一些液体的分子是有极性的,在高频光电场的作用下,有可能发生重新取向引起介质折射率的改变,这种过程在 $10^{-12} \sim 10^{-11}$ s。

(3)电致伸缩效应,在强光作用下介质内部带电质点发生位移,引起介质内部密度的起伏,响应时间为 $10^{-9} \sim 10^{-8}$ s。

(4)温度效应,当介质对光场存在吸收时,吸收后的能量可通过无辐射跃迁转变成热,温度的变化会引起介质密度的改变,从而导致折射率的改变,这一过程响应时间为纳秒以上。

对于二阶超极化率的理论计算,常见的有几种方法[2,3],即导数法、含时哈特里-福克方法(time-dependent Hatree-Fock, TDHF)、非谐振耦合谐振子方法和微扰全态加和方法(sum-over-states, SOS)。导数法用分子偶极矩对电场矢量的偏导数来计算,该方法只能用于计算静态二阶超极化率。非谐振耦合谐振子方法是把介质看作一系列耦合的非简谐振子在电场的作用下振动。微扰全态加和方法的表达式(4.4)式看起来很复杂,但也是最能反映非线性响应的物理起源,即外界光电场对分子能态的扰动而产生(虚)跃迁,由此导致非线性极化响应[4]。

$$\gamma_{ijkl}(-\omega_4;\omega_1,\omega_2,\omega_3)$$

$$=\frac{1}{6}\left(\frac{h}{2\pi}\right)\sum_{\text{perm}}\left[\sum_{m,n,p(\neq r)}\frac{\langle r|\mu_i|m\rangle\langle m|\overline{\mu_j}|n\rangle\langle n|\overline{\mu_k}|p\rangle\langle p|\mu_l|r\rangle}{(\omega_{mr}-\omega_4-i\Gamma_{mr})(\omega_{nr}-\omega_2-\omega_3-i\Gamma_{nr})(\omega_{pr}-\omega_3-i\Gamma_{pr})}\right.$$

$$\left.-\sum_{m,n(\neq r)}\frac{\langle r|\mu_i|m\rangle\langle m|\mu_j|r\rangle\langle r|\mu_k|n\rangle\langle n|\mu_l|r\rangle}{(\omega_{mr}-\omega_4-i\Gamma_{mr})(\omega_{nr}-\omega_3-i\Gamma_{nr})(\omega_{nr}+\omega_2-i\Gamma_{nr})}\right. \tag{4.4}$$

这个表达式十分复杂,人们通过研究舍去了一些对非线性贡献极小的能级的作用。在实际的理论计算中,人们发现高能态的跃迁对非线性超极化率贡献很小,可以忽略这些项。常用的近似为二能级近似和三能级近似,有时候也需要四能级近似才能符合实验的测量值。这就需要人们根据具体的分子体系采取适当的能级近似,式(4.5)为简化的三能级模型表达式(当 $\omega_1 = \omega_2 = \omega_3 = \omega$ 时对应光克尔效应),

$$\gamma(-\omega;\omega,-\omega,\omega) \propto \frac{|\mu_{ge}|^2|\Delta\mu_{ge}|^2}{(\Omega_{eg}-\omega)^2\Omega_{eg}} + \frac{(\Omega_{tg}-2\omega)|\mu_{eg}|^2|\mu_{et}|^2}{(\Omega_{eg}-\omega)^2[(\Omega_{tg}-2\omega)^2+\Gamma^2]} - \frac{|\mu_{eg}|^4}{(\Omega_{eg}-\omega)^3}$$

$$(4.5)$$

这也是最常用的简化方法。其中,g 代表基态;e 代表单光子激发态;t 为双光子激发态;μ_{ge} 为偶极矩跃迁矩阵元;Ω_{tg} 为两态间的跃迁频率;$\Delta\mu_{ge}$ 为基态和激发态之间的偶极矩差。式(4.5)第一项代表基态和激发态之间偶极矩差对 γ 的贡献,在中心对称体系中,这一项为零,第二项是双光子共振项,第三项为单光子共振项。

三阶非线性光学过程很多,常见的有三倍频、四波混频、光克尔效应、自聚焦、自散焦、双光子吸收、受激拉曼散射、相干反斯托克斯拉曼散射、受激布里渊散射等。三阶非线性光学过程可以用耦合波方程来表示,不同的三阶非线性光学过程对应不同的 $\chi^{(3)}$ 频率表达式。

从以上的理论描述可以看出,影响材料的三阶非线性光学性质的因素比较复杂,因此在三阶非线性光学材料领域,到现在人们还没有找到一个普遍适用的理论来指导材料设计以达到实用的要求。

由于三阶非线性光学技术在全光通信、光存储、全光信息处理等方面有着潜在的应用。三阶非线性光学技术的关键在于开发具有优秀的三阶非线性光学性能的材料。在应用领域的开发目标是:非线性系数要大于 1×10^{-6} esu,开关响应时间要小于 1 ps。为了达到这个目标,在过去的几十年里,科学界针对不同的材料进行了各种开发,主要可以分为有机材料、无机材料和有机无机复合材料。

4.2 克尔效应及应用

克尔在 1875 年发现线偏振光通过外加电场作用的玻璃时会变为椭圆偏振光。当旋转检偏器时,输出光不完全消失。在外加电场的作用下,玻璃由原来的各向同性变为了光学的各向异性,外加电场感应引起了双折射,其折射率的变化与外加电场的平方成正比,这就是著名的克尔效应。当用比较强的光场替代外加电场时,就会产生光克尔效应。

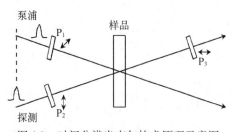

图 4.1 时间分辨光克尔技术原理示意图

如图 4.1 所示,泵浦光和探测光脉冲经过偏振片 P_1 和 P_2 后偏振方向成 45°,探

测光路中的 P_3 的偏振方向与 P_2 垂直,在泵浦光不存在的情况下,探测光是能通过 P_3 的,后面的探测器探测到的信号强度为零。当泵浦脉冲经过时,样品中的折射率发生变化,即光克尔效应。此时探测光经过时,其偏振方向会发生改变,这样就有部分光(克尔信号)通过 P_3。通过改变探测激光脉冲和泵浦激光脉冲的时间间隔,即可观察到样品中的光致各向异性的弛豫过程。

下面我们推导光克尔效应中的克尔信号强度的表达式。

在各向同性均匀介质中,在 Born – Oppenhimer 近似下,t 时刻的三阶非线性极化率可记为

$$\chi_{ijkl}^{(3)}(t, t', t'', t''') = \sigma_{ijkl}\delta(t - t')\delta(t' - t'')\delta(t'' - t''') \\ + \delta(t - t')\chi_{ijkl}^{\mu}(t' - t'')\delta(t'' - t''') \tag{4.6}$$

式中,i、j、k、l 是笛卡儿坐标系中的坐标;第一项代表非共振电子的贡献;第二项表示由核的各种转动、振动等与原子核的响应有关的贡献。因此三阶非线性极化强度为

$$P_i^{NL}(t) = \int dt \int dt'' \int dt' \chi_{ijkl}^{(3)}(t, t', t'', t''') E_j(t') E_k(t'') E_l(t''') \\ = E_j(t) \int dt [\delta(t - t') + \chi_{ijkl}^{\mu}(t - t'')] E_k(t) E_l(t) \tag{4.7}$$

在光克尔实验中,设入射探测光的偏振方向为 x 方向,与之垂直的检测方向为 y 方向。探测光的电场强度为 $\boldsymbol{E}_{pr} = E_{pr}\boldsymbol{x}$,在泵浦光与探测光的偏振成 45 度角的情况下(可以证明,该配置情况下克尔信号强度最大),泵浦光的电场强度可以记为 $\boldsymbol{E}_{pu} = \dfrac{1}{\sqrt{2}}(E_{pu}\boldsymbol{x} + E_{pu}\boldsymbol{y})$。由于探测光与泵浦光同源,电场强度可表示为

$$\boldsymbol{E}(t, \boldsymbol{r}) = \boldsymbol{E}_{pr}(t - \tau)\mathrm{e}^{\mathrm{i}[\omega(t-\tau) - \boldsymbol{k}\cdot\boldsymbol{r}]} + \boldsymbol{E}_{pu}(t)\mathrm{e}^{\mathrm{i}(\omega t - \boldsymbol{k}\cdot\boldsymbol{r})} + C.C \tag{4.8}$$

式中,τ 为探测脉冲与泵浦脉冲之间的时间间隔;$\boldsymbol{k}$ 为波矢。由式(4.7)和式(4.8),我们可以得到光克尔实验中的非线性极化

$$P_y^{NL}(t, \tau) = 2E_{pr}(t - \tau) \mid E_{pu}(t) \mid^2 \chi_{eff}^{(3)} \mathrm{e}^{\mathrm{i}\omega(t-\tau)} + P_{y,n}^{NL}(t, \tau) \tag{4.9}$$

这里 $\chi_{eff}^{(3)} = \dfrac{1}{2}(\chi_{yyyy}^{(3)} + \chi_{yyxx}^{(3)})$。式中,$P_{y,n}^{NL}(t, \tau)$ 代表核的各种振转运动所引起的极化,$\chi_{eff}^{(3)}$ 代表非共振电子的三阶非线性极化率。

在小信号近似情况下,忽略核的贡献部分(一般小于 10%),探测器处的信号的电场强度为 $E_y(t, \tau) = \mathrm{i}\dfrac{\omega l}{c}\dfrac{2\pi}{n}P_y^{NL}(t, \tau)$,考虑到探测器的响应时间,对多组脉冲串进行平均,对 t 积分后的信号强度为

$$I(\tau) = \frac{nc}{2\pi} \int_{-\infty}^{+\infty} dt E_y(t, \tau) E_y * (t, \tau) \equiv \frac{nc}{2\pi} \langle E_y(t, \tau) E_y * (t, \tau) \rangle_t \quad (4.10)$$

考虑到样品的吸收,并注意到通过样品后泵浦光和探测光方向的不同,不难得到探测器处的克尔信号为

$$I(\tau) = \frac{nc}{2\pi} \frac{1}{T} \int_0^T E_y(t, \tau) E_y^*(t, \tau) dt (T \to \infty)$$

$$= 4(\omega l)^2 \left(\frac{2\pi}{nc}\right)^4 |\chi_{eff}|^2 I(t,\tau)_{pr} I(t)_{pu}^2 e^{-\alpha l} \frac{(1 - e^{-\alpha l})^2}{(\alpha l)^2} (CGS) \quad (4.11)$$

式中,α 为样品的吸收系数;l 为两束光的作用长度。

由此可见,信号强度正比于 $\chi_{eff}^{(3)}$ 的平方,如果泵浦光和探测光从同一光束分束而来,而且保持固定的比例,则其强度正比于激光强度的三次方,可用此来检验系统的可靠性。由于来自核的各种振转运动一般远远慢于非共振电子云畸变,在认为早期信号主要来自非共振电子贡献的情况下,将时间延迟零点附近的信号极值按全部来自非共振电子处理。

4.3 非线性光克尔三阶非线性测量

通常采用的时间分辨光克尔效应实验光路如图 4.2 所示。

工作原理简述如下:半导体掺钛蓝宝石激光器(Mira900F,Coherent,USA)作为激光光源,脉冲宽度为 120 fs,脉冲重复频率为 76 MHz,波长在 790~860 nm 内可调谐。激光脉冲经分光镜 M2 分束后,分为强度比为 10:1 的两束,分别作为泵浦光和探测光。探测光经一个起偏器——格兰棱镜 P1,使其偏振方向与泵浦光呈 45 度。当泵浦光通过延迟线后,经 M3 的反射,与探测光平行入射到聚焦透镜 L1,这两束光被透镜聚焦后,在焦点处重合,发生作用。经过样品后,泵浦光被一吸收体阻断,探测光经过样品后被透镜 L2 准直后重新成为平行光束,经过检偏器 P2。检偏器的透光方向与起偏器 P1 垂直。泵浦光不作用于样品时,透过 P2 的光强为零。在泵浦光的作用下,由于光克尔效应,使得样品处发生各向异性,这时探测光通过样品后的偏振面发生改变,在垂直偏振的方向上产生了分量信号,即克尔

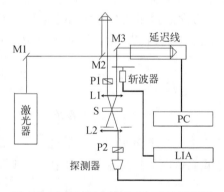

图 4.2 飞秒时间分辨光克尔系统装置图

注:M1、M3 为全反镜;M2 为分束比为 10:1 的分束镜;P1、P2 分别为起偏、检偏偏振片;L1、L2 为透镜,S 代表样品池;LIA 代表锁相放大器;PC 为控制计算机

信号。克尔信号通过后面的光电探测器被接收。为了提高信噪比,通常使用锁相放大器,锁相放大器的斩波器以不同的频率分别斩波泵浦光和探测光。延迟线的改变和数据的采集与记录均由软件控制。延迟线零点的位置通过在样品处放置一块 BBO 晶体,测量其自相关信号。

飞秒光克尔实验过程中存在多种不确定因素,如激光光束的高斯分布、两束光在样品中的重合情况等,都会影响非线性系数的计算。通常采用参比的办法,用 CS_2 作为参考样品,其飞秒领域的三阶非线性系数已由多种方法测定,在 800 nm 处为 1×10^{-13} esu,并且这种样品的信号大,便于光路的调节,稳定性与可重复性都很好。图 4.3 是其克尔效应响应曲线。文献表明,零点附近的信号主要来自瞬态电子云的畸变的贡献,其后大约 2.2 ps 的过程来源于各种振动和转动过程[5,6]。

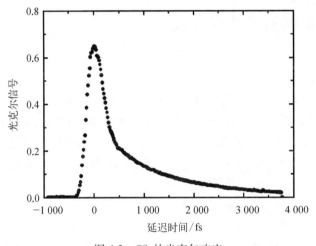

图 4.3 CS_2 的光克尔响应

根据式(4.11),当我们得到样品的光克尔信号强度 I_S 和参比样品的信号强度 I_R 后,可以依据式(4.12)方便地计算样品溶液的三阶非线性系数 $\chi^{(3)}$:

$$\chi_S^{(3)} = \chi_R^{(3)} \left(\frac{I_S}{I_R} \right)^{1/2} \left(\frac{I_{S,\ Pump}}{I_{R,\ Pump}} \right)^{1/2} \left(\frac{n_s}{n_R} \right)^2 \frac{\alpha l}{e^{-\alpha l/2}(1 - e^{-\alpha l})} \qquad (4.12)$$

式中,下标 S、R 分别代表待测样品和参比样品;n、l 分别为样品的折射率及厚度;α 为吸收系数;I_S、I_R 分别为待测样品与参比样品的光克尔信号峰值。当 $\alpha l \ll 1$,且 $I_{S,\ Pump} = I_{R,\ Pump}$ 时,式(4.12)可简化为

$$\chi_S^{(3)} = \chi_R^{(3)} \left(\frac{I_S}{I_R} \right)^{1/2} \left(\frac{n_s}{n_R} \right)^2 \qquad (4.13)$$

因为在进行非线性材料研究时,人们引入二阶超极化率 γ 来表示单分子的三

阶非线性光学系数,为此依据式(4.14)可求得二阶超极化率 γ:

$$\gamma = \frac{\chi^{(3)}}{N[(n^2+2)/3]^4} \tag{4.14}$$

式中,N 为单位体积[如 $\chi^{(3)}$ 采用 esu 单位制,则 N 应取 cm^{-3}]中的分子数;$[(n^2+2)/3]^4$ 为局域场修正因子,反映了分子实际感受到的电场。

这里我们需要注意下不同单位制之间的问题,高斯制和国际制数值之间的换算关系如下:

$$\chi^{(n)}[SI] = \left(\frac{1}{4\pi}\right)(3 \times 10^4)^{n-1}\chi^{(n)}, \text{这里 } n \text{ 为非线性系数的阶数。}$$

4.4 不同材料的非线性性质

4.4.1 有机材料

有机材料大致可以分为有机液体、有机分子固体、有机电荷转移复合物、有机 Π 共轭聚合物、染料加成聚合物、有机金属配合物等。有机液体主要是一些小分子,例如苯和苯基化合物、甲醇、乙醇等。这些小分子结构简单,可以用来作为理论计算和实验结果参比的模型样品,从而验证结构功能关系,比如碳原子数目、共轭键长度、取代基团对三阶非线性性质的影响。

有机固体是一些分子量较大的分子,他们通常为固体。早在 1973 年,Hermann 等发现共轭反式 β 胡萝卜素的三阶非线性折射率要比苯大三个数量级[7]。对于同一类型但是具有不同共轭链长度的染料分子的研究发现共轭长度对分子的三阶非线性性质有着显著的影响。这一重要发现推动了共轭体系分子材料的研究。染料分子是该领域的重要代表。比如,不对称的花菁染料,它们具有苯环等平面结构和相应的共轭链,分子能级小,具有光敏特性,是一类重要的非线性材料。

有机电荷转移复合物由于具有高密度的载流子和离域效应而受到广泛的关注。Heflin 等计算表明能够产生电荷分离的能级跃迁,对分子的三阶非线性极化率的贡献很大。因此在共轭分子中引入电荷转移态是改进分子的三阶非线性性质的有效手段[8]。具有代表性的两类电荷转移复合物有 Pe/TCNE 和(BEDT - TTF)$_2$I$_3$。Pe/TCNE 是混合层叠结构,给体和受体交替层叠,是一维电荷转移体系,在电荷转移轴方向上具有很大的三阶非线性[9]。(BEDT - TTF)$_2$I$_3$ 具有分离的层叠结构,形成给体和受体栈,是二维电荷转移体系,在垂直于电荷转移轴上具有很大的三阶非线性。龚旗煌等进一步拓展了复合材料分子间激发态电荷快速转移对超快三阶光学非线性提高新机制,提出实现大三阶非线性光学系数和超快响应的有机复合新材料的设计,实现了掺杂香豆素染料分子的聚苯乙烯材料。在此复合分子材料中,通过香豆素染料近共振增强提供了大的非线性光学系数,而其激发态电子快速转移到聚合物分子则保证了快速响应此复合分子材料体系具有皮秒量级超快时间响应,且三阶非线性光学系数增加 3~4 个量级[10]。

有机 Ⅱ 聚合物由于具有很大的电子离域性而显示独特的三阶非线性光学性质。1976 年,Sauteret 等研究发现对甲苯磺酸基团取代基的聚二乙炔晶体具有很大的三阶非线性,自此开创了 Ⅱ 聚合物用作非线性光学材料的先河[11]。理论研究表明,Ⅱ 共轭聚合物在可见光范围内,三阶非线性系数与 Ⅱ 电子共轭长度的 6 次方成正比,在无限长链近似下用紧束缚模型求得的三阶非线性系数反比于能隙宽度的 6 次方[12]。因此具有较长共轭长度和较小能隙的 Ⅱ 共轭聚合物成为三阶非线性材料设计的思路之一。基于该思路研究的三阶非线性共轭聚合物包括聚二乙炔(PDA)类、导电聚合物聚乙炔(PA)等。PDA 的单体结构式为 R1—C≡C—C≡C—R2。其共轭的碳链骨架提供了材料的非线性光学特性,取代基 R1 和 R2 则控制其结构和可加工性。可以通过分子工程的方法选择合适的取代基,合成具有特定性能的聚合物对非线性性质的影响。PA 是结构最简单且最易合成的 Ⅱ 共轭聚合物,具有物理学上准一维金属模型的特性。PA 具有顺式和反式两种异构体,根据链长的不同,反式异构体的非线性比顺式的高 15~20 倍。在 1.9 μm 处测得反式异构体的三阶非线性系数达到 $1.7×10^{-8}$ esu。其他具有更大的 Ⅱ 共轭电子结构的聚苯撑乙烯(PPV)和聚噻吩(PTh)等也得到广泛研究。

为了改善聚合物的非线性性能,一些非线性发色团(通常为染料分子)被引入聚合物中。这些染料分子通常具有苯环等平面结构,同时它们具有一定长度的共轭链,且分子能隙小。这类材料分为两类:一类是在主链上掺杂染料分子;另一类是在侧链上掺杂染料分子。

有机金属复合物通常是由中心金属和有机配体形成的配合物。中心金属一般是具有价电子数多变和空的 d 轨道的过渡金属或空的 f 轨道的稀土金属。金属和配体之间的电荷转移可以使分子内的电荷分布发生畸变,或者使双重占据的和未占据的金属 d 轨道发生位移,从而提高非线性极化。这类化合物具有较大的基态偶极矩、较大的极化率、较低的激发态能量等特点,有利于提高材料的非线性相应速度。具有代表性的是金属的各种酞菁化合物。酞菁具有平面的二电子共轭体系,能与多种金属原子形成配合物。Shirk 等研究了双酞菁稀土金属化合物的三阶非线性光学性质,其薄膜在 1 064 nm 处的三阶非线性系数达到 $2×10^{-9}$ esu[13]。卟啉和酞菁具有相似的平面二维结构。Meloney 等[14]和 Rao 等[15]揭示了卟啉分子的 $\chi^{(3)}$ 值在 $1.2×10^{-8}$ ~ $2.8×10^{-8}$ esu,并随着中位取代基的供电子能力的增强而增大。除了酞菁和卟啉分子,其他一些金属化合物,如偶氮金属、金属烯烃类有机配合物、金属多炔聚合物、二硫代烯金属有机配合物等也具有优良的三阶非线性性质。

4.4.2 无机材料

早期的非线性光学材料都是无机晶体,它们大多是铁电晶体,但它们的三阶非线性光学系数一般都不大,且响应慢(一般在毫秒量级),远远不能满足器件的需要。后来无机材料的研究转向碳基材料、半导体材料、具有笼状结构的杂环化合物、金属纳米颗粒掺杂的材料和玻璃材料。

碳基材料是一类重要的三阶非线性材料。碳是生命和有机化学的主要成分之一。由于碳原子成键的多样性,碳家族呈现多种分子结构,像富勒烯、碳纳米管、石墨烯以及各种有机物等。在只有碳原子构成的同素异形体中,二维结构的石墨烯具有重要的地位。这是因为二维结构的石墨烯是研究富勒烯、碳纳米管等其他同素异形体的物理基础。石墨烯是由六个碳原子构成的蜂窝结构,可以认为是剥去了氢原子的苯环结构,如图 4.4 所示。富勒烯可以认为是碳原子排成球状的零维结构,具有分离的能级结构。碳纳米管可以认为是卷曲的石墨烯结构,是一维结构。石墨可以认为是堆积的石墨烯结构,是三维结构,层与层之间靠范德瓦耳斯力作用。

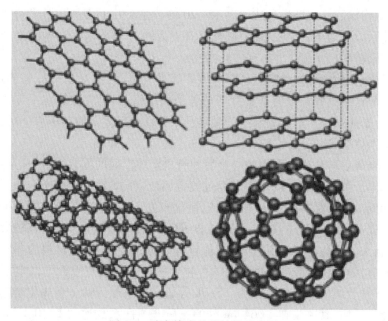

图 4.4　碳家族成员的结构示意图

1991 年新型分子富勒烯成功合成是科学界的大事,发现者因此获得诺贝尔奖。富勒烯具有独特的 π 电子结构,龚旗煌等于 1992 年率先开展了富勒烯的三阶非线性性质的研究。随后龚旗煌等基于克尔效应系统,以富勒烯作为强电荷受体研究了多种富勒烯电荷转移体的非线性光学性质,包括富勒烯-聚氰胺、富勒烯-单氰胺、富勒烯-多氰胺、富勒烯-酞菁、富勒烯-金属复合物以及相应的 C_{70} 衍生物。图 4.5 给出了具有代表性的不同浓度的富勒烯-多氰胺的超快时间分辨光克尔信号。光克尔信号的时间宽度和激光脉冲时间宽度相当,说明了所测得的三阶非线性光学响应来源于 π 电子的贡献。表 4.1 中给出了富勒烯衍生物分子飞秒时间响应的二阶超极化率 γ 值的大小。可以看出形成富勒烯电荷转移体可以提高分子三阶非线性光学系数 2~3 个数量级,并且仍然保持飞秒尺度的时间响应。因而通过衍生基团的选择与设计,可以有效改进富勒烯与修饰基团之间的电荷转移,从而控制体系的三阶非线性光学响应。Blau 等研究出富勒烯的较强的非线性性质应该来源于较多的 π 电子和富勒烯本身的量子限制效应[16]。2001 年,希腊科学家 Koudoumas 等在 C_{60} 的基础上研究了 C_{70}、C_{76}、C_{84} 等的超快三阶非线性光学性质[17]。研究发现随着碳原子数目的增多,三阶非线性系数呈现增大的趋势。他们分析了三种材料的非线性系数增大的原因。C_{70} 中的非线性响应主要来自三线态的贡献,而 C_{76}、C_{84} 中主要来自分子的对称性被打破。Li 等研究得到,相比体材料 C_{60},玻璃片上的 C_{60} 薄膜呈现更大的三阶非线性系数(高三个量级),这是由于表面效应的原因[18]。

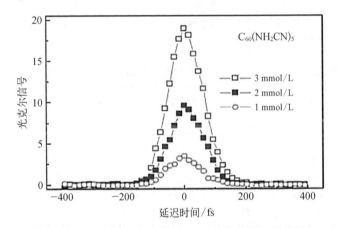

图 4.5 具有代表性的不同浓度的富勒烯-多氰胺的超快时间分辨光克尔信号

表 4.1 富勒烯衍生物分子飞秒时间响应的二阶超极化率 γ 值的大小[19-22]

C_{60}	C_{70}	$C_{60}(NH_2CN)_5$	$C_{70}(NH_2CN)_6$	$CuPc-C_{60}$
9.0×10^{-35} esu	5.0×10^{-34} esu	3.2×10^{-33} esu	1.6×10^{-32} esu	5.4×10^{-31} esu

$C_{60}-5(NH_2CN)$	$C_{60}-5(NH_2CNNCNH_2)$	$C_{70}-5(NH_2CN)$	$C_{70}-5(NH_2CNNCNH_2)$
1.0×10^{-32} esu	3.5×10^{-32} esu	4.1×10^{-32} esu	5.8×10^{-32} esu

在富勒烯材料体系中,纳米碳管具有独特的准一维空间结构,其电子具有长程的离域特性,从而有助于其大的三阶非线性光学响应。对碳纳米管的三阶非线性

性质研究开始于 Xie 等的理论计算[23-26]。Xie 等利用扩展的 Schrieffer – Heeger 模型计算了 SWNT 的二阶超极化率,其中的哈密顿量可以表示为

$$H = \sum_{\langle i,j \rangle, s} (-t_0 - \alpha y_{i,j})(c_{i,s}^+ c_{j,s} + \text{c.c.}) + \frac{K}{2} \sum_{\langle i,j \rangle} y_{i,j}^2 \qquad (4.15)$$
$$+ U \sum_i c_{i,\uparrow}^+ c_{i,\uparrow} c_{i,\downarrow}^+ \vee c_{i,\downarrow} + V \sum_{\langle i,j \rangle} \sum_{s,s'} c_{i,s}^+ c_{i,s} c_{j,s'}^+ c_{j,s'}$$

其中,t_0 为非二聚系统的跳跃积分;α 是电子-声子耦合常数;$y_{i,j}$ 是第 i 个和第 j 个原子之间键长的改变量;$c_{i,s}^+$ 和 $c_{i,s}$ 是产生和湮灭算符,代表第 i 个原子处产生或湮灭一个自旋为 $s(\uparrow)$ 或 $s(\downarrow)$ 的 π 电子;K 为临近单元的弹性系数;U 是本地原子的库仑排斥强度;V 是与相邻原子和次相邻原子的库仑相互作用能;$\langle i,j \rangle$ 表示对所有相邻原子的求和。在这个模型下,Xie 等计算得到了 SWNT 与 C_{60} 的二阶超极化率的关系式

对 Armchair 型 SWNT:$\gamma = (1 + 0.167n)^{3.15} \gamma_{60}$

对 Zigzag 型 SWNT:$\gamma = (1 + 0.3n)^{2.98} \gamma_{60}$

式中,γ_{60} 表示 C_{60} 分子的二阶超极化率;n 表示 SWNT 中碳原子的数目。此外,Xie 等的计算结果还表明,SWNT 的手性对其三阶非线性性质的影响很大,部分理论计算结果总结在表格 4.2 中。

表 4.2　理论计算得到的不同手性的 SWNT 的二阶超极化率数值[24]

(p, q)	n	N_c	$d_t(\text{Å})$	θ	$\gamma(\times 10^{-33}\ \text{esu})$	$\eta(\times 10^{-35}\ \text{esu})$
$(6, 5)^s$	364	364	7.47	0.471 1	6.355 6	1.746 1
$(9, 1)^s$	364	364	7.47	0.090 9	5.199 7	1.428 5
$(7, 4)^m$	124	372	7.56	0.367 4	22.999 6	6.182 7
$(8, 3)^s$	388	388	7.72	0.266 9	5.401 3	1.392 1
$(9, 2)^s$	412	412	7.95	0.171 5	5.719 8	1.388 3
$(7, 5)^s$	436	436	8.18	0.427 6	6.017 2	1.380 1
$(10, 1)^m$	148	444	8.25	0.082 2	25.039 8	5.639 6
$(8, 4)^s$	112	448	8.29	0.333 4	6.176 6	1.378 7
$(9, 3)^m$	156	468	8.47	0.242 5	22.187 9	4.741 9
$(10, 2)^s$	248	496	8.72	0.156 1	6.704 9	1.351 8
$(7, 6)^s$	508	508	8.83	0.479 2	6.850 4	1.348 5
$(8, 5)^m$	172	516	8.90	0.391 1	18.159 6	3.519 3
$(9, 4)^s$	532	532	9.03	0.305 0	6.915 5	1.299 9
$(10, 3)^s$	556	556	9.24	0.222 1	6.881 1	1.237 6
$(8, 6)^s$	296	592	9.53	0.441 3	6.315 7	1.151 3
$(9, 5)^s$	604	604	9.68	0.360 1	6.764 2	1.119 9
$(10, 4)^m$	104	624	9.79	0.281 0	14.883 0	2.385 1

注:n 为重复单元的原子数;N_c 为计算的总原子数;d_t 代表 SWNT 的直径;θ 表示 SWNT 的手性角;γ 代表二阶超极化率;η 表示单个碳原子的平均贡献

在实验方面,龚旗煌研究团队于 2000 年制备分离出的单层纳米碳管具有很高的非线性光学响应,平均每个碳原子的二阶超极化率达到 $2.1×10^{-28}$ esu,比富勒烯高出三个数量级[27]。Riggs、Maeda 等研究了激光烧蚀法制备的 SWNT 和 HiPco 法制备的 SWNT 薄膜(厚度分别为 160 nm 和 130 nm)的共振条件下的三阶非线性系数分别达到 $4.2×10^{-6}$ esu 和 $1.5×10^{-7}$ esu[28,29]。Xu 等的研究表明在 MWNT 中掺杂硼原子,其三阶非线性响应可以得到提高,并把这种提高归结于 π 电子的局域微等离子体效应[30]。2005 年 Wang 等的研究表明,碳纳米管的自聚集会抑制三阶非线性光学响应。在 MWNT 上修饰聚合物 MEH-PPV,得到了纳米管和聚合物之间的 π-π 相互作用,可以大大提高其三阶非线性响应[31]。

石墨烯作为新的二维结构的碳家族成员,其量子局域限制效应可以提高非线性响应。Hendry 等用 6 ps 的激光脉冲、采用简并四波混频的方法研究了沉淀在硅片上 100 μm 厚的石墨烯薄膜的三阶非线性系数为 10^{-7} esu 量级,并且在 760~840 nm 没有色散[32]。Hendry 等还把非线性光学性质用在了石墨烯的成像上,与普通的光学显微镜成像相比,其成像质量得到了很大的改进。龚旗煌研究团队用光克尔效应的方法,首次研究了石墨烯材料在飞秒尺度的三阶非线性光学性质,石墨烯中平均每个碳原子的二阶超极化率为 $3.4×10^{-32}$ esu。石墨烯中平均每个碳原子的二阶超极化率远远大于碳纳米管和富勒烯中平均每个碳原子的二阶超极化率。这是由于石墨烯中电子的离域化程度比较大的缘故。石墨烯的二维结构,使得石墨烯片层和光场可以有比较大的相互作用距离。此外,二维结构扩展的石墨烯,对光的偏振没有太多的选择性,在一定程度上也增加了非线性响应[33]。

半导体的量子点、量子线、量子阱等是一类新兴的多功能材料,其能带可以人工裁剪,具有量子尺寸效应、隧穿效应、界面效应等其他三维材料所不具备的性质,可以用来研究半导体器件的非线性光学性质。Hanamura 从理论上研究了纳米半导体微晶粒子掺杂的玻璃的非线性光学过程,得到非线性光学系数的增大主要是由于微晶中激子的量子尺寸效应,材料的 $\chi^{(3)}$ ~ R^{-3},即随着微晶尺寸的减小三阶非线性光学系数增加[34]。2000 年,*Nature* 报道了一维量子线展现出巨大的三阶非线性[$\chi^{(3)}$ 达到 10^{-8} ~ 10^{-5} esu],接近实际应用[35]。

金属纳米材料通常是金属纳米颗粒掺杂到有机或者无机衬底中。当金属颗粒的尺寸达到纳米量级时,体系的电子能级不再连续,也称为量子限制效应。加上光场相互作用过程中的局域场效应,使得金属纳米颗粒可以增强体系的非线性光学性能。量子限制效应可以使颗粒的热电子寿命变短,可以带来更快的非线性响应。金属颗粒材料通常是金、银、铜这一类贵金属的颗粒。相比金属块体而言,金属纳米颗粒的有效三阶非线性极化率通常可以增强 3~4 个量级。

参 考 文 献

[1] Wynne J J. Nonlinear optical spectroscopy of $\chi^{(3)}$ in LiNbO$_3$[J]. Physical Review Letters,

1972, 29(10): 650 - 653.

[2] Bredas J L, Adant C, Tackx P, et al. Third-order nonlinear optical response in organic materials: Theoretical and experimental aspects [J]. Chemical Reviews, 1994, 94 (1): 243 - 278.

[3] Mukamel S, Wang H X. Nonlinear optical response of conjugated polymers: Electron-hole anharmonic-oscillator picture [J]. Physical Review Letters, 1992, 69(1): 65 - 68.

[4] Orr B, Ward J. Perturbation theory of the non-linear optical polarization of an isolated system [J]. Molecular Physics, 1971, 20(3): 513 - 526.

[5] McMorrow D, Lotshaw W, Kenney-Wallace G A. Femtosecond optical Kerr studies on the origin of the nonlinear responses in simple liquids [J]. IEEE Journal of Quantum Electronics, 1988, 24: 443 - 454.

[6] McMorrow D, Lotshaw W T, Kenney-Wallace G A. Femtosecond Raman-induced Kerr effect. Temporal evolution of the vibrational normal modes in halogenated methanes [J]. Chemical Physics Letters, 1988, 145(4): 309 - 314.

[7] Hermann J, Ricard D, Ducuing J. Optical nonlinearities in conjugated systems: β-carotene [J]. Applied Physics Letters, 1973, 23(4): 178 - 180.

[8] Heflin J R, Wong K Y, Zamani-Khamiri O, et al. Nonlinear optical properties of linear chains and electron-correlation effects [J]. Physical Review B, 1988, 38(2): 1573 - 1576.

[9] Gong Q H, Xia Z J, Zou Y H, et al. Large nonresonant third-order hyperpolarizabilities of organic charge-transfer complexes [J]. Applied Physics Letters, 1991, 59(4): 381 - 383.

[10] Hu X Y, Jiang P, Ding C Y, et al. Picosecond and low-power all-optical switching based on an organic photonic-bandgap microcavity [J]. Nature Photonics, 2008, 2(3): 185 - 189.

[11] Sauteret C, Hermann J P, Frey R, et al. Optical nonlinearities in one-dimensional-conjugated polymer crystals [J]. Physical Review Letters, 1976, 36(16): 956.

[12] Agrawal G P, Cojan C, Flytzanis C. Nonlinear optical properties of one-dimensional semiconductors and conjugated polymers [J]. Physical Review B, 1978, 17(2): 776 - 789.

[13] Shirk J S, Lindle J R, Bartoli F J, et al. Third-order optical nonlinearities of bis (phthalocyanines) [J]. Journal of Physical Chemistry, 1992, 96(14): 5847 - 5852.

[14] Maloney C, Byrne H, Dennis W M, et al. Picosecond optical phase conjugation using conjugated organic molecules [J]. Chemical Physics, 1988, 121(1): 21 - 39.

[15] Rao D V G L N, Aranda Francisco J, Roach Joseph F, et al. Third-order, nonlinear optical interactions of some benzporphyrins [J]. Applied Physics Letters, 1991, 58 (12): 1241 - 1243.

[16] Blau W J, Byrne D J, Cardin T J, et al. Large infrared nonlinear optical response of C_{60} [J]. Physical Review Letters, 1991, 67(11): 1423.

[17] Koudoumas E, Konstantaki M, Mavromanolakis A, et al. Transient and instantaneous third-order nonlinear optical response of C_{60} and the higher fullerenes C_{70}, C_{76} and C_{84} [J]. Journal of Physics B: Atomic, Molecular and Optical Physics, 2001, 34(24): 4983.

[18] Li S J, Xu X P, Li W Z, et al. Surface-enhanced third-order nonlinear optical response of C_{60} films on roughed glass plate [J]. Chinese Physics Letters, 1993, 10(10): 598.

[19] Li J L, Wang S F, Yang H, et al. Femtosecond third-order optical nonlinearity of C_{60} and its derivative at a wavelength of 810 nm [J]. Chemical Physics Letters, 1998, 288 (2 - 4):

175 - 178.

［20］ Wang S F, Huang W T, Liang R S, et al. Enlarged ultrafast optical Kerr response of C_{60} with attached multielectron donors ［J］. Physical Review B, 2001, 63(15): 153408.

［21］ Huang W T, Wang S F, Liang R S, et al. Ultrafast third-order non-linear optical response of Diels-Alder adduct of fullerene C_{60} with a metallophthalocyanine ［J］. Chemical Physics Letters, 2000, 324(5 - 6): 354 - 358.

［22］ Liang R S, Wang S F, Huang W T, et al. Measurement of the ultrafast third-order optical nonlinearity of multi-adducts $C_{70}(NH_2CN)_5$ and $C_{70}(NH_2CNNCNH_2)_5$［J］. Journal of Physics D: Applied Physics, 2000, 33(18): 2249.

［23］ Xie R H, Rao Q. Third-order optical nonlinearities of chiral graphene tubules ［J］. Chemical Physics Letters, 1999, 313(1 - 2): 211 - 216.

［24］ Xie R H, Jiang J. Nonlinear optical properties of armchair nanotube ［J］. Applied Physics Letters, 1997, 71(8): 1029 - 1031.

［25］ Xie R H, Jiang J. Large third-order optical nonlinearities of C_{60}-derived nanotubes in infrared ［J］. Chemical Physics Letters, 1997, 280(1 - 2): 66 - 72.

［26］ Xie R H, Jiang J. Theory of nonlinear optical properties of C_{60}-derived nanotubes ［J］. Journal of Applied Physics, 1998, 83(6): 3001 - 3007.

［27］ Wang S F, Huang W T, Yang H, et al. Large and ultrafast third-order optical non-linearity of single-wall carbon nanotubes at 820 nm ［J］. Chemical Physics Letters, 2000, 320(5 - 6): 411 - 414.

［28］ Riggs J E, Walker D B, Carroll D L, et al. Optical limiting properties of suspended and solubilized carbon nanotubes ［J］. Journal of Physical Chemistry B, 2000, 104(30): 7071 - 7076.

［29］ Maeda A, Matsumoto S, Kishida H, et al. Large optical nonlinearity of semiconducting single-walled carbon nanotubes under resonant excitations ［J］. Physical Review Letters, 2005, 94(4): 047404.

［30］ Xu J F, Xiao M, Czerw R, et al. Optical limiting and enhanced optical nonlinearity in boron-doped carbon nanotubes ［J］. Chemical Physics Letters, 2004, 389(4 - 6): 247 - 250.

［31］ Wang Z W, Liu C L, Liu Z G, et al. $\pi - \pi$ interaction enhancement on the ultrafast third-order optical nonlinearity of carbon nanotubes/polymer composites ［J］. Chemical Physics Letters, 2005, 407(1 - 3): 35 - 39.

［32］ Hendry E, Hale P J, Moger J, et al. Coherent nonlinear optical response of graphene ［J］. Physical Review Letters, 2010, 105(9): 097401.

［33］ Chu SS, Wang SF, Gong QH. Ultrafast third-order nonlinear optical properties of graphene in aqueous solution and polyvinyl alcohol film ［J］. Chemical Physics Letters, 2012, 523: 104 - 106.

［34］ Hanamura E. Rapid radiative decay and enhanced optical nonlinearity of excitons in a quantum well ［J］. Physical Review B, 1988, 38(2): 1228.

［35］ Kishida H, Matsuzaki H, Okamoto H, et al. Gigantic optical nonlinearity in one-dimensional Mott-Hubbard insulators ［J］. Nature, 2000, 405(6789): 929 - 932.

第5章

界面二阶非线性光谱及其应用

（张贞）

　　1960 年激光的发明催生了许多新兴领域，极大地促进了科学的进步。二次谐波与和频光谱是二阶非线性光学方法，其作为光谱技术应用于界面研究则得益于非线性光学理论的发展和激光技术的进步。1961 年，Franken 等首次报道观察到了激光在通过石英晶体后产生的二次谐波[1]。哈佛大学物理系的 Bloembergen 看到这篇文章后马上意识到了非线性光学潜在的巨大前景[2]。他在哈佛的研究组马上着手非线性光学的理论研究。1962 年，Franken 等又观测到了两束不同波长的激光通过石英晶体后产生的和频信号[3]。从这一年开始，Bloembergen 及其合作者发表了非线性光学的一系列奠基性文章，给出了非线性介质中的 Maxwell 方程解[4,5]，并建立了非线性介质边界的非线性光学现象的基本理论[4,6,7]。Bloembergen 教授由于在激光光谱尤其是非线性激光光谱领域的卓越贡献而获得了 1981 年诺贝尔物理学奖。有趣的是同年获诺贝尔物理学奖的瑞典物理学家西格班（Kai M. Siegbahn）其主要贡献是发展了用于化学分析的电子能谱，其中 X 射线光电子能谱（X-ray photoelectron spectroscopy），即著名的 XPS，也经常被用于表面分析。

　　随着激光技术的发展，非线性光学方法日臻成熟，已成为表面研究领域的首选工具之一[8]。从 20 世纪 80 年代开始，沈元壤等发展了界面二次谐波产生与和频振动光谱的实验和理论分析方法，开创了将非线性光学用于界面研究的新局面。迄今，非线性光学几乎应用在所有界面研究，对于从分子水平上理解界面的几何结构和电子结构、研究界面基元反应机制，都起着无法替代的作用。

　　非线性光学理论及其方法是现代物理学蓬勃发展的分支。用非线性光学方法及其显微成像来研究表面结构及变化是近年非线性光学和界面研究的前沿领域。本部分主要涉及二阶非线性光学方法。其最大的特点是具有表面的选择性和灵敏性（在电偶极近似下）。从原理上说，该方法对界面及界面处理没有特殊的限制。

5.1　表面非线性光谱

5.1.1　非线性光学效应、二次谐波及和频光谱产生

非线性光学效应的起源于介质与强激光场的相互作用。这里我们从经典力学的角度对其进行描述,以便读者对此过程先有一个初步的物理图像。光与介质作用的经典物理图像是:介质和强激光作用发生极化,形成电偶极子极化层。极化层中的偶极子向外辐射电磁波,形成各种线性和非线性的光学效应。

从介质中传播的光波电场对组成介质的分子中共价电子施加一个力,产生诱导电偶极矩。在空气中,对于低强度和非相干光,这种力是比较小的。所以在各向同性的介质中,诱导的电偶极矩 μ 可以写为

$$\mu = \mu_0 + \alpha E \tag{5.1}$$

式中,μ_0 是材料的永久偶极距;α 是分子的电子极化率。单位体积的电偶极矩之和称为极化强度 P。假定只考虑一个由振荡的电场所诱导的极化

$$P = \varepsilon_0 \chi^{(1)} E \tag{5.2}$$

式中,ε_0 是真空电容率。诱导的偶极振荡作为一个辐射场,发射出和偶极振荡相同频率的电磁波,产生反射和折射等线性光学效应。

当增强电场时(比如强激光场),在通常情况下并不显著的非线性效应将极大地增加。这些非线性项以附加项的形式合并在诱导偶极矩中:

$$\mu = \mu_0 + \alpha E + \beta E^2 + \gamma E^3 + \cdots \tag{5.3}$$

式中,β 和 γ 分别是一级和二级超极化率。对于块体材料(假定零阶静态极化),极化强度变为

$$\begin{aligned} P &= \varepsilon_0(\chi^{(1)}E + \chi^{(2)}E^2 + \chi^{(3)}E^3 + \cdots) \\ &= P^{(1)} + P^{(2)} + P^{(3)} + \cdots \end{aligned} \tag{5.4}$$

式中,$\chi^{(2)}$ 和 $\chi^{(3)}$ 分别是二阶和三阶非线性极化率,它明显低于一阶非线性极化率 $\chi^{(1)}$。可以对非线性效应进行下列估计:式(5.4)中相邻两项之比为 $\left| \dfrac{P^{(n+1)}}{P^{(n)}} \right| \sim$ $\dfrac{E}{E_{\text{Atom}}}$,$E_{\text{Atom}}$ 是介质中的原子内电场,其数值为 2×10^{10} V/m,在激光出现之前,通常的光源都太弱,所以我们看到的几乎都是线性光学现象。当光电场强度和分子内电场强度相当时,分子对电场的响应不再保持谐性,非线性极化就产生了。也就是说,当所用的电磁场和电子在分子中所受到的电磁场可以相比拟时,非线性效应才变得显著起来。通常,这样的强电场也只有脉冲激光才能达到。

设入射的电场为

$$E = E_1 \cos \omega t \tag{5.5}$$

这里，ω 是入射光的频率。式(5.4)诱导的极化强度为

$$P = \varepsilon_0 \left[\chi^{(1)} \left(E_1 \cos \omega t \right) + \chi^{(2)} \left(E_1 \cos \omega t \right)^2 + \chi^{(3)} \left(E_1 \cos \omega t \right)^3 + \cdots \right] \tag{5.6}$$

整理得

$$P = \varepsilon_0 \left[\chi^{(1)} \left(E_1 \cos \omega t \right) + \frac{1}{2} \chi^{(2)} E_1^2 (1 + \cos 2\omega t) + \frac{1}{4} \chi^{(3)} E_1^3 (3\cos \omega t + \cos 3\omega t) + \cdots \right]$$

$$\tag{5.7}$$

式(5.7)表明，诱导极化发射的光，含有许多入射电场 E 的频率在二次(二次谐波产生)、三次(三阶谐波产生)等诸多振荡项。

和频产生(SFG)也可以通过相似的方法来证明。此时，表面电场可以表示为两个频率为 ω_1 和 ω_2 的激光束：

$$E = E_1 \cos \omega_1 t + E_2 \cos \omega_2 t \tag{5.8}$$

若仅考虑到极化的二阶项 $P^{(2)}$，整理得

$$\begin{aligned} P^{(2)} &= \varepsilon_0 \chi^{(2)} \left(E_1 \cos \omega_1 t + E_2 \cos \omega_2 t \right)^2 \\ &= \varepsilon_0 \chi^{(2)} \left[E_1^2 + E_2^2 + E_1^2 \cos 2\omega_1 t + E_2^2 \cos 2\omega_2 t \right. \\ &\quad \left. + \frac{1}{2} E_1 E_2 \cos(\omega_1 - \omega_2) t + \frac{1}{2} E_1 E_2 \cos(\omega_1 + \omega_2) t \right] \end{aligned} \tag{5.9}$$

式(5.9)说明，当两个入射光场作用到介质时，可以产生频率为各自入射光场频率两倍的二次谐波产生(SHG)；可以产生频率为入射光场频率之差($\omega_1 - \omega_2$)的差频产生(DFG)；可以产生频率为入射光场频率之和($\omega_1 + \omega_2$)的和频光谱产生(SFG)。最简单的二阶非线性极化的 SFG 分量为

$$P^{(2)} = \varepsilon_0 \chi^{(2)} E_1 E_2 \tag{5.10}$$

$\chi^{(2)}$(二阶非线性极化率)是一个三阶张量，它描述两个进行作用的电场矢量 E_1、E_2 与合矢量 $P^{(2)}$ 之间的关系。

5.1.2 二次谐波与和频光谱的特点

前面已经证明了二阶非线性光学包括光学二次谐波产生(SHG)、和频产生(SFG)和差频产生(DFG)。下面我们简述其特点。

二次谐波技术是一个非常灵敏的界面探测技术，它可以探测吸附在界面上亚单分子层的分子。因为是激光激发的相干光学过程，二次谐波具有高度的方向性，

适合无伤害、原位远程探测,且可用于真实环境中检测表面。因为激光激发具有高的空间和时间分辨率,二次谐波也可以原位绘制一个表面单分子层的分子排列和分子组成。这些优势再加上其对所有界面的广泛应用能力,使得 SHG 成为研究界面的一个独特又多功能的工具。

另一方面,SHG 研究仅限于可见区的电子跃迁,因为高增益的光探测器(如光电倍增管)在可见区才能达到单层灵敏度。但是,为了选择性地研究吸附分子,红外振动光谱更为有用。既可以满足界面灵敏性又可以测量界面分子的振动光谱,这就是和频产生(SFG)。任何有效地用于探测表面振动光谱的非线性光学方法应当满足三个标准:应当是一个二阶过程(即响应是各向异性的),这样的光谱是表面专一的;入射必须有一个可调谐的红外组分去激发振动跃迁;最后,输出应当在近红外或可见光范围(在该范围,它可以被光电倍增管检测)。红外—可见和频光谱是一个优异的选择方法。SFG 既具有 SHG 的表面专一性,还具有通过它的特征振动跃迁选择探测表面分子的能力。

5.1.3　和频光谱和二次谐波的强度公式

对于非线性光学光谱,从实验的角度,我们关注的是可测物理量光强。下面我们列出在表面科学应用中经常用到的公式,这些公式具体的推导过程请看本章的相应部分或相关参考文献。

1. 和频光谱的强度公式

$$I_i(\omega) = \frac{8\pi^3\omega^2\sec^2\theta_i}{c^3\left[\varepsilon_i(\omega)\varepsilon_{i_1}(\omega_1)\varepsilon_{i_2}(\omega_2)\right]^{1/2}}\left|\left[e(\omega)\cdot\boldsymbol{\chi}_s^{(2)}:e(\omega_1)e(\omega_2)\right]\right|^2 I_{i_1}(\omega_1)I_{i_2}(\omega_2)$$

$$(5.11a)$$

式中,θ_i 为和频信号的反射角;$I_{i_1}(\omega_1)$ 和 $I_{i_2}(\omega_2)$ 表示频率为 ω_1 和 ω_2、分别来自介质 i_1 和 i_2 的入射光的强度;$I_i(\omega)$ 是一个在频率为 ω 、来自介质 i 的具有极化场 $e_i(\omega)$ 的和频光的强度;ω 是和频光的频率。在文献中经常把式(5.11a)写成下列等价的形式:

$$I(\omega) = \frac{8\pi^3\omega^2\sec^2\beta}{c^3 n_1(\omega)n_1(\omega_1)n_1(\omega_2)}\left|\chi_{\text{eff}}^{(2)}\right|^2 I_1(\omega_1)I_2(\omega_2) \qquad (5.11b)$$

式中,n 表示折射率;β 表示和频光与界面法线之间的夹角;$\chi_{\text{eff}}^{(2)}$ 表示二阶有效极化率,其表达式为

$$\chi_{\text{eff}}^{(2)} = \left[L(\omega):e(\omega)\right]\cdot\boldsymbol{\chi}^{(2)}:\left[L(\omega_1):e(\omega_1)\right]\left[L(\omega_2):e(\omega_2)\right]$$

$$(5.11c)$$

式中,L 表示 Fresnel 因子张量,其对角元为

$$L_{xx}(\omega_i) = \frac{2n_1(\omega_i)\cos\gamma_i}{n_1(\omega_i)\cos\gamma_i + n_2(\omega_i)\cos\beta_i}$$

$$L_{yy}(\omega_i) = \frac{2n_1(\omega_i)\cos\beta_i}{n_1(\omega_i)\cos\beta_i + n_2(\omega_i)\cos\gamma_i} \tag{5.12}$$

$$L_{zz}(\omega_i) = \frac{2n_2(\omega_i)\cos\beta_i}{n_1(\omega_i)\cos\gamma_i + n_2(\omega_i)\cos\beta_i}\left(\frac{n_1(\omega_i)}{n'(\omega_i)}\right)^2$$

式中, n_1、n_2、n'分别表示第一项、第二项和界面的折射率。式(5.11c)也包含了张量之间的双点乘。

2. 二次谐波强度公式

二次谐波是和频光谱的特例(两束光的频率相等),其光强可表示为

$$I(2\omega) = \frac{32\pi^3\omega^2\sec^2\beta}{c^3[\varepsilon_1(\omega)\varepsilon_1(\omega)\varepsilon_2(\omega)]^{1/2}}|\chi_{\text{eff}}^{(2)}|^2 I^2(\omega) \tag{5.13a}$$

其中,

$$\chi_{\text{eff}}^{(2)} = [e(2\omega)\cdot L(2\omega)]\cdot\chi_s^{(2)}(2\omega):[e(\omega)\cdot L(\omega)][e(\omega)\cdot L(\omega)] \tag{5.13b}$$

这是文献中经常出现的二次谐波产生的公式,式中各个参数的意义与和频光谱公式所表达的意义相同。

3. 偏振和频光谱与偏振二次谐波有效极化率的表达式

非线性光学的另一大特点是可以充分利用偏振光学的特性来激发或者检测特定的振动模式。这里我们给出这两种二阶非线性光谱在常见的偏振组合下有效极化率的表达式。

(1) 和频光谱四种常用的独立偏振组合的有效极化率表示公式

$$\chi_{\text{eff, ssp}}^{(2)} = L_{yy}(\omega)L_{yy}(\omega_1)L_{zz}(\omega_2)\sin\beta_2\chi_{yyz}^{(2)}$$

$$\chi_{\text{eff, sps}}^{(2)} = L_{yy}(\omega)L_{zz}(\omega_1)L_{yy}(\omega_2)\sin\beta_1\chi_{yzy}^{(2)}$$

$$\chi_{\text{eff, pss}}^{(2)} = L_{zz}(\omega)L_{yy}(\omega_1)L_{yy}(\omega_2)\sin\beta\chi_{zyy}^{(2)}$$

$$\begin{aligned}\chi_{\text{eff, ppp}}^{(2)} = &-L_{xx}(\omega)L_{xx}(\omega_1)L_{zz}(\omega_2)\cos\beta\cos\beta_1\sin\beta_2\chi_{xxz}^{(2)}\\ &-L_{xx}(\omega)L_{zz}(\omega_1)L_{xx}(\omega_2)\cos\beta\sin\beta_1\cos\beta_2\chi_{xzx}^{(2)}\\ &+L_{zz}(\omega)L_{xx}(\omega_1)L_{xx}(\omega_2)\sin\beta\cos\beta_1\cos\beta_2\chi_{zxx}^{(2)}\\ &+L_{zz}(\omega)L_{zz}(\omega_1)L_{zz}(\omega_2)\sin\beta\sin\beta_1\sin\beta_2\chi_{zzz}^{(2)}\end{aligned} \tag{5.14a}$$

（2）二次谐波三种偏振组合下有效极化率的表示公式

$$\chi_{\text{eff, sp}}^{(2)} = L_{zz}(2\omega) L_{yy}^2(\omega) \sin \Omega \chi_{zyy}^{(2)}$$

$$\chi_{\text{eff, 45°s}}^{(2)} = L_{yy}(2\omega) L_{zz}(\omega) L_{yy}(\omega) \sin \Omega \chi_{yzy}^{(2)}$$

$$\chi_{\text{eff, pp}}^{(2)} = L_{zz}(2\omega) L_{xx}^2(\omega) \sin \Omega \cos^2 \Omega \chi_{zxx}^{(2)}$$

$$- 2L_{xx}(2\omega) L_{zz}(\omega) L_{xx}(\omega) \sin \Omega \cos^2 \Omega \chi_{xzx}^{(2)}$$

$$+ L_{xx}(2\omega) L_{zz}^2(\omega) \sin^3 \Omega \chi_{zzz}^{(2)}$$

(5.14b)

式中，Ω 为基频入射光的入射角。

5.1.4　二阶非线性光学测量能提供的界面的微观信息

在电偶极近似下，二阶非线性光学具有界面选择性和界面灵敏性。它可以给出界面的许多信息，包括：

（1）单晶金属表面和半导体表面的几何结构和电子结构。

（2）界面分子振动光谱。

（3）界面（包括固体表面、液体表面及生物体系界面）吸附分子的热力学和动力学。

（4）界面分子取向。

（5）界面表面电荷。

（6）金属电极界面零电荷点（PZC）。

（7）界面其他性质，如液体界面极性、液体界面 PH、半导体界面电子的电子结构等的测定。

下面，我们将进一步说明非线性光学方法研究界面的优势。

（1）非线性光学过程容易测得分子的结构，如分子界面构象、分子偶极矩的取向和吸附等。

（2）非线性光学方法的界面选择性使其在表面化学和细胞生物学方面有重要的应用，非线性光学方法容易测量生物膜及界面的环境。

（3）非线性光学方法对手性研究上的高灵敏度，使它可以对很多体系进行研究。在各向同性的溶液中，线性光学活性效应（linear optical activity effect）仅对分子基态与激发态之间电偶极与磁偶极跃迁距组分的一定组合敏感，所以，分子的结构手性不能产生强烈的线性光学活性，而非线性光学活性依赖不同的激发态间的跃迁距，并且很多跃迁距组分对手性二阶极化率 χ_{ijk} 有贡献，如简单非线性分子的手性、非线性局域化的多聚物的手性、在低价近似下分子骨架中由螺旋结构产生的手性等。这些特性对于分析蛋白质的二级结构是非常有利的。

应当指出的是，显微手段，如扫描隧道显微镜（STM）、扫描探针显微镜（SPM）等显微技术，在研究界面性质方面也起着非常重要的作用。

5.1.5 界面和频光谱公式的一些讨论

5.1.5.1 可见红外和频振动光谱

下面我们以和频振动光谱为例来说明和频信号的产生。实验是用两束脉冲激光进行的,其中一束固定在可见频率 ω_{VIS}(通常是 532 nm 或者 800 nm),另一束是可调谐皮秒或者飞秒宽带的红外频率 ω_{IR}。这两束激光在界面上完成一个空间和时间上的重叠,发射出入射光频率之和的和频光 ($\omega_{SF} = \omega_{VIS} + \omega_{IR}$),如图 5.1 所示。

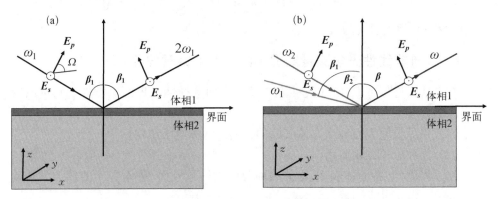

图 5.1 (a) 界面二次谐波;(b) 界面和频振动光谱

当可调谐的红外光的频率与界面上分子的振动模式相同时,信号共振增强。通过检测各个红外频率的和频光,就得到一个和频振动光谱,它的频率位于电磁波谱的可见区。可以证明,和频光谱的强度为[4,6]

$$I(\omega_{SF}) = \frac{8\pi^3 \omega_{SF}^2 \sec^2 \beta_{SF}}{c^3 [\varepsilon_1(\omega_{SF})\varepsilon_1(\omega_1)\varepsilon_2(\omega_2)]^{1/2}} \left| [\boldsymbol{e}(\omega_{SF}) \right.$$
$$\left. \cdot \boldsymbol{\chi}_s^{(2)}(\omega_{SF}) : \boldsymbol{e}(\omega_v)\boldsymbol{e}(\omega_{IR})] \right|^2 I(\omega_v)I(\omega_{IR}) \tag{5.15}$$

用每一个脉冲的光子数来表示

$$S(\omega_{SF}) = \frac{8\pi^3 \omega_{SF}^2 \sec^2 \beta_{SF}}{c^3 [\varepsilon_1(\omega_{SF})\varepsilon_1(\omega_1)\varepsilon_2(\omega_2)]^{1/2}} \left| [\boldsymbol{e}(\omega_{SF}) \right.$$
$$\left. \cdot \boldsymbol{\chi}_s^{(2)}(\omega_{SF}) : \boldsymbol{e}(\omega_v)\boldsymbol{e}(\omega_{IR})] \right|^2 I(\omega_v)I(\omega_{IR})AT \tag{5.16}$$

这里,A 是光在界面上的散射截面;T 是激光的脉冲宽度。引入有效极化率

$$\chi_{eff}^{(2)} = [\boldsymbol{e}(\omega_{SF}) \cdot \boldsymbol{\chi}_s^{(2)}(\omega_{SF}) : \boldsymbol{e}(\omega_v)\boldsymbol{e}(\omega_{IR})]$$
$$= [\hat{e}(\omega_{SF}) \cdot \boldsymbol{L}(\omega_{SF})] \cdot \boldsymbol{\chi}_s^{(2)}(\omega_{SF}) : [\hat{e}(\omega_v) \cdot \boldsymbol{L}(\omega_v)][\hat{e}(\omega_{IR}) \cdot \boldsymbol{L}(\omega_{IR})] \tag{5.17}$$

则(5.15)变为

$$I(\omega_{SF}) = \frac{8\pi^3 \omega_{SF}^2 \sec^2 \beta_{SF}}{c^3 [\varepsilon_1(\omega_{SF}) \varepsilon_1(\omega_1) \varepsilon_2(\omega_2)]^{1/2}} \mid \chi_{eff}^{(2)} \mid^2 I(\omega_v) I(\omega_{IR}) \qquad (5.18)$$

$$L_{xx}(\omega_i) = \frac{2n_1(\omega_1) \cos \gamma_i}{n_1(\omega_i) \cos \gamma_i + n_2(\omega_i) \cos \beta_i}$$

其中，
$$L_{yy}(\omega_i) = \frac{2n_1(\omega_i) \cos \beta_i}{n_1(\omega_i) \cos \beta_i + n_2(\omega_i) \cos \gamma_i} \qquad (5.19)$$

$$L_{zz}(\omega_i) = \frac{2n_2(\omega_i) \cos \beta_i}{n_1(\omega_i) \cos \gamma_i + n_2(\omega_i) \cos \beta_i} \left[\frac{n_1(\omega_i)}{n'(\omega_i)}\right]^2$$

式中，$n'(\omega_i)$ 是界面层的折射率，对于液体界面，$n' = \sqrt{\dfrac{n^2(n^2 + 5)}{4n^2 + 2}}$；$\beta_i$ 是第 i 束入射激光的入射角；γ_i 是相应的折射角。满足 Snell 关系：$n_1(\omega_i) \sin \beta = n_2(\omega_i) \sin \gamma$。

这就是在文献中广为使用的界面和频光谱强度公式。前面已经讲过，界面的二阶极化率可以分成两部分：

$$\chi_s^{(2)} = \chi_{NR}^{(2)} + \chi_R^{(2)} \qquad (5.20)$$

非共振的二阶极化率为一复数，为了强调这一点，在文献中有时将式(5.20)写为

$$\chi_s^{(2)} = \chi_{NR}^{(2)} e^{i\phi} + \chi_R^{(2)} \qquad (5.21)$$

从上式可以看到，和频光谱强度大小及和频光谱的形状主要取决于有效二阶非线性极化率。在其他条件不变的情况下，可将和频光谱的强度简单表示为

$$I(\omega_{SF}) \propto \mid \chi_{eff}^{(2)} \mid^2 \qquad (5.22)$$

即和频光谱的强度与有效极化率模的平方成正比(这也是文献中广为使用的公式)。

此外，还常常将和频光谱的强度公式写为

$$I_{SF} \propto \left| \chi_{NR}^{i\xi} + \sum_n \frac{A_n}{\omega_{IR} - \omega_n + i\Gamma} \right|^2 \qquad (5.23)$$

并用其对实验得到的和频光谱曲线进行拟合(这里将相位角用 ξ 表示，但在有些文献里也常用 ϕ、θ 等符号来表示)。

5.1.5.2 和频光谱的相位匹配条件

和频过程必须满足能量守恒和动量守恒定律。对于可见红外和频振动光谱，由能量守恒定律可知，发射的 SFG 信号的频率是可调谐红外和固定的可见光频率之和：$\omega_{SF} = \omega_{IR} + \omega_{VIS}$

动量守恒定律如下：$\boldsymbol{k}_{SF} = \boldsymbol{k}_{IR} \pm \boldsymbol{k}_{VIS}$

写成标量形式：$k_{SF,\,x} = k_{IR,\,x} \pm k_{VIS,\,x}$

又因为 $k = \dfrac{2\pi n}{\lambda}$，设和频光、红外光和可见光与表面法线的夹角为 β、β_1、β_2，上式变为

$$\frac{n_{SF}}{\lambda(\omega)}\sin\beta = \frac{n_{IR}}{\lambda(\omega_1)}\sin\beta_1 \pm \frac{n_{VIS}}{\lambda(\omega_2)}\sin\beta_2 \tag{5.24}$$

该式的重要性是可以确定和频信号的出射方向，用于计算检测 SFG 光的最佳角度，也是和频光谱匹配的相位条件。正号对应于同向入射的光束，负号对应于对向入射的光束。

5.1.5.3 二次谐波强度公式

二次谐波产生是和频产生的一种特殊情况：入射光 $\omega_1 = \omega_2 = \omega$，产生频率为 2ω 的倍频光。将式(5.15)直接用在二次谐波，得

$$I(2\omega) = \frac{32\pi^3\omega^2\sec^2\beta}{c^3[\varepsilon_1(2\omega)]^{1/2}\varepsilon_1(\omega)}\,|\chi_{eff}^{(2)}|^2 I^2(\omega) \tag{5.25}$$

其中，

$$\chi_{eff}^{(2)} = [\boldsymbol{e}(2\omega)\cdot\boldsymbol{L}(2\omega)]\cdot\boldsymbol{\chi}_s^{(2)}(2\omega):[\boldsymbol{e}(\omega)\cdot\boldsymbol{L}(\omega)][\boldsymbol{e}(\omega)\cdot\boldsymbol{L}(\omega)] \tag{5.26}$$

这是文献中经常出现的二次谐波产生的公式。其中各个参数的意义与和频光谱公式的含义相同。

5.1.5.4 和频振动光谱的线型与相位

对于红外光谱和拉曼光谱而言，振动吸收带的线形和分子运动的动力学参数有密切的联系，对于和频振动光谱也同样如此。和频光谱数据的线形轮廓提供频率、强度、所观察的振子共振的宽度及任何非共振信号的强度和相位。对和频振动光谱线形的认识有助于对不同振动模式的正确识别，下面对和频振动光谱可能出现的线型进行讨论。

前已指出，宏观的二阶非线性极化率可以表示为与红外光频率相关的共振项和非共振项的加和：

$$\chi^{(2)}(\omega_{IR}) = \chi_{NR}(\omega_{IR}) + \chi_{R}(\omega_{IR}) = \chi_{NR}(\omega_{IR}) + \sum_q \frac{A_q}{\omega_{IR} - \omega_q + i\Gamma_R} \quad (5.27)$$

显然和频振动的强度 I_{SFG} 正比于 $\chi^{(2)}(\omega_{IR})$。对 I_{SFG} 和红外光的频率作图(图 5.2),可以看出,当 χ_{NR} 和 A_q/Γ_q 相比可以被忽略的时候,和频振动光谱的线形就是典型的高斯线形。如果 χ_{NR} 为实数且和 A_q 同号,光谱线形左低右高;反之,如果 χ_{NR} 为实数且和 A_q 反号,光谱线形左高右低。如果 χ_{NR} 为虚数,且和 A_q/Γ_q 相近,就会出现振动峰向下的线形。通常在气液和固液界面线形图 5.2(a)和(c)最为常见;当分子在金属基底上时,非共振项为虚数,且贡献较大,图 5.2(d)为最熟悉的线形。

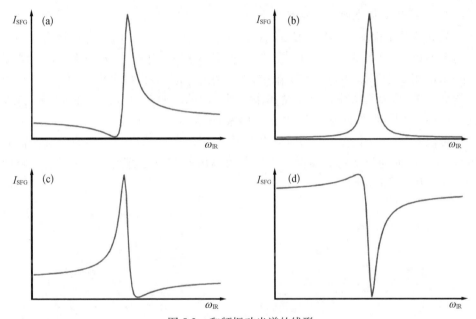

图 5.2　和频振动光谱的线形

(a) χ_{NR} 为实数,和 A_q 同号;(b) χ_{NR} 和 A_q/Γ_q 相比可被忽略;(c) χ_{NR} 为实数,和 A_q 反号;
(d) χ_{NR} 为虚数,和 A_q 反号,和 A_q/Γ_q 接近

应当指出,实际由光谱仪记录的峰的形状不但取决于 $|\chi_R^{(2)}|$,也取决于所用激光的宽度等实验因素。

作为相干的非线性过程,和频振动光谱不但可以给出非线性极化率的振幅,同时还可以给出非线性极化率的相位,这些信息对所研究的体系是非常有用的。非线性极化率的相位包含了分子、基团的取向信息。分子、基团的取向不同,非线性极化率和有效非线性极化率的相位也就不同。当不同振动模式的频率相近时,会发生振动耦合,这时和频振动光谱的线形就可能因不同振动模式下非线性极化率的相位不同而改变,从而影响到振动峰的识别。近来发展的相敏和频光谱的测量,是和频光谱的最新进展之一,详见最新的参考文献。

5.1.5.5 偏振和频光谱的强度公式

1. 为什么要用偏振光学进行界面非线性光学研究

(1) 从宏观的角度来看,非线性过程的产生来自表面的极化。极化程度的大小与表面局域电场的平方成正比。凡是影响表面局域电场的因素,都将影响极化强度。不同偏振的光电场,对表面电场的强度和方向有不同的贡献,进而影响和频光谱的强度。

(2) 不同的偏振光,检测界面非线性极化率张量的不同张量元,这些张量元之间的干涉会影响和频光谱不同模式振动峰的相对大小,这一点对于峰的指认尤其重要。

2. 不同的偏振光对表面电场的贡献

先介绍几个偏振光学的术语:将振动矢量垂直于入射面的电矢量称为 s 偏振[s-polarisation,图 5.3(a)];将振动矢量在入射面内的电矢量称为 p 偏振[p-polarisation,图 5.3(b)]。在文献中,尤其在电动力学教科书中,常用表面法线方向做参考,将表面法线方向(z)的偏振(即上面的 p 偏振)用符号"$\perp$"表示;将表面方向(x、y 平面)的偏振(即上面的 s 偏振)用符号"$/\!/$"来表示。

可以看到,由 s 偏振光在界面产生的电场仅仅通过以界面为界的沿着 y 轴的电场所描述,而通过入射 p 偏振光所建立的电场能够被分解成既有 x 又有 z 坐标的表面电场[图 5.3(b)]。

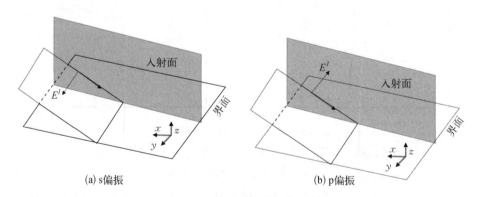

(a) s偏振   (b) p偏振

图 5.3　s 偏振和 p 偏振的定义

入射光场以 x、y、z 为基的分量由式(5.28)和式(5.29)给出:

$$\begin{aligned} \boldsymbol{E}_x^I &= E_x^I \cdot \hat{x} \\ \boldsymbol{E}_y^I &= E_y^I \cdot \hat{y} \\ \boldsymbol{E}_z^I &= E_z^I \cdot \hat{z} \end{aligned} \tag{5.28}$$

这里,E_i^I 是分量沿着 i 轴的数值大小 ($i = x, y, z$),并且 i 是沿着该轴的单位向量。分量的相对值可由几何关系计算出(图 5.4):

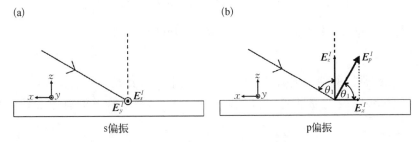

图 5.4　不同偏振光对表面电场的贡献

（a）s 偏振的贡献；（b）p 偏振的贡献

$$E_x^I = \pm \hat{x} E_p^I \cos \theta_I$$

$$E_y^I = E_s^I$$ 　　　　　　(5.29)

$$E_z^I = E_p^I \sin \theta_I$$

式(5.29)的正号用于入射光沿 x 轴正方向传播,负号用于入射光沿 x 轴的负方向传播。显然,对于三束光有多种不同形式的偏振组合(后面将证明,只有四种独立的偏振组合),不同的偏振组合可以提供界面几何结构和电子结构的不同信息。

对于各向同性的界面,前面已经证明了二阶极化率仅有四个独立的张量元: $\chi_{xxz} = \chi_{yyz}$、$\chi_{xzx} = \chi_{yzy}$、$\chi_{zxx} = \chi_{zyy}$ 和 χ_{zzz}。这四个张量分量可以通过测量四个不同的输入和输出偏振组合来求出,即 ssp(本节和大多数文献一样,偏振组合遵照下列的顺序约定:和频、可见、红外。比如 ssp 就表示 s 偏振的和频光场、s 偏振的可见光场和 p 偏振的红外光场)、sps、pss 和 ppp。下面我们列出这些不同的偏振组合与界面独立的二阶极化率张量元之间的关系。

3. 偏振组合与宏观张量元的关系

（1）有效极化率与任意偏振组合的关系

设 ω_1 和 ω_2 表示两个入射场的频率,ω 表示输出的和频的频率。设入射激光场是线偏振,其红外和可见光偏振方向与 p 偏振之间的夹角为 Ω_1(偏振角),输出的和频光与 p 偏振之间成 Ω 的夹角。可以证明,有效二阶极化率可以表示为

$$\boldsymbol{\chi}_{\text{eff}}^{(2)} = [\boldsymbol{e}(\omega) \cdot \boldsymbol{L}(\omega)] \cdot \boldsymbol{\chi}_s^{(2)}(\omega) : [\boldsymbol{e}(\omega_1) \cdot \boldsymbol{L}(\omega_1)][\boldsymbol{e}(\omega_2)\boldsymbol{L}(\omega_2)]$$

$$= -L_{xx}(\omega)L_{xx}(\omega_1)L_{zz}(\omega_2)\cos\beta\cos\beta_1\sin\beta_2\cos\Omega\cos\Omega_1\cos\Omega_2\chi_{xxz}^{(2)}$$

$$-L_{xx}(\omega)L_{zz}(\omega_1)L_{xx}(\omega_2)\cos\beta\sin\beta_1\cos\beta_2\cos\Omega\cos\Omega_1\cos\Omega_2\chi_{xzx}^{(2)}$$

$$+L_{zz}(\omega)L_{xx}(\omega_1)L_{xx}(\omega_2)\sin\beta\cos\beta_1\cos\beta_2\cos\Omega\cos\Omega_1\cos\Omega_2\chi_{zxx}^{(2)}$$

$$+L_{zz}(\omega)L_{zz}(\omega_1)L_{zz}(\omega_2)\sin\beta\sin\beta_1\sin\beta_2\cos\Omega\cos\Omega_1\cos\Omega_2\chi_{zzz}^{(2)}$$

$$+L_{yy}(\omega)L_{yy}(\omega_1)L_{zz}(\omega_2)\sin\beta_2\sin\Omega\sin\Omega_1\cos\Omega_2\chi_{yyz}^{(2)}$$

$$+ L_{yy}(\omega)L_{zz}(\omega_1)L_{yy}(\omega_2)\sin\beta_1\sin\Omega\cos\Omega_1\sin\Omega_2\chi_{yzy}^{(2)}$$

$$+ L_{zz}(\omega)L_{yy}(\omega_1)L_{yy}(\omega_2)\sin\beta\cos\Omega\sin\Omega_1\sin\Omega_2\chi_{zyy}^{(2)}$$

$$(5.30)$$

（2）四种常用的独立偏振组合的有效极化率表示公式

由式(5.30)，我们立即可以得到四个独立的偏振组合下的有效非线性极化率为

$$\chi_{\text{eff, ssp}}^{(2)} = L_{yy}(\omega)L_{yy}(\omega_1)L_{zz}(\omega_2)\sin\beta_2\chi_{yyz}^{(2)}$$

$$\chi_{\text{eff, sps}}^{(2)} = L_{yy}(\omega)L_{zz}(\omega_1)L_{yy}(\omega_2)\sin\beta_1\chi_{yzy}^{(2)}$$

$$\chi_{\text{eff, pss}}^{(2)} = L_{zz}(\omega)L_{yy}(\omega_1)L_{yy}(\omega_2)\sin\beta\chi_{zyy}^{(2)}$$

$$\chi_{\text{eff, ppp}}^{(2)} = - L_{xx}(\omega)L_{xx}(\omega_1)L_{zz}(\omega_2)\cos\beta\cos\beta_1\sin\beta_2\chi_{xxz}^{(2)}$$

$$- L_{xx}(\omega)L_{zz}(\omega_1)L_{xx}(\omega_2)\cos\beta\sin\beta_1\cos\beta_2\chi_{xzx}^{(2)}$$

$$+ L_{zz}(\omega)L_{xx}(\omega_1)L_{xx}(\omega_2)\sin\beta\cos\beta_1\cos\beta_2\chi_{zxx}^{(2)}$$

$$+ L_{zz}(\omega)L_{zz}(\omega_1)L_{zz}(\omega_2)\sin\beta\sin\beta_1\sin\beta_2\chi_{zzz}^{(2)}$$

$$(5.31)$$

下面我们对(5.31)式进行讨论：

1）将(5.31)式代入(5.30)式，可以得到另外一个很重要的公式：

$$\boldsymbol{\chi}_{\text{eff}}^{(2)} = [\boldsymbol{e}(\omega) \cdot \boldsymbol{L}(\omega)] \cdot \boldsymbol{\chi}_s^{(2)}(\omega) : [\boldsymbol{e}(\omega_1) \cdot \boldsymbol{L}(\omega_1)][\boldsymbol{e}(\omega_2)\boldsymbol{L}(\omega_2)]$$

$$= \sin\Omega\sin\Omega_1\cos\Omega_2\chi_{\text{eff, ssp}}^{(2)} + \sin\Omega\cos\Omega_1\sin\Omega_2\chi_{\text{eff, sps}}^{(2)}$$

$$+ \cos\Omega\sin\Omega_1\sin\Omega_2\chi_{\text{eff, pss}}^{(2)} + \cos\Omega\cos\Omega_1\cos\Omega_2\chi_{\text{eff, ppp}}^{(2)}$$

$$(5.32)$$

该式说明，对于各向同性的界面，和频振动光谱有且仅有四个独立的偏振组合：ssp、sps、pss、ppp。这些不同的偏振组合，可以测量不同的极化率张量元。所以在实验中，对于非手性界面，常常用这四个偏振组合就足以探测到界面的各种信息。该结果充分显示了偏振光学的优势：选定特定的偏振组合，测量特定的张量元，得到不同的和频光谱的形状。偏振和频光谱最大的应用是指认界面分子的振动光谱、测定界面分子的取向，有关方法原理将在本章微观模型部分详细给出。

2）对于SHG，入射光只有一束频率为ω的基频光，反射光是频率为2ω的倍频光，有三个独立的偏振组合来测量各向同性界面的二阶非线性极化率的张量元：sp、45°s 和 pp，下标第一个字母表示基频光的偏振，第二个字母表示倍频光的偏振。

$$\chi_{\text{eff, sp}}^{(2)} = L_{zz}(2\omega)L_{yy}^2(\omega)\sin\Omega\chi_{zyy}^{(2)}$$

$$\chi_{\text{eff, 45°s}}^{(2)} = L_{yy}(2\omega)L_{zz}(\omega)L_{yy}(\omega)\sin\Omega\chi_{yzy}^{(2)}$$

$$\chi_{\text{eff, pp}}^{(2)} = L_{zz}(2\omega)L_{xx}^2(\omega)\sin\Omega\cos^2\Omega\chi_{zxx}^{(2)} \tag{5.33}$$

$$- L_{xx}(2\omega)L_{zz}(\omega)L_{xx}(\omega)\sin\Omega\cos^2\Omega\chi_{xzx}^{(2)}$$

$$+ L_{xx}(2\omega)L_{zz}^2(\omega)\sin^3\Omega\chi_{zzz}^{(2)}$$

5.1.6　界面非线性光学理论——微观模型

在前面的章节中,我们介绍了非线性光学的一般理论及和频与倍频光强的公式。本节我们重点介绍如何根据这些光强的数值得到界面上分子的信息。

1. 表面的电偶极响应

界面上分子层的行为是许多相关学科关注的重要问题。电偶极近似已经被广泛用在界面分子层的非线性光学响应研究。如果不作特别说明,本章的所有公式都是在电偶极近似下成立的。在此假设下,我们要建立界面的非线性极化率(又称宏观极化率)与分子的超极化率(又称微观极化率)之间的关系。这种关系是从分子水平研究界面的基础。

设界面分子的非线性极化率是界面上单个分子的非线性极化率的加和,忽略局域场效应,界面分子的非线性极化率可以写为

$$\boldsymbol{\chi}_s^{(2)} = \sum_{\text{单位面积}} \boldsymbol{\beta}^{(2)} \tag{5.34}$$

式中的 $\boldsymbol{\beta}^{(2)}$ 为单个分子的二阶极化率,称为微观电极化率或者分子的超极化率。在文献中还常常用 $\boldsymbol{\alpha}^{(2)}$ 表示分子的超极化率(注意:文献中分子的一阶极化率常用 $\boldsymbol{\alpha}$ 表示,没有上标)。在本章中,为了和原始文献一致,这两种表示方法我们都采用。设体相物质是中心对称的,只有界面单分子层数量级的局域场对界面的非线性极化率有贡献,体相物质对界面的非线性极化率没有贡献。考虑一个最简单的情形:界面对非线性极化率有贡献的所有分子在化学上都是等同的。定义表面或界面单位面积有序排列的分子数为表面数密度 N_s,则式(5.34)可用下式来代替

$$\boldsymbol{\chi}_s^{(2)} = N_s\langle\boldsymbol{\beta}^{(2)}\rangle \tag{5.35}$$

式中的尖括号表示对界面上分子取向概率密度分布函数的平均。这就是联系宏观极化率和微观极化率的桥梁公式。在此简单模型下,表面非线性极化率张量由吸附分子密度、吸附分子的非线性极化率 $\boldsymbol{\beta}^{(2)}$ 和分子的取向分布来决定。

2. 宏观-微观联系公式成立的假设条件

从上面的介绍中我们可以看出,联系宏观极化率与微观极化率的式(5.34)成立的假设条件是:

（1）界面分子的非线性极化率是界面上单个分子的非线性极化率的加和；

（2）体相物质是中心对称的,对界面的非线性极化率没有贡献；

（3）界面对非线性极化率有贡献的所有的分子在化学上都是等同的。

5.1.7　和频振动光谱及二次谐波的应用

1. 界面分子密度

界面分子密度仅仅作为总的标度因子参加到平均,它在决定偏振和角度依赖中并不重要。但是在此模型中我们仍然假设 SH 或 SF 电场正比于吸附分子的界面密度。从应用的角度来讲,这意味着 SH 或 SF 电场将用于估计相对界面密度。从公式中可以看出,要准确地估计界面密度,必须满足：① 吸附分子的取向分布不发生变化；② 能准确计算吸附分子的取向分布。

2. 非线性光学测量界面分子取向

界面分子的取向测量是界面科学研究中的一个基本问题。在分子水平上对界面物理和化学过程进行研究,有助于人们加深对物质界面性质的理解。然而,由于界面研究的复杂性,在分子尺度上理解界面分子结构及其排列方式仍具有挑战性。界面分子的取向测量是界面科学研究中的一个基本问题。非线性光学测量取向有自己独特的优势。从式(5.34)知道,分子非线性极化率的取向平均过程是预测 $\boldsymbol{\beta}^{(2)}$ 的关键步骤。反过来,我们可以利用微观的 $\boldsymbol{\beta}^{(2)}$ 和宏观的 $\boldsymbol{\chi}_s^{(2)}$ 响应去推断界面分子的取向。

从式(5.34)知道,分子非线性极化率的取向平均过程是预测的关键步骤。反过来,我们可以利用微观的 $\boldsymbol{\beta}^{(2)}$ 和宏观的 $\boldsymbol{\chi}_s^{(2)}$ 响应去推断界面分子的取向。幸运的是,在非线性光学方法研究界面时,可以通过不同的偏振光谱对应的二阶非线性系数之间比值或者相同偏振光谱中同一个基团的不同振动模式之间的二阶非线性系数之间比值来计算。下面我们以 CH_3 为例演示界面分子取向的计算,定义甲基的 C_3 轴为分子坐标系下的 c 轴(图5.5),由于 C_{3v} 构型的旋转对称性以及界面轴旋转的各向同性,在从分子坐标系到实验室坐标系进行坐标变换时,ϕ 和 ψ 的取向积分为常数,甲基取向角就简化为 C_3 对称轴与界面法线 z 轴的夹角,即角 θ。

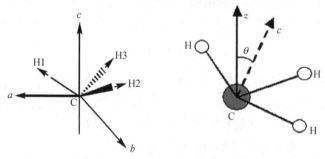

图5.5　甲基坐标系及取向角定义,c 轴为 CH_3 集团的 C_3 对称轴,
z 轴为界面法线,c 轴和 z 轴之间的夹角即 θ

采用图 5.5 所示的分子坐标系,共有 11 个非零的超极化率张量元

$$\beta_{aac} = \beta_{bbc} \quad \beta_{ccc}$$

$$\beta_{aca} = \beta_{bcb} \quad \beta_{caa} = \beta_{cbb} \tag{5.36}$$

$$\beta_{aaa} = -\beta_{bba} = -\beta_{abb} = -\beta_{bab}$$

根据 C_{3v} 的特征标表(Molecular Vibrations , P_{325}):

C_{3v}	E	$2C_3$	$3\sigma_v$		
A_1	1	1	1	T_Z	$\alpha_{xx} + \alpha_{yy}$, α_{zz}
A_2	1	1	-1	R_Z	
E	2	-1	0	(T_x , T_y) ; (R_x , R_y)	$(\alpha_{xx} - \alpha_{yy} , \alpha_{xy})$; $(\alpha_{yx} , \alpha_{zx})$

前三个属于对称伸缩振动,后八个属于反对称伸缩振动。和 C_{2v} 的计算过程相仿,可以将这几个张量元计算如下。

对称伸缩振动:

$$\chi_{xxz}^{(2),ss} = N_s \big[\langle R_{xa}R_{xa}R_{zc} \rangle \beta_{aac}^{(2)} + \langle R_{xb}R_{xb}R_{zc} \rangle \beta_{bbc}^{(2)} + \langle R_{xc}R_{xc}R_{zc} \rangle \beta_{ccc}^{(2)} \big]$$

$$= N_s \big[\langle (\cos\psi\cos\phi - \cos\theta\sin\phi\sin\psi)^2 \cos\theta \rangle \beta_{aac}^{(2)}$$

$$\quad + \langle (-\sin\psi\cos\phi - \cos\theta\sin\phi\cos\psi)^2 \cos\theta \rangle \beta_{aac}^{(2)}$$

$$\quad + \langle \sin^2\phi\sin^2\theta\cos\theta \rangle \beta_{ccc}^{(2)} \big]$$

$$= \frac{1}{2} N_s \big[\langle \cos^2\psi \rangle \beta_{aac}^{(2)} + \langle \sin^2\psi \rangle \beta_{bbc}^{(2)} + \beta_{ccc}^{(2)} \big] \langle \cos\theta \rangle$$

$$\quad + \frac{1}{2} N_s \big[\langle \sin^2\psi \rangle \beta_{aac}^{(2)} + \langle \cos^2\psi \rangle \beta_{bbc}^{(2)} - \beta_{ccc}^{(2)} \big] \langle \cos^3\theta \rangle \tag{5.37}$$

$$= \frac{1}{4} N_s \big[\beta_{aac}^{(2)} + \beta_{bbc}^{(2)} + 2\beta_{ccc}^{(2)} \big] \langle \cos\theta \rangle$$

$$\quad + \frac{1}{4} N_s \big[\beta_{aac}^{(2)} + \beta_{bbc}^{(2)} - 2\beta_{ccc}^{(2)} \big] \langle \cos^3\theta \rangle$$

$$= \frac{1}{2} N_s \beta_{ccc}^{(2)} \big[(1 + R) \langle \cos\theta \rangle - (1 - R) \langle \cos^3\theta \rangle \big]$$

$$= \chi_{yyz}^{(2),ss}$$

上式倒数第二步是因为 $\beta_{aac} = \beta_{bbc}$。令 $R = \beta_{aac}/\beta_{ccc} = \beta_{bbc}/\beta_{ccc}$,

$$\chi_{xzx}^{(2),ss} = N_s \big[\langle R_{xa}R_{za}R_{xc} \rangle \beta_{aac}^{(2)} + \langle R_{xb}R_{zb}R_{xc} \rangle \beta_{bbc}^{(2)} + \langle R_{xc}R_{zc}R_{xc} \rangle \beta_{ccc}^{(2)} \big]$$

$$= N_s \big[\langle (\cos\psi\cos\phi - \cos\theta\sin\psi\sin\phi)\sin\theta\sin\psi\sin\theta\sin\phi \rangle \beta_{aac}^{(2)}$$

$$+ \langle (-\sin\psi\cos\phi - \cos\theta\sin\phi\cos\psi)\sin\theta\cos\psi\sin\theta\sin\phi \rangle \beta_{bbc}^{(2)}$$

$$+ \langle \sin^2\theta\sin^2\phi\cos\theta \rangle \beta_{ccc}^{(2)} \big]$$

$$= -\frac{1}{2}N_s \big[\langle \sin^2\psi \rangle \beta_{aac}^{(2)} + \langle \cos^2\psi \rangle \beta_{bbc}^{(2)} - \beta_{ccc}^{(2)} \big] (\langle \cos\theta \rangle - \langle \cos^3\theta \rangle)$$

$$= -\frac{1}{4}N_s \big[\beta_{aac}^{(2)} + \beta_{bbc}^{(2)} - 2\beta_{ccc}^{(2)} \big] (\langle \cos\theta \rangle - \langle \cos^3\theta \rangle)$$

$$= \frac{1}{2}N_s\beta_{ccc}^{(2)} (1 - R)(\langle \cos\theta \rangle - \langle \cos^3\theta \rangle)$$

$$= \chi_{zxx}^{(2),ss} = \chi_{yzy}^{(2),ss} = \chi_{zyy}^{(2),ss}$$

$$(5.38)$$

$$\chi_{zzz}^{(2),ss} = N_s \big[\langle R_{za}R_{za}R_{zc} \rangle \beta_{aac}^{(2)} + \langle R_{zb}R_{zb}R_{zc} \rangle \beta_{bbc}^{(2)} + \langle R_{zc}R_{zc}R_{zc} \rangle \beta_{ccc}^{(2)} \big]$$

$$= N_s \big[\langle \sin^2\theta\sin^2\psi\cos\theta \rangle \beta_{aac}^{(2)} + \langle \sin^2\theta\cos^2\psi\cos\theta \rangle \beta_{bbc}^{(2)} + \langle \cos^3\theta \rangle \beta_{ccc}^{(2)} \big]$$

$$= \frac{1}{2}N_s \big[\beta_{aac}^{(2)} + \beta_{bbc}^{(2)} \big] \langle \cos\theta \rangle - \frac{1}{2}N_s \big[\beta_{aac}^{(2)} + \beta_{bbc}^{(2)} - 2\beta_{ccc}^{(2)} \big] \langle \cos^3\theta \rangle$$

$$= N_s\beta_{ccc}^{(2)} \big[R\langle \cos\theta \rangle + (1 - R)\langle \cos^3\theta \rangle \big]$$

$$(5.39)$$

反对称伸缩振动：

$$\chi_{xxz}^{(2),as} = N_s \big[\langle R_{xa}R_{xc}R_{za} \rangle \beta_{aca}^{(2)} + \langle R_{xb}R_{xc}R_{zb} \rangle \beta_{bcb}^{(2)} + \langle R_{xc}R_{xa}R_{za} \rangle \beta_{caa}^{(2)} + \langle R_{xc}R_{xb}R_{zb} \rangle \beta_{cbb}^{(2)} \big]$$

$$= N_s \langle (\cos\psi\cos\phi - \cos\theta\sin\phi\sin\psi)\sin\theta\sin\phi\sin\theta\sin\psi \rangle \beta_{aca}^{(2)}$$

$$+ N_s \langle (-\sin\psi\cos\phi - \cos\theta\sin\phi\cos\psi)\sin\theta\sin\phi\sin\theta\cos\psi \rangle \beta_{bcb}^{(2)}$$

$$+ N_s \langle (\cos\psi\cos\phi - \cos\theta\sin\phi\sin\psi)\sin\theta\sin\phi\sin\theta\sin\psi \rangle \beta_{caa}^{(2)}$$

$$+ N_s \langle (-\sin\psi\cos\phi - \cos\theta\sin\phi\cos\psi)\sin\theta\sin\phi\sin\theta\cos\psi \rangle \beta_{cbb}^{(2)}$$

$$= 4N_s \big[-\langle \sin^2\phi \rangle \langle \sin^2\psi \rangle \langle \sin^2\theta\cos\theta \rangle \big] \beta_{aca}^{(2)}$$

$$= -\frac{1}{2}N_s \langle \sin^2\psi \rangle \big[\langle \cos\theta \rangle - \langle \cos^3\theta \rangle \big] \beta_{aca}^{(2)}$$

$$= - N_s [\langle \cos \theta \rangle - \langle \cos^3 \theta \rangle] \beta_{aca}^{(2)}$$

$$= \chi_{yyz}^{(2), as}$$

$$(5.40)$$

$$\chi_{xzx}^{(2), as} = N_s [\langle R_{xa} R_{zc} R_{xa} \rangle \beta_{aca}^{(2)} + \langle R_{xb} R_{zc} R_{xb} \rangle \beta_{bcb}^{(2)} + \langle R_{xc} R_{za} R_{xa} \rangle \beta_{caa}^{(2)} + \langle R_{xc} R_{zb} R_{xb} \rangle \beta_{cbb}^{(2)}]$$

$$= N_s [\langle (\cos \psi \cos \phi - \cos \theta \sin \psi \sin \phi)^2 \cos \theta \rangle$$

$$\quad + \langle (\cos \psi \cos \phi - \cos \theta \sin \psi \sin \phi) \sin \theta \sin \psi \sin \theta \sin \phi \rangle] \beta_{aca}^{(2)}$$

$$\quad + N_s [\langle (- \sin \psi \cos \phi - \cos \theta \sin \phi \cos \psi)^2 \cos \theta \rangle$$

$$\quad + \langle (- \sin \psi \cos \phi - \cos \theta \sin \phi \cos \psi) \sin \theta \cos \psi \sin \theta \sin \phi \rangle] \beta_{bcb}^{(2)}$$

$$= \frac{1}{2} N_s \beta_{aca}^{(2)} [\langle \cos^2 \psi \rangle - \langle \sin^2 \psi \rangle] \langle \cos \theta \rangle + \frac{1}{2} N_s \beta_{aca}^{(2)} \langle \sin^2 \psi \rangle \langle \cos^3 \theta \rangle$$

$$\quad + \frac{1}{2} N_s \beta_{bcb}^{(2)} [\langle \sin^2 \psi \rangle - \langle \cos^2 \psi \rangle] \langle \cos \theta \rangle + \frac{1}{2} N_s \beta_{bcb}^{(2)} \langle \cos^2 \psi \rangle \langle \cos^3 \theta \rangle$$

$$= N_s \beta_{aca}^{(2)} \langle \cos^3 \theta \rangle$$

$$= \chi_{zxx}^{(2), as} = \chi_{yzy}^{(2), as} = \chi_{zyy}^{(2), as}$$

$$(5.41)$$

$$\chi_{zzz}^{(2), as} = N_s [\langle R_{za} R_{zc} R_{za} \rangle \beta_{aca}^{(2)} + \langle R_{zb} R_{zc} R_{zb} \rangle \beta_{bcb}^{(2)} + \langle R_{zc} R_{za} R_{za} \rangle \beta_{caa}^{(2)} + \langle R_{zc} R_{zb} R_{zb} \rangle \beta_{cbb}^{(2)}]$$

$$= 2 N_s \langle \sin^2 \theta \sin^2 \psi \cos \theta + \sin^2 \theta \cos^2 \psi \cos \theta \rangle \beta_{aca}^{(2)}$$

$$= 2 N_s [\langle \cos \theta \rangle - \langle \cos^3 \theta \rangle] \beta_{aca}^{(2)}$$

$$(5.42)$$

$$\chi_{zxx}^{(2)} = \chi_{zyy}^{(2)} = \frac{1}{2} N_s \beta_{ccc}^{(2)} (\langle \cos \theta \rangle - \langle \cos^3 \theta \rangle)$$

$$\chi_{yyz}^{(2)} = \chi_{xxz}^{(2)} = \chi_{yzy}^{(2)} = \chi_{xzx}^{(2)} = \frac{1}{2} N_s \beta_{ccc}^{(2)} (\langle \cos \theta \rangle - \langle \cos^3 \theta \rangle)$$

$$\chi_{zzz}^{(2)} = N_s \beta_{ccc}^{(2)} \langle \cos^3 \theta \rangle$$

取向参数为

$$D = \frac{\langle \cos \theta \rangle}{\langle \cos^3 \theta \rangle} = \frac{2 \chi_{zxx}^{(2)} + \chi_{zzz}^{(2)}}{\chi_{zzz}^{(2)}}$$

$$(5.43)$$

设有两个微观极化率占主导,如 $\beta_{ccc}^{(2)}$、$\beta_{caa}^{(2)}$ 占主导,可以证明:

$$\chi_{zxx}^{(2)} = \chi_{zyy}^{(2)} = \frac{1}{2}N_s\beta_{ccc}^{(2)}(\langle\cos\theta\rangle - \langle\cos^3\theta\rangle) + \frac{1}{4}N_s\beta_{caa}^{(2)}(\langle\cos\theta\rangle + \langle\cos^3\theta\rangle)$$

$$\chi_{yyz}^{(2)} = \chi_{xxz}^{(2)} = \chi_{yzy}^{(2)} = \chi_{xzx}^{(2)} = \frac{1}{2}N_s\beta_{ccc}^{(2)}(\langle\cos\theta\rangle - \langle\cos^3\theta\rangle) - \frac{1}{4}N_s\beta_{caa}^{(2)}(\langle\cos\theta\rangle - \langle\cos^3\theta\rangle)$$

$$\chi_{zzz}^{(2)} = N_s\beta_{ccc}^{(2)}\langle\cos^3\theta\rangle + \frac{1}{2}N_s\beta_{caa}^{(2)}(\langle\cos\theta\rangle - \langle\cos^3\theta\rangle)$$

$$(5.43')$$

取向参数

$$D = \frac{\langle\cos\theta\rangle}{\langle\cos^3\theta\rangle} = \frac{\chi_{zzz}^{(2)} + 3\chi_{xxz}^{(2)} - \chi_{zxx}^{(2)}}{\chi_{zzz}^{(2)} - \chi_{zxx}^{(2)} + \chi_{xxz}^{(2)}} \quad (5.44)$$

并且微观极化率的比值(分子的退偏比)

$$\frac{\beta_{caa}^{(2)}}{\beta_{ccc}^{(2)}} = 2\frac{\chi_{zxx}^{(2)} - \chi_{zxx}^{(2)}}{\chi_{zzz}^{(2)} + \chi_{xxz}^{(2)}} \quad (5.45)$$

也可以求出。

所以,可以尽可能多的通过各种偏振组合来确定界面宏观电极化率张量元,然后通过比值法就能确定界面分子的取向参数。需要指出的是,在使用比值法求取向角时,只需要知道占主导的分子的微观电极化率张量元是什么,不需要知道其大小,因为微观张量元数值并不参与计算。

由取向参数,便可以求出一定取向分布的取向角。取向角由取向参数公式 $D = \frac{\langle\cos\theta\rangle}{\langle\cos^3\theta\rangle}$ 得到。过程如下:

设角度的取向概率分布函数为 $f(\theta, \phi, \psi)$,则可以计算 $\cos\theta$ 的平均值($\cos\theta$ 的数学期望):

$$\langle\cos\theta\rangle = \frac{\int_0^\pi\int_0^{2\pi}\int_0^{2\pi}\cos\theta f(\theta, \phi, \psi)\sin\theta\,d\theta d\phi d\psi}{\int_0^\pi\int_0^{2\pi}\int_0^{2\pi}f(\theta, \phi, \psi)\sin\theta\,d\theta d\phi d\psi}$$

$$(\phi \in [2, 2\pi], \theta \in [0, \pi], \psi \in [0, 2\pi]) \quad (5.46a)$$

$$\langle\cos^3\theta\rangle = \frac{\int_0^\pi\int_0^{2\pi}\int_0^{2\pi}\cos^3\theta f(\theta, \phi, \psi)\sin\theta\,d\theta d\phi d\psi}{\int_0^\pi\int_0^{2\pi}\int_0^{2\pi}f(\theta, \phi, \psi)\sin\theta\,d\theta d\phi d\psi}$$

$$(\phi \in [2, 2\pi], \theta \in [0, \pi], \psi \in [0, 2\pi]) \quad (5.46b)$$

代入取向分布函数的具体形式,就可以算出取向角的平均值。下面我们对取向分布函数的形式进行一些简化。

(1) 对于吸附分子层的各向同性的界面,界面对于法线方向上的旋转是各向同性的,即分布函数对角度 ϕ 是随机分布的,这时的分布函数只包含两个角变量,变成二元函数,$f(\phi, \theta, \psi) \equiv f(\theta, \psi)$。

(2) 对于非手性分子,我们常常也不考虑分子的扭转,这时可以固定分子的扭转角,或者假定分子对于扭转角是随机分布的,这时更进一步将分布函数变成关于 θ 角的一元函数。在此基础上,我们对分布函数做进一步的假定:

第一种情况,设分布函数是高斯分布:$f(\theta) = \dfrac{1}{\sqrt{2\pi}\,\sigma} \exp\left[\dfrac{-(\theta - \theta_0)^2}{2\sigma^2} \right]$,这里,$\dfrac{1}{\sqrt{2\pi}\,\sigma}$ 是归一化常数,θ_0 是中心角,σ 是均方根宽度。角分布的半高宽为 $\Delta\theta = 2\sqrt{2\ln(2\sigma)}$。

第二种情况,取正态分布的渐进形式:设分布宽度为 1,即所有的分子都以相同的角度站在界面上,取分布函数为 δ 函数,$f = \delta(\theta - \theta_0)$。这是最为简单的情况。根据 δ 函数的性质,这时就有 $\langle \cos\theta \rangle = \cos\langle\theta\rangle$,$\langle \cos^3\theta \rangle = \cos^3\langle\theta\rangle$。在文献中,大部分取向角都是按 δ 取向分布函数来计算的。

5.1.8 界面分子吸附

上一小节讨论了界面分子取向的分析,由公式 (5.31) ~ (5.34) 可知,界面非线性极化率张量由吸附分子密度、吸附分子的非线性极化率 $\boldsymbol{\beta}^{(2)}$ 和分子的取向分布来决定。下面我们将讨论界面二阶非线性极化率。

对于界面二阶非线性极化率的来源,我们已经知道,表面的二阶非线性极化率 $\chi^{(2)}$ 与表面的性质直接关联。在吸附分子后,表面的极化率会发生变化,设此时表面的极化率为新的表面极化率 $\chi'^{(2)}$,表面二阶非线性极化率的变化可以分为以下两个部分:

$$\chi'^{(2)} = \chi^{(2)} + \chi_A^{(2)} + \Delta\chi_I^{(2)} \tag{5.47}$$

式中,$\chi^{(2)}$ 是来自基底本身的非线性极化率;$\chi_A^{(2)}$ 是吸附分子的非线性极化率;$\Delta\chi_I^{(2)}$ 是由于分子与基底相互作用引起的表面非线性极化率的变化。在式 (5.47) 中,某一个特定的项是否占优势取决于所研究的材料。在某些情况下,具有大的二阶非线性极化率的非对称性分子,如果它整齐地排列在界面上,就能够产生一个主导的 $\chi_A^{(2)}$。而在其他情况下,$\chi_A^{(2)}$ 可能忽略不计。所以,此时吸附分子对 $\chi^{(2)}$ 的唯一效应是通过 $\Delta\chi_I^{(2)}$ 对 $\chi^{(2)}$ 的修正,如在金属或半导体界面就会发生这种情况。通过测量 $\chi_A^{(2)}$ 和 $\Delta\chi_I^{(2)}$,SFG/SHG 已经用于研究金属、半导体、聚合物和液体界面,可以得到下列信息:① 吸附强度和表面覆盖度;② 表面分子取向;③ 表面对称性;

④ 界面电场强度;⑤ 反应动力学和界面的扩散。

大多数 SFG/SHG 检测界面分子的吸附是通过检测界面 SFG/SHG 响应的变化来进行的。它基于这样的原理:界面非线性二阶极化率的改变与界面吸附分子的相对覆盖度 θ 密切相关联。这里,θ 等于 $\dfrac{\Gamma}{\Gamma_T}$,即吸附分子的表面覆盖度除以吸附分子的最大覆盖度。这里存在两种情况:① 如果所研究的体系,吸附分子的非线性光学响应支配着界面的 SFG/SHG 响应,θ 可以通过 $\chi_A^{(2)}$ 来检测;② 一般情况下,θ 的检测是通过表面非线性极化率 $\Delta\chi_I^{(2)}$ 的变化来进行的。

5.2 和频振动光谱研究应用举例

5.2.1 界面磷脂分子结构及分子间相互作用

1991 年,美国加州大学伯克利分校的沈元壤教授等首先得到了甲醇在气/液界面的和频振动光谱,拉开了对气/液界面上分子振动光谱研究的序幕。他们通过研究空气/甲醇界面在不同偏振组合下的和频振动光谱和二阶极化率的相位,发现界面处的甲醇分子的甲基基团朝向空气一侧,表面分子的取向比较有序[9]。之后很多研究小组相继用和频振动光谱对小分子液体界面展开了研究,如醇类[10-23]、丙酮[24-25]、乙腈[26-28]、酸[29-31] 及其他有机小分子的界面。通过用和频振动光谱研究这些液体界面,不仅得到了关于界面分子基团的取向、结构、吸附位点以及动力学等信息,而且对和频振动光谱分析方法的发展起到了积极的推动作用。如王鸿飞等在用和频振动光谱研究气/液界面的简单有机小分子时发展了偏振分析定则[21-23] 和实验构型分析方法[19]。以上分析方法对研究复杂体系和其他界面都是非常有用的。

水无处不在,是人类最为宝贵的自然资源,在很多生物体内和环境过程中起着必不可少的作用。然而,人们很长一段时间对水在界面处的分子结构和取向并不是很了解。沈元壤小组[32]首次用和频振动光谱研究了空气/水界面,这是实验上第一次获得界面水分子的微观结构信息。此后,由于水的重要性,很多课题组相继用和频振动光谱研究空气/水界面[33-42]。尽管由于实验条件和操作手法的差别,各个组得到的 SFG 光谱略有不同,但是光谱形状和主要结构特征大致相同。

Langmuir 膜是厚度只有一分子的单分子层膜。许多两亲分子(如脂肪酸、磷脂分子、蛋白质,以及其他长链的醇类等有机物)都能在水面上铺展形成 Langmuir 膜。Langmuir 膜是一种重要的模型体系,具有生物膜相似性,因此其在气/液界面的构象、结构、取向及动力学等也是和频振动光谱研究的一个重要方向。值得一提的是沈元壤教授等用和频振动光谱研究 5CT 单分子层的工作,他们通过测气/液界面液晶分子 5CT 形成的单分子层在不同偏振组合下的和频振动光谱,通过偏振分析方法求得了 5CT 分子不同基团在气/液界面的取向,并得到了分子在液体表面的排列及结构[43]。这充分体现了和频振动光谱在求取界面分子取向、排列、结构以及状态等方面具有其他线性光学方法无法企及的优越性。

表面活性剂是一种加入少量即能够明显降低水的表面张力的物质,能够在水的表面发生大量正吸附。表面活性剂分子一端是极性的亲水基,另一端是非极性的憎水基(亲油基)。当把表面活性剂滴加到气/液界面上时,因为相界面两侧的极性是不同的,水是极性的,空气是非极性的,根据相似相溶原理,极性的亲水基就会朝向水亚相,而非极性的憎水基就会朝向空气相。因此,表面活性剂分子会在气/液界面定向排列形成 Langmuir 膜。表面活性剂一般分为离子型和非离子型,其中离子型表面活性剂又可以分为阴离子型(如硬质酸钠)、阳离子型(铵盐)及两性表面活性剂(如氨基酸)。表面活性剂在工业和日常生活中有广泛的应用,具有改变润湿程度的作用、增溶作用、洗涤作用及气泡作用等。表面活性剂分子在水面上铺展形成单分子层时,会改变水表面的性质,如表面张力、电导率、渗透压、蒸气压及光学性质等。表面活性剂本身在水表面或者是其他溶液表面的结构与取向是怎样的、是否会改变界面上的氢键结构等问题吸引着越来越多的科学家去探索和研究。Richmond、Bain、Allen、Tahara、Bonn、Itoh、Tyrode、Eisenthal、Chen 等研究小组用和频振动光谱研究了一系列表面活性剂在气/液界面形成的单分子层[44-54]。通过C—H 和 C—D 波段的和频振动光谱可以得到界面分子烃链的构象、末端甲基的取向以及烃链的取向等信息;通过 P—O 段、C—O 段等波段的光谱可以得到头基上磷酸基团的取向、头基与水或者与离子之间的相互作用等信息;O—H 段的光谱可以提供分子层次上界面水的结构。通过这些研究,人们对表面活性剂在气/液界面上的结构与行为有了深入的认识和了解。

生物体内的磷脂分子也是一种非常重要的表面活性剂,磷脂分子形成的单分子层和双分子层不仅为细胞提供了一个稳定的环境,使生命活动能够有序进行,还使细胞可以有选择性地吸收生命活动需要的养分。Richmond 研究小组用和频振动光谱研究了具有不同链长、带不同电荷的磷脂分子在气/液界面形成的单分子层[55]。研究发现烃链较长的磷脂分子更倾向于形成稳定的单分子层;对于烃链较短的磷脂分子,其链的长短、头基大小、带电性及电荷数与磷脂单分子层的结构密切相关。若磷脂分子头基带电荷数多,则烃链之间的相互作用小,烃链会呈现出较为无序的构象。Allen 小组则重点研究了一种具有重要作用的肺表面活性剂——DPPC 磷脂单分子层,得到 DPPC 分子在不同膜压条件下的取向与构象[56]及与其他表面活性剂的相互作用、竞争吸附以及对界面上水结构的影响[57-58]。Allen 小组研究发现棕榈酸(PA)和二甲基亚砜(DMSO)都能够使气液界面的 DPPC 单分子膜变得更致密且疏水烃链变得更有序[59-60]。这种致密效应甚至可以发生在磷脂覆盖率很低的情况下,正如 20% 的 DMSO 可以使处于气相区域且单个分子面积达到120 Å^2 的 DPPC 单分子膜变得致密[60]。与此相反,通过对抗生素(antibiotic polymyxin B)与带负电的 dipalmitoylphosphatidylglycerol(DPPG)相互作用的研究发现：在膜压低于 30 mN/m 时,antibiotic polymyxin B 能使 DPPG 烃链变得无序[60]。磷脂烃链的平均取向角对不同的外来物种也有不同的响应。处于液态压缩相(LC)的 DPPC 疏水烃链末端甲基的取向角在棕榈酸存在的情况下会变大[59],而在 DMSO 存在的情况下基本保持不变[60]。另一方面,antibiotic polymyxin B 结合在 DPPG 上导致处于 LC 相的 DPPG 烃链末端甲基的取向角变小[61]。德国马普高分子所的 Bonn 研究小组研究了气/液界面 DPPC 单分子层的相变行为[62],研究发现 DPPC 分子在表面膜的气相区从低膜压缓慢压缩到高膜压的过程中突然发生相变,他们认为这与烃链构象的变化有关。Bonn 小组还研究了金属离子对电中性的 DPPC 和带负电的 DMPS 磷脂单分子层结构的影响,他们发现钠离子对这两种磷脂分子是几乎没有影响的,而钙离子则对不同膜压下的磷脂单分子层有强烈影响,使烃链变得有序[63]。Itoh 小组也用和频振动光谱研究了气/液界面的 DPPC 单分子层。发现在整个 LC 相,DPPC 烃链末端甲基的取向角改变不大,基本介于 38°到 41°。Friedrichs 小组曾用和频振动光谱研究了气/海水界面[64],发现海水表面吸附大量长链有机分子,经过分析得到其中含有大量的磷脂分子。通过观察 OH 波段氢键的峰发现海水表面的长链有机分子形成了较为致密的单分子膜。

除了表面活性剂外,和频振动光谱还能研究高分子、蛋白质、多肽等大分子在界面的结构及与其他离子等的相互作用。Chen 研究小组就用和频振动光谱研究了高分子及蛋白质在气/液界面的结构及与水的相互作用[65-68]。值得一提的是,Cremer 等在研究离子和大分子之间的相互作用方面开展了一系列卓有成效的工作。他们用和频振动光谱研究了 Hofmeister 序列阴离子对气/液界面的蛋白质[69]、高分子[70]和多肽[71]结构和行为的影响。研究发现这些阴离子和界面大分子之间的相互作用会影响界面水分子的结构。Yan 研究小组用手性和频振动光谱得到了蛋白质在气/液界面二级结构的变化及与磷脂分子之间的相互作用[72-74]。分析蛋白质的二级结构及构象在界面变化的动力学过程对理解生物膜表面发生的各种过程是至关重要的。和频振动光谱技术具有界面选择性和灵敏性,是界面结构与动力学研究的强大工具,可以提供界面处磷脂单分子层的构象以及各个官能团取向角等各种信息[63,75-77],因此对界面处结构、动力学信息以及复杂的局域环境变化非常敏感。和频振动光谱结合偏振分析可以得到界面处分子的取向、吸附及分子间相互作用等信息,也可以更好地归属光谱中出现的峰[36,78]。尽管和频光谱技术与和频振动光谱数据分析方法都已经取得了长足的发展,但是由于和频光谱技术在研究复杂分子体系时的局限性,限制了和频振动光谱数据的分析[79-81]。

在化学、材料、能源、环境及生命科学中的表面与界面上的分子,往往具有相同的分子基团。这些相同的分子基团在界面上由于不对称力的作用,会处于细微的不同化学环境中,从而出现光谱的分裂与相对位移。这些分裂和位移绝大多数情况下只有在足够高的分辨率(亚波数或更高)下才能被观测到。然而由于激光技术的限制,在以往的和频振动光谱研究中,光谱分辨率通常在 2 cm^{-1} 左右,飞秒宽带和频振动光谱分辨率约为 10 cm^{-1}。美国西北太平洋国家实验室王鸿飞研究组于 2011 年成功搭建了世界上首台皮秒-飞秒联合式高分辨宽带和频振动光谱仪(HR‒BB‒SFG),可同时实现约 0.6 cm^{-1} 的光谱分辨率。高分辨和频振动光谱在研究界面具有强大的技术优势,可以指认复杂光谱,揭示某一振动模式的官能团复杂化学局域环境的变化[82];亚波数的光谱分辨率,结合高分辨和频振动光谱出色的信噪比,从而保证光谱线型的准确获得[83];可以精确地获得傅里叶变换以后的振动相干态的消相干动力学曲线,从而同时获得光谱与动力学信息[84],可直接作为时间分辨泵浦‒探测实验中的探测手段。2017 年,中国科学院化学研究所张贞、郭源等也研制搭建了目前最高分辨的和频光谱,可实现约 0.4 cm^{-1} 的光谱分辨率。

　　高分辨和频振动光谱目前已经用来研究了若干复杂生物分子体系,如张贞等利用亚波数的高分辨宽带和频振动光谱(high-resolution broadband sum frequency generation vibrational spectroscopy, HR‒BB‒SFG‒VS)方法检测气/液界面 Ca^{2+} 离子对鸡蛋鞘磷脂(egg sphingomyelin, ESM)分子构象和取向的影响[85]。研究发现 Ca^{2+} 离子使 ESM 两条烃链中的鞘氨醇骨架变得有序,而对另一条 N‒linked 的饱和脂肪酸烃链几乎没有影响。进一步的 HR‒BB‒SFG‒VS 光谱结果表明 Ca^{2+} 离子使鞘氨醇骨架末端的甲基的取向角由朝向水亚相变为朝向空气相。此外,ESM 头基上的磷酸基团在 CaCl$_2$ 水溶液上产生了一个很大的蓝移,说明 Ca^{2+} 离子与磷酸基团进行了结合。这种结合首先导致磷酸部分脱水,进而使磷酸部分构象产生变化。因此,Ca^{2+} 离子与 ESM 作用的分子机制为:Ca^{2+} 离子与磷酸基团结合并破坏 OH 与 P═O 形成的分子内氢键,导致鞘氨醇骨架的有序度发生变化。该研究为深入理解神经细胞信号传导的分子机制及生物体内电解质对神经传导影响的机制提供了实验依据。

5.2.2　界面反应

　　非线性光谱不仅能够原位研究界面分子的吸附、取向变化等静态过程,还能用于原位研究界面反应。

　　本节我们将选择性地介绍几个经典例子用以说明如何用非线性光学方法研究电化学问题。

5.2.2.1　H‒Pt 界面的 SFG 振动光谱研究

　　氢气是很多表面催化反应的反应物或产物。在电化学中,析氢反应(HER)是能源转换、储存等能源和环境技术中最受关注的问题之一。

　　1. H 在 Pt 上的欠电位沉积(UPD)

　　图 5.6 是不同电位下 H‒Pt(100)、H‒Pt(110)、H‒Pt(111)和 H‒Pt 在 0.1 mol/L 硫酸溶液中的 SFG 光谱[86]。欠电位(UPD)时的共振内部结构可以分为两种界面取向依赖的共振。它们的峰位置分别为 1 890 cm^{-1} 和 1 970 cm^{-1} 的 Pt(100)、1 900 cm^{-1} 和 1 980 cm^{-1} 的 Pt(110)以及 1 945 cm^{-1} 和 2 020 cm^{-1} 的

Pt(111)。当电位降低时,这些共振的强度都逐渐均匀增加。但是,Pt(110)、Pt(111)在电位接近析氢反应时强度突然增加。实验中观测到的 SFG 共振只能是 H-Pt 振动。在欠电位时,观察到 H-Pt(hkl)的 SFG 共振(1 800~2 100 cm^{-1}),说明了在欠电位沉积时氢占据的是终端吸附位点。与在金属氢团簇中检测到的终端吸附 H-Pt[87]或者气相中铂[88]的红外峰相比较,图中的峰较宽,而且向低波数位移。光谱增宽和位移是吸附氢与电极表面水分子形成氢键所导致的。氢在电化学和高真空环境下吸附行为的不同可以用氢化界面与电极双层结构的相互作用来解释,这种情况在各种金属上都普遍出现[89]。

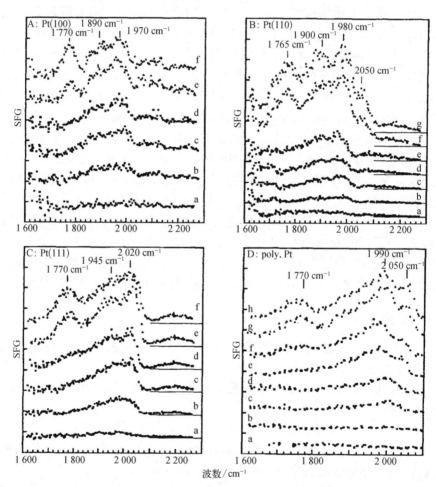

图 5.6　0.1 mol/L H$_2$SO$_4$电解质溶液中,Pt(100)、Pt(110)、Pt(111)以及多晶 Pt 表面随着电势变化的 SFG 谱。(A) Pt(100): 0.7 V(a);0.55 V(b);0.3 V(c);0.15 V(d);0.0 V(e);-0.08 V(f) (*vs.* RHE);(B) Pt(110): 0.5 V(a);0.35 V(b);0.2 V(c);0.05 V(d);-0.05 V(e);-0.05 V(f); 0.01 V(g);(C) Pt(111): 0.65 V(a);0.5 V(b);0.5 V(c); 0.2 V(d);0.05 V(e);-0.1 V(f) (*vs.* RHE);(D) Poly. Pt: 0.55 V(a);0.45 V(b); 0.35 V(c);0.25 V(d);0.15 V(f);-0.05 V(g);-0.15 V(h) (*vs.* RHE)[85]

2. 氢在铂上的过电位沉积

欠电位(UPD)氢的共振峰没有被新的吸附形态的过电位(OPD)氢的共振峰所扰动,如图 5.7 所示[89]。这说明了 UPD 氢在电位低于析氢反应(HER)时仍然保持不变,OPD 氢要么与 UPD 氢共吸附,要么覆盖率太低不太明显影响 UPD 氢。这些光谱观测到的现象与电化学的结果一致。过电位时出现的 SFG 共振峰频率为 1 770 cm^{-1},不在氢-金属振动的波数区域内(500 ~ 1 300 cm^{-1}和 1 800 ~ 2 200 cm^{-1})。但是它与 H$_2$Pt-R 形成的氢化物的 H-Pt 振动频率接近(1 735 cm^{-1})[86],说明它可能具有双氢吸

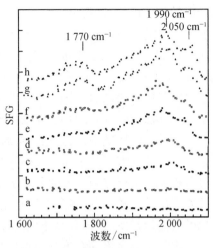

图 5.7　过电位下(-0.1 V/NHE) H-Pt(hkl)SFG 光谱[89]

附的构型。这些吸附种类也同样可以在含甲醇溶液中观测到,说明吸附的 CO 中毒并没有阻止析氢反应。

3. 吸附氢对于 Pt(111)电极表面非常态吸附状态的贡献

Pt(111)在 0.2 ~ 0.3 V 电位范围时表现出非常态的吸附状态,并且当酸浓度降低时可能发生位移。这种现象的来源还需要大量的实验分析。有两种过程可能解释这些吸附态的来源:一种是特殊吸附的硫酸氢根离子的吸附-脱附过程[90];另一种是负离子吸附-脱附所控制的氢的吸附-脱附过程[91]。碘或 CO 取代方法检测结果[92]与 STM 检测结果[93]均支持第一种过程,因为高电位时 Pt(111)会吸附负离子。另外,也需要注意共同吸附的水合质子 H$_3$O$^+$基团的作用。在硫酸溶液中

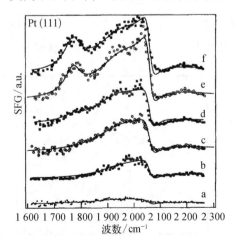

图 5.8　Pt(111)的 SFG 光谱: 0.5 V(a); 0.35 V(b);0.2 V(c);0.05 V(d); -0.05 V(e);-0.1 V(f)(*vs.* RHE)[85]

Pt(111)[93]和 Au(111)[94]上得到的 STM 结果证实存在这种吸附。高电位下氢对于 Pt(111)上的吸附状态的贡献,可以通过拟合 SFG 光谱得到的取向来推断[85]。图 5.8 给出了最佳拟合结果,从中我们得到过电位和欠电位的共振方向是相反的。两种假设都得到在 0.35 V 时的明显的氢覆盖率,证明了在硫酸溶液中,氢对于Pt(111)的非常态吸附状态有一定贡献。然而 0.5 V 时氢覆盖大小在 0.1 ~ 0.2。这个结果已经得到更多的实验研究的支持。

5.2.2.2　电极界面水分子结构的研究

金属电极/溶液界面水的结构影响着电极的电化学反应活性,这些反应活性对

于腐蚀、电沉积和燃料电池至关重要。金属界面水的结构,取决于金属的性质、金属界面水的含量和水中共存的离子的吸附[95]。对于金属表面来说,Pt、Ag、Au 甚至 Cu 的某些晶面,水都可以以分子形态吸附在金属界面上[96]。比如,在 Pt(111)界面,水形成双层结构:第一层,水通过氧提供的孤对电子与 Pt 成键;第二层,水通过氢键与第一层结合。随后的一层水,便形成无序结构。然而,在金属 Ag 和 Au上,水弱吸附在金属界面上,并没有形成一个有序的结构[97,98]。

在电化学环境中,人们感兴趣的是水在电极界面的结构和结构随电位的调控。第一个有关这方面的工作是 Toney 等用 X 射线衍射在 Ag(111)上进行的[99]。通过分析在零电荷点两边氧的分布随电势的变化,证明了水的结构在零电荷点两边发生了反转。随后,有许多工作是用表面增强红外吸收光谱(SEIRAS)、表面增强拉曼光谱(SERS)和 SFG 在不同的金属和不同的电解质溶液里进行的。

本节主要介绍 SFG 在这方面的研究工作。

1. 银电极电势依赖的界面水的结构

Ag(100)单晶,经过物理抛光和化学抛光后,放入 0.1 mol/L 的 KF 和 0.1 mol/L的 NaF 电解质溶液中;用硫醇修饰 Ag(111),作为电极,放入上述电解质溶液。光谱电解池用 Kel-F/玻璃光谱电化学池,上面用 CaF 棱镜作为激光窗口。所用的激光器是皮秒激光器,重复频率为 25 Hz,光谱分辨率是 2 cm^{-1}。为了研究电势在 PZC 前后 Ag 电极界面水的结构变化,先求出 Ag 电极的 PZC,由图 5.9 中电容测量结果可以看到,Ag 电极在 NaF 和 KF 溶液中,PZC 为 -0.8 V $vs.$ Ag/AgCl。图 5.10 是Ag(100)电极在不同的电位下在 0.1 mol/L 的 NaF 溶液中的 SFG 光谱。光谱用公式 $I_{SF} \propto \left| \chi_{NR} e^{i\varphi} + \sum_n \dfrac{A_n}{\omega_{IR} - \omega_n + i\Gamma_n} \right|^2$ 进行拟合。图 5.10 是 Ag(100)电极在不同的电位下在 0.1 mol/L 的 NaF 溶液中的 SFG 光谱峰[Peak1(3 370 cm^{-1})、Peak2(3 250 cm^{-1})和 Peak3(2 970 cm^{-1})],峰的强度随电位变化,电位负扫,峰强度变小。

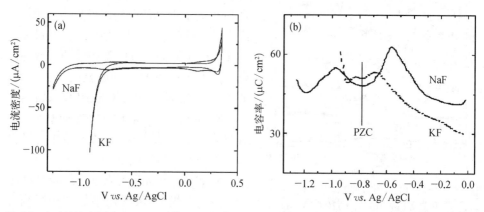

图 5.9 Ag(100)表面在 0.1 mol/L 的 NaF 以及 0.1 mol/L 的 KF 溶液中的 CV 和微分电容曲线[100]

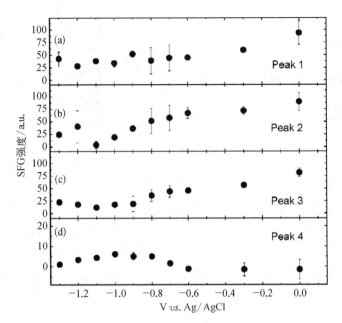

图 5.10　Ag(100)表面在 0.1 mol/L 的 NaF 电解液中的电势依赖的 SFG 光谱

(a) 为 0.0 V；(b) 为−0.6 V；(c) 为−0.8 V；(d) 为−1.0 V。峰和电势在图中给出，实线是拟合结果[100]

当电位接近 PZC 时，出现第四个峰(2 800 cm^{-1})。将这四个峰随电位变化作图，如图 5.10 所示：

这些峰的指认如下。

Peak 1(3 370 cm^{-1})：具有液态氢键结构特征的水，文献中常称之为"liquid-like"结构。

Peak2(3 250 cm^{-1})：具有像冰一样氢键结构的水，文献中常称之为"ice-like"结构。

Peak3(2 970 cm^{-1})：指认为反常的 OH 伸缩(anomalous OH stretch)。

由此得出下列结论：

(1) 当电势为正时，第一层水是特性吸附的水(氧端指向电极，oxgen-down)，偶极距指向界面法线的正方向，分散层中有液态水(liquid-like)和与阴离子缔合的固态水(ice-like)。

(2) 当电势下降，达到电极的零电荷电势(PZC)时，第一层是吸附水(偶极距和电极表面平行)，还有氧端指向体向的吸附水和氢离子，分散层仅存在液态水。

(3) 当电势继续下降，电极表面荷负电时，第一层是吸附水(氧端指向体相)，还有吸附的水合氢离子(氧端指向体向)，同时，分散相中有液态水和与阳离子缔合的固态水。

与 SFG 光谱中的峰关联的水环境的描述如图 5.11 所示。

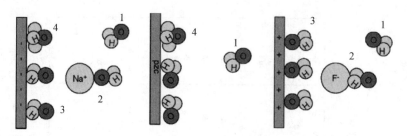

图 5.11 与 SFG 光谱中的峰相关联的水环境的描述(数字代表关联的峰)[100]

2. 水分子在 Pt(110)/高氯酸溶液界面的吸附和结构

Tadjeddine 等[101]利用原位 SFG 光谱研究了 0.1 mol/L 的高氯酸溶液/Pt(110)界面上水分子的不同吸附过程和构象结构。所用激光为皮秒激光器。当 Pt(110)置于 0.1 mol/L 的 $HClO_4$ 中,从 -0.1 ~ 0.9 V(*vs.* NHE),未发现任何明显的共振 OH伸缩振动模式[图 5.12(b)]。图 5.12(c)表示 1 850 ~ 2 200 cm^{-1} 频率范围内的 SFG

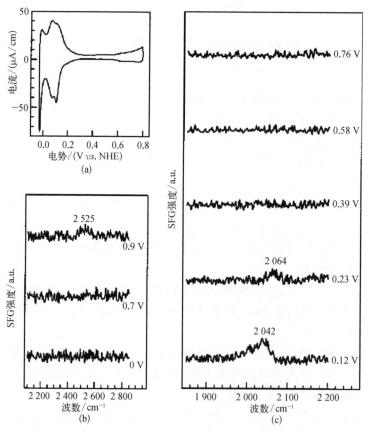

图 5.12 Pt(110)电极在 0.1 mol/L 的 $HClO_4$ 电解液中的循环伏安曲线(a)、OH(OD)段
SFG 光谱电势依赖关系(b)、Pt-H 段 SFG 光谱的电势依赖关系(c)[101]

光谱。在氢的吸附区间[从循环伏安图 5.12(c)中可以看到,这相对于氢的欠电位沉积],出现了 2 042 cm⁻¹的宽峰,并随着电位向正方向扫描而迅速减少。该峰指认为终端原子氢的 Pt－H 伸缩振动模式 ν_1,峰的强度随着电位的正扫而降低,表示氢的欠电位沉积。图 5.13(a)表示阴离子 ClO_4^- 在 1 000 cm⁻¹附近的伸缩振动,实线是用公式 $I_{SFG} \propto |\chi^{(2)}|^2 = \left| A_{NR} + \sum_j \dfrac{A_{Rj}e^{i\varphi_j}}{\omega_{ir} - \omega_j - i\Gamma_j} \right|^2$ 进行拟合的曲线。拟合的中心频率和峰面积积分随电势的变化用图 5.13(b)和图 5.13(c)来表示。从图 5.13(b)可以看出,峰的频率随电位减少对应着在双层范围内吸附覆盖度的增加;在同样的区间,积分面积的增加,也与非共振 SFG 的增强相符合。由此可以得出这样的结论:高氯酸溶液,Pt(110)电极情况下,H 吸附范围内和双层中分别只有 Pt－H 伸缩模式和 ClO_4^- 阴离子的全对称伸缩模式 ν_1 的共振信号。这两个共振信号对电势有明显的依赖关系,说明它们确实来源于电解质/电极界面上的吸附物质。O－H 伸缩信号被强烈抑制,说明只有少量的自由水分子直接吸附于 Pt 电极表面。

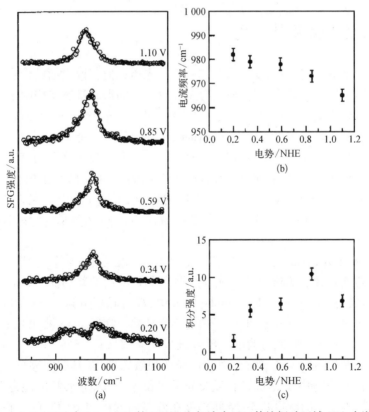

图 5.13　(a) Pt(110)在 0.1 mol/L 的 HClO₄ 电解液中 ClO₄⁻伸缩振动区域 SFG 光谱的电势
依赖关系。实线代表了数据的拟合结果,扣除了非共振背景。(b)主峰的
中心频率随着电势的变化关系。(c)积分强度随电势的变化关系[101]

当外加电位 $E <$ PZC 时,吸附的物质主要为原子 H;PZC $< E <$ 0.85 V 时,吸附的物质主要是 ClO_4^-。同时界面上水分子和离子的相互作用导致水合外层中的水分子有红外活性,但由于其近似中心对称的结构因而不具有 SFG 活性(图 5.14)。

$$(a) \qquad\qquad\qquad (b)$$

图 5.14 在正电荷极化的表面上离子水合存在的情况下离子吸附模型示意图[90]

这里只考虑了第一层水化层。A⁻、空心圆圈、实心圆圈分别代表了阴离子、氧原子还有氢原子。
(a) 特异性吸附,阴离子通过不完整的水化壳直接吸附到表面;(b) 非特异性吸附,
阴离子保持了一个稳定的水化壳,因此它没有和电极表面直接接触[101]

5.3 二维光谱及其应用

在上一小节中,我们主要讨论了和频振动光谱如何获取界面的信息。但是,上述的研究属于稳态测量,它只能研究分子在电极上的振动基态结构随电势的变化,有时也能得到反应的表观速率常数,这些方法叫稳态光谱方法。然而,它并不能对界面上发生的化学反应进行动态学(dynamics)的跟踪,不能研究界面上所发生的能量转移、电子转移及超快动力学。研究化学反应中分子间及分子内能量传递和电子转移的方法是泵浦-探测的时间分辨光谱法,现在已经很成熟,在超快反应动力学研究领域硕果累累,取得了辉煌的成就,形成了至今方兴未艾的飞秒化学领域[102,103]。Ahmed Zewail 因为在该领域的卓越贡献而获得 1999 年的诺贝尔奖。

自 2006 年开始,沈元壤等[104]、Wang 等[105,106] 以及 Smits 等[107,108] 等开始在界面超快研究领域做了基础性工作,开创了界面超快光谱的新局面。然而,这些早期的工作,多采用 IR - pump SFG - probe 的方法,没有频域分辨,无法理解分子不同振动模式之间的耦合及分子间、分子内的能量转移。随后 Bonn 小组在此基础上发展了具有皮秒和飞秒时间分辨的二维和频振动光谱(2D - SFG)[109-111]。2D - SFG 不但具有一维和频振动光谱对界面的选择性和敏感性,还具有能够分辨分子微观局域结构、分子振动模式之间耦合以及分子间和分子内能量转移的能力[112-118]。

检测物质分子的能量状态、空间构型在外界因素影响下随时间变换的微观化学动态学(dynamics)行为,将为揭示相关物质在一定条件下所呈现的各种物理功能、化学行为,进而为探索新型功能材料、研制光电子分子器件等提供重要的科学

启示。时间分辨光谱(time-resolved spectroscopy)是在传统的光谱学基础上与光脉冲技术和微弱、瞬变光信号检测方法相结合而发展起来的适于研究物质分子的化学动态学微观图景的途径和方法的新型学科,其基本思想是用一个光脉冲将分子激发到指定的非平衡高能状态,再用另一脉冲对非平衡状态分子随时间演变过程的微观图景进行实时追踪检测。传统的光谱测量可以根据分子在特定的电子、振动或转动对光辐射的吸收而获取吸光分子在平衡状态时的结构信息,时间分辨光谱测量可提供离子、自由基以及高能激发态等各种不稳定分子的结构、状态及其随时间变化的信息,为揭示一系列重要的化学、物理过程和生命现象中分子变化的微观动力学行为提供重要的实验依据。

近年来,随着脉冲激光技术和微弱、瞬变信号检测技术的提高,以泵浦-探测双脉冲技术为基础而建立起来的各种类型的时间分辨吸收光谱方法已将跟踪检测分子吸收光谱随时间而变化的时间分辨率提高到纳秒(ns, 1 ns = 10^{-9} s)、皮秒(ps, 1 ps = 10^{-12} s)到飞秒(fs, 1 fs = 10^{-15} s)数量级,从而使我们可以在原子运动的水平上对化学键的生成或断裂的微观分子动态学行为进行直观的检测,实现了几代科学家直接观测化学反应基本过程的梦想。

将时间分辨光谱的原理用到 SFG 探测上就是泵浦探测的 SFG(pump - probe - SFG)[104]。其原理是:用一束特定频率的超快飞秒红外光激发界面上分子相应频率的某个振动模式,使其处于第一激发态,然后通过用时间延迟的可见、红外两束脉冲测量该振动模式的 SFG 信号来检测处于第一激发态上的分子布居数随时间的演变。由此得到界面分子的弛豫时间、退相干时间和电荷转移,进而可以实时检测分子内以及分子与基底之间的相互作用,从而使我们可以在原子运动的水平上对化学键的生成或断裂的微观分子动态学行为直观地进行检测。

为了探测分子间的相互作用,需要对分子的振动模式进行顺序激发。这就是近几年和频光谱领域的又一成就——二维和频振动光谱(2D - SFG)。

2D - SFG 的原理是:一束红外泵浦光先将分子从振动基态抽运到激发态,经过一定时间延迟后,另一束红外探测光和一束可见探测光(800 nm)同时入射到被研究的界面,产生探测和频信号光。固定探测光 SFG 的时间不变,扫描泵浦红外的频率和时间,检测和频信号在有泵浦光和没有泵浦光的条件下和频光谱的细微变化,即可得到既有时间分辨又有频率分辨的偏振二维和频振动光谱,从对角峰随时间的变化,获得界面上重要分子的振动耦合以及振动弛豫过程,了解分子在飞秒至皮秒时间尺度上的能量转移,解析界面分子微观局域结构的快速动态变化,深入理解分子间的相互作用。这一技术不但可以对界面分子结构进行静态观测,也可对界面分子的细微结构的快速动态变化进行实时观测。更重要的是,二维和频振动光谱能够原位检测界面分子的分子间和分子内的超快能量的转移过程,了解分子在皮秒至飞秒时间尺度上的能量转移[112-119]。这对于理解界面基元化学反应动力学机制提供了重要的实验观测手段。

目前在二维和频振动光谱领域已经有了许多重要的工作,如德国马普高分子所(MPIP)Mischa Bonn 教授等利用这一技术研究了飞秒(10^{-15} s)尺度上界面水分子分子间和分子内的能量转移,发现了界面水分子氢键结构之间的相互作用、能量转移,并定量分析了界面上氢键微观结构的非均一性(inhomogeneity)及动态变化动力学[112]。这一发现能够更好地理解水分子的表面结构和动力学。此外,还采用 2D-SFG 研究发现水分子在磷脂(DPTAP)单分子膜界面上的能量转移和结构,这是首次用 2D-SFG 研究类生物界面的尝试,显示了二维和频光谱研究复杂生物界面的能力[113]。近年来,还用时间分辨的二维和频振动光谱对界面上阴离子浓度进行定量分析。通过研究 NaCl、NaI 水溶液界面上水分子的能量转移,得到了界面上水分子数目的变化,并由此得到了氯离子、碘离子在界面上的浓度[114]。此研究从实验上解决了困扰电解质溶液界面研究近一个世纪的难题:电解质溶液界面是否存在离子的富集。

日本理化研究所(RIKEN)的 Taihe Tahara 教授研究组结合相位敏感的二位和频振动光谱研究发现水分子在带正电荷的 CTAB 分子界面上的氢键结构的重排(rearrangement)动力学是不同于体相水分子的[115]。在此基础上,他们对水分子在气液界面也进行了研究,该研究认为在氢键结构中氢键网络结构之间的能量转移可能主要存在两个途径:① 非谐性(anharmonicity);② 能量转移(energy transfer)过程,其时间尺度为 0.2 ps[116]。

美国威斯康星大学 Martin Zanni 小组在二维红外技术基础上发展起来了基于红外光脉冲塑形器对泵浦红外进行塑形的相位敏感二维和频振动光谱方法,他们对多晶铂表面吸附的 CO 的振动模式进行了研究,研究发现了 CO 在铂表面的构象(comformation)和微观环境的不均一性,并得到重相干(rephasing)和非重相干(nonrephasing)光谱时间比值为 1.7,这也从另外一个角度说明了表面吸附的 CO 构象的不均一性[117]。此后,该研究组从理论上预测了结合偏振控制、手性测量的 2D-SFG 能够获得的多项信息[118]。

泵浦探测的和频光谱在电化学研究中也有所应用。Guyot-Sionnest 是最早将 SFG 应用到电化学界面的开拓者之一。Guyot-Sionnest 用皮秒 SFG 研究了吸附在 Pt(100)单晶电极上的 CO 伸缩振动的振动弛豫,测得了振动寿命为 1.5 ps 左右,未发现电解质溶液和界面电场对此快速弛豫动力学的影响[120]。Matranga 等用 SFG 研究了 CO 在 CO/Pt(111)界面的伸缩振动寿命的电化学调控,电极电势的改变超过 2.5 伏。当电极电势很正时,CO 的振动频率增加,振动寿命减少,频率增加约 $35 \sim 40$ cm^{-1},寿命从 2.1 ps 变到 1.5 ps[121,122]。美国埃默里大学 Tianquan 研究组用时间分辨的和频光谱研究了 CO_2 在 Au(111)[123]电极和 TiO_2(110)[124]电极上的电催化过程,定量描述了该体系的超快过程和振动弛豫动力学。除此之外,他们在用 SFG 研究量子点和燃料敏化的太阳能电池方面也做了非常有创新性的工作[125,126]。近年来随着超快光谱的进展,这是一个极有前景和挑战性的研究方向。

综上所述,2D‐SFG 界面研究能够解决如下科学问题:

(1) 基于界面分子振动模式之间的耦合及振动频率的变化,分辨分子微观局域结构、微观动态变化及动力学常数,获取界面分子基团的取向,更进一步,还能够获取相互耦合的生色团之间的相对角度。

(2) 基于分子间和分子间振动能量传递,理解分子间相互作用;此外,还能够用于研究与 SFG 有响应的振动模式之间的耦合,获取在界面上没有 SFG 活性基团的振动模式信息,为完整理解分子在界面上不同振动基团提供重要信息。

(3) 通过具有偏振控制的相位敏感 2D‐SFG,如将泵浦光的偏振改为(+45,−45)即能够去掉对角峰的干扰,留下非对角峰信息,使得从信号微弱的非对角峰中获得其所蕴含各种耦合信息更加清晰。

(4) 结合手性偏振测量的 2D‐SFG 提供更多界面上手性和非手性振动模式之间的耦合信息,为理解自然界的奥秘提供实验依据。

用非线性方法研究界面问题已经有三十多年的历史,尽管已经取得了丰硕的成果,但在不同领域还有待深入的研究,如在催化、环境、能源及生物界面等领域还有许多工作要做。现在,随着激光技术的发展,测一个体系非线性光谱已经不是一件困难的事。难的是对于得到的光谱进行定量解释并能将光谱数据和具体的物质性质联系起来,真正从分子水平上对有关界面过程进行解释和预言。这需要坚实的包括非线性光学、物理化学、物质结构、量子力学、电动力学甚至量子电动力学在内的近代物理知识,以及量子化学及分子动力学模拟方面的知识。相信在未来,随着相关科学的发展和引入,非线性光学方法一定能够为界面科学的发展注入新的活力。

参 考 文 献

[1] Franken P A, Weinreich G, Peters C W. Generation of optical harmonics [J]. Physical Review Letters, 1961, 7(4): 118‐120.

[2] Bloembergen N. Surface nonlinear optics: A historical overview [J]. Applied Physics B, 1999, 68(3): 289‐293.

[3] Bass M, Hill A E, Franken P A, et al. Optical mixing [J]. Physical Review Letters, 1962, 8(1): 18‐19.

[4] Bloembergen N, Pershan P S. Light waves at the boundary of nonlinear media [J]. Physical Review, 1962, 128(2): 606‐622.

[5] Armstrong J A, Bloembergen N, Ducuing J, et al. Interactions between light waves in a nonlinear dielectric [J]. Physical Review, 1962, 127(6): 1918‐1939.

[6] Bloembergen N, Chang R K, Lee C H. Second-harmonic generation of light in reflection from media with inversion symmetry [J]. Physical Review Letters, 1966, 16(22): 986‐989.

[7] Lee C H, Chang R K, Bloembergen N. Nonlinear electroreflectance in silicon and silver [J]. Physical Review Letters, 1967, 18(5): 167‐170.

[8] Shen Y R. The principles of nonlinear optics [M]. New York: Wiley, 2003: xii, 563.

[9] Superfine R, Huang J Y, Shen Y R. Nonlinear optical studies of the pure liquid vapor interface — vibrational-spectra and polar ordering [J]. Physical Review Letters, 1991, 66(8): 1066 – 1069.

[10] Wolfrum K, Graener H, Laubereau A. Sum-frequency vibrational spectroscopy at the liquid air interface of methanol — water solutions [J]. Chemical Physics Letters, 1993, 213(1 – 2): 41 – 46.

[11] Stanners C D, Du Q, Chin R P, et al. Polar ordering at the liquid-vapor interface of N-alcohols (C – 1 – C – 8) [J]. Chemical Physics Letters, 1995, 232(4): 407 – 413.

[12] Ma G, Allen H C. Surface studies of aqueous methanol solutions by vibrational broad bandwidth sum frequency generation spectroscopy [J]. Journal of Physical Chemistry B, 2003, 107(26): 6343 – 6349.

[13] Sung J, Park K, Kim D. Sum-frequency vibrational spectroscopy of a water plus ethanol binary solution [J]. Journal of the Korean Physical Society, 2004, 44(6): 1394 – 1398.

[14] Sung J H, Park K, Kim D. Surfaces of alcohol-water mixtures studied by sum-frequency generation vibrational spectroscopy [J]. Journal of Physical Chemistry B, 2005, 109(39): 18507 – 18514.

[15] Chen H, Gan W, Lu R, et al. Determination of structure and energetics for Gibbs surface adsorption layers of binary liquid mixture 2. Methanol plus water [J]. Journal of Physical Chemistry B, 2005, 109(16): 8064 – 8075.

[16] Ju S S, Wu T D, Yeh Y L, et al. Sum frequency vibrational spectroscopy of the liquid-air interface of aqueous solutions of ethanol in the OH region [J]. Journal of the Chinese Chemical Society, 2001, 48(3): 625 – 629.

[17] Gan W, Zhang Z, Feng R R, et al. Identification of overlapping features in the sum frequency generation vibrational spectra of air/ethanol interface [J]. Chemical Physics Letters, 2006, 423(4 – 6): 261 – 265.

[18] Wu H, Zhang W K, Gan W, et al. An empirical approach to the bond additivity model in quantitative interpretation of sum frequency generation vibrational spectra [J]. Journal of Chemical Physics, 2006, 125(13): 1.2352746.

[19] Gan W, Wu B H, Zhang, et al. Vibrational spectra and molecular orientation with experimental configuration analysis in surface sum frequency generation (SFG) [J]. Journal of Physical Chemistry C, 2007, 111(25): 8716 – 8725.

[20] Gan W, Zhang Z, Feng R R, et al. Spectral interference and molecular conformation at liquid interface with sum frequency generation vibrational spectroscopy (SFG – VS) [J]. Journal of Physical Chemistry C, 2007, 111(25): 8726 – 8738.

[21] Lu R, Gan W, Wang H F. Novel method for accurate determination of the orientational angle of interfacial chemical groups [J]. Chinese Science Bulletin, 2003, 48(20): 2183 – 2187.

[22] Lu R, Gan W, Wu B H, et al. Vibrational polarization spectroscopy of CH stretching modes of the methylene group at the vapor/liquid interfaces with sum frequency generation [J]. Journal of Physical Chemistry B, 2004, 108(22): 7297 – 7306.

[23] Lu R, Gan W, Wu B H, et al. C—H stretching vibrations of methyl, methylene and methine groups at the vapor/alcohol ($n = 1$–8) interfaces [J]. Journal of Physical Chemistry B, 2005, 109(29): 14118 – 14129.

[24] Chen H, Gan W, Wu B H. Determination of structure and energetics for Gibbs surface adsorption layers of binary liquid mixture 1. Acetone + water [J]. Journal of Physical Chemistry B, 2005, 109(16), 8053 – 8063.

[25] Yeh Y L, Zhang C, Held H, et al. Structure of the acetone liquid/vapor interface [J]. Journal of Chemical Physics, 2001, 114(4): 1837 – 1843.

[26] Zhang D, Gutow J H, Eisenthal K B, et al. Sudden structural-change at an air binary-liquid interface: Sum frequency study of the air acetonitrile-water interface [J]. Journal of Physical Chemistry B, 1993, 98(6): 5099 – 5101.

[27] Zhang D, Gutow J H, Eisenthal K B, et al. Structural phase transitions of small molecules at air/water interfaces [J]. Journal of the Chemical Society, Faraday Transactions, 1996, 92(4): 539 – 543.

[28] Kim J, Chou K C, Somorjai G A. Structure and dynamics of acetonitrile at the air/liquid interface of binary solutions studied by infrared-visible sum frequency generation [J]. Journal of Physical Chemistry B, 2003, 107(7): 1592 – 1596.

[29] Tyrode E, Johnson C M, Baldelli S, et al. A vibrational sum frequency spectroscopy study of the liquid-gas interface of acetic acid-water mixtures: 2. Orientation analysis [J]. Journal of Physical Chemistry B, 2005, 109(1): 329 – 341.

[30] Johnson C M, Tyrode E, Baldelli S, et al. A vibrational sum frequency spectroscopy study of the liquid-gas interface of acetic acid-water mixtures: 1. Surface speciation [J]. Journal of Physical Chemistry B, 2005, 109(1): 321 – 328.

[31] Huang Z, Guo Y. Sum frequency generation vibrational spectroscopy study of serial short chain fatty acids liquid/air interfaces [J]. Chinese Journal of Chemistry, 2012, 33(6): 1271 – 1277.

[32] Du Q, Superfine R, Freysz E, et al. Vibrational spectroscopy of water at the vapor water interface [J]. Physical Review Letters, 1993, 70(15): 2313 – 2316.

[33] Richmond G L. Molecular bonding and interactions at aqueous surfaces as probed by vibrational sum frequency spectroscopy [J]. Chemical Reviews, 2002, 102(8): 2693 – 2724.

[34] Brown M G, Raymond E A, Allen H C, et al. The analysis of interference effects in the sum frequency spectra of water interfaces [J]. Journa of Physical Chemistry A, 2000, 104(45): 10220 – 10226.

[35] Raymond E A, Tarbuck T L, Brown M G, et al. Hydrogen-bonding interactions at the vapor/water interface investigated by vibrational sum-frequency spectroscopy of $HOD/H_2O/D_2O$ mixtures and molecular dynamics simulations [J]. Journal of Physical Chemistry B, 2003, 107(2): 546 – 556.

[36] Gan W, Wu D, Zhang Z, et al. Polarization and experimental configuration analyses of sum frequency generation vibrational spectra, structure, and orientational motion of the air/water interface [J]. Journal of Chemical Physics, 2006, 124(11): 114705.

[37] Sovago M, Campen R K, Wurpel G W H, et al. Vibrational response of hydrogen-bonded interfacial water is dominated by intramolecular coupling [J]. Physical Review Letters, 2008, 100(17).

[38] Nihonyanagi S, Ishiyama T, Lee T, et al. Unified molecular view of the air/water interface based on experimental and theoretical chi(2) spectra of an isotopically diluted water surface

[J]. Journal of the American Chemical Society, 2011, 133(42): 16875 - 16880.

[39] Ji N, Ostroverkhov V, Tian C S, et al. Characterization of vibrational resonances of water-vapor interfaces by phase-sensitive sum-frequency spectroscopy [J]. Physical Review Letters, 2008, 100(9): 096102.

[40] Tian C S, Shen Y R. Isotopic dilution study of the water/vapor interface by phase-sensitive sum-frequency vibrational spectroscopy [J]. Journal of the American Chemical Society, 2009, 131(8): 2790 - 2791.

[41] Tian C S, Shen Y R. Sum-frequency vibrational spectroscopic studies of water/vapor interfaces [J]. Chemical Physics Letters, 2009, 470(1 - 3): 1 - 6.

[42] Stiopkin I V, Weeraman C, Pieniazek P A, et al. Hydrogen bonding at the water surface revealed by isotopic dilution spectroscopy [J]. Nature, 2011, 474(7350): 192 - 195.

[43] Zhuang X, Miranda P B, Kim D, et al. Mapping molecular orientation and conformation at interfaces by surface nonlinear optics [J]. Physical Review B, 1999, 59(19): 12632 - 12640.

[44] Gragson D E, McCarty B M, Richmond G L. Surfactant/water interactions at the air/water interface probed by vibrational sum frequency generation [J]. Journal of Physical Chemistry, 1996, 100(34): 14272 - 14275.

[45] Gragson D E, McCarty B M, Richmond G L. Ordering of interfacial water molecules at the charged air/water interface observed by vibrational sum frequency generation [J]. Journal of the American Chemical Society, 1997, 119(26): 6144 - 6152.

[46] Gragson D E, Richmond G L. Investigations of the structure and hydrogen bonding of water molecules at liquid surfaces by vibrational sum frequency spectroscopy [J]. Journal of Physical Chemistry B, 1998, 102(20): 3847 - 3861.

[47] Goates S R, Schofield D A, Bain C D. A study of nonionic surfactants at the air-water interface by sum-frequency spectroscopy and ellipsometry [J]. Langmuir: The ACS Journal of Surfaces and Colloids, 1999, 15(4): 1400 - 1409.

[48] Bell G R, Li Z X, Bain C D, et al. Monolayers of hexadecyltrimethylammonium p-tosylate at the air-water interface. 1. Sum-frequency spectroscopy [J]. Journal of Physical Chemistry B, 1998, 102(47): 9461 - 9472.

[49] McKenna C E, Knock M M, Bain C D. First-order phase transition in mixed monolayers of hexadecyltrimethylammonium bromide and tetradecane at the air-water interface [J]. Langmuir: The ACS Journal of Surfaces and Colloids, 2000, 16(14): 5853 - 5855.

[50] Miranda P B, Du Q, Shen Y R. Interaction of water with a fatty acid Langmuir film [J]. Chemical Physics Letters, 1998, 286(1 - 2): 1 - 8.

[51] Knock M M, Bain C D. Effect of counterion on monolayers of hexadecyltrimethylammonium halides at the air-water interface [J]. Langmuir: The ACS Journal of Surfaces and Colloids, 2000, 16(6): 2857 - 2865.

[52] Bell G R, Bain C D, Li Z X, et al. Structure of a monolayer of hexadecyltrimethylammonium p-tosylate at the air-water interface [J]. Journal of the American Chemical Society, 1997, 119 (42): 10227 - 10228.

[53] Hore D K, Beaman D K, Richmond G L. Surfactant headgroup orientation at the air/water interface [J]. Journal of the American Chemical Society, 2005, 127(26): 9356 - 9357.

[54] Tyrode E, Johnson C M, Kumpulainen A, et al. Hydration state of nonionic surfactant monolayers at the liquid/vapor interface: Structure determination by vibrational sum frequency spectroscopy [J]. Journal of the American Chemical Society, 2005, 127(48): 16848 – 16859.

[55] Watry M R, Tarbuck T L, Richmond G I. Vibrational sum-frequency studies of a series of phospholipid monolayers and the associated water structure at the vapor/water interface [J]. Journal of Physical Chemistry B, 2003, 107(2): 512 – 518.

[56] Ma G, Allen H C. DPPC Langmuir monolayer at the air-water interface: Probing the tail and head groups by vibrational sum frequency generation spectroscopy [J]. Langmuir: The ACS Journal of Surfaces and Colloids, 2006, 22(12): 5341 – 5349.

[57] Harper K L, Allen H C. Competition between DPPC and SDS at the air-aqueous interface [J]. Langmuir: The ACS Journal of Surfaces and Colloids, 2007, 23(17): 8925 – 8931.

[58] Ma G, Allen H C. New insights into lung surfactant monolayers using vibrational sum frequency generation spectroscopy [J]. Photochemistry and Photobiology, 2006, 82(6): 1517 – 1529.

[59] Ma G, Allen H C. Condensing effect of palmitic acid on DPPC in mixed Langmuir monolayers [J]. Langmuir: The ACS Journal of Surfaces and Colloids, 2007, 23(2): 589 – 597.

[60] Chen X K, Allen H C. Interactions of dimethylsulfoxide with a dipalmitoylphosphatidylcholine monolayer studied by vibrational sum frequency generation [J]. Journal of Physical Chemistry A, 2009, 113(45): 12655 – 12662.

[61] Ohe C, Ida Y, Matsumoto S, et al. Investigations of polymyxin B-phospholipid interactions by vibrational sum frequency generation spectroscopy [J]. Journal of Physical Chemistry B, 2004, 108(46): 18081 – 18087.

[62] Roke S, Schins J, Muller M, et al. Vibrational spectroscopic investigation of the phase diagram of a biomimetic lipid monolayer [J]. Physical Review Letters, 2003, 90 (12): 128101.

[63] Sovago M, Wurpel G W H, Smits M, et al. Calcium-induced phospholipid ordering depends on surface pressure [J]. Journal of the American Chemical Society, 2007, 129(36): 11079 – 11084.

[64] Lass K, Friedrichs G. Revealing structural properties of the marine nanolayer from vibrational sum frequency generation spectra [J]. Journal of Geophysical Research: Oceans, 2011, 116: C08042.

[65] Wang J, Buck S M, Chen Z. Sum frequency generation vibrational spectroscopy studies on protein adsorption [J]. Journal of Physical Chemistry B, 2002, 106(44): 11666 – 11672.

[66] Hankett J M, Liu Y W, Zhang X X, et al. Molecular level studies of polymer behaviors at the water interface using sum frequency generation vibrational spectroscopy [J]. Journal of Polymer Science Part B-polymer Physics, 2013, 51(5): 311 – 328.

[67] Chen C Y, Even M A, Chen Z. Detecting molecular-level chemical structure and group orientation of amphiphilic PEO – PPO – PEO copolymers at solution/air and solid/solution interfaces by SFG vibrational spectroscopy [J]. Macromolecules, 2003, 36(12): 4478 – 4484.

[68] Wang J, Buck S M, Chen Z. The effect of surface coverage on conformation changes of

bovine serum albumin molecules at the air-solution interface detected by sum frequency generation vibrational spectroscopy [J]. Analyst, 2003, 128(6): 773 - 778.

[69] Zhang Y J, Cremer P S. The inverse and direct Hofmeister series for lysozyme [J]. Proceedings of the National Academy of Sciences of the United States of America, 2009, 106 (36): 15249 - 15253.

[70] Chen X, Yang T, Kataoka S, et al. Specific ion effects on interfacial water structure near macromolecules [J]. Journal of the American Chemical Society, 2007, 129(40): 12272 - 12279.

[71] Zhang Y J, Cremer P S. Chemistry of hofmeister anions and osmolytes [J]. Annual Review of Physical Chemistry, 2010, 61: 63 - 83.

[72] Fu L, Ma G, Yan E C Y. In situ misfolding of human islet amyloid polypeptide at interfaces probed by vibrational sum frequency generation [J]. Journal of the American Chemical Society, 2010, 132(15): 5405 - 5412.

[73] Fu L, Liu J, Yan E C Y. Chiral sum frequency generation spectroscopy for characterizing protein secondary structures at interfaces [J]. Journal of the American Chemical Society, 2011, 133(21): 8094 - 8097.

[74] Fu L, Wang Z G, Yan E C Y. Chiral vibrational structures of proteins at interfaces probed by sum frequency generation spectroscopy [J]. International Journal of Molecular Sciences, 2011, 12(12): 9404 - 9425.

[75] Casillas-Ituarte N N, Chen X K, et al. Na^+ and Ca^{2+} effect on the hydration and orientation of the phosphate group of DPPC at air-water and air-hydrated silica interfaces [J]. Journal of Physical Chemistry B, 2010, 114(29): 9485 - 9495.

[76] Bonn M, Roke S, Berg O, et al. A molecular view of cholesterol-induced condensation in a lipid monolayer [J]. Journal of Physical Chemistry B, 2004, 108(50): 19083 - 19085.

[77] Weeraman C, Chen M H, Moffatt D J, et al. A combined vibrational sum frequency generation spectroscopy and atomic force microscopy study of sphingomyelin-cholesterol monolayers [J]. Langmuir, 2012, 28(36): 12999 - 13007.

[78] Wang H F, Gan W, Lu R, et al. Quantitative spectral and orientational analysis in surface sum frequency generation vibrational spectroscopy (SFG - VS) [J]. International Reviews in Physical Chemistry, 2005, 24(2): 191 - 256.

[79] Wang H F, Velarde L, Gan W, et al. Quantitative sum-frequency generation vibrational spectroscopy of molecular surfaces and interfaces: Lineshape, polarization, and orientation [J]. Annual Review of Physical Chemistry, 2015, 66: 189 - 216.

[80] Wang H F. Sum frequency generation vibrational spectroscopy (SFG - VS) for complex molecular surfaces and interfaces: Spectral lineshape measurement and analysis plus some controversial issues [J]. Progress in Surface Science at Science, 2016, 91(4): 155 - 182.

[81] Smith J P, Hinson-Smith V. SFG coming of age [J]. Analytical Chemistry, 2004, 76(15): 287 - 290.

[82] Velarde L, Zhang X Y, Lu Z, et al. Communication: Spectroscopic phase and lineshapes in high-resolution broadband sum frequency vibrational spectroscopy: Resolving interfacial inhomogeneities of "identical" molecular groups [J]. Journal of Chemical Physics, 2011, 135(24): 241102.

[83] Velarde L, Wang H F. Capturing inhomogeneous broadening of the —CN stretch vibration in a Langmuir monolayer with high-resolution spectra and ultrafast vibrational dynamics in sum-frequency generation vibrational spectroscopy (SFG-VS) [J]. Journal of Chemical Physics, 2013, 139(8): 084204.

[84] Velarde L, Wang H F. Unified treatment and measurement of the spectral resolution and temporal effects in frequency-resolved sum-frequency generation vibrational spectroscopy (SFG – VS) [J]. Physical Chemistry Chemical Physics, 2013, 15(46): 19970 – 19984.

[85] Feng R J, Lin L, Li Y Y, et al. Effect of Ca^{2+} to sphingomyelin investigated by sum frequency generation vibrational spectroscopy [J]. Biophysical Journal, 2017, 112(10): 2173 – 2183.

[86] Tadjeddine A, Peremans A. Vibrational spectroscopy of the electrochemical interface by visible infrared sum frequency generation [J]. Journal of Electroanalytical Chemistry, 1996, 409(1 – 3): 115 – 121.

[87] Wagner F T, Ross P N. Leed spot profile analysis of the structure of electrochemically treated Pt(100) and Pt(111) surfaces [J]. Surface Science, 1985, 160(1): 305 – 330.

[88] Jayasooriya U A, Chesters M A, Howard M W, et al. Vibrational spectroscopic characterization of hydrogen bridged between metal atoms: A model for the adsorption of hydrogen on low-index faces of tungsten [J]. Surface Science, 1980, 93(2 – 3): 526 – 534.

[89] Peremans A, Tadjeddine A. Electrochemical deposition of hydrogen on platinum single-crystals studied by infrared-visible sum-frequency generation [J]. Journal of Chemical Physics, 1995, 103(16): 7197 – 7203.

[90] Aljaafgolze K, Kolb D M, Scherson D. On the voltammetry curves of Pt(111) in aqueous-solutions [J]. Journal of Electroanalytical Chemistry, 1986, 200(1 – 2): 353 – 362.

[91] Clavilier J. Role of anion on the electrochemical-behavior of a (111) platinum surface — unusual splitting of the voltammogram in the hydrogen region [J]. Journal of Electroanalytical Chemistry, 1980, 107: 211 – 216.

[92] Feliu J M, Ort J M, Gomez R, et al. New information on the unusual adsorption states of Pt(111) in sulfuric-acid-solutions from potentiostatic adsorbate replacement by Co [J]. Journal of Electroanalytical Chemistry, 1994, 372: 265 – 268.

[93] Funtikov A M, Linke U, Stimming U, et al. An in-situ STM study of anion adsorption on Pt(111) from sulfuric-acid-solutions [J]. Surface Science, 1995, 324: 343 – 348.

[94] Edens, G J, Gao X P, Weaver M J. The adsorption of sulfate on gold(111) in acidic aqueous-media — adlayer structural inferences from infrared-spectroscopy and scanning-tunneling-microscopy [J]. Journal of Electroanalytical Chemistry, 1994, 375: 357 – 366.

[95] Henderson M A. The interaction of water with solid surfaces: fundamental aspects revisited [J]. Surface Science Reports, 2002, 46: 1 – 308.

[96] Thiel P A, Madey T E. The interaction of water with solid-surfaces — fundamental-aspects [J]. Surface Science Reports, 1987, 7: 211 – 385.

[97] Ikemiya N, Gewirth A A. Initial stages of water adsorption on Au surfaces [J]. Journal of the American Chemical Society, 1997, 119: 9919 – 9920.

[98] Su X C, Lianos L, Shen Y R, et al. Surface-induced ferroelectric ice on Pt(111) [J]. Physical Review Letters, 1998, 80: 1533 – 1536.

[99] Toney M F, Howard J N, Richer J, et al. Voltage-dependent ordering of water-molecules at an

electrode-electrolyte interface [J]. Nature 1994, 368: 444-446.

[100] Schultz Z D, Shaw S K, Gewirth A A. Potential dependent organization of water at the electrified metal-liquid interface [J]. Journal of the American Chemical Society, 2005, 127: 15916-15922.

[101] Zheng W Q, Tadjeddine A. Adsorption processes and structure of water molecules on Pt(110) electrodes in perchloric solutions [J]. Journal of Chemical Physics, 2003, 119: 13096-13099.

[102] 翁羽翔,陈海龙,等.超快激光光谱原理与技术基础 [M].北京:化学工业出版社,2013.

[103] 郭础.时间分辨光谱基础 [M].北京:高等教育出版社,2012.

[104] McGuire J A, Shen Y R. Ultrafast vibrational dynamics at water interfaces [J]. Science, 2006, 313(5795): 1945-1948.

[105] Wang Z H, Cahill D G, Carter J A, et al. Ultrafast dynamics of heat flow across molecules [J]. Chemical Physics, 2008, 350(1-3): 31-44.

[106] Wang Z H, Carter J A, Lagutchev A, et al. Ultrafast flash thermal conductance of molecular chains [J]. Science, 2007, 317(5839): 787-790.

[107] Smits M, Ghosh A, Sterrer M, et al. Ultrafast vibrational energy transfer between surface and bulk water at the air-water interface [J]. Physical Review Letters, 2007, 98(9): 098302.

[108] Smits M, Ghosh A, Bredenbeck J, et al. Ultrafast energy flow in model biological membranes [J]. New Journal of Physics, 2007, 9: 20.

[109] Bredenbeck J, Ghosh A, Nienhuys H K, et al. Interface-specific ultrafast two-dimensional vibrational spectroscopy [J]. Accounts of Chemical Research, 2009, 42(9): 1332-1374.

[110] Ghosh A, Smits M, Bredenbeck J, et al. Femtosecond time-resolved and two-dimensional vibrational sum frequency spectroscopic instrumentation to study structural dynamics at interfaces [J]. Review of Scientific Instruments, 2008, 79(9): 9.

[111] Bredenbeck J, Ghosh A, Smits M, et al. Ultrafast two dimensional-infrared spectroscopy of a molecular monolayer [J]. Journal of the American Chemical Society, 2008, 130: 2152.

[112] Piatkowski L, Zhang Z, Backus E H G, et al. Extreme surface propensity of halide ions in water [J]. Nature Communications, 2014, 5: 4083.

[113] Zhang Z, Piatkowski L, Bakker H J, et al. Ultrafast vibrational energy transfer at the water/air interface revealed by two-dimensional surface vibrational spectroscopy [J]. Nature Chemistry, 2011, 3(11): 888-893.

[114] Zhang Z, Piatkowski L, Bakker H J, et al. Communication: interfacial water structure revealed by ultrafast two-dimensional surface vibrational spectroscopy [J]. The Journal of Chemical Physics, 2011, 135(2): 021101.

[115] Nihonyanagi S, Singh P C, Yamaguchi S, et al. Ultrafast vibrational dynamics of a charged aqueous interface by femtosecond time-resolved heterodyne-detected vibrational sum frequency generation [J]. Bulletin of the Chemical Society of Japan, 2012, 85(7): 758-760.

[116] Singh P C, Nihonyanagi S, Yamaguchi S, et al. Communication: Ultrafast vibrational dynamics of hydrogen bond network terminated at the airwater interface: A two-dimensional heterodyne-detected vibrational sum frequency generation study [J]. The Journal of Chemical Physics, 2013, 139(16): 161101.

[117] Xiong W, Laaser J E, Mehlenbacher R D, et al. Adding a dimension to the infrared spectra

of interfaces using heterodyne detected 2D sum-frequency Generation （HD 2D SFG）spectroscopy[J]. Proc. Natl. Acad. Sci. USA, 2011, 108(52): 20902 - 20909.

[118] Laaser J E, Zanni M T. Extracting structural information from the polarization dependence of one- and two-dimensional sum frequency generation spectra [J]. The Journal of Physical Chemistry: A, 2013, 117(29): 5875 - 5890.

[119] Hsieh C S, Okuno M, Hunger J, et al. Aqueous Heterogeneity at the Air/Water Interface Revealed by 2D - HD - SFG Spectroscopy [J]. Angewandte Chemie International Edition in English, 2014, 53(31): 8146 - 8149.

[120] Matranga C, Guyot-Sionnest P. Intermolecular vibrational energy transfer between cyanide species at the platinum/electrolyte interface [J]. Chemical Physics Letters, 2001, 340: 39 - 44.

[121] Matranga C, Guyot-Sionnes, P. Vibrational relaxation of cyanide at the metal/electrolyte interface [J]. Journal of Chemical Physics, 2000, 112(17): 7615 - 7621.

[122] Matranga C, Wehrenberg B L, Guyot-Sionnest P. Vibrational relaxation of cyanide on copper surfaces: Can metal d-bands influence vibrational energy transfer? [J]. Journal of Physical Chemistry B, 2002, 106(33): 8172 - 8175.

[123] Wu K, Zhu H, Liu Z, et al. Ultrafast charge separation and long-lived charge separated state in photocatalytic cds-pt nanorod heterostructures [J]. Journal of the American Chemical Society, 2012, 134(25): 10337 - 10340.

[124] Ricks A M, Anfuso C L, Rodriguez-Cordoba W, et al. Vibrational relaxation dynamics of catalysts on TiO_2 Rutile （110） single crystal surfaces and anatase nanoporous thin films [J]. Chemical Physics, 2013, 422: 264 - 271.

[125] Anfuso C L, Xiao D, Ricks A M, et al. Orientation of a series of CO_2 reduction catalysts on single crystal TiO_2 probed by phase-sensitive vibrational sum frequency generation spectroscopy （PS - VSFG）[J]. Journal of Physical Chemistry C, 2012, 116 (45): 24107 - 24114.

[126] Geletii Y V, Yin Q, Hou Y, et al. Polyoxometalates in the design of effective and tunable water oxidation catalysts [J]. Israel Journal of Chemistry, 2011, 51(2): 238 - 246.

第6章

超快非线性全息成像

（施可彬　吕永钢）

6.1　光学全息显微技术简介

全息技术是利用光的干涉记录物质光波的波前,再通过光的衍射再现物体真实三维图像的技术。光学全息显微技术是把全息技术和光学显微技术相结合的一种快速的成像方法。

6.1.1　全息技术的历史

1948 年,英籍匈牙利科学家 D. Gabor 在研究如何提高电子显微镜的分辨率时提出一种利用物体衍射出的电子波记录振幅和相位的方法[1,2]。这种方法被 Gabor 命名为全息术(holography)。在 1966 年,Gabor 本人对全息一词作出了说明:全息一词取自希腊语中的"holo"和"grama","holo"的意思是"全部",而"grama"是"信息"的含义[3]。因为发明全息术的杰出贡献,Gabor 获得了 1971 年的诺贝尔物理学奖。

早期的全息术使用的是电子束照明,仅在电子显微领域有一定的应用[4,5]。随着全息概念的推广,光学全息技术逐渐发展。早期的光学全息技术利用汞灯照明,采用共线记录的方式。此时,有两个问题制约着光学全息技术的发展与应用:一是光源的相干性差;二是共轭孪生像无法分离。直到 1960 年激光器的发明,它的高亮度和高相干性为光学全息技术提供了新的光源。1962 年美国密歇根大学的 Leith 和 Upatnieks 将载频的概念推广到空域中,提出了离轴记录全息技术[6-8]。至此,光学全息技术的两大难题全部告破。1962 年,苏联科学家 Denisyuk 第一次在实验上实现了光学全息技术[9]。此后,光学全息技术迎来了一个飞速发展期,各种技术层出不穷。现今,全息技术在光学操控[10]、粒子追踪[11]、信息处理[12]和三维成像[13]等领域得到了广泛的应用。

6.1.2　光学数字全息显微技术

早期的光学全息技术利用卤化银、光刻胶和重铬酸盐、明胶等材料作为干板记录全息图像。这些材料再现图像时需要显影、定影等一系列烦琐的化学过程,无法实时记录和再现[14]。为了解决这个问题,人们发展了光致聚合物、光致变色材料和光致折变材料等作为干板记录全息图像[15]。这些新材料再现图像时不需要化学处理,简化了过程,但是在恢复图像时仍需使用再现光照明全息图像,通过衍射再现图像。

为了克服光学全息技术再现过程复杂的缺点,Goodman 等于 1967 年提出了利用计算机再现全息图像的思想[16]。1971 年,Huang 首次提出了数字全息的概念[17]。1972 年,Kronrod 等将记录的全息图像数字化后存入计算机,通过数值模拟在计算机上首次实现了全息图像的数值再现[18]。但由于当时没有电子记录设备,早期的数字全息都是先利用干板记录,然后数字化,再存入计算机进行数值重建。这一阶段还不能实现真正意义上的数字全息记录。直到 20 世纪 80 年代末和 90 年代初,电荷耦合器件(charge-coupled device,CCD)等光电记录设备的产生与发展,使得数字全息记录成为可能。1994~1996 年,Schnars 等利用 CCD 直接记录了骰子的菲涅耳离轴全息图像,并通过计算机再现了骰子的三维图像。整个过程的记录与再现完全数字化,第一次实现了真正意义上的数字全息[19-21]。至此,数字全息技术开始快速发展,无论是在原理探索还是在实际应用,数字全息技术都取得了快速的发展和突破,数字全息技术是目前光学领域中的一个研究热点。

6.1.3　光学数字全息特异性成像显微技术

和光学显微技术一样,发展具有特异性成像能力的数字全息显微技术是当前研究的热点。目前主要有利用样品二阶非线性系数作为衬度成像的二次谐波全息成像技术[22,23]、利用样品荧光特性的荧光全息成像技术[24,25]和利用样品拉曼特性的相干反斯托克斯拉曼散射全息成像技术[26-29]。

6.1.4　二次谐波全息成像技术

二次谐波全息成像的原理如图 6.1 所示。首先利用非对称的 $BaTiO_3$ 纳米晶体标记样品,提供成像所需要的对比度。一束频率为 ω 的强激光照射到样品上,样品会散射频率为 ω 和 2ω 的信号。带通滤波片会挡住频率为 ω 的散射光和泵浦光,只让频率为 2ω 的散射光通过。然后再把泵浦光倍频作为参考光,两束光就可以在 CCD 的表面记录全息。由于未标记的样品只会散射频率为 ω 的信号,所以不会被记录,实现了特异性成像。

6.1.5　荧光全息成像技术

全息技术通常需要信号光和参考光是相干的,但是荧光信号是非相干的。为

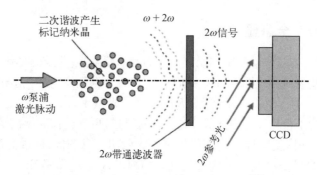

图 6.1　二次谐波全息成像技术的原理[22]

了解决这个问题,美国约翰·霍普金斯大学显微镜研究中心主任 Brooker 和以色列本·古里安大学的 Rosen 一起,利用菲涅耳非相干全息术(Fresnel incoherent correlation holography, FINCH)实现了荧光全息成像技术[25]。它的原理如图 6.2 所示。它利用空间光调制器对样品发出的荧光信号进行调制,在探测器的表面就会得到荧光信号形成的菲涅耳环。而样品的深度可以用环的密度来编码。离得远的样品比离得近的样品的环的密度更低。这样就可以利用计算机重构出焦点的位置。

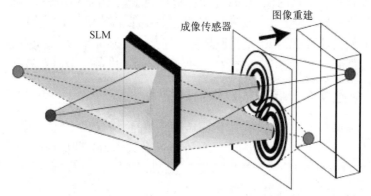

图 6.2　FINCH 荧光全息成像技术的原理[25]

6.2　相干反斯托克斯拉曼散射全息成像技术

全息成像技术自发明之初,就被证明是一个快速三维成像的有力手段。通过宽场照明和电磁波的波前相位恢复技术,全息技术可以不通过扫描,直接对样品进行三维成像。因此,它的成像速度要比激光点扫描显微技术快很多。特别是近年来,CCD 图像传感技术快速发展,逐渐取代了传统的胶片,成为全息技术的探测装置。CCD 又可以很方便地和计算机级联,在 CCD 采样的同时,计算机可以同时处理数据,给出图像,这又进一步加快了成像速度。现在的全息技术已经进入了数字化时代。由于全息技术的成像速度很快,它在很多方面都有广泛的应用,如光学操控(optical manipulation)、粒子追踪(particle tracking)和三维成像(3D display)。但是这些技术大都难以对不同的分子进行区分,而对不同组分进行特异性成像对理解生物大分子在生化过程的作用是十分重要的。所以能够对不同分子进行特异性成像的全息技术引起了人们的广泛关注。最近,人们基于二次谐波和荧光技术发展了两种特异性的全息成像技术。Psaltis 等[22]利用外加的纳米级 $BaTiO_3$ 晶体产生的二次谐波信号对生物样品实现了全息成像。Rosen 和 Brooker[25]利用波前相位恢复术实现了非扫描的荧光三维成像技术。但是这两个技术都需要外加探针分子对样品进行标记,这样就存在生物兼容性和探针分子漂白的问题。而相干反斯托克斯拉曼散射技术是一种非标记的成像技术,所以施可彬等提出了一种非标记的快速三维成像技术——CARS 全息成像技术[26]。

6.2.1 相干反斯托克斯拉曼散射全息的基本原理

CARS 全息的基本原理如图 6.3 所示。想要得到 CARS 全息图像,需要具备两个条件:第一,要让样品产生 CARS 信号;第二要找到和 CARS 信号频率一致并且相干的激光作为参考光。然后两束光在 CCD 的表面干涉,由 CCD 记录全息图像。

目前,人们提出了两种 CARS 全息的配置方式。第一种称为离轴记录 CARS 全息[26](off-axis recording CARS hologram)[图 6.3(a)]。它利用一个脉冲激光器产生一束频率为 ω_p 的激光,然后经 BBO 晶体倍频($2\omega_p$)后作为光学参量振荡器(optical parametric oscillator)的泵浦。调谐光学参量振荡器,使它的闲频光的输出频率为 ω_s,并作为产生 CARS 信号的斯托克斯光。经过 BBO 晶体后,激光器产生的没有被倍频晶体倍频的那部分剩余的那部分激光(ω_p)作为产生 CARS 信号的泵浦光/探测光。这两束激光入射到样品上,产生一束频率为 $2\omega_p - \omega_s$ 的 CARS 信号光。注意到光学参量振荡器产生的信频光的频率恰好也是 $2\omega_p - \omega_s$,这束光可以作为产生 CARS 全息信号的参考光。产生 CARS 信号的泵浦光、斯托克斯光和参考光是同源的。

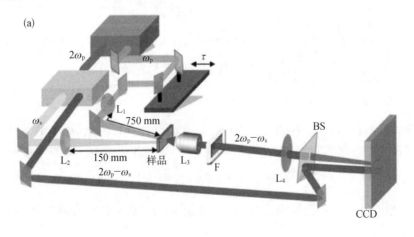

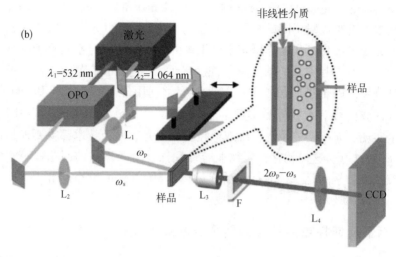

图 6.3 CARS 全息装置的示意图

(a) 离轴记录 CARS 全息装置[26];(b) 共线记录 CARS 全息装置[29]

6.2.2 相干反斯托克斯拉曼散射全息图像数据恢复的基本原理

由于离轴记录 CARS 全息技术的数据处理比较简单,在本章中采用的就是这种光路配置方式,如图 6.4 所示。

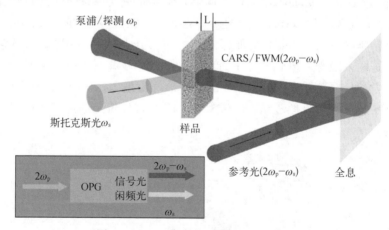

图 6.4 CARS 全息的基本原理的示意图

首先我们让泵浦光/探测光和斯托克斯光弱聚焦到样品上,产生的 CARS 信号经长工作距离透镜收集后正入射到 EMCCD 上,则产生的 CARS 光场可以记为

$$E_{CARS} = A_1(X, Y)e^{i\phi_1(X, Y)} \tag{6.1}$$

其中,A_1 是 CARS 信号的振幅,它是位置的函数;ϕ_1 是 CARS 信号传播到 EMCCD

记录平面时的相位分布,它同样是位置的函数。

　　然后利用 OPO 的信频光产生一束和 CARS 信号频率相同的参考光,参考光经滤波后可以认为是平面波,光场记为

$$E_{\text{ref}} = A_2(X, Y)e^{i\phi_2(Z)} \tag{6.2}$$

其中,A_2 是参考光的振幅,它是位置的函数;ϕ_2 是参考光的相位,它同样是位置的函数。参考光斜入射到 EMCCD 上,角度为 α,则参考光传播到 EMCCD 记录平面时的光场分布可以记为

$$E_{\text{ref}} = A_2(X, Y)e^{i\phi_1(X, Y, Z)} = A_2(X, Y)e^{ikZ_2+ik\Delta Z} = A_2(X, Y)e^{ikZ_2+ikX\sin\alpha} \tag{6.3}$$

则在 EMCCD 上得到的信号为

$$S = |E_{\text{CARS}} + E_{\text{ref}}|^2 = A_1^2 + A_2^2 + 2A_1A_2\cos[\phi_1 - kX\sin\alpha - kZ_2] \tag{6.4}$$

一幅典型的全息图像如图 6.5(a)所示。

　　我们利用傅里叶变换,把全息图像在频率域内显示[图 6.5(b)]。则式(6.4)变换为

$$2\pi(A_1^2 + A_2^2)\delta(u) + 2\pi A_1A_2\delta(u + k\sin\alpha)e^{-j[\phi_1 - kZ_2]} + 2\pi A_1A_2\delta(u - k\sin\alpha)e^{j[\phi_1 - kZ_2]}$$
$$\tag{6.5}$$

　　从图 6.5(b)中可以看到有三个点:中间的点是直流背景,对应着 $2\pi(A_1^2 + A_2^2)\delta(u)$,两边的点是孪生像对应着 $2\pi A_1A_2\delta(u + k\sin\alpha)e^{-j[\phi_1 - kZ_2]}$ 和 $2\pi A_1A_2\delta(u - k\sin\alpha)e^{j[\phi_1 - kZ_2]}$

　　我们可以通过矩形滤波得到孪生像中的一项,如图 6.5(c)所示。

$$2\pi A_1A_2\delta(u - k\sin\alpha)e^{j[\phi_1 - kZ_2]} \tag{6.6}$$

把这一项移到光谱中心可得

$$2\pi A_1A_2\delta(u)e^{j[\phi_1 - kZ_2]} \tag{6.7}$$

如图 6.5(d)所示。

　　再通过反傅里叶变换可以得到

$$A_1A_2e^{j[\phi_1 - kZ_2]} \tag{6.8}$$

　　它的振幅和相位分布分别如图 6.5(e)和(f)所示。由于参考光的强度可以测量,即 A_2 已知,我们就可以知道 CARS 光场的振幅分布。而 kZ_2 是一个常数,我们就知道了 CARS 光场的相对相位分布,即我们再现了 CARS 光场的波前。由于 CARS 光场传播的介质的折射率已知,我们就可以利用光束逆向传播方法得到任意一个 z 位置的场的分布,这样我们就可以重构样品的三维图像。

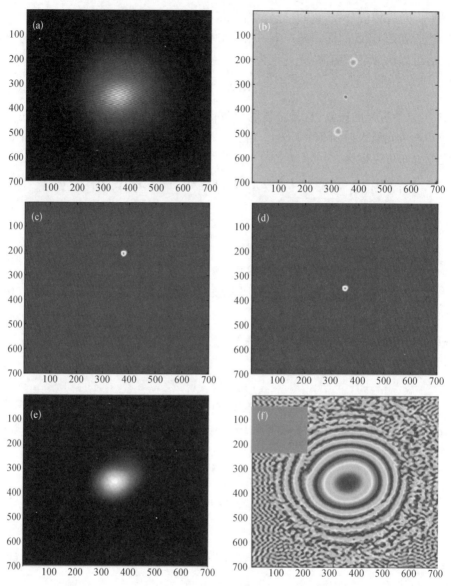

图 6.5 CARS 全息数据恢复的基本原理

注：单位为 μm

6.2.3 皮秒相干反斯托克斯拉曼散射全息装置的搭建

先前提到的两种 CARS 全息装置都是基于纳秒激光器搭建的，但是纳秒激光器对生物体的光损伤比较大，所以我们用皮秒激光器作为光源搭建皮秒全息 CARS 装置。这里选择皮秒激光器而不选择生物损伤更小的飞秒激光器，是因为皮秒激光器的线宽比较窄，有更高的光谱分辨率。

　　根据 CARS 全息的基本原理,想要得到 CARS 全息的图像,需要两个条件:第一,要让样品产生 CARS 信号;第二,要找到和 CARS 信号频率一致并且相干的激光作为参考光。然后两束光在 CCD 的表面干涉,由 CCD 记录全息图像。首先我们搭建宽场 CARS 装置。

6.2.4　皮秒宽场相干反斯托克斯拉曼散射装置的搭建

　　皮秒宽场相干反斯托克斯拉曼散射装置的光路如图 6.6 所示:首先利用皮秒激光器(Ekspla, PL2210 Series)产生 $\lambda = 1\,064$ nm、重复频率为 1 000 Hz、脉冲宽度为 25 ps 的激光。它倍频后(532 nm)作为光学参量产生器(Ekspla, PG500 Series)的泵浦。然后调谐光学参量产生器,使它的闲频光的频率为斯托克斯光的频率。激光器倍频后剩余的能量作为产生 CARS 信号的泵浦光,和光学参量产生器的闲频光一起被透镜 L_1($f = 200$ mm) 聚焦到样品上产生 CARS 信号。泵浦光和斯托克斯光到达样品时的单脉冲能量分别为 30 μJ 和 10 μJ。它们的夹角为 4.5°。其中泵浦光的光路上加了一个延时线用来确保泵浦光和斯托克斯光的时间重合。SPF 是短通滤光片(Chroma, HQ950 - 60),用来确保只有 CARS 信号光可以通过。产生的信号被透镜 L_2($f = 75$ mm) 收集,然后被 L_3($f = 100$ mm) 聚焦到光谱仪(Acton 2500, Princeton Instruments)中,并被液氮制冷的 CCD(Spec - 10, Princeton Instruments)采集光谱。

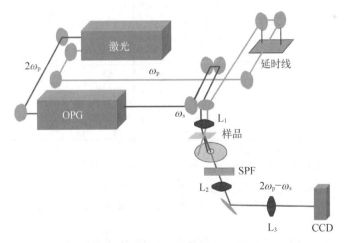

图 6.6　皮秒 CARS 装置的示意图

　　我们选择聚苯乙烯微球作为样品。首先测量了聚苯乙烯微球的拉曼光谱,它的光谱如图 6.7(a)所示,可以看到在 1 001 cm⁻¹ 处有一个很强的拉曼峰,我们选择这个振动频率来做 CARS。调谐光学参量产生器使其输出1 191 nm 的激光来和样品共振。由 CCD 采集到的光谱如 6.7(b)所示,可以看到在 961.7 nm 处出现一个信号峰。随后我们做了能量依存关系实验。首先固定斯托克斯光的能量,改变泵浦光的能量,把信号光的强度与泵浦光能量在双对数坐标下作图,如 6.7(c)所示。然后把这些点进行线性拟合,得到直线的斜率为 2.02,这说明信号光的强度和泵浦光能量的平方成正比。同样,固定泵浦光的能量,改变斯托克斯光的能量,把信号光的强度与斯托克斯光能量在双对数坐标下作图,如 6.7(d)所示。然后把这些点进行线性拟合,得到的直线斜率为 1.13,说明信号光的强度和斯托克斯光能量的一次方成正比。所以这个信号的产生是一个三阶非线性过程,再结合光谱出现的位置,恰好和泵浦光(1 064 nm)相差 1 001 cm^{-1}。综合这些结果,可以判定得到的信号时 CARS 信号。

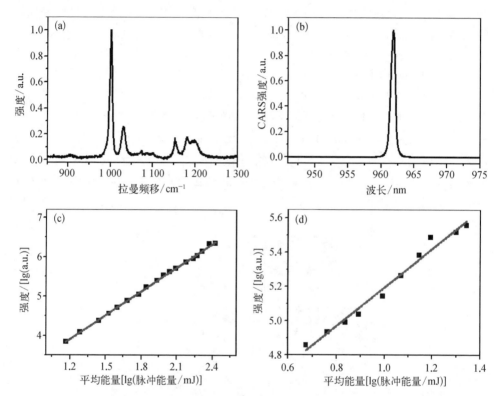

图 6.7 (a)聚苯乙烯微球的拉曼光谱;(b)聚苯乙烯微球的 CARS 光谱;(c) CARS 信号强度和泵浦光能量的依存关系;(d) CARS 信号强度和斯托克斯光能量的依存关系

6.2.5 皮秒相干反斯托克斯拉曼散射全息装置的搭建

我们的目标是搭建皮秒相干反斯托克斯拉曼散射全息装置。首先我们改进了信号光的收集系统[图 6.8(a)],把 L_2 换成长工作距离透镜(Edmund,数值孔径为 0.42,焦距为 10 mm),然后经焦距为 750 mm 的 L_3 透镜聚焦到电子倍增电荷耦合元件(electron-multiplying charge-coupled device,EMCCD)(Andor,iXon X3)上。然后引出光学参量产生器的信频光,把它作为参考光。在它的光路上加入了一个延时线用来确保和 CARS 信号光的时间重合。参考光和 CARS 信号光的角度被设置为 3.7°。采集信号的曝光时间设为 100 ms,曝光次数为 20 次,电子放大的增益为 100 倍,EMCCD 制冷的温度为−75℃。一个典型的全息图像如图 6.8 所示。

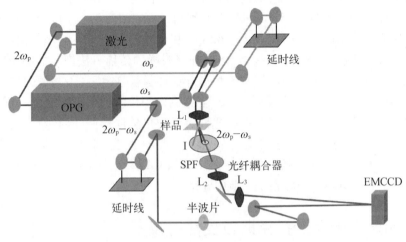

图 6.8　CARS 全息装置的示意图

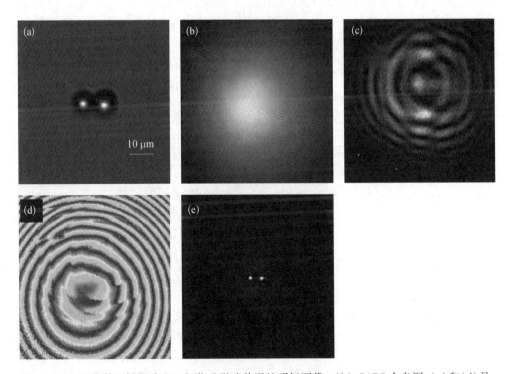

图 6.9　(a) 聚苯乙烯微球和二氧化硅微球共混的明场图像;(b) CARS 全息图;(c)和(d)是从(b)中恢复出的 CARS 光场的振幅和相位;(e) 重构的 CARS 图像

随后我们制备了样品,选用的是共振的聚苯乙烯微球和不共振的二氧化硅微球(Tianjin Base-Line Chrom-Tech Research Centre,直径为 8 μm)共混滴到盖玻片上(VWR No.1 cover glass),然后用另一片盖玻片压紧,并用硅胶(DOW CORNING)密封。样品始终悬浮在水中。图 6.9(a)显示的是我们选取区域的明场图像。从图中可以看到样品的左边是一个 8 μm 的二氧化硅微球,右边是一个 10 μm 的聚苯乙烯微球。它们的全息图如 6.9(b)所示。6.9(c)和 6.9(d)是由 6.9(b)恢复出的 CARS 光场的振幅和相位。6.9(e)是由 CARS 光场通过逆向传播方法恢复的图像。从图像中我们可以看到不但共振的聚苯乙烯微球的图像被恢复了,不共振的二氧化硅微球的图像也被恢复了。这说明 CARS 全息成像和传统的 CARS 成像一样,都存在非共振背景的干扰。如果想要提高我们装置的化学选择性,就必须抑制非共振背景。抑制非共振背景的方法有很多,主要有偏振 CARS[30,31]、时间分辨CARS[32,33]、外差法和相干控制[34,35]。其中偏振 CARS 由于光路配置简单,所以被广泛应用。它的具体原理将在下一节中介绍。

6.3 偏振相干反斯托克斯拉曼散射技术

CARS 显微成像的一个缺点就是存在非共振背景的干扰,这个背景降低了CARS 成像的化学选择性。如果想要提高图像的信噪比,就必须想办法抑制非共振背景。前面提及,CARS 是一个四波混频过程,所以不但分子的振动对激光有响应,样品分子的电子也会在泵浦和斯托克斯激光脉冲的胁迫下,以频率 $\omega_1 - \omega_2$ 振动,与探测光脉冲作用后,产生频率与 CARS 信号频率相同的非共振信号。

6.3.1 偏振相干反斯托克斯拉曼散射的基本原理

偏振 CARS 是利用样品分子共振部分和非共振部分的解偏率的不同来抑制非共振背景的。它在 20 世纪 70 年代后期被提出,在很多专著中已有详细介绍,这里简单地介绍一下它的原理。

如图 6.10 所示,假设一束线性偏振的频率为 ω_1 的泵浦光和一束线性偏振的频率为 ω_2 的斯托克斯光沿着 z 轴方向传播。泵浦光的偏振方向沿着 x 轴,斯托克斯光的偏振方向与 x 轴的夹角为 ϕ。假设 $\omega_1 - \omega_2$ 恰好是分子的固有振动频率。在这种情况下,两束光会和分子相互作用产生三阶非线性极化。它分为两个部分:一个非共振的部分 P^{NR} 和一个共振的部分 P^R。它们在 x 轴和 y 轴上的投影可以写为

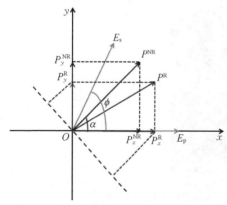

图 6.10 偏振 CARS 的基本原理

$$P_x^{\mathrm{NR}} = 3\chi_{1111}^{\mathrm{NR}} E_p^2 E_s^* \cos\phi \qquad (6.9)$$

$$P_y^{\mathrm{NR}} = 3\chi_{2112}^{\mathrm{NR}} E_p^2 E_s^* \sin\phi \qquad (6.10)$$

$$P_x^{\mathrm{R}} = 3\chi_{1111}^{\mathrm{R}} E_p^2 E_s^* \cos\phi \qquad (6.11)$$

$$P_y^{\mathrm{R}} = 3\chi_{2112}^{\mathrm{R}} E_p^2 E_s^* \sin\phi \qquad (6.12)$$

定义共振部分和非共振部分的偏振退化率分别为 $\rho_{\mathrm{NR}} = \dfrac{\chi_{2112}^{\mathrm{NR}}}{\chi_{1111}^{\mathrm{NR}}}$，$\rho_{\mathrm{R}} = \dfrac{\chi_{2112}^{\mathrm{R}}}{\chi_{1111}^{\mathrm{R}}}$，假设非共振极化率方向与泵浦光的夹角为 α，可得到

$$\tan\alpha = \frac{P_y^{\mathrm{NR}}}{P_x^{\mathrm{NR}}} = \rho_{\mathrm{NR}}\tan\phi \qquad (6.13)$$

$$P_{\mathrm{NR}} = \frac{P_x^{\mathrm{NR}}}{\cos\alpha} = 3\chi_{1111}^{\mathrm{NR}} E_p^2 E_s^* \frac{\cos\phi}{\cos\alpha} \qquad (6.14)$$

由于分子的 ρ_{R} 和 ρ_{NR} 并不相等。所以共振部分产生的三阶非线性极化方向和非共振部分产生的三阶非线性极化方向并不一致。这样我们就可以在垂直非共振产生的三阶非线性极化方向上加入一个检偏器，来抑制非共振背景。

则共振部分产生的三阶非线性极化强度在检偏方向上的投影 $P_\perp$ 为

$$P_\perp = P_x^{\mathrm{R}}\cos(90° - \alpha) - P_y^{\mathrm{R}}\cos\alpha = 3\chi_{1111}^{\mathrm{R}} E_p^2 E_s^* \cos\phi(\sin\alpha - \rho_{\mathrm{R}}\tan\phi\cos\alpha)$$
$$(6.15)$$

理论上，检偏器可以完全挡住非共振信号，但是实际上由于聚焦引起的解偏和玻璃窗口的双折射效应都会使非共振信号的偏振度下降，在检偏方向上有一定强度的投影。这个系数记为 r，则非共振信号在检偏方向上的极化强度可以记为 rP^{NR}。

则信号与噪声的比例为

$$\left(\frac{P_\perp}{rP_{\mathrm{NR}}}\right)^2 = \frac{1}{4r^2}\left(\chi_{1111}^{\mathrm{R}}\big/\chi_{1111}^{\mathrm{NR}}\right)^2 \left(1 - \rho_{\mathrm{R}}\big/\rho_{\mathrm{NR}}\right)^2 \sin^2 2\alpha \qquad (6.16)$$

从公式中可以看到，当 α 为 45° 时，信噪比最高。ρ_{NR} 是非共振的偏振退化率，理论上，对于各向同性的样品，它的值为 1/3。根据式 (6.13) 可以计算出 ϕ 为 71.6°。在我们偏振实验中，泵浦光和斯托克斯光偏振的夹角被设为 71.6°。

6.3.2　偏振相干反斯托克斯拉曼散射中光场解偏的问题

从式 (6.16) 中可以看到，如果想使信噪比高，就要使 r 尽可能小。r 与激光的聚焦情况和玻璃窗口的双折射效应的大小有关。玻璃窗口的双折射效应是由

实验中选用的器件决定的,所以在本节中主要考虑聚焦引起的解偏对信噪比的影响。

和前一节中偏振配置的方向一样,并假设 E_{py} 和 E_{pz} 是泵浦光由于聚焦解偏引起的在 y 轴和 z 轴上的电场强度。E_{sz}^* 是斯托克斯光由于聚焦解偏引起的在 z 轴上的电场强度。因为斯托克斯光由聚焦解偏引起的在 x 轴和 y 轴上的电场强度比它本身在轴上投影的强度弱得多,所以这里不考虑 x、y 方向上的解偏。忽略 E_{py} 的二阶效应,可以得到由于解偏引起的 P^{NR} 在 x 轴和 y 轴上的强度分别为

$$P_x^{de} = \chi_{1122}^{NR} E_p E_{py} E_s^* \sin\phi + \chi_{1212}^{NR} E_{py} E_p E_s^* \sin\phi + \chi_{1331}^{NR} E_{pz} E_{pz} E_s^* \cos\phi$$
$$+ \chi_{1133}^{NR} E_p E_{pz} E_{sz}^* + \chi_{1313}^{NR} E_{pz} E_p E_{sz}^* \tag{6.17}$$

$$P_y^{de} = \chi_{2121}^{NR} E_p E_{py} E_s^* \cos\phi + \chi_{2211}^{NR} E_{py} E_p E_s^* \cos\phi + \chi_{2332}^{NR} E_{pz} E_{pz} E_s^* \sin\phi \tag{6.18}$$

由解偏引起的非共振部分的三阶非线性极化强度在检偏方向上的投影为

$$P_{NR}^{de} = P_x^{de} \cos(90° - \alpha) - P_y^{de} \cos\alpha \tag{6.19}$$

非共振部分的三阶非线性极化强度为

$$P_{NR} = \sqrt{(P_x^{NR})^2 + (P_y^{NR})^2} \tag{6.20}$$

考虑到 $\chi_{2112}^{NR} = \chi_{1122}^{NR} = \chi_{1212}^{NR} = \chi_{1331}^{NR} = \chi_{1133}^{NR} = \chi_{1313}^{NR} = \chi_{2121}^{NR} = \chi_{2211}^{NR} = \chi_{2332}^{NR} = \dfrac{1}{3}\chi_{1111}^{NR}$

并定义:

$$r_y = \frac{E_{py}}{E_p} \text{ 和 } r_z = \frac{E_{pz}}{E_p} = \frac{E_{sz}^*}{E_s^*} \tag{6.21}$$

我们可以得到由于解偏引起的退化因子为

$$r_{de} = \frac{P_{NR}^{de}}{P_{NR}} = \frac{2}{3} r_y + \frac{\sqrt{10} - 1}{3} r_z^2 \tag{6.22}$$

高斯光束由于聚焦引起的解偏在 Hecht 和 Novotny 编辑的《纳米光学原理》中有详细的论述,这里我们按照公式进行了数值计算。如图 6.11,图中的横坐标是聚焦透镜的数值孔径,纵坐标是光场解偏的比率。我们可以看到数值孔径越小,解偏的比率越小。当作点扫描 CARS 时,例如数值孔径为 0.95,计算可知解偏引起的退化因子为 13.97%。然而当聚焦透镜的数值孔径很小时,例如数值孔径为 0.01,此时由解偏引起的退化因子为 1.02×10^{-5},有四个数量级的提升。在我们的实验中,为了提高信噪比,所以选择焦距为 200 mm 的透镜,此时的数值孔径为 0.01。

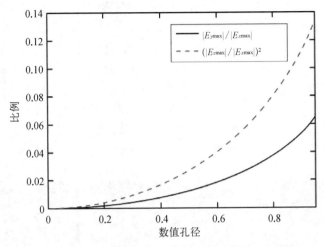

图 6.11　光场解偏的比率与聚焦透镜数值孔径的关系

6.4　基于偏振相干反斯托克斯拉曼散射的三维全息成像

6.4.1　偏振相干反斯托克斯拉曼散射全息装置的搭建

　　基于前面的讨论我们对皮秒 CARS 全息装置进行了改造。在泵浦光和斯托克斯光的光路上插入了两个偏振片,并调整偏振片的角度使泵浦光和斯托克斯光偏振的夹角为 71.6°。在 EMCCD 前面加入了一个检偏器,并使它的检偏方向和非共振信号的偏振方向垂直(图 6.12)。

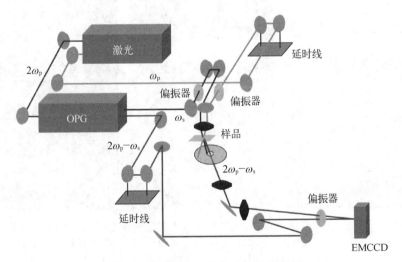

图 6.12　偏振 CARS 全息装置的示意图

我们的样品仍然选用的是共振的聚苯乙烯微球(直径 10 μm)和不共振的二氧化硅微球(直径 8 μm)共混滴到盖玻片上,然后用另一片盖玻片压紧,并用硅胶密封。样品始终悬浮在水中。图 6.13(a)显示的是我们选取区域的明场图像。从图中可以看到样品的左边是一个 8 μm 的二氧化硅微球,右边是一个 10 μm 的聚苯乙烯微球。在探测器前面没有加入检偏器时,样品的全息图如图 6.13(b)所示。图 6.13(c)和(d)是由图 6.13(b)恢复出的 CARS 光场的振幅和相位。图 6.13(e)是由 CARS 光场通过逆向传播方法恢复的图像。从恢复的图像中我们可以看到不但共振的聚苯乙烯微球的图像被恢复了,不共振的二氧化硅微球的图像也被恢复了。

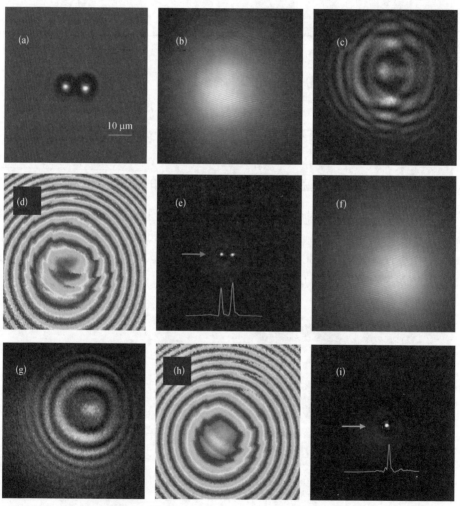

图6.13 (a)聚苯乙烯微球和二氧化硅微球共混的明场图像;(b)未加入检偏器时得到的 CARS 全息图;(c)和(d)是从(b)中恢复出的 CARS 光场的振幅和相位;(e)重构的 CARS 图像;(f)加入检偏器时得到的 CARS 全息图;(g)和(h)是从(f)中恢复出的 CARS 光场的振幅和相位;(i)重构的 CARS 图像

在加入检偏器并调整参考光的偏振方向后,得到的全息图如图 6.13(f)所示。图 6.13(g)和(h)是由图 6.13(f)恢复出的 CARS 光场的振幅和相位。图 6.13(i)是由 CARS 光场通过逆向传播方法恢复的图像。从恢复的图像中可以看到只有共振的聚苯乙烯微球的图像很清晰,不共振的二氧化硅微球几乎看不到了。在图 6.13(e)和(i)中沿着箭头方向的光场强度的截面图如曲线所示,我们可以看到在偏振 CARS 全息恢复的图像中,二氧化硅微球贡献的信号强度几乎为零,说明偏振技术极大地提高了全息 CARS 的化学选择性。

全息技术的一个好处是可以进行快速的三维成像。为了验证我们搭建的偏振 CARS 全息装置也有这个能力,我们准备了一个样品:把 10 μm 的聚苯乙烯微球悬浮在水中不同的深度。样品的曝光时间仍然为 100 ms,20 次。图 6.14(a)是得到的全息图像。图 6.14(b)和(c)是从(a)中恢复出 CARS 光场的振幅和相位,由恢复出的光场通过逆向传播方法就可以恢复出不同轴向的截面的图像。图 6.14(d)和(e)分别显示 $z = 15$ μm 和 $z = -75$ μm 处的截面。可以看到有两个微球在不同的深度分别出现,说明我们的偏振全息 CARS 装置有一个很长的景深(接近 100 μm)。

当我们调谐斯托克斯光波长,使之远离聚苯乙烯微球的共振频率时(950 cm^{-1}),如图 6.14(f)所示,我们并没有得到任何信号。这说明由于采用了偏振 CARS 技术,我们的 CARS 全息装置只对选定振动频率的样品分子成像,有很高的化学选择性。

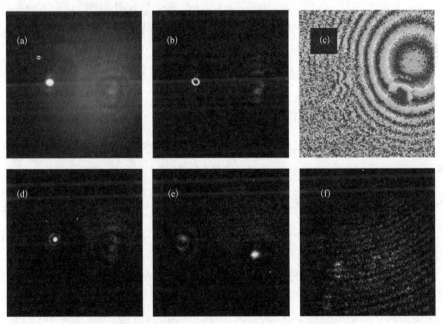

图 6.14　(a)两个聚苯乙烯微球悬浮在水中的全息图像。(b)和(c)是从(a)中恢复出 CARS 光场的振幅和相位,由光场重构的在不同深度的 CARS 图像。(d) $z = 15$ μm;(e) $z = -75$ μm;(f)是调谐斯托克斯光波长,使之远离共振时恢复出的图像

6.4.2　偏振相干反斯托克斯拉曼散射全息装置的成像分辨率

我们的装置并没有突破衍射极限,成像的分辨率和使用的收集透镜的数值孔径有关。我们的信号光的波长在 961 nm,收集透镜的数值孔径为 0.42,所以横向和径向的分辨率分别为

$$d(x, y) = 0.61\lambda/\text{NA} = 1.40\ (\mu\text{m}) \tag{6.23}$$

$$d(z) = 2\lambda/\text{NA}^2 = 10.90\ (\mu\text{m}) \tag{6.24}$$

6.4.3　偏振相干反斯托克斯拉曼散射全息装置的成像时间

偏振相干反斯托克斯拉曼散射全息装置的成像时间分为两个部分:一个是样品的曝光时间;一个是数据处理时间。

样品曝光的条件是 100 ms,曝光 20 次,虽然在每次曝光后都有一个延时,但总共的曝光时间不会超过 3 s。

数据处理时间:利用一台标准的电脑(i5, 2G),从全息图像中恢复出 CARS 光场的时间为 0.782 167 s,重构样品一个截面的图像的时间是 0.089 286 s。因为装置的纵向分辨率为 10.90 μm,所以我们每隔 5 μm 计算一个截面来恢复样品的三维图像。对于一个 70 μm×70 μm×100 μm 的区域,整个数据处理时间约为 2.66 s。

由于我们采用的是数字全息技术,在采集多个样品的图像时,采样和数据处理可以同时进行,总的成像时间小于 3 s。

对于点扫描 CARS 装置,根据采样定理,如果要得到同样的分辨率必须采集

$$\left(\frac{70}{0.7}\right)\left(\frac{70}{0.7}\right)\left(\frac{100}{5}\right) = 200\,000\ \text{个点}$$

因为激光器的重复频率为 1 000 Hz,所以至少需要 200 s 的时间。所以我们的偏振 CARS 全息技术的成像时间要比点扫描 CARS 的成像时间短很多。

6.4.4　偏振相干反斯托克斯拉曼散射全息装置的信噪比

采用偏振技术的好处是抑制了非共振背景,提高了图像的信噪比。在本小节中我们通过计算来比较偏振 CARS 全息技术和常规 CARS 全息技术的信噪比。

偏振 CARS 全息技术是通过加入检偏器来抑制非共振背景的,这个比例可以通过实验来确定。我们选择不共振的盖玻片作为样品,首先不加入检偏器,CCD 在积分时间为 50 ms、积分次数为 200 次的情况下,得到的计数为 7 628 543。然后加入检偏器,在同样的条件下,得到的计数为 10 732。所以非共振信号通过检偏器的能量比例为 10 732/7 628 543 ≈ 0.14%。

同样地,共振信号也会被检偏器挡住一部分的能量。由于聚苯乙烯微球产生

的共振信号通常和环境中水、玻璃产生的非共振信号混在一起。在实验上,我们很难得到共振信号通过检偏器的能量比例,但是我们可以通过计算来得到这个比例。

如图 6.15,各束光的偏振情况和前一节中的配置一样。样品产生的三阶非线性极化的共振部分在 x、y 上的投影强度分别为

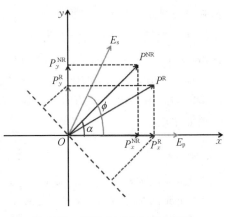

图 6.15　偏振 CARS 的基本原理

$$P_x^R = 3\chi_{1111}^R E_p^2 E_s^* \cos\phi \qquad (6.25)$$

$$P_y^R = 3\chi_{2112}^R E_p^2 E_s^* \sin\phi \qquad (6.26)$$

则样品共振的三阶非线性极化强度 P^R 为

$$P^R = \sqrt{(P_x^R)^2 + (P_y^R)^2} \qquad (6.27)$$

样品共振的三阶非线性极化强度在检偏方向的投影为

$$P_\perp = P_x^R \cos(90° - \alpha) - P_y^R \cos\alpha = 3\chi_{1111}^R E_p^2 E_s^* (\cos\phi\sin\alpha - \rho_R\sin\phi\cos\alpha)$$
$$(6.28)$$

其中 $\rho_R = \chi_{2112}^R / \chi_{1111}^R$,是样品的共振部分的偏振退化率,它和自发拉曼的偏振退化率相等。

在我们的实验条件下,$\phi = 71.6°$,$\alpha = 45°$,共振信号通过检偏器的能量比例为

$$T = \left(\frac{P_\perp}{P^R}\right)^2 = \frac{1}{2}\frac{(1 - 3\rho_R)^2}{1 + 9\rho_R^2} \qquad (6.29)$$

根据文献[31],在 1 001 cm^{-1} 下,聚苯乙烯微球的自发拉曼偏振退化率约为 0.055,所以可以得到共振信号通过检偏器的能量比例为 34%。偏振 CARS 全息比常规的 CARS 全息的信噪比提高了 34%/0.14% ≈ 243 倍。

6.5　本章小结

本章介绍了 CARS 全息的基本原理和其图像恢复的基本原理。搭建了基于皮秒系统的宽场 CARS 全息成像装置,得到了聚苯乙烯微球和二氧化硅微球共混溶液的全息图像,发现和传统的 CARS 成像技术一样,在 CARS 全息中依然存在非共振背景的干扰。为了抑制非共振背景,我们引入了偏振 CARS 技术,随后介绍了偏振 CARS 的基本原理,讨论了偏振 CARS 中光场解偏的问题,推导了聚焦透镜的数

值孔径对偏振 CARS 信噪比影响的公式,并选择焦距为 200 mm 的透镜作为聚焦透镜搭建了偏振 CARS 全息装置,获得了无非共振背景干扰的样品图像。计算表明偏振 CARS 全息的信噪比比常规的 CARS 全息提高了 243 倍。随后利用该装置在 3 s 内对 70 μm×70 μm×100 μm 的区域进行了快速成像,并证明了该装置的特异性成像能力。由于该技术的信噪比高,可以大范围三维快速成像,有望成为生物成像的重要手段。

参 考 文 献

[1] Gabor D. A New microscopic principle [J]. Nature, 1948, 161(4098): 777 - 778.

[2] Gabor D. Microscopy by reconstructed wave-fronts [J]. Proceedings of the Royal Society of London Series A: Mathematical and Physical Sciences, 1949, 197(1051): 454 - 487.

[3] Gabor D, Goss W. Interference microscope with total wavefront reconstruction [J]. JOSA, 1966, 56(7): 849 - 859.

[4] Rogers G L. Experiments in diffraction microscopy [J]. Proceedings of the Royal Society of Edinburgh Section A: Mathematical and Physical Sciences, 1952, 63(3): 193 - 221.

[5] Haine M, Mulvey T. Diffraction microscopy with X-rays [J]. Nature, 1952, 170: 202 - 203.

[6] Leith E N, Upatnieks J. Reconstructed wavefronts and communication theory [J]. JOSA, 1962, 52(10): 1123 - 1128.

[7] Leith E N, Upatnieks J. Wavefront reconstruction with continuous-tone objects [J]. JOSA, 1963, 53(12): 1377 - 1381.

[8] Leith E N, Upatnieks J. Wavefront reconstruction with diffused illumination and three-dimensional objects [J]. JOSA, 1964, 54(11): 1295 - 1301.

[9] Denisyuk Y N. On the reflection of optical properties of an object in a wave field of light scattered by it [J]. Doklady Akademii Nauk SSSR, 1962, 144(6): 1275 - 1278.

[10] Curtis J E, Koss B A, Grier D G. Dynamic holographic optical tweezers [J]. Optics Communications, 2002, 207(1): 169 - 175.

[11] Xu W, Jericho M H, Kreuzer H J, et al. Tracking particles in four dimensions with in-line holographic microscopy [J]. Optics Letters, 2003, 28(3): 164 - 166.

[12] 徐大雄.激光全息三维图像信息处理和传输[J].电信工程技术与标准化,2004,(1): 7 - 8.

[13] Blanche P A, Bablumian A, Voorakaranam R, et al. Holographic three-dimensional telepresence using large-area photorefractive polymer [J]. Nature, 2010, 468: 80 - 83.

[14] Phillips N, Porter D. An advance in the processing of holograms [J]. Journal of Physics E: Scientific Instruments, 1976, 9(8): 631 - 634.

[15] Fisher R A. Optical phase conjugation [M]. Pittsburgh: Academic Press, 2012.

[16] Goodman J W, Lawrence R. Digital image formation from electronically detected holograms [J]. Applied Physics Letters, 1967, 11(3): 77 - 79.

[17] Huang T S. Digital holography [J]. Proceedings of the IEEE, 1971, 59(9): 1335 - 1346.

[18] Kronrod M, Merzlyakov N, Yaroslavskii L. Reconstruction of a hologram with a computer [J]. Soviet Physics Technical Physics, 1972, 17: 333 - 334.

[19] Schnars U, Jüptner W. Direct recording of holograms by a CCD target and numerical reconstruction [J]. Applied Optics, 1994, 33(2): 179 - 181.

[20] Schnars U, Jüptner W P. Digital recording and reconstruction of holograms in hologram interferometry and shearography [J]. Applied Optics, 1994, 33(20): 4373 - 4377.

[21] Schnars U, Kreis T M, Ju W P. Digital recording and numerical reconstruction of holograms: Reduction of the spatial frequency spectrum [J]. Optical Engineering, 1996, 35(4): 977 - 982.

[22] Pu Y, Centurion M, Psaltis D. Harmonic holography: A new holographic principle [J]. Applied Optics, 2008, 47(4): 103 - 110.

[23] Hsieh C L, Grange R, Pu Y, et al. Three-dimensional harmonic holographic microcopy using nanoparticles as probes for cell imaging [J]. Optics Express, 2009, 17(4): 2880 - 2891.

[24] Schilling B W, Poon T C, Indebetouw G, et al. Three-dimensional holographic fluorescence microscopy [J]. Optics Letters, 1997, 22(19): 1506 - 1508.

[25] Rosen J, Brooker G. Non-scanning motionless fluorescence three-dimensional holographic microscopy [J]. Nature Photonics, 2008, 2(3): 190 - 195.

[26] Shi K B Li H F, Xu Q, et al. Coherent anti-Stokes Raman holography for chemically selective single-shot nonscanning 3D imaging [J]. Physical Review Letters, 2010, 104(9): 093902.

[27] Edwards P, Shi K, Hu J, et al. Coherent anti-Stokes Raman scattering (CARS) holographic biological imaging [C]. CLEO: Science and Innovations. Optical Society of America.

[28] Edwards P S, Mehta N, Shi K, et al. Coherent anti-Stokes Raman scattering holography: Theory and experiment [J]. Journal of Nonlinear Optical Physics & Materials, 2012, 21(2): 1250028.

[29] Xu Q, Shi K, Li H, et al. Inline holographic coherent anti-Stokes Raman microscopy [J]. Optics Express, 2010, 18(8): 8213 - 8219.

[30] Akhmanov S A, Bunkin A F, Ivanov S G, et al. Coherent ellipsometry of Raman-scattering of light [J]. Jetp Letters, 1977, 25(9): 416 - 420.

[31] Oudar J L, Smith R W, Shen Y R. Polarization-sensitive coherent anti-Stokes Raman-spectroscopy [J]. Applied Physics Letters, 1979, 34(11): 758 - 760.

[32] Roy S, Meyer T R, Gord J R. Time-resolved dynamics of resonant and nonresonant broadband picosecond coherent anti-Stokes Raman scattering signals [J]. Applied Physics Letters, 2005, 87(26): 2159576.

[33] Lu Y G, Li Z J, Wu L Z, et al. Application of time-resolved coherent anti-Stokes Raman scattering technique on the study of photocatalytic hydrogen production kinetics [J]. Acta Physico-Chimica Sinica, 2013, 29(8): 1632.

[34] Marowsky G, Lupke G. Cars-background suppression by phase-controlled nonlinear interferometry [J]. Applied Physics B: Photophysics and Laser Chemistry, 1990, 51(1): 49 - 51.

[35] Lupke G, Marowsky G, Steinhoff R. Phase-controlled nonlinear interferometry [J]. Applied Physics B: Photophysics and Laser Chemistry, 1989, 49(3): 283 - 289.

第 7 章

飞秒近场光学显微技术

(陈建军　李智)

纳米光子学主要研究微纳米尺度下的光学现象,涉及的样品结构尺度以及样品中光场分布的尺度经常在半波长以下。由于受到光场衍射极限的限制,普通的远场光学方法无法分辨半波长以下的光场细节信息,因此如何有效获得空间高分辨的光学信息,从而对纳米光子学器件进行直接、有效的表征就成为一个问题。扫描近场光学显微技术解决了这一难题,利用纳米尺度的光学探针扫描距离样品表面几个纳米的近场区,近场光学显微镜可以获得几十纳米以下的超高空间光学分辨,为纳米光子学的研究提供了重要的实验表征手段。

扫描近场光学显微镜(scanning near-field optical microscope, SNOM 或 NSOM)是 20 世纪八九十年代发展起来的具有高空间分辨的光学显微镜,属于扫描探针显微镜(SPM)家族中的一员。与电子显微镜和其他 SPM(如扫描隧道显微镜 STM、原子力显微镜 AFM)等空间高分辨技术相比,SNOM 还拥有光学探测的很多独特优点。比如它不要求真空环境,可以在大气甚至液体环境下工作;并且由于通常使用可见/近红外光作为探测信号,探测时对样品基本没有损伤;尤其重要的是,光谱探测还可以给出样品的化学组成和结构信息,这对于深入了解样品的性质具有非常重要的意义。由于以上特点,近场光学显微技术在低维纳米材料、微纳光子学器件、表面等离激元、薄膜、生物大分子体系等许多领域得到了广泛的应用。

本章将集中对近场光学显微技术的基础知识和一些重要应用进行介绍。第一节是相关的基础,我们首先介绍近场光学显微技术的基本原理,然后给出常用近场光学显微镜的种类和工作方式,最后介绍近场显微镜工作中涉及的两方面具体关键技术——近场光学探针制备和探针-样品间距控制。第二节是近场光学显微技术的一些典型应用,分别介绍近场光学成像、近场光谱技术和一些近场主动应用。第三节我们将重点介绍近场光学显微技术中一个重要的前沿领域——超高时间分辨飞秒近场光学。最后在第四节对近场光学显微技术给出一个简短的总结和展望。

7.1　近场光学显微技术基础

7.1.1　近场光学显微技术原理

传统光学显微镜的分辨率受到其物镜的衍射极限限制[1-4]。由于物镜的圆孔衍射,物平面上一点所发出的光波在像平面上呈现为一个夫琅禾费衍射图,如图 7.1(a)、(b)所示,其中零级衍射斑集中了近 84%的能量,称为艾里斑,其半角宽度为 $1.22\lambda/D$ (D 为物镜的直径)。根据瑞利判据,光学系统能够分辨的物平面上相邻两点为:当这两点在像平面上产生的光强相同的两个艾里斑,其中一个艾里斑的极大值刚好落在另一个艾里斑的边缘(即衍射光斑的一级暗纹)时,则认为刚好能够分辨,此时总光强分布曲线中央凹陷处的光强约为最大光强的 74.5%。瑞利判据给出的可分辨艾里斑间距刚好等

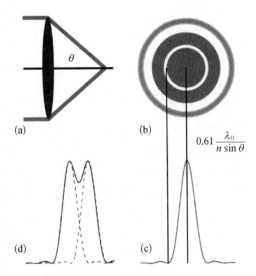

图 7.1　(a) 远场物镜聚焦;(b)(c) 焦点光强分布;(d) 瑞利判据对应的光强分布[4]

于艾里斑的半宽度[图 7.1(c)、(d)],由此可以得出传统光学显微镜的分辨率为 $0.61\lambda_0/(n\sin\theta)$ [3],其中 λ_0 是入射光的真空波长,n 是物方折射率,θ 是物镜在物方的半孔径角,$n\sin\theta$ 也称为物镜的数值孔径(NA)。根据分辨率公式不难看出,要想提高显微镜的分辨本领,可以使用波长更短的光源或者提高物镜的数值孔径。使用短波长光源的努力体现在紫外及 X 射线光源在超大规模集成电路的制版与光刻工艺的应用上,此外电子显微镜用波长更短的电子束(例如能量 100 keV 的电子的德布罗意波长为 0.0037 nm)也实现了纳米分辨率,然而上述方法在提高分辨率的同时也失去了在光频段进行可见光探测的优点。另外,通过提高折射率来提高物镜的数值孔径也是一种选择,但效果很有限,目前数值孔径最高的油浸式物镜一般仍小于 1.5,因此,传统光学显微镜的分辨率最多只能达到工作波长的一半左右。

能否在可见光波段实现突破衍射极限的超分辨成像呢?早在 1928 年 Synge 就提出了这方面的设想[5]:将一个开有纳米尺度小孔的不透明平板放置在被观察物体上方,使平板和物体的间距也保持在几个纳米,光源透过小孔照明被观察物体透射或被测物体反射的光通过传统显微镜收集,如图 7.2 所示。由于光通

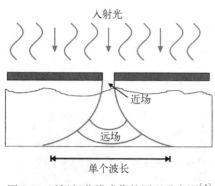

入射光

近场

远场

单个波长

图 7.2　近场超分辨成像的原理示意图[4]

过小孔后在远小于波长的几个纳米距离内发散不大,照射到物体上的光场大小近似等于小孔直径,因此远场显微镜收集到的光信号只来自小孔下方被照射的微区之内,这样就可以对小于半波长的物体细节加以分辨。其分辨能力取决于小孔直径和小孔到被观察物体的距离,一般在距离很小时可以近似认为分辨率就等于小孔直径,而与入射光波长关系不大。再让小孔相对被观察物体表面进行逐点扫描,就可以获得整个样品的超分辨光学图像。

虽然上述近场光学探测的思想产生很早,但是从实验技术上讲,要将这样的一个纳米小孔与样品的距离稳定控制在几个纳米是相当困难的。直到 1972 年,Ash 等才在波长 3 cm 的微波波段实现了 $\lambda/60$ 分辨率的超衍射极限成像[6],在该波段下对于小孔孔径和距离的控制只要达到毫米量级即可。而在可见光波段,则是在 20 世纪 80 年代初扫描隧道显微镜[7]和原子力显微镜[8]技术发展起来,探针和样品的间距可以稳定可靠地控制在纳米尺度上以后才得以实现。1984 年,Pohl 等[9] 和 Lewis 等[10]各自独立实现了扫描近场光学显微镜,首次成功在可见光波段实现了超衍射极限的光学成像。到 1991 年,贝尔实验室的 Betzig 等采用光纤制备探针并在侧面蒸镀金属膜,获得了高通光率的纳米通光孔[11],极大地提高了 SNOM 的信噪比;并采用剪切力(shear-force)测控探针-样品间距[12],方便地实现了探针-样品间距的纳米级控制,从此 SNOM 真正走向了实用化,并开始在各个研究领域中真正得到广泛应用。此后,一些公司也相继推出了商用近场光学显微镜,如美国 TopoMetrix 公司的 Aurora、以色列的 Nanonics、日本的 Jasco、俄罗斯的 NT－MDT 等。目前,国际上利用近场光学显微镜开展研究工作的研究组非常多。在国内,北京大学的朱星组较早开始近场光学方面的研究工作,并成功建设了国内第一台低温近场光学显微镜;北京大学的龚旗煌组则建设了具有超高时间分辨的飞秒近场光学系统;此外,中科院物理所、中国科技大学、清华大学、大连理工大学都是较早在近场光学显微方面开展研究工作的单位。近年来,更多的单位通过购买商用近场显微镜也加入这一领域的研究之中。

为进一步深入理解近场概念和近场超分辨原理,下面我们引入傅里叶光学理论中的角谱分析方法[13,14]。一般而言,显微镜的目的是将被观察物体中非均匀的光场分布加以放大和重构。光学显微过程中,外部照射光与样品相互作用后,通过样品散射、衍射、折射和透射的光,或者被样品吸收再重新发射的光(如荧光)被镜头收集、聚焦而成像。这种电磁波与样品的相互作用不能用简单的几何光学进行较好地解释。一个常用的方法是用物体表面分布的衍射波以及这些波的传播过程来描述,这就是光场的角分布谱及其传播过程。假设在 $z = 0$ 的平面上有一个复杂的光场分布为 $U(x, y, 0)$,由于光场的衍射和传播,在距离为 z 的平面上将存在一个新的光场分布 $U(x, y, z)$。根据惠更斯-菲涅耳原理,$U(x, y, z)$ 可以完全由 $U(x, y, 0)$ 确定。那么两者间是什么关系呢? 通过傅里叶变换的平面波展开法我们知道,$z = 0$ 平面上的场分布 $U(x, y, 0)$ 可以写成其角分布谱 $A_0(k_x, k_y)$ 的傅里叶逆变换,即

$$U(x, y, 0) = \frac{1}{2\pi} \iint_{-\infty}^{+\infty} A_0(k_x, k_y) \exp[\mathrm{i}(k_x x + k_y y)] \mathrm{d}k_x \mathrm{d}k_y \qquad (7.1)$$

这里 $U(x, y, 0)$ 被分解为一组沿不同方向传播的平面波,其中 k_x、k_y 分别是空间波矢 $\boldsymbol{k}$ 在 x、y 方向的分量,决定了平面波的传播方向,$A_0(k_x, k_y)$ 代表沿该方向传播的平面波的振幅,为 $U(x, y, 0)$ 的傅里叶变换,即

$$A_0(k_x, k_y) = \frac{1}{2\pi} \iint_{-\infty}^{+\infty} U(x, y, 0) \exp[-\mathrm{i}(k_x x + k_y y)] \mathrm{d}x \mathrm{d}y \qquad (7.2)$$

k_x、k_y 分别等于 x、y 方向空间频率 f_x、f_y 的 2π 倍,其量纲为长度的倒数。可以直观地看出,傅里叶空间中的高空间频率对应于实空间(样品空间)中小的间距,即样品细节结构的信息。

　　类似地,在距离源为 z 处的光场分布,即经过一段距离的衍射和传播后的光场分布 $U(x, y, z)$ 可以表示为

$$U(x, y, z) = \frac{1}{2\pi} \iint_{-\infty}^{+\infty} A(k_x, k_y, z) \exp[\mathrm{i}(k_x x + k_y y)] \mathrm{d}k_x \mathrm{d}k_y \qquad (7.3)$$

而振幅 $A_0(k_x, k_y)$ 和 $A(k_x, k_y, z)$ 的关系就可以描述角分布谱的传播过程。由于光场 $U(x, y, z)$ 必须满足赫姆霍兹波动方程

$$\nabla^2 U + k^2 U = 0 \qquad (7.4)$$

可以求得

$$A(k_x, k_y, z) = A_0(k_x, k_y) \exp\left(-\mathrm{i}z\sqrt{\boldsymbol{k}^2 - k_x^2 - k_y^2}\right) \qquad (7.5)$$

其中,$\boldsymbol{k} = (k_x, k_y, k_z)$ 为空间波矢。上式表明 $U(x, y, z)$ 的角谱 $A(k_x, k_y, z)$ 可以由 $U(x, y, 0)$ 的角谱 $A_0(k_x, k_y)$ 直接得出,两者在数学上只相差一个简单的指数因子,但这里在物理上则存在两种完全不同的情况。当 $k_x^2 + k_y^2 < k^2$ 时,指数因子的宗量为纯虚数,该指数代表一个传播相移因子,此时的光场在从一个平面传播到另一个平面的过程中可以简单地看作是发生了一个相移,而强度并不发生变化,此时的场为传播场(propagating field),可以传播到远处。也就是说,在 $z = 0$ 处的光场

中,低空间频率($<k$)的部分属于传播场,即角分布谱中的远场分量。而当 $k_x^2 + k_y^2 > k^2$ 时,情况却截然不同,此时指数因子的总量部分是一个实数,角谱的传播方程可改写为

$$A(k_x, k_y, z) = A_0(k_x, k_y)\exp(-\mu z) \tag{7.6}$$

其中,$\mu = \sqrt{k_x^2 + k_y^2 - k^2}$,是一个实数。在这种情况下,光场的振幅随 z 方向的传播距离增加而以指数的形式迅速衰减。由于这类光场具有随着离物体距离增加而幅度迅速衰减的特点,因此被称为隐失场(evanescent field)或隐失波。隐失场仅仅存在于物体表面,而不能向远处传播,也叫非辐射场。这类光场具有较高的空间频率($>k$),因而对应于物体中小尺度的细节结构信息。由此我们知道物体中细微结构的信息是不能传播到远场去的,而是被限制在接近物体表面的区域,这一区域被称为近场区。作为衡量这一区域尺度的量,衰减长度 $d = 1/\mu$,可以看出高阶的衍射波具有较短的 d,d 的数值一般在半波长以下。与近场区相对应,一般称近场区以外的区域为远场区。实际的衍射过程中,可以传播到远场区的传播场和只存在于近场区的隐失场一般总是共存的,它们所占的比例则取决于被观察物体所包含的结构细节:当物体主要包含结构小于波长的高空间频率成分时,隐失波占主导地位。

接下来用角谱方法具体分析显微镜的成像过程。对于传统的远场光学显微镜,其镜头工作在距离被观察物体远大于波长的远场区,并且它们的孔径总是有限的,因此仅有满足条件 $k_x^2 + k_y^2 < k^2\sin^2\theta$ 的传播波才能够被半张角为 θ 的物镜所接收。也就是说,物镜所收集到的关于 $U(x, y, 0)$ 的信息中只包含空间频率 k_x,$k_y < k\sin\theta$ 的部分,相应的横向分辨率大于 λ_0/NA,这个分辨率实际上对应的就是 Abbe 提出的衍射极限。而要突破衍射极限,就必须要探测空间波矢大于 k 的非辐射的隐失场,也就是必须要进行近场探测。近场光学显微镜通过纳米尺度的光学探针工作在距离样品表面远小于波长的近场区,可以实现对包含高空间频率信息的隐失场的探测。它能够收集到的频率成分主要取决于近场探针孔径和探针到样品的距离:探针孔径越大,可以收集到的空间频率越小,分辨率越差;探针到样品的距离越大,高空间频率部分的隐失场强度衰减的越多,分辨率也越差。通常近场光学显微镜工作在距离样品表面十个纳米以下,而探针的孔径在几十纳米,这样最终的分辨率近似等于探针孔径。

7.1.2 近场光学显微镜的种类和工作模式

近场光学显微镜的具体实现方式多种多样,一般可以分成有孔近场(aperture-type SNOM,a-SNOM)和无孔近场(apertureless SNOM 或 scattering-type SNOM,s-SNOM)两大类。a-SNOM 是最早发展起来,同时也是相对较为成熟的。其基本思想很接近 1928 年 E. Synge 最初提出的设想,它所用的探针一般在尖端开有一个直

径远小于波长的纳米通光孔,因此被称为有孔探针。a-SNOM 实验中入射激发光或被探测光两者中至少有一个是通过这个纳米通光孔及后面的光纤来传输,如图 7.3(a)所示。a-SNOM 具体还有很多不同的工作模式,一般按探针的作用可分为照明模式(illumination mode, I-mode)、收集模式(collection mode, C-mode)和照明-收集模式(I-C mode)[15]。

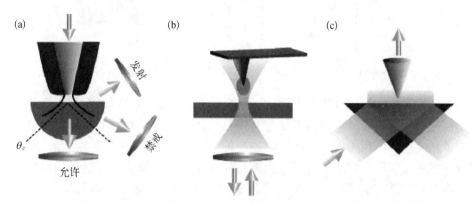

(a)　(b)　(c)

反射

禁戒

θ_c

允许

图 7.3　(a) 有孔近场显微镜;(b) 无孔近场显微镜;(c) 光子扫描隧道显微镜[16]

在照明模式下[图 7.4(a)],入射激发光从另一端耦合进光纤,经传输后从光纤探针尖端的纳米通光孔出射照明样品,然后在远场用物镜来收集反射、透射或荧光等信号。这里,有孔近场探针的作用是产生一个高度空间局域的纳米光源,利用这个纳米光源可以实现对样品的高分辨光学成像。从角谱分析的角度考虑,相当于这个高度空间局域的光源所发出的光含有大量高空间波矢的隐失场成分,上述隐失场与样品中的高空间频率结构相互作用后,其中的一部分能够被有效转化为低空间波矢的传播场(如通过衍射),并被远场透镜收集探测,从而携带样品的高空间频率结构信息。由于照明模式下只有探针通光孔下的样品小区域被入射光激发,因此该模式下杂散光很少,信噪比高,便于实现高分辨率、高信噪比的光学成像。对于大多数的有孔近场实验,在可能的情况下一般都采用照明模式。比如对于单分子荧光探测,照明模式的小激发体积使得实验中可以在较低的激发光强下给出相对高的激发功率密度,保证单分子荧光信号的强度;同时由于激发体积小、分辨率高、暗噪声极小;另外还可以避免将不在照明区域内的其他荧光分子漂白,这些优点使得 SNOM 在单分子探测方面有着非常重要的地位[17,18]。但是对于整块的发光材料,如半导体材料,情况却有所不同。虽然照明模式本身激发的体积小,但是激发出来的载流子在材料内部占据的体积却要大一些,因为这些载流子在复合发光之前往往会扩散一定的距离;同时由于半导体材料往往会形成各种各样的波导,因此照明模式下对于远场收集到的光强的解释就变得较为困难。

与照明模式正好相反,收集模式下[图 7.4(b)]入射激发光从远场聚焦照明样品或者通过一定的方式耦合到样品中,给出样品的光场分布。实验中通过近场探

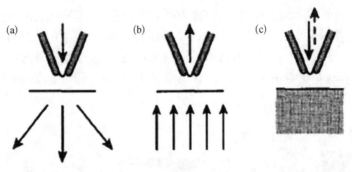

图 7.4   a-SNOM 的照明模式(a)、收集模式(b)和照明-收集模式(c)的示意图[19]

针的纳米通光孔在近场直接收集样品表面的近场光信号,再通过光纤导入探测器,从而获得样品表面高分辨率的光场分布信息。从角谱分析的角度考虑,收集模式下纳米通光孔的作用类似一个高空间频率的光栅,样品表面高空间波矢的隐失场成分与之相互作用后将通过衍射作用被有效转化为低空间波矢的传播场,这个传播场将沿着光纤传输并最终达到探测器,由此实现对隐失场的有效探测。收集模式在半导体器件发光研究中是一种常用的工作模式,尤其是电致发光,其分辨率主要由探针通光孔径决定,对成像衬度的解释也比较简单,一般情况可以认为直接对应样品表面的光场分布。收集模式存在的问题主要包括:第一,近场探针可能会对样品本征光场分布产生影响,特别是通常使用的镀金属膜近场探针,不仅对被探测光场有着非常强的散射作用,而且会引起荧光的淬灭(quench),探测金属纳米结构样品时还经常会发生非常强的耦合相互作用。第二,远场激发的面积大,杂散光多,噪声大,加上对被测光场的收集效率低,因此一般信噪比较差。另外大面积激发样品对于荧光分子来讲很容易导致样品的损坏。

有一类特殊的近场光学显微镜,称为光子扫描隧道显微镜(photon scanning tunneling microscope, PSTM 或 STOM)[20,21],如图 7.3(c)所示。它一般利用棱镜内部的全内反射(total internal reflection, TIR)产生的隐失场照明样品,然后用探针在近场区收集信号。由于全内反射产生的隐失场随探针-样品间距的增加而呈指数衰减,因此这种近场显微镜的概念类似于 STM,只是探测的物理量由隧道电流变为隐失场光强,因此被称为 PSTM。PSTM 成像的衬度可以解释为隐失场的强度分布,在各种波导、微腔和表面等离激元等隐失场探测方面都有着应用。PSTM 通常采用不镀膜的裸光纤探针,优点是纯介质探针对于被探测光场的干扰小,并且信号收集效率高;缺点是不仅针尖收集信号,从纯介质探针的侧面也会有信号进入,信号成分相对复杂,因此比较适合于纯隐失场的探测(即其他散射光很弱),分辨率一般在 100 nm 左右。从某种程度上,PSTM 可以认为是收集模式的一种特殊形式,和一般收集模式的工作方式类似,都是采用远场光激发样品,近场探针收集信号光。只是由于这里的被探测场基本是纯隐失场,其强度随离样品表面距离的增加而迅速下降,因此可以近似认为只有裸光纤探针最尖端的部分与隐失场发生有效的相互作用,此时纯介质的光纤尖端的作用与通常有孔探针的纳米通光孔作用相似,都是通过衍射或散射将隐失场转化为光纤中的传播模式,从而传播到探测器,达到被探测的目的。

有孔近场显微镜中还有一种常见的模式是照明-收集模式,如图 7.4(c)所示,入射光通过探针尖端的小孔照明样品,然后再通过同一个小孔收集样品表面的信号光,而入射激发光和样品发出的光信号可以在外光路通过分光镜分开,也可以直接用光纤耦合器分开。这种模式的激发区域小,拥有高的空间分辨率,能够真正做到在针尖附近的原位观察。但由于光纤探针的通光率较低(一般为 $10^{-3} \sim 10^{-6}$),两次经过探针后信号强度很低,加上在外光路分光时还要再损失一部分光强,因此该模式最大的缺点就是信号强度较弱。为了解决这一问题,一般照明-收集模式下都采用高通光的裸光纤探针,也可以通过大锥角探针或双锥角探针优化探针透过率。照明-收集模式最大的优点是省去了在样品附近的显微物镜等用于提供激发光或收集信号光的远场光学附属设备,因此特别适合于低温、超高真空等空间十分有限、不便安装这些设备的极端环境下的实验[22]。另外,该模式也很适合不透明样品的测量。

与传统的 a-SNOM 相对应的另一类近场光学显微技术是 s-SNOM,这类技术可以获得更高的空间光学分辨,因此近年来得到了很大的发展[23]。传统 a-SNOM 的分辨率受到探针通光孔径的限制,由于光场在金属中总会有一定的扩展,因此 a-SNOM 的分辨率最多只能达到用于镀膜的金属材料中光场趋肤深度的两倍左右。在可见光波段,即使是良导体金属的趋肤深度也在 $6 \sim 10$ nm,这意味着,即使近场探针的通光孔大小接近零,考虑到光场在金属镀膜中的扩展,实际的有效光斑大小在 $10 \sim 20$ nm 左右,这也是有孔近场显微技术可以达到的分辨极限[1]。另外,由于受到波导模式截止的限制(当镀膜光纤探针的直径小到一定尺寸后,探针中传播的波导模式截止,只有隐失模式存在),有孔近场探针的透过率随波长增加或探针孔径减小而迅速下降,为了保证一定的透过率以确保信号能够得到有效探测,实际应用中的有孔探针孔径不能太小,通常分辨率只能达到 $\lambda/10$,例如可见光波段有孔近场探针的孔径一般在 $50 \sim 100$ nm。与 a-SNOM 不同,s-SNOM 实验中不需要纳米通光孔[图 7.3(b)],在远场激发光的照射下,s-SNOM 可以在其探针的纳米尖端附近形成一个高度空间局域的光场,利用这个局域光场可以与针尖下方的样品发生相互作用,然后从远场收集散射出来的光信号就可以获得局域光场与样品的相互作用信息,由此获得空间高分辨。这里入射激发光的照明和被探测光的收集都在远场进行,不需要经过纳米通光孔,因此被称为无孔近场或散射近场。s-SNOM 的空间分辨率取决于探针尖端产生的局域场的尺度,近似等于探针顶点的尖端直径,而和入射光波长无关,因此在分辨率方面更有优势,通常在可见光波段可以达到 $10 \sim 20$ nm,最高甚至可以达到 1 nm[24,25]。

s-SNOM 实验中最简单也是最常用的配置是探测背散射信号,此时只要一个透镜就可以同时完成入射光的激发和信号光的收集。s-SNOM 实验对入射激光偏振依赖明显,只在平行探针轴向的入射偏振下(z 方向偏振)有明显衬度[26]。这是因为无孔近场探针可以看成光学天线,而只有平行探针轴向的入射光才能有效激发天线共振。这一点也可以用麦克斯韦方程在边界上的连续性边条件理解。根据麦克斯韦方程,电位移矢量 $\boldsymbol{D}$ 法向连续,因此若采用垂直针尖表面的 z 偏振激发并选择具有高介电常数的探针,就可以在探针尖端附近的低折射率空气中获得高度局域的强电场,如图 7.5(a)所示;反之,若采用平行针尖表面的电场激发,则根据电场强度 E 在界面切向上的连续性,探针、样品和空气间隙中的电场强度相当,无法产生高度空间局域的光场,如图 7.5(b)所示。根据以上分析还可以推知,探针所用的材料介电常数越大,产生的光场局域性越好,因此 s-SNOM 探针一般采用高折射率介质材料,如硅、氮化硅;也可以选择具有大的负介电常数的金属材料,一般用金属效果更好,因为光学天线共振的效果更强。实际实验中,如果激光从侧面入射激发探针,只要采用线偏振的 p 偏光就可以使电场的主要分量沿探针轴向,即 z 方向;如果激光从样品下方采用正入射的激发方式,则此时需要采用径向偏振光,这样才能保证聚焦后焦点中心的主要电场分量沿 z 方向。

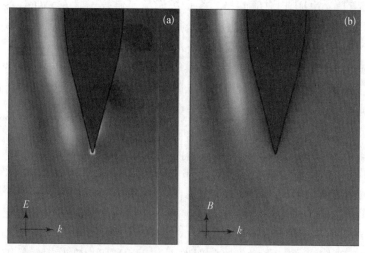

图 7.5　左侧入射激光照明下金纳米探针附近的光场分布[27]

(a)垂直偏振激发下针尖附近有高度局域的增强光场;(b)水平偏振激发下没有局域光场

由于 s-SNOM 实验中散射信号的强度较弱,一般采用干涉方法进行探测:借助一路强的参考光与弱散射信号光进行干涉,并探测干涉信号,这样可以同时获得信号光的振幅和相位信息。s-SNOM 实验中的绝对探测强度,也就是散射信号的强度主要取决于近场探针的形状和长度。而对于更为重要的信号的相对改变量,也就是近场图像的衬度,则主要取决于探针-样品的相互作用,通常可以用一个相对比较简单的模型来解释,这就是点-偶极子模型[28,29]。如图 7.6(a)所示,可以将入射光照射下的无孔近场探针简化为只考虑其纳米尖端的极化球,进一步还可以把探针简化为位于尖端极化球中心的一个偶极子;而样品在该偶极子作用下所产生的极化效应则用一个镜像偶极子近似表示,这样总的探针-样品相互作用可以用探针偶极子和样品镜像偶极子的相互作用近似给出,具体定量公式见文献[29]中的公式 1。该公式可以很好地定性描述无孔近场显微镜成像的主要机制,比如对于一定的探针和探针-样品间距,近场信号衬度主要由衬底介电常数的变化给出。该公式也可以给出近场信号随探针-样品间距的变化规律,图 7.6(b)给出了由此计算出的近场散射幅度和相位随探针-样品间距的变化曲线,可以看出,只有在间距小于等于探针尖端直径的小区域内,近场散射强度和相位才会出现明显的变化,而上述信号随探针-样品间距的非线性变化规律,也是近场相互作用出现的标志。

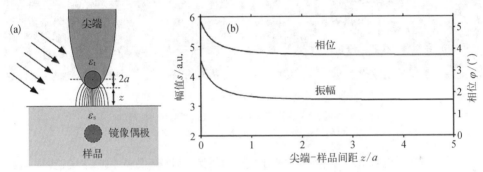

图 7.6 (a) 无孔 SNOM 实验中探针-样品相互作用的点-偶极子模型示意图[28];
(b) 由点-偶极子模型计算得到的近场散射幅度和相位随探针-
样品间距的变化曲线[23]

利用近场信号随探针-样品间距的非线性变化规律,可以有效消除 s-SNOM 探测信号中的背景散射信号[23]。无孔近场实验中,用来照射样品的聚焦激光光斑一般尺度较大,例如 10 μm。然而入射光中只有很少的一部分才能进入探针-样品的纳米间隙并产生真正的近场相互作用信号,实验中进入探测器的大部分信号都是来自大光斑打在探针和样品上所产生的背景散射信号,与探针-样品间的近场相互作用无关,因此有效的抑制背景散射信号是获得正确的近场光学图像的关键。由于近场探针可以在 z 方向以轻敲模式振动,探针-样品间距将以一定的频率 Ω 周期性变化,考虑到近场相互作用随探针-样品间距变化明显,因此近场信号也将以同样的频率 Ω 周期性变化。早期的方法用电子学方法(如锁相放大器)直接对探针振动频率 Ω 处的探测信号进行提取,以达到探测近场相互作用信号并抑制背景信号的目的。但是由于探针整体上在按频率 Ω 振动,探针产生的背景散射信号也会在一定程度上按频率 Ω 振动,因此在频率 Ω 处进行探测无法完全抑制背景信号,如图 7.7(b)所示。后来,人们提出探测探针振动频率的高次谐波,也就是 2Ω、3Ω

处的信号。由于背景散射信号随探针的振动变化较小,近似满足线性关系,因此在高次谐波下将得到有效抑制;而近场相互作用随探针振动的变化很大,并且随探针-样品间距变化呈非线性关系[图 7.6(b)],因此在高次谐波下仍会得到有效探测。利用这种差别,通过探测高次谐波可以有效抑制强背景散射,获得纯近场相互作用成分,如图 7.7(c)所示。近年来,随着技术的发展,s-SNOM 不断改善和升级,目前已有商业化的产品出现,广泛应用于金属、石墨烯等材料的近场探测。

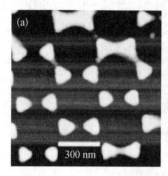 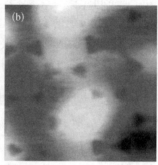 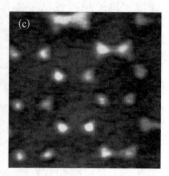

图 7.7 硅衬底上高度 20 nm 的金纳米岛的 s-SNOM 扫描图[30]

(a) 形貌图;(b) 在探针振动频率 Ω 处探测得到的振幅图;
(c) 在探针振动频率的高次谐波 3Ω 处探测得到的振幅图

总的来说,近场光学显微镜的工作模式和光路设计有很多不同方案,要根据具体的实验条件和要求灵活加以选择。但这些不同类型的近场光学显微镜都有一些共同的结构,一般包括: 近场光学探针、探针-样品间距 z 的反馈控制系统、驱动样品或探针在 $x-y$ 平面内运动的二维扫描系统以及信号采集和图像处理系统,此外还需要一定的光源和辅助的外光路。这其中 SNOM 的 $x-y$ 扫描系统以及图像处理系统与 STM、AFM 等其他扫描探针显微技术类似,都是采用计算机控制,通过压电陶瓷管可以实现高精度的扫描(控制精度优于 1 nm),而丰富的图形处理方法可以将数字图像做平滑、滤波、衬度、亮度处理和傅里叶变换等。光源和辅助的外光路则与常规远场光学类似,只是在信号探测过程中,由于 SNOM 的光学信号均来自纳米尺度的小区域,强度一般很低,因此需要使用高灵敏度的光电探测器,如光电倍增管(PMT)、雪崩二极管(APD)或电荷耦合器件(CCD)等,另外还经常需要利用调制-锁相放大等信号处理技术抑制噪声,以提高信噪比。而近场光学显微系统中最重要的两个部分——近场光学探针和探针-样品间距的反馈控制系统则与其他技术有着明显的区别,下面分别具体介绍。

7.1.3 近场光学探针

传统光学显微镜的核心部件是物镜,一般来说物镜的数值孔径和放大倍数等参数决定了显微镜的分辨率等基本性能。类似的,近场光学显微镜的核心部件是其光学探针,探针的孔径决定了近场光学显微镜的分辨率。近场光学显微镜有不同种类,相应的探针种类更多,这里我们按有孔探针和无孔探针这两大类分别介绍几种典型、常用的近场探针,其中重点介绍近场光纤探针。

对于有孔近场探针来说,最重要的两个参数是通光孔径和通光效率,通光孔径决定探针的空间分辨率,而通光效率则严重影响近场显微镜的信噪比。近场探针的通光孔径越小,通光效率也就越低,因此实际的有孔探针必须同时兼顾到这两个方面,在两者中取得一个平衡。一般来说,可见光波段典型的有孔探针孔径在 50 ~ 100 nm 左右。而对于相同孔径的探针,决定通光效率的主要因素是探针的锥角。镀金属膜后,锥形的近场针尖中存在一个截止半径,这个半径是在针尖内建立第一个导模所需的半径。而从针尖上最尖端的通光孔到探针粗细达到截止半径的这一段区间内,电磁波不存在导模,只能以隐失场形式存在,其强度随距离增加呈指数衰减,因此,这段距离越长,即针尖锥角越小,光强的损失就越大,探针的透过率也就越低[1,16]。

有孔近场探针的另一个重要参数是光学损伤阈值。为了提高近场光学信号的信噪比,有时需要增加入射光的光强。然而入射光强必须小于探针的光学损伤阈值,入射光强太大,其热效应会导致金属膜破裂,从而损坏探针[31]。光学损伤阈值与金属膜和探针表面附着的紧密程度有关,探针表面越光滑,金属膜在探针表面的附着力越强,探针的光学损伤阈值越大。实验表明,在探针与金属膜之间增加一层过渡层(如 Ti 或 Ni)可以提高探针的光学损伤阈值。例如,对于管道腐蚀法制备出的探针,不使用过渡层时光学损伤阈值为 122 μJ,使用多层 Ti/Al 复合金属膜结构可以将光学损伤阈值提高到 276 μJ[31]。

有孔近场探针中最常用的是光纤探针,由于光纤优良的导光性能可以大大降低传输损耗,加上光纤在使用上具有很高的灵活性,同时成本低廉,因此目前的商用近场光学显微镜大都采用这类探针。光纤探针的常用制备方法包括加热拉伸法和化学腐蚀法两大类。

加热拉伸法[12,32-35]通常可以利用商用的微管拉伸机,通过二氧化碳激光器对光纤进行加热,与此同时对光纤进行拉伸,使它断裂成垂直于光纤轴有一平坦端面的针尖。图 7.8 显为激光加热拉伸法制备的探针的电镜照片。利用这种方法制备出的光纤探针表面光滑,便于后期镀膜,对称性和可重复性好,简单易行,而且有成熟的仪器可以使用。另外加热拉伸法对光纤的种类没有要求,适用于各种类型的光纤。目前商业生产的光纤探针有相当一部分都是采用这种方法进行制备。加热拉伸法制备的探针的最大缺点是针尖很长,锥角小(0~20°),镀金属膜后通光率比较低,一般针尖孔径 100 nm 时约在 10^{-6} 的数量级上。虽然控制制备条件可以使锥角增大,但与此同时探针尖端的平台区也会变大,造成探针分辨率下降,因此这类探针很难同时实现高分辨和高通光。

图 7.8　激光加热拉伸法制备出的光纤探针的电镜照片[32]

（a）低倍放大；（b）高倍放大

化学腐蚀法[36-41]是另一类常用的光纤探针制备方法,主要是利用氢氟酸(HF)溶液对光纤的腐蚀作用产生锥形探针。常用的化学腐蚀法包括静态腐蚀(static etching)、动态腐蚀(dynamic etching)和管道腐蚀(tube etching)等。与加热拉伸法相比,化学腐蚀法制备的探针锥角较大,镀膜后获得的通光效率高,例如对于孔径 100 nm 的探针其通光效率可以提高到 $10^{-4} \sim 10^{-3}$。另外,使用化学腐蚀法效率较高,可以同时加工多个探针。化学腐蚀法的缺点是制备过程受环境影响较大,制备的探针表面相对粗糙、不光滑,镀膜后容易形成小孔并造成漏光,另外探针的形状对称性和可重复性也较差。

静态腐蚀法[36,37]是最早被用来制备光纤探针的化学方法,以 Turner 法为代表,其原理如图 7.9 所示。将裸光纤末端插入氢氟酸溶液中,在光纤与溶液交界面处,由于表面张力的作用,溶液将形成弯月面。随着氢氟酸与 SiO_2 发生反应,光纤受到腐蚀变细,表面张力减小,液面由于重力作用将向下移动,此时液面上方的光纤腐蚀过程停止,而下方继续腐蚀变细,随着液面不断下降,光纤最终形成锥形。Turner 法的优点是装置简单易行,反应速度快,所需时间较短,制备出的探针锥角大,通光效率高。与其他化学腐蚀方法相比,Turner 法对光纤的类型没有要求,但由于是利用交界处的凹液面腐蚀,过程易受环境的影响,制备出的探针表面相对粗糙,可重复性差。

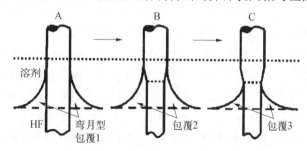

图 7.9　Turner 法制备光纤探针的原理示意图[38]

动态腐蚀法[39]是在 Turner 法的基础上改进而来的,通过主动控制光纤和液面的相对移动,形成腐蚀时间上的梯度分布,从而制备出锥形探针。在腐蚀过程中,光纤相对 HF 液面可以向上移动,这样得到的探针相对静态腐蚀时针尖更长、锥角更小[图 7.10(a)];也可以向下移动光纤,这样得到的探针相对针尖更短、锥角更大[图 7.10(b)]。由于动态腐蚀法可以方便地控制探针锥角的大小,因此利用向上或向下的多步动态腐蚀法还可以得到多级大锥角针尖[图 7.10(c)]。多级锥角探针针尖尺度可以很小,从而保证了高空间分辨;而多级锥角又可以显著提高通光效率,同时获得较高的光学信噪比。

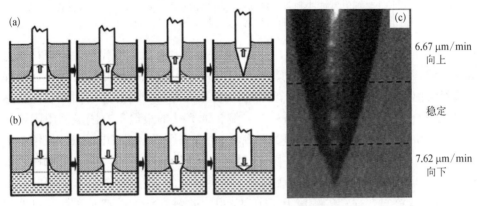

图 7.10 动态腐蚀法制备光纤探针的原理示意图
(a) 向上移动[39];(b) 向下移动[39];(c) 动态腐蚀法制备的多级锥角探针[38]

管道腐蚀法是 Stockle 等[40]和 Lambelet 等[41]分别独立提出的一种新方法。该方法类似于 Turner 法,不同的是腐蚀时保留光纤外面的塑料保护层,直接将带有塑料保护层的光纤插入 HF 溶液中。开始阶段,腐蚀以渗透作用为主,如图 7.11(a) 所示;随着光纤外围的 SiO_2 被腐蚀掉,其反应生成物在重力的作用下向下运动;而光纤与液面的交界处由于 HF 浓度较低且不断消耗,液面下的 HF 会向上运动补充,因此在塑料保护层里形成对流,这时腐蚀以对流作用为主,如图 7.11(b) 所示。管道腐蚀法由于保留了光纤的塑料保护层,因此腐蚀时受外界环境的影响较小,得到的探针表面光滑[图 7.11(d)],明显好于 Turner 法[图 7.11(c)],镀膜时成膜质量好,不易漏光,并且锥角也较大。缺点是管道腐蚀法对光纤种类有要求,并不适用于所有光纤。这主要是因为不同光纤的端面折射率分布不同,而折射率分布直接影响 HF 与 SiO_2 的反应速度,一般来说折射率越大,反应速度越快。

未镀膜的裸光纤探针由于光可以从侧面泄漏,光斑半径大,光学分辨能力差,通常只在特定情况下使用,如纯隐失场探测。要获得高的光学分辨能力,还必须在探针侧面镀上一层金属膜以避免侧面漏光。探针表面越光滑,成膜质量越好;反之,若探针表面起伏较大,镀膜后容易形成孔洞,造成漏光,影响近场光学信号的分

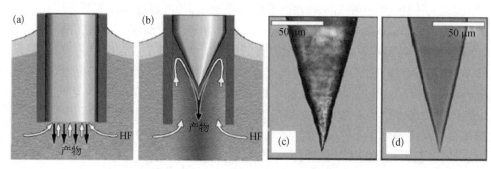

图 7.11　(a)(b) 管道腐蚀法制备近场探针的原理示意图；(c) Turner 法制备的探针；
(d) 管道腐蚀法制备的探针[40]

辨率和信噪比。通常加热拉伸法比化学腐蚀法制备的探针表面光滑。镀膜材料经
常使用铝，因为在可见光波段铝的趋肤深度最小，对光场的束缚最好；而在近红外
波段经常使用金。镀了不透光的金属膜之后，只要再在光纤的尖端加工出一个纳
米尺度的通光孔，就成为有孔光纤探针。制备通光孔的最简单方法是利用阴影效
应（shadowing effect）[16]。如图 7.12(a) 所示，由于采用热蒸镀或电子束蒸发镀膜时
铝蒸汽的方向性很好，因此只要将裸光纤探针略向上倾斜一个角度，就可以保证探
针尖端受到遮挡，不被镀膜，同时镀膜中不断旋转光纤，使光纤探针非尖端的部分
均匀镀膜，最终只在探针尖端留下一个通光孔。这种方法的缺点是探针开口处的
铝镀膜不够均匀，原因是金属铝在成膜时会形成岛状，而不是完全平整的薄膜，如
图 7.12(b) 所示。为了进一步制备更均匀、更理想的开孔，可以采用聚焦离子束刻
蚀（FIB）方法从垂直探针轴向入射，直接将镀膜光纤探针从尖端附近某个位置截
断，由此获得纳米通光孔[42]。这种方法制备的通光孔形状比较理想，如图 7.12(c)
所示，孔径大小可以控制，同时探针尖端平整，因此实验效果比较理想，可重复性
好。此外，还可以用电化学腐蚀[43] 等方法在完全镀膜光纤探针（即本身不留孔）的
尖端制备纳米通光孔。

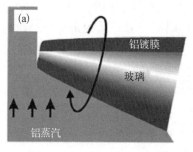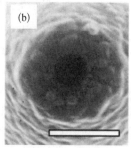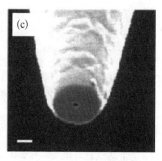

图 7.12　(a) 利用阴影效应对光纤探针直接镀膜制备纳米孔的示意图[16]；(b) 由此获得的
尖端开孔附近铝膜不均匀[16]（标尺为 300 nm）；(c) 用 FIB 刻蚀截断
针尖获得的直径约 70 nm 的理想开孔[42]（标尺为 200 nm）

　　除了光纤探针,另一类常用的有孔近场探针是基于微加工工艺制备的悬臂式近场探针。例如利用硅的各向异性腐蚀结合光刻技术,可以在硅悬臂上制备出金属的中空金字塔形探针 [图 7.13 (a)],金字塔尖端是百纳米左右的通光孔 [图 7.13(b)][44]。为了提高透光率,还可以在 AFM 探针尖端制备透明的介质金字塔,然后镀一层金属膜,最后用聚焦离子束刻蚀在尖端加工纳米通光孔[45]。由于介质的高折射率可以降低波导截止半径,由此获得的有孔探针通光率比中空金属金字塔探针更高。由于这类微制备探针基于标准的微加工工艺,相对光纤探针来说,一般可重复性更好,并且更方便大规模生产,另外悬臂式探针也更不容易损坏。缺点是微制备探针的激发不像光纤探针那么方便,附属的远场光学元件更为复杂。

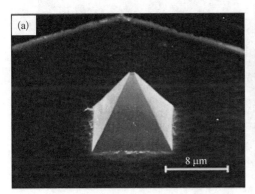

图 7.13　基于微加工工艺制备的悬臂式近场探针[44]

(a) 中空金属金字塔;(b) 顶端的纳米通光孔

　　由于不需要专门加工纳米通光孔,无孔近场探针的制备相对有孔探针要更为简单。以最常用的金属纳米探针为例,可以用电化学腐蚀方法制备[46]。将金属线插入腐蚀液,并在金属线和另一电极间加一定的电压,由于表面张力作用,腐蚀液在金属线周围形成弯月形液面,在弯月面附近腐蚀速度最快。当金属线被腐蚀断开为两段后,在两段的尖端都会形成纳米针尖,此时需要立刻断开电压,否则如果继续腐蚀,会影响金属针尖的尖锐程度。利用这种方法制备的金属探针,其尖端的曲率半径可以小于 20 nm,保证了高空间分辨。如果希望针尖有固定的形状,还可以用聚焦离子束刻蚀对针尖进行修饰。另一类常用的无孔近场探针是高折射率介质探针,一般可以直接使用标准的微加工工艺制备的 AFM 悬臂式探针,如硅探针、氮化硅探针等,这类探针的可重复性一般都比较好,也可以获得 20 nm 以下的高空间分辨。另外,如果对介质的 AFM 悬臂探针进行金属镀膜,也可以将其作为无孔金属探针使用。

　　近年来,随着理论和技术的进步,一些新的探针设计也在不断出现。在有孔近场探针方面,人们通过优化纳米通光孔的形状来提高探针的透过率或分辨率,如

Wang 和 Xu 利用 bowtie 孔提高了有孔近场探针的透过率[图 7.14(a)][47]。而在无孔近场探针方面,人们将光学天线(optical antenna)方面的研究进展应用到无孔探针中,利用光学天线产生高度局域的光场可以作为无孔近场探针,如 Taminiau 等将金属 bowtie 光学天线制备在氮化硅 AFM 探针上,利用金属 bowtie 天线缝隙处高度局域的光场激发样品[图 7.14(b)][48]。还有将有孔探针和无孔探针相结合的,就是所谓孔上的针尖(tip on aperture)[49],如图 7.14(c)所示,这里探针上的小金属针尖作为偶极光学天线,通过有孔探针导光进行激发后将在小金属针尖的尖端产生高度局域的光场。这类探针同时结合了有孔探针激发区域小、方便导光和无孔探针分辨率高、拥有场增强效应的优点。

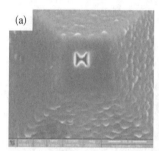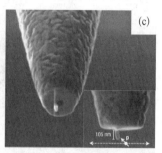

图 7.14　(a) bowtie 孔型有孔近场探针[47];(b) 金属 bowtie 结构光学天线作为无孔近场探针[48];(c) 有孔探针上的小金属针尖作为光学天线[49]

7.1.4　近场探针-样品间距的控制

根据近场光学原理,对束缚在样品表面近场区的隐失场的探测,是 SNOM 实现超分辨的关键,而扫描则是 SNOM 获得图像的必要条件。为了获得稳定可靠的 SNOM 图像,必须在扫描过程中将针尖和样品稳定地控制在一个很近的距离上(通常为 1 ~10 nm 的数量级),这就需要探针-样品间距离的反馈控制机制,这也是近场光学显微镜设备中至关重要的环节之一,而其中的一个关键问题是用什么信号来测控如此微小的距离。

在近场光学显微镜发展的历史上,隧道电流、隐失场的光强以及针尖-样品间力的相互作用都曾被用作反映针尖-样品间微小距离的信号。最早的 SNOM 直接借用了 STM 的反馈控制机制,利用隧道电流控制探针-样品间距。由于近场探针具有金属镀膜,可以让尖端部分的金属镀膜略超出针尖,并通过最顶端的金属小尖和样品之间的隧道电流大小来测控探针与样品之间的距离。但这种方式下,针尖-样品间距离过小,一般不超过 1 nm,不适合做反射模式;而且要求样品必须导电,应用范围受到了很大限制。后来也有利用隐失场的光强作为信号的[21,50],主要用在光子扫描隧道显微镜中,由于全内反射产生的隐失场的强度在垂直方向呈指数衰减,利用这一点可以反映探针-样品间距离。这种方法要求样品必须薄而透明,同时信号受背景杂散光的影响较大,应用范围有限。目前应用最为广泛的反馈控制机制是利用探针-样品间力的相互作用。当近场探针的针尖与样品接近到一定程度时会存在力的相互作用,距离越近作用力就越大,通过探测这个信号可以实现探针-样品距离测控。这种方法对样品的要求少,没有导电、透明等特殊要求,并且适用于真空、空气甚至液体等不同环境。同时,力学反馈控制的距离对于近场光学实验也比较合适,一般在 10 nm 上下。力学反馈具体又分为两大类:一类利用垂直样品表面方向的斥力,也就是通常 AFM 实验中探测的力;另一类利用平行样品表面方向的横向的阻尼力或者叫剪切力(shear force)。

当一个沿平行于样品表面方向振动的探针靠近样品表面时,其振动状态会受到样品的影响而发生改变,这种样品表面的切向作用力被称为剪切力[12]。关于剪切力的具体机制并不完全清楚,一般认为与表面湿度层有关,此外也和范德瓦耳斯力、摩擦力等有关。剪切力表现为一种对探针横向运动的阻尼力,其大小与探针-样品间距离有关,一般在距离样品表面 100 nm 以内起作用。实验中可以利用压电晶体或压电陶瓷驱动近场探针在平行于样品表面的方向上做高频小幅振动,并达到系统的共振频率。随着探针靠近样品表面,剪切力逐渐增大,这一方面将使得探针振动的振幅和整个振动体系的品质因子(Q 值)减小,另一方面也会使振动的相位发生改变,通过一定的方法探测这些改变,就可以反推出探针-样品间距的变化。再结合一定的反馈控制机制,就可以把针尖-样品间距稳定控制在几十纳米左右。

由于针尖的振动振幅非常小,需要用特殊的办法来进行检测,常见的有光学方法和电学方法两大类。光学方法可以将一束辅助激光照明在近场针尖附近[12,51],然后探测针尖散射或衍射的光信号。随着近场探针的振动,探测光信号也会发生周期性变化,变化的幅度和相位直接反映了近场探针振动的振幅和相位。也可以收集探针对横向入射辅助激光的反射信号,利用探针振动导致的反射光光程变化,通过一定的干涉机制加以探测。光学方法检测的最大缺点是辅助激光对正常近场光信号的干扰,由于近场光信号很弱,尤其是在光谱实验中,因此上述光学干扰的影响有可能非常严重。

为了解决这个问题,人们又发展了纯电学方法对探针振动进行检测,其中应用最广泛的就是利用石英音叉[52]。石英音叉广泛应用于石英钟、石英表等产业中[图 7.15(a)],具有价格低廉、结构紧凑等优点。在一定的外电压驱动下,由于石英晶体的压电效应,石英音叉将发生振动。将近场探针粘在音叉的一臂上[图 7.15(b)],探针将在音叉的驱动下和音叉一起振动。此时若探针靠近样品表面,由于剪切力的阻尼作用,整个振动系统的振动状态将发生改变。由于压电逆效应,石英音叉又可以将其自身的振动转换为交变电信号以供探测,这样由剪切力造成的音叉振动状态改变就可以通过这个电信号直接加以探测。当然,上述信号非常微弱,需要经过锁相放大器进行放大。

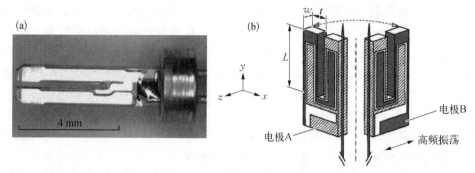

图 7.15 （a）石英音叉照片[53]；（b）粘有近场光纤探针的石英音叉的前视图和后视图[52]

剪切力控制机制在近场光学显微镜中应用广泛，但是也存在一定的缺点，比如由于振动方向平行于样品表面，因此探针在垂直样品表面的方向上弹性较差，当对样品表面起伏很大的样品进行扫描时，可能由于探针和样品的碰撞造成探针损坏。采用探测垂直样品表面方向斥力的方式可以解决这个问题，传统的 AFM 系统就是采取这种方式对探针-样品的间距进行控制。如图 7.16（a）所示[54]，当 AFM 探针靠近样品表面时，由于垂直方向的斥力作用，AFM 探针的悬臂将会发生一个小角度的偏折（相对自由状态），辅助激光斜入射到悬臂上，悬臂的偏折将造成反射激光的偏折，通过四象限探测器探测这种改变，就可以检测探针-样品间的斥力作用，这就是通常商用 AFM 系统中的光杠杆技术。由于悬臂式 AFM 探针在垂直样品表面方向弹性很好，因此不易损坏。具体 AFM 探针又可以分工作在斥力较大的接触模式（contact mode）和斥力很小的轻敲模式（tapping mode），其中轻敲模式尤其适合柔软样品（如生物样品）的扫描。由于近场光学探针中有相当一部分采用的是类似 AFM 的悬臂式探针，如无孔的硅探针、无孔的镀金属膜硅探针或有孔的镀金属膜氮化硅探针等，这类探针一般都直接利用商用 AFM 系统的探针-样品距离反馈控制机制。光纤探针也可以采用这种机制[55]，典型代表是以色列 Nanonics 公司生产的一种商用近场探针。它将光纤探针制备成弯针尖，起到 AFM 中悬臂的作用，它所反射的激光光点的移动反映了这个光纤悬臂的弯曲程度，从而起到探测针

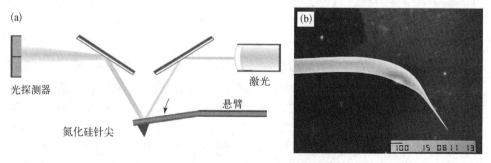

图 7.16 （a）AFM 悬臂式探针的光杠杆间距控制机制示意图[54]；（b）弯的光纤探针[55]

尖-样品间斥力的作用,得到针尖-样品间的距离信息。另外,为了避免辅助光的干扰,也可以使用石英音叉对垂直方向的斥力进行探测。比如将弯的光纤探针粘在音叉的臂上,并使音叉沿垂直于样品表面方向振动,则弯的光纤探针头也是沿垂直于样品表面方向振动;或者也可以改变直探针的粘贴方向,使探针的方向平行于石英音叉振动的方向。

有了良好的反馈控制机制,就可以将针尖-样品间距稳定在几个纳米进行扫描,这种固定间距的扫描模式被称为等间距模式(constant gap mode, CGM)。针尖在扫描过程中的伸缩变化反映了样品表面的形貌起伏,因此可以据此得到样品的形貌图。由于等间距模式下可以同时独立给出样品的形貌像和光学像,这对于我们理解近场光学图像的物理意义很有帮助。加上此模式下针尖不容易和样品发生碰撞,对针尖有很好的保护作用,因此该模式应用最为广泛。而等高度模式(constant height mode, CHM)则是固定针尖的扫描高度,不随样品表面的起伏而变化。这种模式可以避免等间距模式下由于形貌起伏所可能引入的假像信号,但只能应用在表面起伏很小的样品上,且容易因样品、探针的漂移而造成探针损坏。

原则上讲,具体的扫描过程既可以通过移动近场探针实现,也可以通过移动样品位置实现。实际实验中,有孔 SNOM 的照明模式最好采用固定探针扫描样品的方式,这样近场探针的位置相对远场的收集物镜固定不变,可以保证扫描过程中物镜对被测信号光的收集效率保持不变;反之,对于有孔 SNOM 的收集模式,最好采用固定样品扫描探针的方式,这样样品相对入射的远场激发光位置不变,可以保证扫描过程中样品感受到的激发光场不变,从而使样品上方的光场分布基本保持不变;而对于有孔 SNOM 的照明-收集模式,由于入射光的照明和被探测光的收集都只通过近场探针进行,无需远场物镜,因此扫描探针和扫描样品是等价的。而对于无孔 SNOM 来说,最好也是采用固定探针扫描样品的方式,这一点类似于有孔 SNOM 的照明模式,这种情况下近场探针的位置相对远场的激发光和远场的收集物镜固定不变,扫描过程中的激发效率和信号收集效率都保持不变。

7.2　近场光学显微技术应用

目前,近场光学显微技术已经从 20 世纪 80 年代初期的概念性示范、90 年代初期各类新型仪器开发,发展到基本成熟应用的阶段,在物理、化学、生物、材料科学等领域的应用不断扩大。文献中已经报道的应用范围广泛[2,56-59],一些新的应用也在不断出现之中,这里我们仅对其中的一些典型工作加以介绍。

7.2.1　近场超分辨成像

超分辨成像是近场光学显微技术最直接的应用。近场光学显微镜的超高空间分辨,对于理解微区光学性质具有重要意义,半导体材料、纳米颗粒、有机物薄膜、生物样品等都可以用近场光学显微镜加以研究。其中可以用来成像的衬度选择多种多样,吸收、反射、荧光、偏振等常用光学衬度都可以用近场光学显微镜成像,从而从相应的角度研究微区光学性质。这里,最典型的一类近场成像应用是直接将常规远场光学显微镜的应用推向近场,借助近场的空间超高分辨研究远场显微镜无法分辨的样品细节信息,如单分子发光、有机物薄膜、半导体纳米材料与器件等。这类应用大多数采用有孔 SNOM 的照明模式,以获得较高的信噪比。而对于主动发光器件,一般采用探针收集模式以获得相应的发光场分布。

然而,除了类似远场显微镜的常规成像功能,近场显微镜的独特之处还在于它可以对常规远场显微镜无法直接探测的隐失场进行直接测量,这一点对于近年来迅速发展的纳米光子学领域具有重要意义。纳米光子学领域研究的很多问题在亚波长甚至纳米尺度上,近场效应在其中往往起到非常关键的作用。因此,对高度局域在纳米结构附近的隐失场进行高分辨探测,是深入了解和研究上述问题的重要手段。近场光学显微镜使这一点成为可能,因此是纳米光子学研究中非常重要的表征手段,在很多研究领域已得到应用,如表面等离激元、光学天线、光子晶体、光波导、纳米光纤等。

近年来受到广泛关注的金属表面等离激元(surface plasmon polariton, SPP 或 SP)就是 SNOM 应用的一个典型领域[58]。表面等离激元的隐失场特性,使得普通的远场方法无法对其场分布进行直接观测,而只能做一些间接的研究。近场光学显微镜则可以利用探针直接从近场区观测表面等离激元,给出其电磁场强度的空间分布。这种直观方法对于深入了解表面等离激元的性质具有重要的意义,也是对远场方法的重要补充。例如,Yin 等通过金属膜上圆弧形的小孔阵列实现对表面等离激元聚焦,并进一步使聚焦后的表面等离激元沿着一个金属条波段传播[60]。图 7.17(a)是样品的电镜图,在衬底面入射的水平偏振激光激发下,银膜上的每一个纳米小孔都作为一个发射源在样品表面激发表面等离激元,其行为类似于一个偶极子。由于小孔呈圆弧形排列,在圆弧的中心处所有的表面等离激元等光程,从而相干相长形成强焦点。进一步,聚焦后的表面等离激元还将沿着宽度仅为 250 nm 的亚波长金属条波导进行传输。图 7.17(b)是工作在收集模式的有孔探针采集的近场光学图像,非常直观地给出了表面等离激元的聚焦和波导传输过程,验证了研究者的设计方案。实验中近场显微镜还测量了单个小孔发射的表面等离激元场分布,很好地从实验上验证了单个小孔的偶极子发射模型。实验上还在只存在圆弧形小孔阵列的情况下测量了不同偏振入射下的聚焦场分布,和数值模拟的结果一致:在水平偏振下圆心出现强聚焦点,而竖直偏振下不能产生强聚焦。这里,近场光学图像直观地给出了远场方法难以探测的表面等离激元强度分布,为深入分析、研究表面等离激元提供了有力的表征手段。目前,近场光学显微镜已经成为表面等离激元研究中的重要实验手段[58-63]。

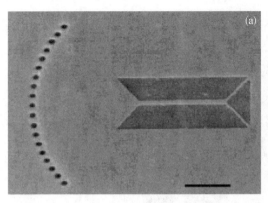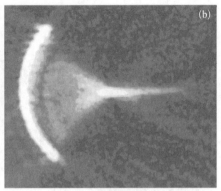

图 7.17　(a) 银薄膜上圆弧形排列的小孔阵列和银纳米条波导的电镜图;(b) 水平偏振入射下
近场光学显微镜采集到的信号强度,很好地显示出表面等
离激元的聚焦和波导传输过程[60]

　　近场光学显微镜除了可以直接探测隐失场的强度,还可以给出隐失场的相位
信息,这一点对于深入了解隐失场的特性具有重要意义。一个典型例子是 Schnell
等在光学天线方面所做的研究工作。类比于射频波段的传统天线,光学天线可以
在光波段实现传播场和局域场的有效转换,因此成为纳米光子学研究中的一个热
点。Schnell 等从实验上研究了通过改变负载控制光学天线的近场共振行为[64]。
实验中研究的光学天线是简单的金纳米棒结构,利用聚焦粒子束刻蚀方法在金棒
中间加工不同尺寸和形状的缝隙,将不同的缝隙作为不同的负载(用电感、电容表
示),从而可以对天线的共振行为进行控制。实验中所用金纳米棒的长、宽、高分别
为 1 550 nm、230 nm、60 nm,相应的天线共振波长约为 9.6 μm,对应二氧化碳激光
器的工作波长。激光从样品下方硅衬底正入射激发天线共振,在天线上方采用无
孔硅探针进行近场探测,由于介质硅探针的采用以及使激发光的偏振基本沿水平
方向,因此探针本身的激发很弱,探针的散射光信号可以很好地反映天线本身的共
振模式[65-67]。探针的散射光被收集后与另一路参考光进行干涉并被探测器探测,
借助这种相干探测不仅可以得到散射光的强度,还可以得到散射光的相位信息。
图 7.18 从上到下显示的分别是实验中测得的不同间隙的光学天线的形貌图、近场
振幅图(s_3)和近场相位图(φ_3),可以看到近场相位图直接反映出金纳米棒上电荷
分布的正负,对于近场振幅图是一个很好的补充和完善。图 7.18 上半部分的实验
结果与下半部分的数值计算结果符合得非常好,可以明显看到随着金棒中心金属
连接部分的减少,天线近场分布的逐渐变化[图 7.18(a)~(c)];而随着金属连接
部分的消失,左右两边金属棒间出现一个完整的间隙,此时天线的共振行为出现一
个明显的变化[图 7.18(d)]。这里,由于光学天线共振中涉及的局域场是一种典
型的近场成分,因此利用近场光学显微镜对近场振幅和相位进行直接成像就为光
学天线的研究提供了非常直观的表征手段。

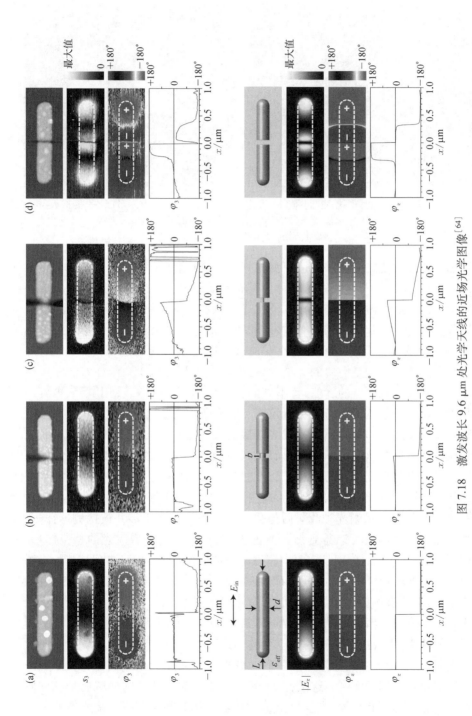

图 7.18 激发波长 9.6 μm 处光学天线的近场光学图像[64]

(a) 连续的金棒天线;(b) 具有较粗金属连接的低阻抗负载天线;(c) 具有较细金属连接的高阻抗负载天线;(d) 具有完全缝隙的两个独立的金棒天线。上半部给出的近场形貌图、近场振幅图(s_3) 和近场相位图(φ_3),下半部给出相对应的模型系统的理论计算的电场 z 分量的振幅和相位

除了常规的线性光学成像方法,近场光学显微技术还可以利用非线性光学信号进行成像。近场的二次谐波成像就是一个研究非常多的领域[68],这些研究不仅提供了一些表征材料的新手段,而且对深入理解发生在纳米尺度上的非线性光学过程具有非常重要的意义。此外,其他非线性过程也可以作为近场光学的研究对象,例如四波混频。图 7.19(a)是耦合金纳米颗粒四波混频实验的示意图[69],波长 830 nm(ω_1)和 1 185 nm(ω_2)的两个飞秒脉冲经聚焦后同时激发样品,样品上分布着直径 60 nm 的金纳米球,而近场光纤探针的尖端沾有另一个金纳米球。随着控制近场探针使针尖上的金纳米球靠近样品上的金纳米球,远场物镜收集到的发射谱中出现明显的混频信号,信号强度与 830 nm 激发光强度成平方关系,而与 1 185 nm 激发光强度成正比,对应的光谱如图 7.19(b)所示,这种强度依赖和相应的光谱峰位置表明,这是一个非线性的四波混频信号($2\omega_1 - \omega_2$)。实验中控制近场探针,从而改变两个小球的距离,发现:当两个金纳米小球靠在一起形成二聚体的时候,四波混频信号的效率可以提高四个数量级。计算模拟的结果表明,造成这种效率急剧增强的原因是二聚体的表面等离激元共振:当两个金纳米球的距离较远时,纳米球的表面等离激元共振波长在 530 nm 附近,与近红外波段的飞秒激发光不共振;即使两个纳米球的间距小到 1 nm,表面等离激元共振波长也只能红移到 588 nm;但是当两个纳米球发生直接接触后,纳米球上的电荷分布发生突变,二聚体的共振可以突然红移至近红外波段,并且和 830 nm 的激发光发生强烈共振,共振使纳米球间的电场得到增强,并进一步使与 830 nm 激发光强度成平方关系的四波混频信号得到极大增强。上述耦合金纳米球可能作为空间受限的光源得到应用。图 7.19(b)中的插图给出了近场光纤探针的尖端沾有两个金纳米球时的电镜图,利用这样的金球二聚体作为近场探针可以对样品进行四波混频信号的扫描成像。图 7.19(c)是该探针扫描一些单分散金纳米球获得的四波混频图像,图 7.19(d)、(e)则分别是扫描由三个金纳米球构成的三聚体的形貌图和四波混频信号图,可以看到四波混频信号图表现出很高的空间分辨率。有意思的是四波混频信号在纳米球之间的区域最强,这是因为此时探针上的二聚体金球同时和衬底上的多个金球发生相互作用,由此得到的场增强最强,这里四波混频图像反映的是由探针上金球和样品上金球耦合所造成的局域场增强效应的大小。

上面我们给出了近场超分辨成像的几个应用实例,需要特别说明的是,对于近场光学像的理解必须特别小心。普通的远场显微镜利用透镜在远场收集光场并成像,透镜与样品基本不发生直接的相互作用,成像机制较为简单,图像的理解也比较简单。近场成像的机制则要复杂得多,首先近场光学像是通过逐点扫描之后由电脑重构产生,并非单次直接成像;另外由于探针必须工作在近场区,必然与样品产生直接的相互作用,因此近场光学显微镜的图像理解就成为一个比较复杂的问题,其中的两个重要问题就是形貌假像(topography artifacts)和探针-样品相互作用。

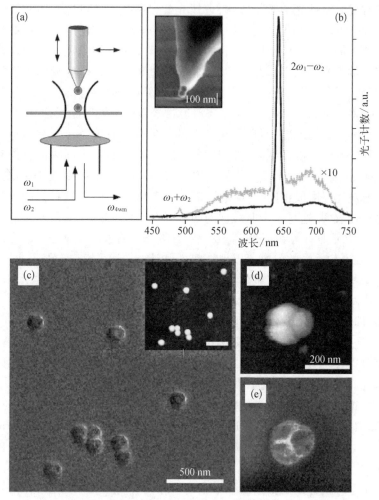

图 7.19　（a）耦合金纳米颗粒的四波混频实验示意图,通过近场探针控制两个纳米球的间距;
（b）远场收集到的发射谱;(c) 金球二聚体作为近场探针进行扫描获得的一些
单分散金纳米球的四波混频图像(插图是形貌图);三个金纳米球构成的
三聚体的形貌图(d)和四波混频信号图(e)

　　大多数的近场光学显微镜都工作在等间距模式下,此时在一定的反馈控制机制下,探针-样品保持一定间距。在样品扫描过程中,探针在 z 方向将随样品表面的起伏而上下移动。由于光信号的强度通常随 z 方向的变化而有一定的变化,因此探针在 z 方向的运动将导致信号的一个变化,该变化不反映样品的吸收、折射率等本身真实光学性质的改变,而只是样品表面形貌起伏的结果,因此被称为形貌假像。

　　形貌假像最早由 Hecht 等进行了系统研究[70]。通过用好、坏两种探针分别在等间距模式和等高度模式下扫描样品,他们很好地说明了形貌假像的来源。如图

7.20 所示,其中图(a)和图(c)采用的是好探针,即具有小于衍射极限的纳米通光孔的探针;而图(b)和图(d)则使用坏探针,其通光孔径大于衍射极限。由于实际探针尖端的不平整,在剪切力控制中起作用的往往是探针上的某个小突起,图中用一个偏离通光孔径中心的小尖表示。要扫描的样品是一个小金属突起。图 7.20(a)、(b)中虚线代表剪切力的等高线(以探针通光孔中心为坐标原点),这也是等间距模式下探针的扫描轨迹,因为等间距模式下剪切力保持不变。对于通光孔径不同但小尖突起相同的好、坏两种探针,它们感受到的样品剪切力完全相同,等间距模式下扫描轨迹也相同。在样品右侧的扫描轨迹上的突起代表当小尖扫描到样品时引起的探针 z 方向的收缩运动。实线则代表光学信号的等高线,对于好探针,在金属结构处表现出小尺度的样品吸收结构;而对于坏探针,由于探针本身的大孔径,吸收结构表现为大尺度,且信号不够明显。

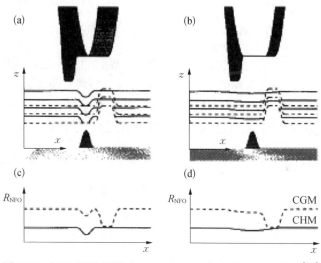

图 7.20　好、坏两种探针在 CGM 和 CHM 扫描模式下的信号[70]

根据图 7.20(a)、(b)中光学信号强度的等高线可以推知,在等高度模式下扫描所得到的近场光学信号分布与等高线形状类似,如图 7.20(c)、(d)中实线所示。其中好探针可以给出对突起结构的良好光学分辨,而坏探针的光学分辨很差,在衍射极限以上。等高度模式下的信号强度直接反映了光学信号等高线,也就是样品的真实光学图像信息。而在等间距模式下,同样可以根据信号强度的等高线和探针的扫描轨迹得到其扫描信号分布,如图 7.20(c)、(d)中虚线所示。由于光信号本身的强度随 z 方向的距离增加而减小,探针在 z 方向的运动将给出一个额外的信号变化,其形状大致与扫描轨迹相同而方向相反。由于该信号仅仅是样品形貌起伏的一个反映,而不携带样品的真实光学信息,因此被称为形貌假像。对于好、坏两种探针,虽然其本身真实光学分辨能力不同,但形貌假像信号成分相似。形貌假像与样品本身的真实光学信号混合到一起,共同给出了总的信号强度,这对于近场光学信号的理解非常不利。可以看到,实际上不具有超衍射极限分辨的坏探针在等间距模式下也可以给出超衍射极限的图像,只是该图像并不包含样品的超分辨光学信息,而仅仅是样品的形貌分辨。

为进一步理解这一现象,可以通过一个理论模型对近场光学信号的成分加以分析。在等间距模式下,把探针的轨迹用 $z(x, y) = z_0 + h(x, y)$ 表示,其中 z_0 是样品的平均高度,而 $h(x, y)$ 表征样品的形貌起伏。在 $h(x, y)$ 不太大的情况下(远小于波长),可以将光学信号 $I(x, y)$ 在 z_0 附近对 $h(x, y)$ 展开[71,72],即

$$I(x, y) = I^{(0)}(z_0) + \frac{\partial I^{(0)}}{\partial z}(z_0)h(x, y) + I^{(1)}(z_0, x, y) + \frac{\partial I^{(1)}}{\partial z}(z_0)h(x, y)$$

$$(7.7)$$

其中,第一项 $I^{(0)}(z_0)$ 是零阶展开项,代表平均高度上各点光学信号的平均值,是一个均匀的本底信号。第二项 $\frac{\partial I^{(0)}}{\partial z}(z_0)h(x, y)$ 是一阶展开项,正比于探针在 z 方向的位移量 $h(x, y)$。它是探针在 z 方向运动所导致的光学信号变化,仅仅与样品形貌有关,而不含有样品本身的真实光学信息,这一项就是由样品形貌导致的纯形貌假像信号。第三项 $I^{(1)}(z_0, x, y)$ 是另一个一阶展开项,它随样品位置不同而不同,但并不直接关联于样品形貌,是来自样品的散射信号,这一项给出了样品本身真正的光学衬度。第四项 $\frac{\partial I^{(1)}}{\partial z}(z_0)h(x, y)$ 是二阶展开项,可以看到它既与样品形貌有关,也和样品光学性质有关,是两者耦合的结果。

为了消除形貌假像的不利影响,人们提出了一些方法。最直接的方法是采用等高度模式扫描[70],此时探针在 z 方向固定不动,因此不会引入形貌假像。缺点是很容易因意外或样品本身的起伏使探针与样品发生碰撞,并造成探针的损坏,尤其是对表面起伏很大的样品不是很适合。也可以测量接近曲线(approach curve),然后通过软件计算,从整个图像中逐点去除形貌假像成分[73]。另外,通过在样品 x-y 平面上各点分别采集其信号强度随 z 方向的变化,可以得到信号强度在 x-y-z 三维上的分布,这包含了样品上方的全部光学信息,由此三维数据可以重构出样品的形貌和等间距、等高度模式下的信号分布[74],当然这种方法比较复杂,需要的采集时间长,数据量也比较大。另外,对无孔近场探针扫描高度进行调制,然后在调制信号的高次谐波频率处探测散射光信号也可以消除形貌假像[75]。

除了形貌假像,探针-样品相互作用也会使近场光学显微镜的信号构成变得更为复杂,是正确理解近场光学图像时另一个必须考虑的因素。工作在收集模式下的近场光学显微镜,可以给出纳米光子学结构的超分辨光场分布[76-79],从而成为研究纳米结构超分辨光学最重要的成像手段。然而近场光学显微镜工作的一个基本前提假设就是认为近场扫描所得到的信号强度正比于其所要探测的光场强度,

这样近场光学图像才能够正确反映被探测光场分布。然而,当近场探针探测样品光场分布时,探针的存在必然会对该光场产生一定的影响,从而改变被探测光场,造成近场扫描所得到的图像信号与不存在近场探针时的自由光场分布之间的一个偏差,这种作用被称为探针-样品相互作用(probe-sample interaction)。探针-样品相互作用在近场成像过程中不可避免,是一个基本的矛盾:一方面,正是由于探针与光场发生相互作用,探针才能够探测光场并成像;另一方面,这种相互作用又必然会对被探测光场产生一定的影响,使之偏离自由状态,造成成像的偏差。

这方面的一个直观例子是 Campillo 等的工作[80]。样品是厚度为 50 nm 的无衬底的自由 Si_3N_x 薄膜,通过电子束刻蚀(EBL)方法在膜上腐蚀出空气孔阵列,空气孔直径 100 nm,周期 400 nm。近场光学显微镜在膜上方 10 nm 处以等高度模式扫描样品,采用有孔近场探针照明模式,并在样品下方收集透射光信号。按照比较直观的考虑,由于 Si_3N_x 介质膜表面的高反射(Si_3N_x 折射率 2.3,反射率 35%),将导致介质膜区透射光强较弱,而空气小孔区透射光强较强。但实际上近场探针扫描所得到的图像衬度恰好相反,如图 7.21 中插图所示,周期分布的空气圆孔处较暗,而介质膜区较亮。通过圆孔中心的线扫描结果表明,空气孔中心的透射光信号强度比介质膜区弱 25% 左右。这种与直观印象相反结果的原因就是探针-样品相互作用:当近场探针扫描到介质膜区时,由于探针与介质膜的耦合作用,高折射率的介质薄膜可以使探针出射的总光强得到增加,从而增强了介质区的透射信号。这里探针-样品相互作用主导了近场图像衬度。

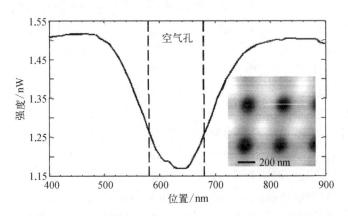

图 7.21 包含直径 100 nm 空气孔阵列的 Si_3N_x 薄膜的透射 SNOM 图像(插图)和通过孔中心的线扫描信号强度分布[80]

上述例子非常直观地说明了探针-样品相互作用对近场光学图像的重要影响,而对于实际中结构、性质更为复杂的样品,这种探针-样品相互作用也将变得更为复杂。一般来说,当被测结构的特征尺度远大于探针孔径时,上述相互作用的影响较小,甚至可以忽略,比如前面探测大面积金属膜上的表面等离激元。而当被测结构的特征尺度接近甚至小于探针孔径时,探针-样品相互作用常常会产生重要的影响。这种情况下,为了正确理解近场图像的物理意义,常常需要借助数值模拟方法,对存在近场探针情况下样品附近的光场分布进行数值模拟,并且还要对探针的位置进行逐点扫描以重构出理论上的近场光学图像,再和实验结果进行对比。因此,数值模拟方法对于近场光学也是非常重要的工具,常用的数值模拟方法包括时域有限差分方法(FDTD)、有限元(FEM)、格林并矢方法(GDT)等,而时域有限差分方法和有限元方法都有很成熟的商用软件,为研究者提供了很大的便利。

7.2.2 近场光谱

近场光谱是近场光学显微技术最重要的应用之一。相比于单纯的光强测量,光谱可以提供更多的信息,例如通过测量光谱可以获得样品的化学成分、分子结构等相关信息,这对于深入研究样品的结构、性质、规律具有重要意义。目前的各类光谱测量方法大都在宏观水平,即使是微区光谱也只限于微米尺度。而对于介观体系的各种器件,如量子线、量子点等,其特征尺度约为几十纳米,传统的光谱方法无法分辨诸如纳米尺度的发光区域与本征频谱等。而近场光谱则填补了这一空缺,通过结合高灵敏度光谱仪,近场光学显微技术可以给出空间高分辨的光谱信息。吸收谱、发光谱、拉曼光谱等不同的光谱学方法都可以在近场光学显微技术中得到实现。

荧光是了解材料成分的重要光谱手段之一,近场荧光谱也是最常见的近场光谱之一。比如,Cadby 等通过近场显微镜研究了共轭聚合物混合物的荧光性质,获得了共聚物纳米结构的成分和局域光电性质信息[81-84]。共轭聚合物是非常重要的一类可以成膜的有机半导体材料,在发光器件、太阳能电池等有机光电器件领域具有重要的应用前景,具有低成本和容易制备等优点。共轭聚合物的一个重要特点是可以通过溶液混合将不同的材料按一定比例混合到一起进行成膜,由此形成的混合物薄膜经常会发生相分离,产生微纳米结构,可以进一步提高器件性能,而近场荧光手段为这类微纳米结构的表征提供了极大便利。Cadby 等将聚芴类蓝光发射聚合物 poly(9,9-dioctyl fluorene)(F8)和不发光的饱和聚合物聚苯乙烯(PS)按质量比 1:1 进行溶液混合后,通过旋涂成膜。然后用通光孔径约为 100 nm 的有孔近场探针对薄膜进行扫描,波长 380 nm 的脉冲光通过近场探针以照明模式激发样品,收集透射的光信号并借助滤光片分别对激发光的透射强度和样品发射的荧光强度进行记录。扫描过程中同时获得的剪切力形貌图如图 7.22(a)所示,样品中出现了明显的相分离行为,两个相的高度相差约 40 nm。与此同时,扫描获得的激发光透射强度图[图 7.22(b)]和样品发射的荧光强度图[图 7.22(c)]也表现出完全对应的相分离行为:比较高的区域对入射光的吸收弱,同时样品发射的荧光强度也低;而比较低的区域对入射光的吸收强,同时样品发射的荧光强度也强。考虑到 PS 对 380 nm 的激发光基本没有吸收,也不发射荧光,因此吸收和荧光全部来自 F8 的贡献,由此可以判定比较高的区域富含 PS,而比较低的区域富含 F8。进一步的时间分辨荧光测量还表明,富含 F8 的区域中荧光发射的寿命较短,而富含 PS 的区域中荧光发射的寿命较长。原因是富含 PS 的区域中 F8 分子被稀释,分子间距加大,分子间的激子转移过程受到抑制,因此造成激子的无辐射弛豫通道减少,寿命也相应变长。这里我们可以看到,虽然近场光学显微镜的空间分辨率不如原子力显微镜(AFM)、扫描隧道显微镜(STM)等其他扫描探针显微技术,也不如扫描电子显微镜等,但其独有的光谱信息获得能力使其在样品结构和化学成分分析上具有很大的优势。同时,近场显微镜可以利用剪切力获得样品的形貌图,利用这一点甚至还可以与其他方法获得的空间分辨率更高的形貌图进行比对,从而将更高空间分辨率的形貌图与近场光学图放在一起进行分析,更全面地获取样品信息。

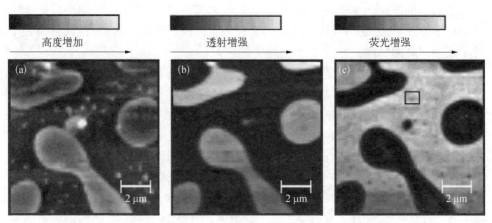

图 7.22　质量比 1:1 的 F8 和 PS 共轭聚合物混合物薄膜的近场扫描图[81]
(a) 形貌图;(b) 激发光透射强度图;(c) 样品发射的荧光强度图

在近场光谱中有一个非常重要并富有特色的领域,就是针尖增强近场光谱[85]。我们知道,在激光场的作用下,金属纳米结构附近会产生很强的局域场增强效应,这种增强的局域场可以极大地加强光与物质的相互作用,因此得到了广泛应用,特别是在非线性光谱方面。类似的,对于无孔近场实验中所使用的金属探针,在合适的激光场照射下也可以在探针的纳米尖端附近产生场增强效应,使针尖附近的电场强度得到极大的提高。利用这种高增强电场研究材料的荧光、拉曼光谱等可以显著提高信号强度,进行高信噪比和高分辨率成像。目前,针尖增强荧光光谱[86,87]和针尖增强拉曼光谱[88-91]等已经成为近场光学应用中非常重要的研究领域。

无孔金属近场探针的针尖场增强效应可以认为有两类主要来源:一类是金属局域表面等离激元共振效应,这种增强表现出明显的波长依赖,共振增强行为在特定入射激光波长下达到最强,比如金属纳米球探针的场增强主要就是这一来源;另一类是静电场的尖端增强效应,这类增强没有明显的波长依赖,主要由针尖的几何形状决定,一般几何上对应的曲率半径越小,也就是越尖的地方,电场增强越强,化学腐蚀制备的锥形无孔金属探针的场增强主要是这一来源。场增强效应从根本上说可以认为是由电荷在探针尖端的积累造成的,积累的电荷密度越大,由此产生的附加场越强。金属中由于具有大量的自由电荷,在外场作用下容易积累,因此场增强效应最明显。另外,金属的欧姆损耗(对应于介电常数的虚部)越小,在高频激光外场作用下电荷振荡运动的损耗越小,相应积累的电荷也越多,因此在可见光波段,一般金、银等良导体贵金属的场增强效果更好。场增强效应对于入射激光的偏振也有明确的要求,由于在激光电场的作用下电荷沿电场偏振方向运动,因此只有在电场偏振方向垂直于金属表面时,电荷才会在不连续的金属表面产生最明显的积累,并由此产生明显的场增强效应;反之,若电场偏振平行于金属表面,则表面不会产生明显的电荷积累。对于近场探针来说,这意味着要想在探针的尖端产生明显的场增强效应,入射激光的偏振方向必须垂直于探针尖端的表面,也就是说要平行于近场探针的轴向。

下面以针尖增强拉曼光谱为例,对针尖增强近场光谱的典型应用加以说明。拉曼光谱最大的特点是可以探测样品的振动能级,而分子的振动态就像是分子的指纹,可用于识别不同的分子,因此拉曼光谱可以用来识别样品的化学成分和分子结构,具有非常重要的价值。但缺点是由于拉曼效应是一种三阶非线性效应,效率很低,通常拉曼散射的散射截面比荧光的散射截面要低十几个数量级,这使得拉曼散射信号探测起来比较困难。场增强效应为非线性拉曼信号的探测提供了极大的便利,三阶非线性意味着拉曼信号的增强因子(相对于没有场增强时的信号强度)是光强增强因子的平方,也就是电场增强因子的四次方,因此利用场增强效应可以极大地提高拉曼散射的信号强度,例如利用粗糙金属表面的场增强,拉曼信号可以被增强十几个数量级,这就是表面增强拉曼光谱(SERS)[92]。类似的,利用金属探针尖端的局域场增强效应,也可以使拉曼信号得到极大的增强,这就是针尖增强拉曼光谱(TERS)。这方面的一个典型应用是 Novotny 小组利用 TERS 对碳纳米管开展的研究工作[93]。由于具有优良的力、热、光、电性能,碳纳米管自从被发现以来就受到研究人员的广泛关注。而利用拉曼光谱可以获得碳纳米管的很多重要结构信息,比如碳管的直径、手性和结构序数(n, m)都与拉曼谱峰的频率有关。常规的远场拉曼光谱受到衍射极限的限制,只能探测衍射极限尺寸下的平均效果,无法分辨纳米尺度上的局域特征,而 TERS 可以很好地解决这一问题。图7.23(a)、(b)分别是同一根单壁碳纳米管的共焦拉曼扫描图和近场拉曼扫描图,可以看到近场拉曼的空间分辨率要远高于共焦拉曼,其半高全宽达到 14 nm[图7.23(b)中插图],而共焦拉曼的半高全宽为 275 nm,大致对应 633 nm 入射光的衍射极限。TERS 不仅可以实现极高的空间光学分辨,还可以增强拉曼信号。图7.23(c)中的蓝线和绿线分别是存在金属近场探针和不存在金属近场探针时单根碳管的拉曼光谱,可以明显看到金属纳米针尖对拉曼光谱的增强作用,一般典型的

增强因子在 $10^2 \sim 10^4$,而拉曼谱峰的位置没有受到金属针尖的影响。利用 TERS 的高空间分辨和高灵敏度,作者发现采用电弧放电法(arc-discharge)制备的单壁碳纳米管,其径向呼吸模式(radial breathing mode, RGM)和中间频率模式(intermediate frequency mode, IFM)表现出高度的局域性,即对应的拉曼谱峰随探针在碳管上的探测位置变化会出现频移,造成这种现象的原因被认为是缺陷造成的碳纳米管结构序数(n, m)随位置的变化。而作为对比,采用化学气相沉积法(chemical vapor depositon, CVD)制备的单壁碳纳米管上没有观察到上述模式局域现象,说明 CVD 方法制备的碳纳米管结构均匀性很好,缺陷很少。

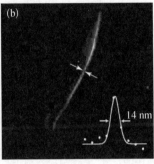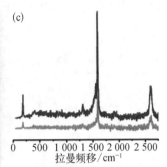

图 7.23　单根单壁碳纳米管的共焦拉曼扫描图(a)和针尖增强近场拉曼扫描图(b),成像所用的拉曼信号是 G′带(2 640 cm⁻¹)。图(b)中插图显示沿箭头所指处进行截线获得的信号分布,高斯拟合给出的半高全宽为 14 nm。图(c)中的蓝线和绿线分别是存在金属近场探针和不存在金属近场探针时单根碳管的拉曼光谱[93]

由于受到近场探针针尖尺寸的限制,针尖增强拉曼光谱的空间分辨率最多在 10 nm 左右。进一步降低针尖尺寸,将造成尖端电荷积累量的减少,从而使场增强效应下降,因此,从实际应用的角度讲,为了保证一定的信号强度,通过进一步降低针尖尺度来提高空间分辨率的方法将受到限制。Kawata 小组通过一个巧妙的方法突破了这一限制[94],就是利用针尖对样品施加一定的压力,通过这种主动的控制改变样品性质,并探测这种改变来获得更高的空间分辨率。如图 7.24(a)所示,常规远场光谱分辨率大致由焦点尺寸决定,最多为半波长左右。而针尖增强拉曼光谱的分辨率一般取决于金属探针尖端的局域场的尺寸,大致与探针顶点的直径 φ 相当,一般在十几纳米左右,如图 7.24(b)所示。图 7.24(c)中使用和图 7.24(b)同样的探针,但是利用探针对样品施加合适大小的压力,此时只有和探针最尖端发生物理接触的极少数甚至是一个分子会在压力作用下发生形变,而这种形变将造成分子振动模式的改变并反映在拉曼光谱中,因此,压力依赖的拉曼模式频移为形变分子的探测提供了很好的工具。这种方法的空间光学分辨率取决于发生机械形变的区域大小,比探针顶点的尺寸还要小得多。图 7.25(a)是近场探针施加 2.4 nN 的固定压力下扫描单个单壁碳纳米管的示意图,扫描方向近似垂直碳管,(Ⅰ)和(Ⅱ)分别代表两条不同的扫描轨迹,在图中用虚线标出。图 7.25(b)是相应的扫描过程中获得的单壁碳纳米管拉曼峰频率移动量随扫描位置的变化,每隔 1 nm 采集一次光谱。可以看到在碳管位置附近,碳管拉曼峰出现明显的频率移动。对上述曲线拟合的结果如图中红线所示,对应的曲线半高全宽(FWHM)为 4 nm,也就是上述方面所获得的空间光学分辨率。而同时测得的形貌曲线半高全宽约为 22 nm,大致与探针顶点的直径 ϕ 相当,是光学分辨的 5 倍以上。实验中还用同样的方法测量了二维结构的腺嘌呤(adenine)纳米晶样品(此时施加的压力是 0.3 nN),通过拉曼峰频移在样品边缘的变化曲线得到的空间分辨率也是 4 nm,与一维的单壁碳纳米管样品结果一致。这种借助对样品的主动控制来实现超高空间分辨测量的新方法为光学超高分辨测量技术的发展提供了很好的思路。

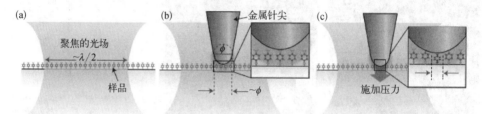

图 7.24 (a)远场光学分辨率大致由焦点尺寸决定,最多为半波长左右。(b)无孔近场光学分辨率取决于局域场的尺寸,大致与探针顶点直径 ϕ 相当。(c)当样品受到探针顶点压力时,只有极少数分子发生机械形变,探测这些分子的光学响应就可以获得分子级空间高分辨[94]

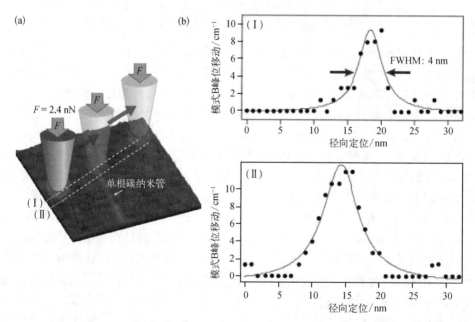

图 7.25 (a)近场探针施加 2.4 nN 的固定压力下扫描单个单壁碳纳米管的示意图。(b)单壁碳纳米管拉曼峰频率移动量随探针扫描位置的变化,(Ⅰ)和(Ⅱ)分别对应图(a)中虚线标出的两条不同扫描轨迹[94]

红外近场光谱技术也是近场光谱中一个非常重要的领域[29,95-98]。要探测分子的振动态,实现对样品的化学组分和分子结构识别,除了利用非线性的拉曼散射信号,还可以直接利用线性的红外光谱。由于分子的振动跃迁能量多位于中红外波段,因此可以直接利用分子振动态对红外光的线性吸收进行探测。然而,由于一般分子振动态对应的吸收波长在 $10\ \mu m$ 量级,因此,受到光学衍射极限的限制,常规远场红外光谱技术的空间分辨率也只能达到 $10\ \mu m$ 量级。采用近场技术可以极大地突破这一限制。考虑到红外光波长较长,而有孔近场探针的透过率由于受到波导截止效应的影响会随波长增加而迅速下降,因此,红外近场实验一般采用无孔探针,由此获得的空间分辨率可以达到几十纳米级别,如此高的空间分辨率(相对衍射极限)使得红外近场光谱技术对于分析样品,特别是纳米结构样品的微区化学成分具有非常重要的意义,并且成为近场光学技术中富有应用前景的方向之一。红外近场一般探测针尖的弹性散射光,该信号的振幅和相位直接与样品的介电常数相联系。通过改变波长,可以获得样品介电常数的光学色散,从而识别样品的化学成分。一个典型的应用实例是 Keilmann 小组对聚甲基丙烯酸甲酯[poly (methyl methacrylate), PMMA] 纳米球和柱状烟草花叶病毒(cylindrical tobacco mosaic viruses, TMV)的红外近场成像识别[97]。由于两者都在波长 $6\ \mu m$ 附近有特征的振动态,因此采用可调谐 CO 激光器照明,实验中采用商用的 Pt 包覆的悬臂式硅探针,通过干涉方法同时探测探针散射信号的振幅和相位,再改变 CO 激光器波长,

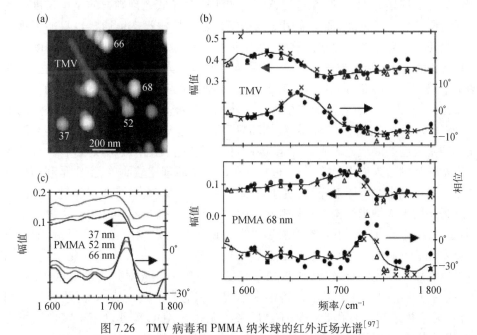

图 7.26 TMV 病毒和 PMMA 纳米球的红外近场光谱[97]

(a) 近场探针扫描的形貌图;(b) 在 TMV 病毒和直径 68 nm 的 PMMA 纳米球上获得的散射振幅、相位随波长变化的曲线;(c) 三个不同直径的 PMMA 纳米球的红外近场光谱

就可以获得散射信号的振幅、相位随波长变化的光谱信息。图 7.26(a)是近场探针扫描获得的形貌图,可以看到直径 18 nm 的 TMV 病毒和一些直径 30~70 nm 的 PMMA 纳米球。图 7.26(b)是分别在 TMV 病毒和一个直径 68 nm 的 PMMA 纳米球上获得的散射振幅、相位随波长变化的曲线,可以看到两者分别在 1 660 cm^{-1} 和 1 730 cm^{-1} 附近出现共振行为,与这两种材料已知的共振吸收波长符合得很好。而且,这里可以看到,红外近场的振幅和相位谱非常灵敏,足以实现对单个纳米结构的探测。进一步测量不同直径的 PMMA 纳米球发现,虽然振幅的谱峰强度随尺寸有所变化,但共振波长保持不变,如图 7.26(c)所示,这说明红外近场光谱是一种可靠的识别纳米结构化学成分的手段。需要特别说明的一点是,红外近场光谱虽然直接和样品对红外光的线性吸收相联系,但实际上它属于散射光谱,其行为可以用无孔近场显微镜的点-偶极子模型解释,而不是通常意义上的吸收光谱。这也是红外近场光谱具有高灵敏度的原因,如果是通常意义上的吸收光谱,由于几十纳米的样品对红外光所产生的线性吸收很弱,由此获得的光谱对比度将低得多。

7.2.3　近场主动应用

近场光学显微镜除了可以作为探测器对样品进行被动的成像、光谱等研究,还可以对样品实施主动操控。利用近场探针产生的高度局域光源,可以在纳米尺度上对样品的性质加以改变,实现超高空间分辨的近场光刻、近场光存储等主动应用。以光刻应用为例,人们首先关心的是如何有效降低光刻制备的结构尺度。受限于有限的材料折射率,即使采用油浸物镜或者固体浸没透镜通常也只能将远场透镜聚焦的分辨率提高一倍。这样,采用远场方法提高分辨率就只能靠不断降低入射光波长,如采用 X 射线光刻、电子束曝光或紫外光刻,上述方法已经在大规模集成电路的生产中获得成功。但波长的改变意味着从光源到透镜等一系列设备都要做出改变,因此这种方法成本很高。此外,上述工艺的使用范围也受到一定的限制,例如并不是很适于分子体系、液体环境等。而近场光学技术使得在可见光波段获得纳米尺度的局域光源成为可能,因此自从近场光学技术诞生以来,各种近场光刻方案就相继被人们提出[99,100]。近场光刻的基本原理比较简单,主要是利用探针产生的局域纳米光源照射样品,使样品的性质发生局域改变,直接或经过一定的后处理程序后形成纳米结构。具体来说,很多表面修饰机制都可以用来实现近场光刻:最常规的是直接利用光刻胶的曝光[101];此外还可以利用光化学反应,如含有偶氮苯(azobenzene)的聚合物在光照下的光异构[102]、一些材料的光化学腐蚀等;也可以利用一些光物理效应,如激光尤其是飞秒脉冲激光对材料的烧蚀作用[103]等,这些方法都可以在样品上制备纳米结构。和通常的近场成像、近场光谱应用类似,无论是最初的有孔 SNOM 还是后来的无孔 SNOM,都可以用来实现近场光刻,相对来说,无孔技术一般可以获得更高的空间分辨率,特别是针尖增强近场光刻。

近场光刻的一个典型例子是有机聚合物薄膜材料上的纳米结构加工，Credgington 等用近场光学显微镜直写的方法，制备了共轭聚合物 poly（*p*-phenylene-vinylene）（PPV）的纳米结构[104]。PPV 及其衍生物是非常重要的有机光电材料，在发光器件和光电池等有机光电器件中具有广泛应用，而 PPV 纳米结构的制备可以为更复杂的集成有机光电器件的实现提供基础。实验中采用通光孔径约为 50 nm 的有孔近场探针，入射激光波长为 325 nm。首先在衬底上用旋转甩膜（spin-cast）的方法制备约 15 nm 厚的预聚体薄膜，然后在近场探针出射的紫外光照射下，曝光区域的预聚体由可溶性变成不可溶，利用甲醇溶剂可以洗掉未曝光区域的预聚体，而只有曝光区的纳米结构得到保留，最后在真空中经过 5 h 的热退火，预聚体被完全转化为共轭聚合物 PPV。由于实验中薄膜很薄，在这么短的距离内有孔近场探针出射的光发散很小，因此通过曝光获得的纳米结构的尺度可以与探针孔径相当。当然，具体的结构尺度和曝光量的多少关系很大，图 7.27（a）给出了通过常规 AFM 扫描获得的 PPV 纳米点阵的形貌图，从左到右的点分别对应曝光时间为 50～1 000 ms，相应得到的纳米点的宽度为 50～300 nm。可以看到，过低的曝光时间下获得的结构可重复性差，而过高的曝光时间获得的结构尺度大。最佳的曝光时间在 100 ms 左右，由此获得的结构同时保证了良好的可重复性和小的结构尺度，此时 AFM 测量曲线给出的结构半高全宽约为 55 nm［图 7.27（b）、（c）］，只比探针的通光孔径略大一点点。通过上述近场光直写方法制备的 PPV 纳米结构，制备过程中不会对 PPV 材料产生附属的破坏，因此 PPV 纳米结构的光电性能得到了很好的保留，为进一步实现高度集成的主动有源器件提供了良好的基础，这也是上述近场光刻方法相对其他纳米制备技术的重要优点之一。此外，近场光刻还具有无需昂贵的掩膜、加工结构任意可变等优点。

与常规远场光刻技术中的大面积同时曝光不同，一般近场光刻方法只能通过扫描探针进行逐点顺序加工，而通常用于近场成像和近场光谱应用的探针扫描速度较慢，很难实现大范围和大面积的样品加工。因此，近场光刻技术要想真正走向实用，还必须要设法提高加工速度。为解决这一问题，Haq 等将扫描探针显微技术中的多探针扫描技术引入近场光学中，通过 16 个近场探针同时扫描大大提高了近场光刻的加工速度和加工范围[105]。实验中采用微加工方法制备 AFM 悬臂式近场探针，每个 3 英寸硅片上可以制备 168 个芯片单元，每个单元包括 16 个探针，探针表面覆盖铝膜，铝膜上开一个孔径约 100 nm 的通光孔。图 7.28（a）、（b）、（c）分别给出了单个探针的结构示意图、相邻探针的几何尺寸以及多个探针的光学像。实验中，每个近场探针拥有独立的反馈控制系统，可以同时将所有探针与样品的间距稳定控制在 20 nm 以下。为了同时给所有的近场探针提供激光，并且能够单独控制每个探针中激光的开、关，有了两种不同的方案：一种是采用液晶空间光调制器（SLM），另一种是结合数字镜阵列与布儒斯特角波带片。配合一定的透镜聚焦后，这两种方法都可以同时在 AFM 悬臂探针阵列的每个通光孔处产生接近衍

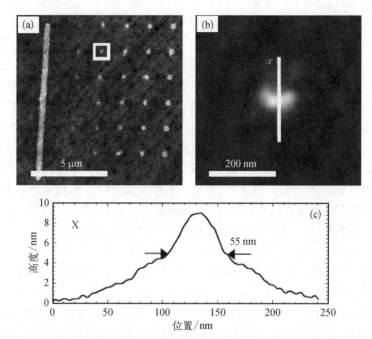

图 7.27 近场光刻制备的 PPV 纳米点阵的 AFM 扫描形貌图[104]

（a）大范围的扫描图,从左到右各列的曝光时间分别为 50 ms、100 ms、200 ms、500 ms、1 000 ms;（b）最佳曝光
条件下(100 ms)某个纳米点(左图中方块所示)的放大图;（c）沿(b)图中 x 截线所示的样品高度分布

射极限的聚焦光斑,并且可以用电脑方便地控制每个探针中激光的开、关。
图 7.28(d)、(e)、(f)是采用第二种方案并控制 16 个探针中的 3 个探针通光,由此
在光刻胶上同时制备出的三个相同纳米结构的 AFM 扫描形貌图,右边的结构是在
较强的入射激光功率下(128 μW)制备的较粗的线条结构(半高全宽约 280 nm),
控制激光的开、关可以使线条结构连续或断开,图的左下角则是在弱得多的激光功
率下(4 μW)制备的点阵列。图 7.28(g)显示的是图 7.28(e)中左下角的点阵列的
部分放大图,随曝光时间的变化(0.4~2.0 s),相应制备的纳米点的尺度也发生变
化(70~230 nm)。上述结果验证了多探针系统的并行近场光刻功能,虽然实验中
只使用了 16 个近场探针,但原则上探针的数量还可以更多。特别值得指出的是,
上述系统不仅能在空气环境,还能在液体环境中进行近场光刻,图 7.28 中的结构
实际上就是液体环境下制备的样品,而液体环境下的纳米光刻技术在纳米尺度的
光化学反应控制和生物体系方面具有非常重要的应用前景。

除了多探针并行近场光刻技术,也有研究者致力于近场探针扫描速度的提高。
常规近场探针通过一定的反馈控制机制使近场探针与样品的间距稳定在一个很小
的距离,反馈控制一般会对扫描速度的提高形成很大的限制。张翔组用表面等离
激元透镜(plasmonic lens)代替常规的近场探针来获得纳米尺度的光源,并将表面
等离激元透镜制备在高度平整的高速扫描头上,而旋涂了光刻胶的衬底在扫描头

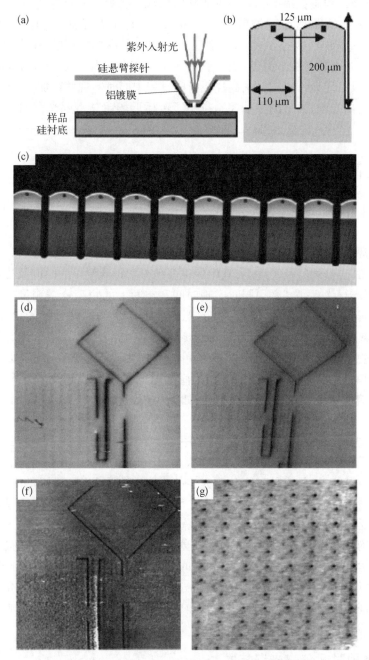

图 7.28　(a) 单个探针的结构示意图;(b) 相邻探针的几何尺寸;(c) 多个探针的光学像;
(d)~(f) 为控制 16 个探针中的 3 个探针通光,由此同时制备的三个相同纳米
结构的 AFM 扫描图,图右边是较粗的线条结构,左下角是点阵列;
(g) 为图(e)左下角点阵列的放大图[105]

下方高速旋转,利用扫描头和光刻胶间高速相对运动所产生的空气动力学效应,可以把两者之间的距离稳定控制在 20 nm 左右,而无需任何主动的反馈控制机制[106]。通过这种巧妙的方法,可以实现 12 m/s 的超高扫描速度,比常规扫描头的速度提高了几个数量级。另外,由于扫描头上可以集成加工多个表面等离激元透镜,因此该设备还允许在扫描头高速飞行的过程中同时实现并行加工。

除了近场光刻,类似的主动控制应用还包括近场超高密度光存储[107,108]、近场光镊技术[109,110]等,这里不再一一介绍。

7.3 超高时间分辨飞秒近场光学

接下来介绍近场光学显微领域中的一个重要前沿内容——超高时间分辨飞秒近场光学。在科学研究中,时间和空间分辨测量都是非常基本和非常重要的手段,并且两者常常是紧密联系在一起的。对于近年来受到广泛关注的介观体系和纳米材料,由于其自身的特征尺度小,其中的很多动力学行为发生的时间尺度也是超快的,因此要进行深入研究必须同时实现时间和空间上的超高分辨测量。近场光学显微技术可以提供超高的空间光学分辨,再结合一定的时间分辨光谱技术,就可以同时实现光学上的时间-空间超高分辨测量。例如,使用脉冲激光激发单分子荧光,通过近场探针收集后用时间相关单光子计数技术进行探测,可以对不同空间位置的单分子荧光寿命进行测量,相应的时间分辨可以达到亚纳秒量级。进一步采用响应速度更快的光电探测器,如条纹相机,时间分辨还可以提高到皮秒量级。

然而,由于受到响应速度的限制,采用电子学和光电子学方法所能达到的最小时间分辨只有皮秒量级,这对于很多超快动力学过程来说是不够的。而随着超短脉冲激光技术的发展,飞秒时间分辨光谱技术[111]实现了飞秒量级的时间分辨,在半导体材料的载流子弛豫[112]、化学反应动力学[113]、光合作用等超快过程研究中得到了广泛的应用。普通的远场飞秒光谱技术由于衍射极限的限制,无法对纳米结构的非均一性所造成的精细结构加以分析,因此有必要在超越衍射极限的尺度上进行光学探测。结合飞秒技术的高时间分辨和近场光学的高空间分辨,飞秒近场系统可以同时获得时间空间上的超高分辨光学信息,这为人们研究介观尺度下的超快物理过程提供了有力的工具,从而也成为近场光学显微技术领域中一个非常有特色并富有发展前景的方向。

7.3.1 飞秒时间分辨光谱技术

物质的运动过程都有着相应的特征时间,比如人的一次眨眼需约 0.1 s,一次闪电在约 0.1 ms 的时间内完成能量释放,当代电子计算机的时钟约为 1 ns,等等。除了人们日常生活中熟悉的过程之外,在科学研究中,很多物质的运动过程都发生在非常短的时间尺度内。比如,在化学反应过程中,化学键的断裂与形成基本发生在皮秒及亚皮秒的时间量级;原子内部电子的运动就更快了,其"周期"(与经典图像类比)大致处于阿秒($1\,\mathrm{as} = 10^{-18}\,\mathrm{s}$)的量级。如此之快的运动过程,即使用现有最好的电子学或光电子学手段也无法探测,因为电子/光电子仪器的响应时间基本上处在皮秒及以上的水平。这就如同给一个运动过程拍照,如果快门的开关时间比运动过程还长,那么我们是无法分辨该运动过程的具体信息的。

值得庆幸的是,随着飞秒激光(femtosecond laser)的出现和发展,人们获得了一种新的技术手段——飞秒时间分辨光谱技术[111],可以用来研究发生在极短时间尺度内的运动过程。从 20 世纪 60 年代初激光器诞生以来,激光技术发展迅猛,很快就出现了调 Q 的脉冲激光器,其脉宽已经是纳秒量级,时间测量的分辨率已经可以和电子学器件相比拟。从 20 世纪 80 年代初诞生并迅速发展起来的飞秒脉冲激光技术,它的出现给科学和技术带来了巨大的冲击。从早期的碰撞锁模染料液体激光器到现在已经成熟的以钛蓝宝石为代表的固体激光器,飞秒激光脉冲的脉宽逐渐缩短,峰值功率逐步提升,为科研和工业应用带来极大便利。现在实验室能产生的周期量级飞秒激光脉冲,其脉宽已短至 5 fs 以下,一个脉冲内大约只含有不到两个光周期。除了利用高峰值功率的飞秒脉冲产生的阿秒高次谐波以外,这种从激光器里直接出来的周期量级飞秒脉冲是目前人们能获得的最快的人造过程。有了飞秒超短脉冲,人们就如同获得了一个开关速度非常快的快门,可以用它去测量一些时间上非常快同时也非常重要的过程,如前面提到的化学反应等。美国加州理工大学的 Zewail 教授就是因利用飞秒脉冲激光研究化学反应动力学上的成就而获得了 1999 年诺贝尔化学奖。

飞秒时间分辨光谱技术实现超高时间分辨的关键在于相关测量技术。由于飞秒激光脉冲是目前最短的人造过程,其他任何手段都无法跟它的速度相比,因此无法用别的方式测量,只能用飞秒激光脉冲自己来测量自己(相关测量)。研究人员已经发明了几种成熟的相关测量技术,比如 FROG、SPIDER 等。以和频测量为例说明相关测量的原理:将待测激光脉冲分束为两束,通过光学延迟线之后,两者再合束到和频晶体上。当两个脉冲在时间上完全重合时,可以给出最大的和频信号;当两者存在一定的时间延迟时,给出相应减小的和频信号;当两者时间延迟大于脉冲宽度时,两个脉冲在时间上不重合,没有和频信号。因此,根据和频信号强度随两个脉冲之间延迟时间的变化曲线,我们就可以反推出超短脉冲的脉宽。这里,相关测量过程的关键在于利用了光速 c 这个非常大的常数,它将非常短的脉冲延迟时间的测量转化为对光束光程差的测量。我们很容易得知 10 fs 的时间间隔大约对应着 3 mm 的光程差,而这个光程差在空间上很容易通过步进马达得到。这个转化非常关键,也是为什么利用现有的慢响应光电子器件和超短激光脉冲就可以获得飞秒级时间分辨的原因。

目前基于相关测量技术发展起来的飞秒超快光谱技术有很多,包括泵浦-探测、光克尔、瞬态光栅、荧光上转换、荧光参量放大等。其中很重要同时也很常用的一个技术是飞秒泵浦-探测技术,它的核心思想是将飞秒超短脉冲按照一定的能量比(如 10∶1)分束为泵浦光和探测光两束,两者以一定的相对时间延迟先后照射样品。一般而言,泵浦光功率较高,照射样品后会激发样品中的动力学过程,使样品状态发生瞬时改变,紧接着,样品状态的改变会按照其固有的动力学规律演化。在其状态演化的过程中,探测光经过不同的时间延迟照射样品,由于样品状态的改变,探测光的一些特征量(如透射率、反射率、偏振状态等)会相应发生改变,测量探测光这些性质的改变就可以反推出不同延迟时间下样品中某些物理量的变化。通过扫描光学延迟线连续改变时间延迟,即可获得不同时间延迟下的完整的泵浦-探测曲线,该曲线包含样品中某些物理量的动力学信息。

目前,飞秒时间分辨光谱技术已成为研究者的有力工具,并衍生出大量交叉研究领域,如飞秒物理、飞秒化学、飞秒生物等。在物理领域,研究者们利用飞秒超快光谱技术开展了金属、半导体等许多材料内部的载流子动力学研究,包括石墨烯的载流子动力学等[114];利用飞秒激光的高峰值功率,人们还开展了多种原子分子物理研究,包括隧道电离、高次谐波、分子取向、库仑爆炸等[115]。在化学领域,对化学反应中断键、成键过程的研究催生了飞秒化学,让人们第一次细致地了解到化学反应是如何发生的。在生物领域,蛋白质、DNA 等大分子的溶剂化动力学、光合作用机制、基因突变的机制及过程等都是飞秒生物的研究内容。总之,飞秒时间分辨光谱技术已经得到了长足的发展,并形成了大量的交叉学科,在科学研究中发挥了越来越大的作用。

7.3.2 飞秒技术和近场技术的结合

结合飞秒时间分辨光谱技术和近场光学显微技术,飞秒近场系统可以同时获得时间空间上的超高分辨光学信息,这对于研究纳米材料和介观体系的超快动力学具有非常重要的意义。而且,飞秒近场也是目前唯一可以同时实现飞秒时间分辨和纳米空间分辨的光学手段,因此具有不可替代的作用。

在 20 世纪 90 年代,Lewis 等就提出了关于飞秒近场系统的一些设想[116]。Smith 等大约在同一时间开始了建设飞秒近场系统的早期工作[117,118],并成功获得了 100 fs/100 nm 的时空分辨。然而,由于飞秒时间分辨光谱技术和近场光学显微技术本身都比较复杂,两者的结合就更为困难。尤其是近场光学显微镜本身的信号微弱,结合飞秒时间分辨技术后系统的信噪比很低,实现起来难度很大。到目前为止,国际上也只有为数不多的小组实现了飞秒近场系统,比较成功的包括瑞士的Keller 小组[119-124]、德国的 Guenther[125-128] 和日本的 Imura[129-131] 等;在国内,北京大学的龚旗煌组成功实现了目前国内唯一的一套飞秒近场系统[132-134]。

由于近场光学显微镜具有不同的工作模式,飞秒近场系统相应的也有不同的选择[135]。最简单的是采用泵浦光、探测光同时从远场激发样品,探针用收集模式从近场收集探测光信号以实现对泵浦-探测信号的空间高分辨探测[图 7.29(a)]。
这种方法的优点是泵浦光经物镜远场聚焦后可以实现大的样品激发强度,因此样
品的泵浦-探测信号相对较大;缺点是近场探针收集的探测光信号弱,并且杂散光
多,信号噪声大。与之相反的是泵浦光、探测光采用照明模式,通过探针从近场激
发样品,然后从远场收集[图 7.29(b)]。由于探针透过率低,而太高的入射功率又
会造成探针的损坏,所以这种配置下一般无法达到很高的样品激发强度,泵浦-探
测信号的绝对值相对较小,适合具有高透过率的探针。其优点是照明模式对探测
光信号的收集效率较高,探测光噪声较小。另一种方式结合了以上两种模式的
优点,采用泵浦光从远场激发样品,以保证高的样品激发强度;而探测光通过探
针从近场照明样品,然后从远场收集探测光信号[图 7.29(c)],以获得较高的探
测光收集效率和较低的探测光噪声。这种混合模式原则上可以获得最好的信噪
比,但由于泵浦光、探测光采用不同的光路,其系统也最为复杂。此外,也有采用
泵浦光、探测光同时从探针近场激发,再利用探针近场收集的[图 7.29(d)],也就
是照明-收集模式,该模式下两次经过近场探针后信号强度很低,但由于不需要额
外的远场光学系统,故整个光学系统最为紧凑简单,适用于低温等较为复杂的
环境。

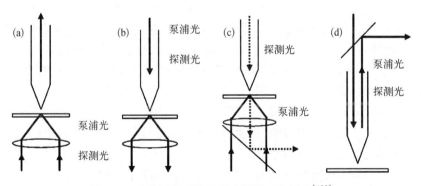

图 7.29　飞秒近场系统几种典型的工作模式[135]

(a) 泵浦光、探测光从远场激发样品,探针在近场区采集透射信号;(b) 泵浦光、探测光从近场激发样品,
利用远场光路收集信号;(c) 泵浦光从远场激发,探测光从近场跟样品作用,再利用远场光路收集探测光;
(d) 泵浦光、探测光都从近场激发样品,样品反射的探测光再通过同一个探针收集

　　飞秒近场系统的时间分辨能力主要取决于泵浦光、探测光到达样品并与样品
发生非线性相互作用时的脉宽,这一点类似于通常的远场飞秒技术。因此对于泵
浦光或探测光通过光纤探针从近场激发样品的系统,必须考虑到光纤对飞秒脉冲
的展宽问题。根据不确定关系,光脉冲在时间上的宽度越小,其相应在光谱上的宽
度就越宽。对于常见的脉宽百飞秒的飞秒脉冲来说,其对应的光谱宽度大概为
10 nm,而对于脉宽更短的飞秒激光,相应的光谱宽度还要更宽。由于光纤存在色
散作用,宽谱的飞秒脉冲中不同频率成分的光在光纤中传播速度不同,从而会造成

飞秒脉冲在时域上的展宽。例如,脉宽为 130 fs 的飞秒脉冲经过 1 m 长的光纤传输后,其脉宽可以展宽到大约 1 ps,如果不作处理直接使用将使飞秒近场系统的时间分辨能力降低约一个数量级。因此,实验中必须对光纤色散展宽加以补偿。采用棱镜对或者光栅对都可以预先引入负群速色散对光纤中的正群速色散加以补偿,从而使传输到样品时飞秒脉冲的脉宽刚好最短。由于引入的负群速色散的量与两个棱镜或光栅间的间距成正比,因此实验中可以通过调节间距使引入的负群速色散刚好与某个具体长度的光纤产生的正群速色散相抵消,从而达到最佳的补偿效果。图 7.30 给出了不同光栅间距下对一段光纤进行色散补偿的实验结果,随着光栅间距的增加,测得补偿后的脉宽先减小后增大。最佳补偿光栅间距约为 5.5 mm,此时补偿后的脉宽约为 160 fs,与初始脉宽(130 fs)的差别不是很大,相对于补偿前的脉宽(850 fs),补偿的效果明显[135]。

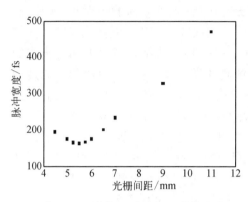

图 7.30　不同间距的光栅对补偿光纤色散后测得的脉宽[135]

从理论上说,如果只考虑光纤最低阶的线性群速色散,采用棱镜对或光栅对可以将光纤色散完全补偿。这意味着对于脉宽不是太窄、光谱不是太宽的百飞秒级脉冲,可以基本补偿回原始脉宽。但对于脉宽更短的飞秒激光,光纤的高阶色散不能忽略,补偿问题就更为复杂。另一个需要考虑到的问题是光纤的非线性,当入射到光纤中的光功率超过一定强度后(对于百飞秒的振荡级激光器大约在平均功率 5 mW),由于光纤的非线性效应,将会造成脉冲的非线性展宽[121],这种展宽无法通过棱镜、光栅之类的简单线性色散元件加以补偿。考虑到过高的入射功率很可能造成探针的损坏,实际光纤探针的入射功率一般不超过 1 mW,这种情况下光纤的非线性色散基本可以忽略。此外,以上考虑的都只是光纤本身的色散,纳米尺度的光纤探针头对飞秒脉冲时域传输的影响还要单独加以分析,实验表明,同样长度的带有纳米探针头和没有纳米探针的普通光纤其补偿后的脉宽差别不大[117],Müller 等采用 FDTD 方法在理论上对飞秒脉冲在纳米探针头中的传输进行了模拟,计算结果也表明纳米尺度的探针本身对脉冲的时域传输特性影响不大[136],不必单独加以考虑。总之,当入射到光纤中的光功率不是太大、脉冲宽度不是特别短时,通过棱镜对或光栅对引入负群速色散对光纤色散进行预补偿,可以有效保证飞秒近场系统的时间分辨能力。而对于泵浦光、探测光都从远场激发而探针采用收集模式的系统,由于超短脉冲在光纤中的传输展宽发生在泵浦光、探测光在样品中发生非线性相互作用之后,此时的展宽不会影响探测器最终探测到的信号光强度,因此通常不需要考虑脉冲展宽问题的影响。

　　飞秒近场系统的空间分辨能力则主要取决于近场探针的通光孔径,这一点类似于常规的稳态近场光学显微镜。随着通光孔径的减小,近场探针的通光效率会迅速下降,造成系统信号强度的降低,因此必须在空间分辨率和信噪比之间取得一个平衡。考虑到飞秒近场系统探测的是非线性信号,其信号强度比通常近场显微镜所探测的线性信号低得多,为了保证一定的信噪比,通常只能牺牲部分空间分辨能力,选择通光孔径较大的探针。目前飞秒近场系统的空间分辨能力一般在 50～200 nm,以 100 nm 左右最为常见。

　　信噪比的提高是飞秒近场系统的另一个核心问题。以最常见的瞬态透过实验为例,由于近场实验中探测光信号本身较弱,其瞬态变化也就是泵浦-探测信号就更小(这个瞬态变化是由泵浦光引起的材料光学性质改变导致的,由于材料的非线性系数一般不大,因此这个瞬态改变量通常在探测光信号的千分之一以下),因此探测系统必须有效抑制强的泵浦光背景信号,以免引入不必要的噪声。在通常的远场泵浦-探测实验中,由于泵浦光、探测光可以采用非共线配置,两者沿不同方向传播后在空间上很容易分离,故泵浦光对探测光信号的噪声贡献很小。而在采用共线配置的飞秒近场系统中,比如泵浦-探测光同时从远场或探针激发[图 7.29(a)、(b)],泵浦-探测光将无法直接在空间上分离,为此必须引入其他方法抑制泵浦光。常用的办法之一是采用双波长泵浦-探测,即泵浦光、探测光选择不同的波长,再利用滤光片滤掉泵浦光。这种方法对泵浦光的抑制效果很好,缺点是波长选择受到限制。另一个常用的办法是采用 EPC(equal pulse correlation)方法[118],即采用完全相同的泵浦光和探测光,对泵浦-探测光不做区分。由此得到的泵浦-探测信号曲线相对于时间延迟零点对称,通过解卷积可以得到通常意义下的泵浦-探测曲线。其最大的优点是光学系统简单,缺点是信噪比相对较低。而对于采用泵浦光远场激发探测光近场激发的系统[图 7.29(c)],泵浦-探测光可以直接从空间上分离,不过此时近场探针激发的探测光强度远远小于远场激发的泵浦光强度,因此必须对泵浦光的背散射信号加以抑制,比如可以通过空间针孔滤波只对近场探针附近的小区域光场进行收集,以降低原本大面积的泵浦光散射信号的贡献;还可以利用泵浦光、探测光在偏振上的差异,通过偏振片滤光降低泵浦光散射信号的贡献[121]。此外,采用具有高通光率的高性能近场探针,并适当牺牲空间分辨选择大孔径探针,都是提高飞秒近场系统信噪比的有效手段。除了以上提到的各种光学方法上的考虑,采用锁相探测是人们进一步提高探测系统灵敏度的常用方法。由于泵浦-探测信号同时依赖于泵浦光和探测光,对泵浦光和探测光分别采用不同的频率进行调制,再探测其差频或和频信号,就可以得到单纯的泵浦-探测信号成分,同时有效消除泵浦光、探测光本底和其他无关的噪声信号。借助于机械斩波器或者声光调制器,可以很方便地对泵浦光、探测光进行调制。通常调制和探测的频率越高,对系统信噪比的提高越明显。

7.3.3 飞秒近场系统应用

飞秒近场系统可能的应用范围是比较广泛,如超精细微制备[137,138]、超快纳米光源及光开关[116]、光子学器件中超短脉冲的追踪等,当然其最主要的应用还是集中在超快光谱学上,即用于研究材料特别是空间小尺度材料体系的超快光学性质,其超高时空分辨能力是获得介观结构局域超快光学信息的关键,具有不可替代的作用。典型的材料体系包括半导体纳米结构和金属纳米结构等。

1. 半导体纳米结构

在基于半导体物理的光子设备领域,很多基本的物理过程都发生在飞秒时间和纳米空间尺度上,飞秒近场光谱学以其超高的时间和空间分辨能力,在半导体纳米结构的超快现象研究中具有重要意义。下面通过几个典型的例子加以展示并由此说明飞秒近场系统的具体工作方式。

半导体量子阱中的载流子动力学是一个典型问题。Keller 组用 GaAs 单量子阱作为样品[119,120,124],通过聚焦离子束(FIB)向量子阱中注入 Ga 离子,注入区为周期性条纹结构。由于离子注入区形成了大量缺陷,将加速该区域内的载流子弛豫过程,进一步影响整个量子阱中的载流子动力学。实验中所用飞秒近场系统如图 7.29(c)所示,泵浦光通过远场透镜聚焦后大面积激发样品,产生载流子,探测光经过探针从近场局域照明,利用透镜从下方收集透射的探测光。由于基态抽空和激发态填充效应,泵浦光激发样品产生的光生载流子将导致探测光的透过率增加,形成瞬态透射信号,也就是泵浦-探测信号,其强度正比于载流子浓度,因此对泵浦-探测信号进行时间空间分辨测量就可以给出载流子浓度在时间空间上的分布。

具体的信号采集有两种模式:一种是固定泵浦光、探测光的相对延迟时间,而近场探针对样品在空间上进行扫描,由此可以得到激发后某时刻载流子在空间上的分布;另一种是固定探针的空间位置,扫描时间延迟线,得到的是某一特定样品位置上载流子浓度随时间的演化过程。图 7.31(a)中的实线是第一种模式下的结果,分别是延迟时间为 4 ps 和 80 ps 时,沿垂直于条纹方向上扫描探针所得到的泵浦-探测信号,中间的暗区指示出实际注入条纹位置,其宽度为 100 nm,间距 2 000 nm。从泵浦-探测信号来看,离子注入区由于缺陷多,载流子捕获严重,故载流子浓度低,泵浦-探测信号小;非离子注入区缺陷少,载流子浓度高,泵浦-探测信号大;而由于载流子的扩散运动,中间过渡区的载流子浓度介于前两者之间。随着延迟时间的增加,载流子浓度空间分布由高度不均匀趋向于平滑,直接反映出载流子空间横向扩散运动的影响。图 7.31(b)显示的则是第二种模式下的结果,分别给出了离子注入区中心及距离中心 $0.4~\mu m$ 和 $0.8~\mu m$ 处载流子浓度随时间的演化过程。可以看到条纹中心载流子弛豫最快,以缺陷捕获造成的弛豫为主,也包括较慢的复合弛豫贡献;其次是距离中心 $0.4~\mu m$ 处,其弛豫是载流子向条纹区的扩散运动与直接复合弛豫共同作用的结果;而距离中心 0.8 μm 处弛豫最慢,因其离条纹中心远,扩散弛豫贡献小。上述物理过程可以用连续性方程描述,同时考虑载流子扩散、捕获和复合过程之后,对实验结果的拟合结果如图 7.31(a)、(b)中虚线所示,与实线显示的实验数据符合很好。这里可以看到,借助两种不同的工作方式,飞秒近场系统可以全面给出载流子时间空间演化的详细信息,对于半导体纳米结构中的载流子弛豫动力学研究具有重要意义。

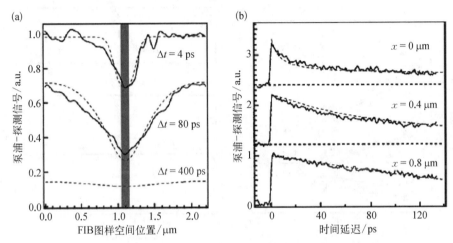

图 7.31　(a) 固定延迟时间扫描空间下的泵浦-探测信号分布;(b) 固定探针空间位置扫描时间延迟线的泵浦-探测信号演化[120,124]

　　除了时间和空间维度,如果进一步改变激光波长,飞秒近场系统还可以给出光谱维度的信息。Keller 组在实验中测量了单个 V 沟槽型 GaAs 量子线中不同位置上的量子化能量涨落[122,124],所用的实验系统与前面的量子阱实验相同。图 7.32(a)给出了在最低激子跃迁能量附近几个不同波长处获得的泵浦-探测曲线,采集时固定探针在量子线上的位置不变。对于不同的入射光子能量,信号都有一个快衰减的正的光漂白成分,源于激子的相空间填充和屏蔽效应。而泵浦-探测信号中的慢弛豫过程,其符号与光子能量有关:超过激子共振能量,非线性信号为正,导致光漂白;低于激子共振能量,非线性信号为负,导致光致吸收,可以认为是源于泵浦引起的激子共振吸收展宽。图 7.32(b)进一步给出了激子共振附近慢弛豫成分信号强度随入射光子能量的变化,其强度和符号对光子能量相对于激子共振能量的失谐量非常敏感,在失谐零点附近可以近似为线性。这样,在失谐零点附近,通过测量某一固定波长下的慢弛豫泵浦-探测信号强度,可以反推出失谐量的大小,并由此得到相应的激子共振能量。图 7.32(c)是通过改变近场探针的位置,从而在量子线上不同位置处得到的慢弛豫泵浦-探测信号强度和相应的能量失谐,该能量失谐就是量子线上的量子化能量涨落,是由于量子线上不同位置的厚度涨落造成的。单层 GaAs 厚度为 0.3 nm,对应的量子能级涨落为 12 meV,正是图 7.32(c)中对应的能量涨落值,该结果也和样品低温 PL 谱线宽度(14 meV)相当,说明 PL 谱宽主要来自量子结构的非均匀展宽。

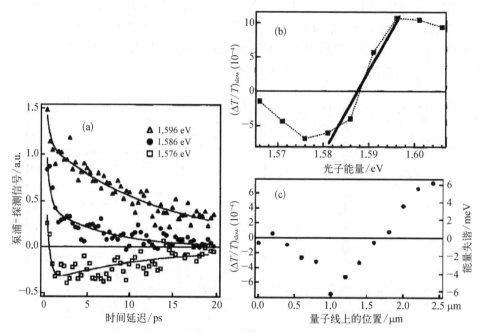

图 7.32 (a) 不同入射波长同一空间位置上泵浦-探测信号的时间演化;(b) 激子共振能量附近慢弛豫泵浦-探测信号强度随光子能量的变化,失谐零点附近近似为线性;(c) 同一量子线上不同位置处慢弛豫泵浦-探测信号强度及由此推算的能量失谐(入射光子能量一定)[122,124]

除了半导体量子阱和量子线,利用飞秒近场系统还可以研究尺寸更小的半导体量子点结构[127,128,139]。2002 年,Lienau 小组[127]利用飞秒近场系统(图 7.33)直接观察到了单个 GaAs 量子点的非线性光学响应。该工作发现在量子点激子共振能量附近,在负的时间延迟下瞬态反射光谱给出了明显的振荡结构,第一次为量子点中激子极化的自由感应衰减(free induction decay)受到多体效应干扰提供了直接证据。该工作也为利用外加电磁场超快地调控量子点中激子的极化提供了可能性,为下一步利用半导体量子点实现量子信息处理打下基础。三年后,该小组在 *Physics Review Letters* 上报道了他们利用两个间距很近的 GaAs 量子点所做的相干非线性光学调控的工作[128]。由于两个量子点距离很近,两者由偶极相互作用耦合起来。在共振的皮秒激光脉冲激发下,第一个量子点中发生激子跃迁,布居数产生拉比振荡;由于偶极相互作用,第二个量子点的激子跃迁光谱会发生位移,同时伴随拉比振荡,也已被观察到。虽然在这个工作中两个量子点的耦合强度并不高,在环境影响下很快会退相干,不过这种两个量子点之间的耦合以及相干调控为未来量子逻辑门的实现做了很好的探索。

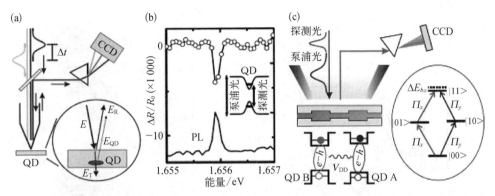

图 7.33　(a) 对单个量子点进行近场泵浦-近场探测实验的配置；(b) 单个量子点的近场 PL 谱
（实线）以及在延迟时间为 30 ps 时的微分反射谱（圆圈），插图给出量子点能级
示意图[127]；(c) 两个激光脉冲以一定时间延迟通过近场光学探针激发并探测
两个临近量子点的非线性光学响应，量子点以偶极相互作用 V_{DD} 耦合，
插图给出量子点能级示意图及光学跃迁选择定则[128]

2. 金属纳米结构

除了半导体纳米结构，金属纳米结构也是飞秒近场系统研究的重要领域。未
来的信息处理技术需要更高的集成度和更快的处理速度，金属表面等离激元被认
为是下一代高度集成的纳米光子学器件的有力竞争者，近年来研究者也展示了电
光、声光、热光调制的主动表面等离激元器件[140]。然而，拥有超短的响应时间、全
光控制的有源表面等离激元器件并不容易实现。其中一种可能的方案是利用金属
本身的激发态电子超快弛豫过程，因为激发态电子的存在会改变金属的介电常数，
提供超快非线性光学响应，从而导致对器件的有源调控[141,142]。为此，金属纳米结
构中激发态电子的超快弛豫动力学必须被很好地研究和理解。由于上述问题同时
涉及空间上小尺度的金属纳米结构和时间上超快的激发态电子弛豫过程，因此要
深入进行研究需要一种同时具有时间与空间高分辨率的技术手段。

飞秒近场系统的时空同时高分辨能力使这种研究成为可能。Imura 等利用一
套单波长飞秒近场系统，最早开始这方面的研究[130]。他们研究的体系是化学方法
合成的金纳米棒，控制好一定的条件，在湿法合成的金纳米颗粒中，能得到较高产
率的金纳米棒，其长径比从 1∶3 到 1∶10 不等。对于给定长径比的单根金棒，近
场透射光谱上表现出明显的表面等离激元共振特征峰。图 7.34(a) 给出的是一个
长 180 nm、直径 30 nm 的金纳米棒的近场透射谱，主要有两个特征峰。530 nm 附
近的峰对应着沿金棒短轴方向的表面等离激元共振（称作横向 LSPR 共振）。
532 nm 光激发下的透射近场图像如图 7.34(b) 所示；850 nm 附近的峰对应着沿金
棒长轴方向的表面等离激元共振（称作纵向 LSPR 共振）。780 nm 光激发下的透射
近场图像如图 7.34(c) 所示。从透射近场图中可以明显看到对应的 LSPR 共振
模式。

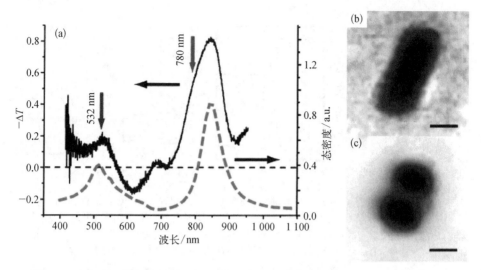

图 7.34　(a) 某一单根金棒的近场透射光谱；(b) 532 nm 光激发下的透射近场图像；
(c) 780 nm 光激发下的透射近场图像[130]

在得到稳态近场光谱的基础上，他们进一步进行了近场泵浦-探测测量，以得到激发态电子的弛豫动力学。激发光波长为 780 nm，采用泵浦光、探测光同时从探针激发[图 7.29(b)]，并且两者等光强的 EPC 方法。入射飞秒光首先激发金棒纵向表面等离激元共振，然后表面等离激元迅速弛豫并在金棒中激发热电子，热电子的存在将改变金的介电常数并导致探测光的透过率发生改变，也就是给出泵浦-探测信号。固定延迟时间扫描空间，在几个不同延迟时间下得到如图 7.35 所示的泵浦-探测信号图像，随延迟时间增加，泵浦-探测信号先增强后减弱。从空间分布上看，金棒两端信号强，中间信号弱，与纵向表面等离激元本征模分布相同，反映了激发强度对泵浦-探测信号强度的影响。Imura 等[130]将探测到的近场泵浦-探测信号直接对应于激发态电子的超快弛豫过程：选择金棒上不同位置的几个点，根据图 7.35 的结果得到图 7.36 中金棒不同位置上热电子弛豫的时间演化过程。所有点都包含一个相似的 600 fs 左右的快弛豫过程，对应电子-电子散射弛豫；而棒端各点(1、3、4、5)还包含一个 1.5~2.8 ps 的慢弛豫衰减，对应电子-声子散射弛豫。但对不同点慢弛豫过程的差异，特别是棒中心 2 点为什么只有快弛豫过程，还没有很好的解释。

北京大学的李智等注意到，上述实验中即使到了 +15 ps 的延迟时间，整个瞬态透过图像仍保持了类似于稳态分布的纵向 LSPR 共振特征，即两头亮中间暗，图像并没有表现出明显的空间分布特征改变，这一结果与前面介绍的半导体量子阱实验的结果（载流子浓度空间分布由高度不均匀趋向于平滑）完全不同，意味着实验中没有观察到激发态电子在空间上的横向扩散过程，这一点应该不符合实际情况。

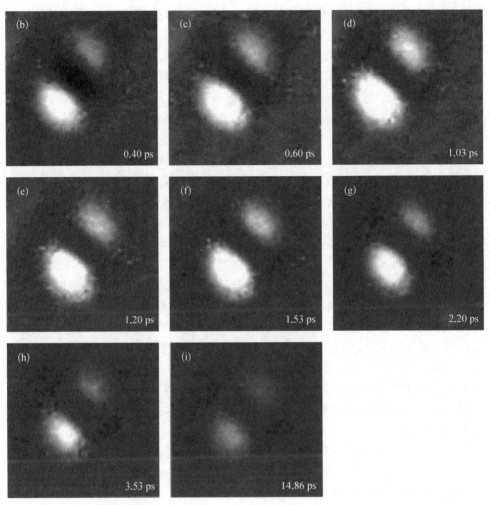

图 7.35　不同延迟时间下金纳米棒的瞬态透过图像信号分布[130]

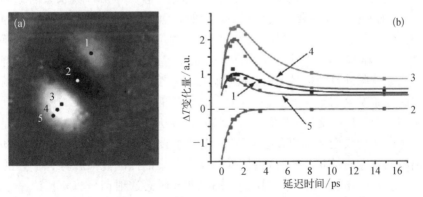

图 7.36　位置 1~5 上的瞬态透过信号随延迟时间的变化[130]

进一步分析后认为,该工作借鉴了前人研究半导体纳米结构的方式,采用单波长简并泵浦-探测的配置,但与半导体的情况不同,金属纳米结构中存在表面等离激元共振效应,因此该实验中波长处于金纳米棒纵向 LSPR 共振的探测光将与整个金棒上的电子发生集体相互作用,而不仅仅是与探针照明位置处的局域电子作用,这一点完全不同于半导体纳米结构。这里近场探针并不是真正的局域探测,获得的瞬态透射信号将主要由整个金棒的纵向 LSPR 共振所贡献,因此信号无法像半导体一样直接与载流子的空间分布相对应,这也是信号中无法直接观察到电子沿空间上的横向扩散效应的原因。几年后,Imura 等重新用泵浦光导致的表面等离激元局域态密度的改变来解释实验中近场泵浦-探测信号的物理意义[143],与上述想法相符。

那么能否像在半导体纳米结构中一样,在金属纳米结构中直接观察到激发态电子的时空弛豫行为呢? 李智等认为关键是探测光必须要保证局域探测,因此它的波长必须要避开表面等离激元共振激发,因为表面等离激元是电子的集体振荡,必然导致非局域探测[133,144]。为此,他们通过采用双波长泵浦-探测飞秒近场系统,特别是选择探测光波长位于不能激发表面等离激元的金带间跃迁波长处,成功地在一个金纳米狭缝样品附近探测到超高时空分辨的激发态电子弛豫动力学,并直接观察到了激发态电子在横向上的超快空间扩散过程。实验中,钛宝石激光器出射的飞秒激光脉冲(脉宽 120 fs,中心波长 1 000 nm,重复频率 76 MHz)被分成两束,一束经过光学延迟线,被用作泵浦光激发样品;另一束经 BBO 晶体倍频到波长 500 nm,从而匹配金的带间跃迁波长,被用作探测光。泵浦光和探测光经过一个双色镜合束后,由显微物镜聚焦到样品表面。透射信号由近场光纤探针(化学腐蚀法制备,镀金膜,通光孔径约 200 nm)收集,光纤另一端输出的信号经滤色片滤掉 1 000 nm 的泵浦光,只有 500 nm 的探测光被光电倍增管探测。用机械斩波器给泵浦光加上 1.2 kHz 的方波调制,配合一个工作在调制频率的锁相放大器就可以获得探测光的瞬态透射信号(也就是泵浦-探测信号)。

样品是金纳米狭缝结构,通过聚焦离子束(FIB)在厚度 20 nm 的金薄膜上刻蚀产生。当电场偏振方向垂直于纳米狭缝(TM 偏振)的 1 000 nm 波长泵浦脉冲照射到样品时,纳米狭缝将主要激发金膜下表面的表面等离激元,并和直接透射的泵浦光干涉[图 7.37(a)]。图 7.37(b)给出了金膜内部电场强度的有限元数值模拟结果,干涉周期为 620 nm,与金膜下表面(金/玻璃界面)的表面等离激元波长符合得很好。当泵浦脉冲打到样品上时,在其脉宽时间之内,空间周期性分布的电场将通过带内跃迁激发金的导带电子,并且激发态电子的初始空间分布与泵浦光电场强度的空间分布对应。之后,激发态电子将同时经历空间和时间上的弛豫过程。由于激发态电子会改变金膜的介电常数,给出瞬态透射信号,而探测光又位于没有表面等离激元效应的带间跃迁波长,故近场探针收集的探测光只和探针下方的局域激发态电子发生作用,因此时空高分辨的探测光瞬态透射信号将直接给出激发态电子的时空演化过程。

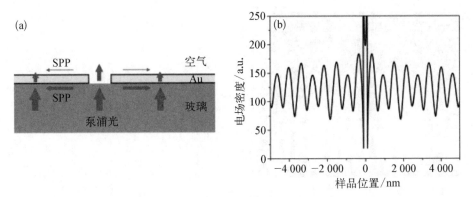

图 7.37　(a) 波长 1 000 nm 的泵浦光作用下表面等离激元产生及其与直接透射光干涉的示意图；
(b) 相应的金膜内部电场强度的有限元数值模拟结果(纳米缝位于样品中央 0 nm 处)[133]

　　图 7.38(a)给出了实验上测得的时间延迟从−333 fs 到 2.67 ps 下纳米狭缝附近同一截线上的泵浦-探测信号，其中时间零点定义为泵浦脉冲到达样品的时间。实验中同时得到的形貌像如图 7.38(b)所示，可以明显看到中央的纳米狭缝。总的来说，近场泵浦-探测信号给出了一个快上升和一个慢下降过程，这和前人在无纳米结构的金膜上所做的远场泵浦-探测实验结果相似[145,146]，说明近场泵浦-探测信号同样也反映了激发态电子的状态，类似于远场实验，其中的快上升和慢下降过程分别对应着电子-电子散射和电子-声子散射弛豫。当然，除了能给出激发态电子作为总体的时间弛豫过程，近场结果还能给出远场实验所不能提供的空间演化信息。如图 7.38(a)所示，当延迟时间增加时，泵浦-探测信号明显由空间周期性分布趋向于均匀分布。图 7.38(c)展示了四个典型时间延迟下的近场泵浦-探测信号，可以看到，在延迟时间为−333 fs 时(也就是泵浦光激发样品之前)，泵浦-探测信号不给出任何周期性结构，是由长寿命的热效应贡献的背景信号；延迟时间 0 fs 时，周期约 610 nm 的周期性信号开始出现，与有限元方法数值模拟的金膜内泵浦光电场强度分布类似，这是因为激发电场的分布决定了金膜内激发态电子的初始分布；在延迟时间 660 fs 处，尽管泵浦-探测信号的整体强度比延迟时间 0 fs 时要大，周期性信号的对比度却减小了；而在延迟时间 2 ps 处，虽然泵浦-探测信号仍然比−330 fs 时的信号大得多，但信号的周期性结构却已经几乎不能辨认了。为了得到周期性信号的衰减时间，图 7.38(a)中相邻的一个峰(2 000 nm 处)和谷(2 300 nm 处)之间的信号对比度被抽取出来并画在图 7.38(d)中，相应的单指数拟合给出了一个超快的衰减时间，约为 676±135 fs。

　　根据文献[145]和[146]的报道，激发后的电子可以大致被分为热电子(已达到热平衡)和非热电子(未达到热平衡)。电子被光激发后，首先是非热平衡的，随即它们会在约 500 fs 的时间尺度上通过电子-电子散射达到热平衡。而在 500 nm 波长处进行探测，得到的泵浦-探测信号主要由热电子贡献[145]，因此实验测量到的

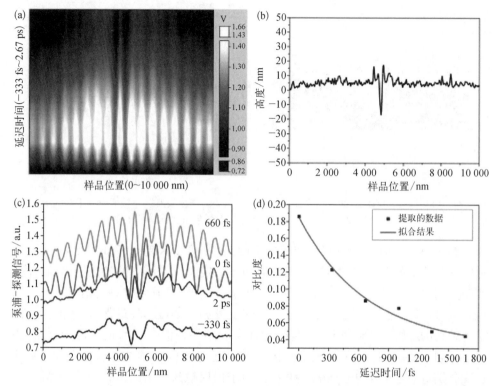

图 7.38　(a) 延迟时间从 −333 fs 到 2.67 ps 的金纳米狭缝附近的近场泵浦-探测信号；
(b) 近场扫描同时得到的形貌像；(c) 从图(a)中抽取出的四个不同时间延迟下
(−330 fs、0 fs、660 fs 和 2 ps)的泵浦-探测信号；(d) 从图(a)中一对
相邻的峰(2 000 nm)和谷(2 300 nm)位置处提取出的信号对比度的
变化(黑方块)以及相应的单指数拟合结果(红线)[133]

近场泵浦-探测信号近似给出了热电子的空间分布。实验中,由于激发电场的非均匀性,初始非热电子的分布也不均匀,而这些非热电子将不仅仅在被激发的本地弛豫成热电子,还会扩散到样品的其他位置并在那里弛豫成热电子。假设不存在显著的非热电子空间扩散行为,而只有电子-电子散射和电子-声子散射过程存在,那么样品内不同位置的热电子以及相应的泵浦-探测信号将会经历相同的弛豫动力学,从而周期性泵浦-探测信号的对比度将保持不变,而实验结果显然与这一假设矛盾。因此,实验中观察到的泵浦-探测信号由周期性分布向均匀分布的过渡过程直接反映了非热电子在空间上的超快扩散过程,其基本原理和实验现象与前面半导体量子阱实验中的载流子空间扩散效应相似。

上述超快电子空间扩散过程也可以通过不同样品位置处泵浦-探测信号的弛豫时间不同得到确认。实验中固定探针位置扫描时间延迟线的结果表明,相比2 300 nm(谷)处的信号而言(上升时间 413 fs,衰减时间 1 563 fs),2 000 nm(峰)处的泵浦-探测信号拥有更快的上升时间和衰减时间(上升时间 266 fs,衰减时间

1 446 fs)。考虑到光激发后信号峰位置处的非热电子浓度要比谷处高,因此峰处的非热电子将会扩散到谷处。这样,峰处的电子弛豫过程被加速了,从而给出了更快的上升、下降时间。而对于信号谷处来说,情况刚好相反,由于存在从邻近位置来的非热电子的补充,谷处的电子弛豫过程被减慢了。因此,不同样品位置处泵浦-探测曲线的动力学差异也给出了金属纳米结构中超快电子扩散过程的一个明显证明。

作为对比,可在 830 nm 波长处做类似于 Imura 等的单波长飞秒近场实验。单波长泵浦-探测信号中初始的周期性结构始终存在,即使在激发后 6 ps 时,信号的周期性仍不消失,不存在双波长情况下的对比度超快衰减行为。此时的信号物理意义较为复杂,电子在空间上的横向扩散过程被掩盖了。

总之,双波长泵浦-探测飞秒近场系统可以给出金属纳米结构中电子超快弛豫过程更多的细节信息,而对这些弛豫动力学信息的深入了解,有可能为进一步设计基于金属自身超快非线性的超快有源表面等离激元器件提供指导。作为一个例子,李智等用飞秒激光脉冲激发表面等离激元透镜,在金膜内部实现了一个超小超快的全光调制点[134]。

Liu 等所用表面等离激元透镜[61,147]由金膜上的同心环结构组成,是用聚焦离子束系统在厚度 20 nm 的金膜上刻蚀制备的。在沿 x 方向线偏振的 1 000 nm 波长泵浦光正入射下,由于 SPP 的干涉,在同心环的中心将会出现一个紧聚焦的强泵浦光焦点。强泵浦在金膜内激发出的激发态电子会使金的介电常数发生改变产生光学非线性,这种改变将会反过来对探测光的透过率产生调制,调制深度大概和泵浦光的光强成正比,因此紧聚焦的 SPP 焦点将会导致一个空间上超小的光调制点。同时,由于激发态电子导致的金的光学非线性是超快的,光调制点的时间响应也是超快的。

图 7.39(a)为用近场探针在采集光学像的过程中同时得到的样品形貌图,从中可以清晰地看出表面等离激元透镜的同心环狭缝结构。图 7.39(b) ~ (f)给出了不同时间延迟下的瞬态透射光学像,总体上而言,瞬态透射信号给出了一个超快的上升和一个相对缓慢的下降过程,对应着金内部的电子弛豫过程。在 $\Delta t = -2\ 000$ fs 时,也就是在泵浦脉冲激发之前,瞬态透射像没有明显的图样[图 7.39(b)],是一个源于长寿命热效应的本底信号;在 $\Delta t = 0$ fs 时,也就是导带电子对泵浦能量的吸收刚刚开始时,干涉条纹开始出现并且在表面等离激元透镜中央出现焦点[图 7.39(c)];在 $\Delta t = +500$ fs 时,也就是热电子的温度升到最高,同时瞬态透射信号也最大时,干涉条纹和中央焦点的亮度达到最高[图 7.39(d)];接下来,在 $\Delta t = +1\ 166$ fs 时,热电子弛豫降温,同时瞬态透射信号、干涉条纹和中央焦点都开始衰减[图 7.39(e)];最后,在 $\Delta t = +2\ 500$ fs 时,电子温度进一步下降,同时干涉条纹和中央焦点也几乎消失[图 7.39(f)]。直观地看,上述实验结果已经实现了在小空间范围内对光信号的超快调制。

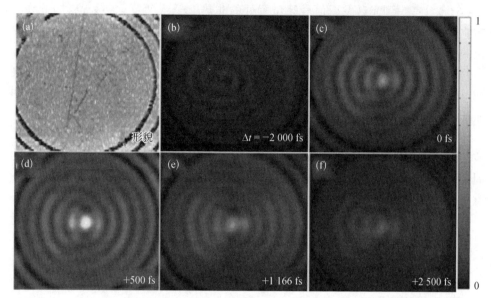

图 7.39　(a) 用 SNOM 探针记录的表面等离激元透镜的形貌像,扫描区域为 7 μm×7 μm;
(b) −2 000 fs、(c) 0 fs、(d) +500 fs、(e) +1 166 fs 和 (f) +2 500 fs 延迟下表
面等离激元透镜的瞬态透射光学像,所有光学像共用同一个色度标尺[134]

更细致的近场泵浦-探测实验结果表明,调制点的空间尺寸约为 600 nm,这个
调制区域比其他 SPP 超快调制的工作[140-142] 在空间上要小很多。与此同时,调制
点的响应时间约为 1.5 ps(上升时间约 0.5 ps,下降时间约 1.05 ps),是一个超快的
响应。由于电磁场能量同时在空间上和时间上的高度局域,实验中在表面等离激
元透镜焦点观察到了更强的光与物质相互作用,相比金膜上没有表面等离激元透
镜的地方,其光学非线性以及相应的全光调制深度被增大了一个数量级。这种通
过 SPP 聚焦实现的亚波长超快全光调制不仅扩展了表面等离激元透镜的可能应
用,同时也为超快有源表面等离激元器件以及全光调制的研究提供了借鉴思路。

3. 光子学器件中超短脉冲传输的追踪

在飞秒超快光谱技术与扫描近场显微技术的结合中,荷兰特温特大学
(University of Twente)的 Kuipers 小组独树一帜,他们的飞秒近场系统并非基于泵
浦-探测技术,而是相位干涉型的[148]。如图 7.40(a)所示,入射飞秒激光脉冲被分
成两束,一束通过一定的方式耦合进入纳米光子学器件内传输,然后工作在收集模
式下的近场探针将提取出器件内的光场,并与另一路通过时间延迟线的参考光合
束,两路光发生干涉后总光场由探测器进行探测。实验采用外差探测技术,分别对
信号光和参考光做不同频率的调制,并用锁相放大器探测差频信号,从而获得信号
光和参考光的纯干涉信号,而消除单纯信号光和参考光的本底。由于参考光(也就
是原始脉冲)的信息已知,由信号光和参考光之间的干涉信号就可以完全推知在纳

米光子学器件中传输了一定距离后的信号光的振幅和相位。采用外差探测的一个重要优点是由于探测信号与参考光成正比,可以利用强的参考光对被测信号进行放大,因此可以对飞瓦级的弱信号进行探测。实验中既可以固定时间延迟线在空间上扫描近场探针,从而获得特定时刻下飞秒脉冲在纳米光子学器件内的空间分布;也可以固定近场探针扫描时间延迟线,从而获得某一样品位置上脉冲在时间上的演化过程。相对来说,前者更为常用,图 7.40(b) 就给出了不同延迟时间下飞秒脉冲在 Si_3N_4 脊型波导内的空间分布,可以直观地看到脉冲随时间增加在波导样品内的传输行为。由于利用干涉方法进行探测,可以同时获得信号光的振幅和相位信息。根据样品内相位的空间分布,可以直接得到样品内光场的波长和相速度;而根据不同时刻振幅信号包络的空间演化,又可以得到样品内光场传输的群速度,因此干涉型飞秒近场系统可以获得光子学器件内光场传输行为的全面信息,非常适合于表征光子学器件中光脉冲的时空位置,因此常被用于微纳光子学结构中脉冲的追踪,包括 Si_3N_4 脊型波导[149,150]、光子晶体光波导[151] 以及表面等离激元布洛赫波的研究[152,153] 等,如图 7.40(b)~(e) 所示。通过这样的研究,使得光子学器件内部对于观察者而言不再像以前那样是一个黑盒子,只知道输入信号和输出的响应,

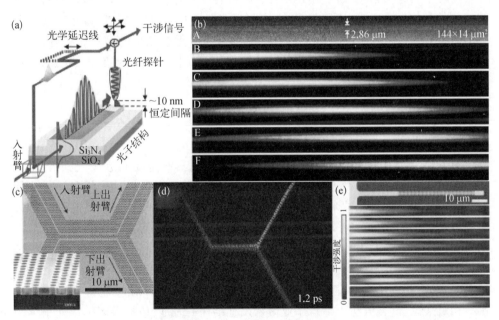

图 7.40　(a) 相位干涉型飞秒近场系统的工作原理图:光子学器件内的光信号被近场探针收集,
再与参考光进行干涉测量,可以同时得到脉冲的振幅与相位信息;改变探针
位置和时间延迟则可以在实空间实时追踪脉冲[149]。(b) 在 Si_3N_4 脊型光
波导内追踪一个飞秒脉冲的时空位置[150]。(c) 光子晶体光波导的电镜
照片及(d) 利用飞秒近场系统成像得到的脉冲时空分布[151]。(e) 飞秒
近场系统实空间实时表征金属条所支持的表面等离激元布洛赫波[152]

利用这种相位干涉型的飞秒近场系统，人们可以细致地知道光脉冲在光子学结构内部的传输行为，什么时刻到达什么位置都是非常直观的，这也为进一步实现对光信号的相位调控、偏振控制等主动操控提供了可能。

需要说明的是，Kuipers 小组的飞秒近场系统与前面提到的研究工作中所采用的飞秒近场系统存在很大的差异。前面的系统都是泵浦-探测型的，从本质上讲是将空间分辨率不高的远场泵浦-探测实验推进到了突破衍射极限的近场区，从而可以避免大量样品的系统平均，非常适合研究纳米结构体系内部的时空动力学演化行为与非线性光学响应等，其侧重点在于研究材料自身的时间响应，涉及的是材料自身性质的变化。而 Kuipers 小组的飞秒近场系统则是相位干涉型的，它的工作原理不涉及材料光学性质的瞬态改变，即不涉及样品的非线性光学响应，基本上就是光场的线性相干叠加；其研究对象通常也不是半导体量子点或金属纳米颗粒等孤立纳米体系，而是微加工方式制备的光子学器件，特别是片上集成的微纳光子学器件。相对来说，干涉型飞秒近场的实验系统更为简单。例如，在飞秒脉冲的展宽问题上，只要使参考光经过和近场探针收集光纤相同长度的光纤，则参考光和信号光都经过相同的相位延迟，两者相位差保持不变，就不会影响到最终探测的干涉信号。另一个关键点是信噪比，由于不涉及非线性相互作用，干涉型飞秒近场系统直接探测的是信号光本身，而不像泵浦-探测系统那样要探测探测光的微小非线性改变量，再加上外差探测技术的放大效应，干涉型飞秒近场系统的信噪比要好得多。总之，这两类飞秒近场系统各有特点，分别适用于不同的研究对象和不同的物理问题。

7.4 本章小结

对于科学研究来说，空间、时间分辨的不断提高具有重要的意义，也一直是人们追求的重要目标。飞秒近场光学显微技术突破了光学衍射极限，将光学方法的空间分辨率成功推进至纳米量级，利用超快脉冲激光将时间分辨率提高到飞秒甚至阿秒量级。因此，近场光学显微技术自从出现开始，就受到了广泛关注。从最初的有孔近场到后来的无孔近场，从常规的近场光谱到针尖增强的近场光谱，从稳态近场到超高时间分辨飞秒近场，近场光学显微技术从各个角度不断取得新进展。时至今日，有孔近场光学显微技术已经基本成熟，并在很多领域获得了广泛的应用。相对来说，这类方法更适合于亚微米尺度结构的表征，包括很多纳米光子学领域的研究对象；无孔近场显微技术也逐渐发展成熟，并且真正将近场光学的分辨率推进到纳米量级，这对于尺度更小、结构更复杂的体系，如分子体系、生物样品以及低维度新材料等，具有重大的应用前景[154-160]。

虽然飞秒近场光学显微技术已经取得了很多重要的进展和应用，但新的技术和应用仍在不断发展当中。第一，作为近场光学显微镜的核心部件，近场探针仍有待完善。一方面,人们希望设计制备更新的近场探针,以获得更高的空间分辨率和更高的信噪比,如碳纳米管。这其中光学天线领域、新工艺和新材料的相关研究进展为高性能近场探针的设计提供了很多新思路;另一方面,近场探针技术上存在的一个重要问题是可靠性和鲁棒性(robust),如何获得真正具有可靠性和鲁棒性的探针仍是一个挑战。第二,很多近场光学显微技术仍处在不断发展之中,尤其是TERS 等较新出现的技术,同时其应用范围也会不断扩展。第三,近场光学显微技术的应用范围仍在不断扩大,从物理、化学到生物体系,很多新的研究对象都在不断出现。这里值得注意的一个问题是,近场相互作用的复杂性使得近场图像的解释仍比较复杂,因此对不同的应用体系,其中还有很多基本规律需要深入研究。第四,近场光学显微技术还可以拓展到其他一些相关领域中,如非光波段的红外近场、微波近场和太赫兹近场等[160]。最后,结合飞秒泵浦探测,飞秒近场光学显微技术可广泛应用于纳米新结构和新材料中的激子、声子、载流子等的超快动力学研究。相信随着科学和技术的不断进步,飞秒近场光学显微技术也会不断向前发展,并获得更加广泛的应用。

参 考 文 献

[1] Novotny L, Hecht B. Principles of nano-optics [M]. Cambridge:Cambridge University Press, 2006:13 - 250.

[2] 张树霖.近场光学显微镜及其应用[M].北京:科学出版社,2000.

[3] Abbe E. Beiträge zur theorie der microscopie und der microscopischen wahrnehmung [J]. Archiv für Mikroskopische Anatomie, 1873, 9: 413 - 468.

[4] Harris T D, Grober R D, Trautman J K, et al. Super-resolution imaging spectroscopy [J]. Applied Spectroscopy, 1994, 48(1): 14 - 21.

[5] Synge E H. A suggested method for extending microscopic resolution into the ultra-microscopic region [J]. Philos. Mag., 1928, 6: 356 - 362.

[6] Ash E A, Nicholls G. Super-resolution aperture scanning microscope [J]. Nature, 1972, 237: 510 - 513.

[7] Binning G, Rohrer H, Gerber C H, et al. Tunneling through a controllable vacuum gap [J]. Applied Physics Letters, 1982, 40(2): 178 - 180.

[8] Binning G, Quate C F, Gerber C H. Atomic force microscope [J]. Physical Review Letters, 1986, 56(9): 930 - 933.

[9] Pohl D W, Denk W, Lanz M. Optical stethoscopy:Image recording with resolution $\lambda/20$ [J]. Applied Physics Letters, 1984, 44(7): 651 - 653.

[10] Lewis A, Isaacson M, Harootunian A, et al. Development of a 500 Å spatial resolution light microscope [J]. Ultramicroscopy, 1984, 13: 227 - 231.

[11] Betzig E, Trautman J K, Harris T D, et al. Breaking the diffraction barrier:Optical microscopy on a nanometric scale [J]. Science, 1991, 251: 1468 - 1470.

[12] Betzig E, Finn P L, Weiner J S. Combined shear force and near-field scanning optical microscopy [J]. Applied Physics Letters, 1992, 60(20): 2484 - 2486.

［13］ Goodman J W. Introduction to fourier optics ［M］. London：McGraw-Hill, 1968：48.

［14］ 朱星.近场光学与近场光学显微镜［J］.北京大学学报（自然科学版）,1997,33（3）：394－407.

［15］ Otshu M. Near-field nano/atom optics and technology ［M］. Berlin：Springer, 1998.

［16］ Hecht B, Sick B, Wild U P, et al. Scanning near-field optical microscopy with aperture probes：Fundamentals and applications ［J］. Journal of Chemical Physics, 2000, 112（18）：7761－7774.

［17］ Xie X S, Dunn R C. Probing single molecule dynamics ［J］. Science, 1994, 265：361－364.

［18］ van Hulst N F, Veerman J A, Garcia-Parajo M F, et al. Analysis of individual（macro）molecules and proteins near-field optics ［J］. Journal of Chemical Physics, 2000, 112（18）：7799－7810.

［19］ Heinzelmann H, Pohl D W. Scanning near-field optical microscopy ［J］. Applied Physics A, 1994, 59：89－101.

［20］ Courjon D, Sarayeddine K, Spajer M. Scanning tunneling optical microscopy［J］. Optics Communications, 1989, 71：23－28.

［21］ Reddick R C, Warmack R J, Ferrell T L. New form of scanning optical microscopy ［J］. Physical Review B, 1989, 39（1）：767－770.

［22］ 徐耿钊.近场光学方法研究空间分辨半导体发光特性[D].北京：北京大学,2005.

［23］ Keilmann F, Hillenbrand R. Near-field microscopy by elastic light scattering from a tip ［J］. Philosophical Transactions of the Royal Society A, 2004, 362：787－805.

［24］ Zenhausern F, Martin Y, Wickramasinghe H K. Scanning interferometric apertureless microscopy：Optical imaging at 10 angstrom resolution ［J］. Science, 1995, 269：1083－1085.

［25］ Koglin J, Fisher U C, Fuchs H. Material contrast in scanning near-field optical microscopy at 1－10 nm resolution ［J］. Physical Review B, 1997, 55（12）：7977－7984.

［26］ Knoll B, Keilmann F. Mid-infrared scanning near-field optical microscope resolves 30 nm ［J］. Journal of Microscopy, 1999, 194：512－515.

［27］ Novotny L, Stranick S J. Near-field optical microscopy and spectroscopy with pointed probes ［J］. Annual Review of Physical Chemistry, 2006, 57：303－331.

［28］ Keilmann F. Scattering-type near-field optical microscopy ［J］. Journal of Electron Microscopy, 2004, 53（2）：187－192.

［29］ Knoll B, Keilmann F. Near-field probing of vibrational absorption for chemical microscopy ［J］. Nature, 1999, 399：134－137

［30］ Hillenbrand R, Knoll B, Keilmann F. Pure optical contrast in scattering-type scanning near-field microscopy ［J］. Journal of Microscopy, 2001, 202：77－83.

［31］ Stöckle R M, Schaller N, Deckert V, et al. Brighter near-field optical probes by means of improving the optical destruction threshold ［J］. Journal of Microscopy, 1999, 194：378－382.

［32］ Burgos P, Lu Z, Ianoul A, et al. Near-field scanning optical microscopy probes：A comparison of pulled and double-etched bent NSOM probes for fluorescence imaging of biological samples ［J］. Journal of Microscopy, 2003, 211：37－47.

［33］ Harootunian A, Betzig E, Isaacson M, et al. Super-resolution fluorescence near-field scanning optical microscopy [J]. Applied Physics Letters, 1986, 49(11): 674 - 676.

[34] Garcia-Parajo M, Tate T, Chen Y. Gold-coated parabolic tapers for scanning near-field optical microscopy: Fabrication and optimization [J]. Ultramicroscopy, 1995, 61: 155 - 163.

[35] Valaskovic G A, Holton M, Morrison G H. Parameter control, characterization, and optimization in the fabrication of optical fiber near-field probes [J]. Applied Optics, 1995, 34: 1215 - 1228.

[36] Turner D R. Etch procedure for optical fibers [P]. US Patent, 1984: 4469554.

[37] Hoffman P, Dutoit B, Salathé R P. Comparison of mechanically drawn and protection layer chemically etched optical fiber tips [J]. Ultramicroscopy, 1995, 61: 165 - 170.

[38] Lazarev A, Fang N, Luo Q, et al. Formation of fine near-field scanning optical microscopy tips. Part I. By static and dynamic chemical etching [J]. Review of Scientific Instruments, 2003, 74(8): 3679 - 3683.

[39] Muramatsu H, Homma K, Chiba N, et al. Dynamic etching method for fabrication a variety of tip shapes in the optical fiber probe of a scanning near-field optical microscope [J]. Journal of Microscopy, 1999, 194: 383 - 387.

[40] Stockle R, Fokas C, Deckert V, et al. High-quality near-field optical probes by tube etching [J]. Applied Physics Letters, 1999, 75(2): 160 - 162.

[41] Lambelet P, Sayah A, Pfeffer M, et al. Chemically etched fiber tips for near-field optical microscopy: A process for smoother tips [J]. Applied Optics, 1998, 37: 7289 - 7292.

[42] Veerman J A, Garcia-Parajo M F, Kuipers L, et al. Single molecule mapping of the optical field distribution of probes for near-field microscopy [J]. Journal of Microscopy, 1999, 194: 477 - 482.

[43] Bouhelier A, Toquant J, Tamaru H, et al. Electrolytic formation of nanoapertures for scanning near-field optical microscopy [J]. Applied Physics Letters, 2001, 79(5): 683 - 685.

[44] Mihalcea C, Scholz W, Werner S, et al. Multipurpose sensor tips for scanning near-field microscopy [J]. Applied Physics Letters, 1996, 68(25): 3531 - 3533.

[45] Krogmeier J R, Dunn R C. Focused ion beam modification of atomic force microscopy tips for near-field scanning optical microscopy [J]. Applied Physics Letters, 2001, 79(27): 4494 - 4496.

[46] Nam A J, Teren A, Lusby T A. Benign making of sharp tips for STM and FIM: Pt, Ir, Au, Pd, and Rh [J]. Journal of Vacuum Science & Technology B, 1995, 13: 1556 - 1559.

[47] Wang L, Xu X. High transmission nanoscale bowtie-shaped aperture probe for near-field optical imaging [J]. Applied Physics Letters, 2007, 90: 261105.

[48] Farahani J N, Pohl D W, Eisler H J, et al. Single quantum dot coupled to a scanning optical antenna: A tunable superemitter [J]. Physical Review Letters, 2005, 95: 017402.

[49] Taminiau T H, Stefani F D, Segerink F B, et al. Optical antennas direct single-molecule emission [J]. Nature Photonics, 2008, 2: 234 - 237.

[50] Reddick R C, Warmack R J, Chilcott D W, et al. Photon scanning tunneling microscopy [J]. Review of Scientific Instruments, 1990, 61(12): 3669 - 3677.

[51] Toledo-Crow R, Yang P C, Chen Y, et al. Near-field differential scanning optical microscope with atomic force regulation [J]. Applied Physics Letters, 1992, 60(45): 2957 - 2959.

[52] Karrai K, Grober R D. Piezoelectric tuning fork tip-sample distance control for near-field

optical microscopes [J]. Applied Physics Letters, 1995, 66(14): 1842 - 1844.

[53] Rychen J, Ihn T, Studerus P, et al. Operation characteristics of piezoelectric quartz tuning forks in high magnetic fields at liquid helium temperatures [J]. Review of Scientific Instruments, 2000, 71(4): 1695 - 1697.

[54] Fisher T E, Oberhauser A F, Carrion-Vazquez M, et al. The study of protein mechanics with the atomic force microscope [J]. Trends in Biochemical Sciences, 1999, 24: 379 - 384.

[55] Muramatsu H, Chiba N, Homma K, et al. Near-field optical microscopy in liquids [J]. Applied Physics Letters, 1995, 66(24): 3245 - 3247.

[56] Ohtsu M, Hori H. Near-field nano-optics: From basic principles to nano-fabrication and nano-photonics [M]. Berlin: Springer, 1999.

[57] Zhu X, Ohtsu M. Near-field optics: Principles and applications //The second Asia-Pacific workshop on near field optics [M]. Singapore: World Scientific, 2000.

[58] Kawata S. Near-field optics and surface plasmon polaritons [M]. Berlin: Springer, 2001.

[59] Zayats A V, Richards D. Nano-optics and near-field optical microscopy [M]. Boston: Artech House, 2009.

[60] Yin L, Vlasko-Vlasov V K, Pearson J, et al. Subwavelength focusing and guiding of surface plasmons [J]. Nano Letter, 2005, 5(7): 1399 - 1402.

[61] Liu Z, Steele J M, Srituravanich W, et al. Focusing surface plasmons with a plasmonic lens [J]. Nano Letter, 2005, 5(9): 1726 - 1729.

[62] Bozhevolnyi S I, Volkov V S, Devaux E, et al. Channel plasmon subwavelength waveguide components including interferometers and ring resonators [J]. Nature, 2006, 440: 508 - 511.

[63] Ditlbacher H, Hohenau A, Wagner D, et al. Silver nanowires as surface plasmon resonators [J]. Physical Review Letters, 2005, 95: 257403.

[64] Schnell M, Garcia-Etxarri A, Huber A J, et al. Controlling the near-field oscillations of loaded plasmonic nanoantennas [J]. Nature Photonics, 2009, 3: 287 - 291.

[65] Olmon R L, Krenz P M, Jones A C, et al. Near-field imaging of optical antenna modes in the mid-infrared [J]. Optics Express, 2008, 16: 20295 - 20305.

[66] Hillenbrand R, Keilmann F, Hanarp P, et al. Coherent imaging of nanoscale plasmon patterns with a carbon nanotube optical probe [J]. Applied Physics Letters, 2003, 83: 368 - 370.

[67] Esteban R, Vogelgesang R, Dorfmuller J, et al. Direct near-field optical imaging of higher order plasmonic resonances [J]. Nano Letter, 2008, 8: 3155 - 3159.

[68] Zayats A V, Smolyaninov I I. Near-field second-harmonic generation [J]. Philosophical Transactions of the Royal Society A, 2004, 362: 843 - 860.

[69] Danckwerts M, Novotny L. Optical frequency mixing at coupled gold nanoparticles [J]. Physical Review Letters, 2007, 98: 026104

[70] Hecht B, Bielefeldt H, Inouye Y, et al. Facts and artifacts in near-field optical microscopy [J]. Journal of Applied Physics, 1997, 81(6): 2492 - 2498.

[71] Carminati R, Madrazo A, Nieto-Vesperinas M, et al. Optical content and resolution of near-field optical images: Influence of the operating mode [J]. Journal of Applied Physics, 1997, 82(2): 501 - 509.

[72] Valle P J, Greffet J J, Carminati R. Optical contrast, topographic contrast and artifacts in illumination-mode scanning near-field optical microscopy [J]. Journal of Applied Physics,

1999, 86(1): 648 - 656.

[73] Weston K D, Buratto S K. A reflection near-field scanning optical microscope technique for subwavelength resolution imaging of thin organic films [J]. Journal of Physical Chemistry B, 1997, 101: 5684 - 5691.

[74] Jordan C E, Stranick S J, Richter L J, et al. Removing optical artifacts in near-field scanning optical microscopy by using a three-dimensional scanning mode [J]. Journal of Applied Physics, 1999, 86(5): 2785 - 2789.

[75] Labardi M, Patane S, Allegrini M. Artifact-free near-field optical imaging by apertureless microscopy [J]. Applied Physics Letters, 2000, 77(5): 621 - 623.

[76] Phillips P L, Knight J C, Mangan B J, et al. Near-field optical microscopy of thin photonic crystal films [J]. Journal of Applied Physics, 1999, 85(9): 6337 - 6342.

[77] McDaniel E B, Hsu J W P, Goldner L S, et al. Local characterization of transmission properties of a two-dimensional photonic crystal [J]. Physical Review B, 1997, 55(16): 10878 - 10882.

[78] Bryant G W, Shirley E L, Goldner L S, et al. Theory of probing a photonic crystal with transmission near-field optical microscopy [J]. Physical Review B, 1998, 58(4): 2131 - 2141.

[79] Poweleit C D, Naghski D H, Lindsay S M, et al. Near field scanning optical microscopy measurements of optical intensity distributions in semiconductor channel waveguides [J]. Applied Physics Letters, 1996, 69(23): 3471 - 3473.

[80] Campillo A L, Hsu J W P, Bryant G W. Local imaging of photonic structures: Image contrast from impedance mismatch [J]. Optics Letters, 2002, 27(6): 415 - 417.

[81] Cadby A, Dean R, Fox A M, et al. Mapping the fluorescence decay lifetime of a conjugated polymer in a phase-separated blend using a scanning near-field optical microscope [J]. Nano Letter, 2005, 5(11): 2232 - 2237.

[82] Cadby A, Dean R, Jones R A L, et al. Suppression of energy-transfer between conjugated polymers in a ternary blendidentified using scanning near-field optical microscopy [J]. Advanced Materials, 2006, 18: 2713 - 2719.

[83] Cadby A J, Dean R, Elliott C, et al. Imaging the fluorescence decay lifetime of a conjugated-polymer blend by using a scanning near-field optical microscope [J]. Advanced Materials, 2007, 19: 107 - 111.

[84] Cadby A, Khalil G, Fox A M, et al. Mapping exciton quenching in photovoltaic-applicable polymer blends using time-resolved scanning near-field optical microscopy [J]. Journal of Applied Physics, 2008, 103: 093715.

[85] Hartschuh A. Tip-enhanced near-field optical microscopy [J]. Angewandte Chemie International Edition, 2008, 47: 8178 - 8191.

[86] Sanchez E J, Novotny L, Xie X S. Near-field fluorescence microscopy based on two-photon excitation with metal tips [J]. Physical Review Letters, 1999, 82(20): 4014 - 4017.

[87] Anger P, Bharadwaj P, Novotny L. Enhancement and quenching of single-molecule fluorescence [J]. Physical Review Letters, 2006, 96: 113002.

[88] Stöckle R M, Suh Y D, Deckert V, et al. Nanoscale chemical analysis by tip-enhanced Raman spectroscopy [J]. Chemical Physics Letters, 2000, 318: 131 - 136.

[89] Hayazawa N, Inouye Y, Sekkat Z, et al. Near-field Raman imaging of organic molecules by an apertureless metallic probe scanning optical microscope [J]. Journal of Chemical Physics, 2002, 117(3): 1296 - 1301.

[90] Hartschuh A, Sanchez E J, Xie X S, et al. High-resolution near-field Raman microscopy of single-walled carbon nanotubes [J]. Physical Review Letters, 2003, 90(9): 095503.

[91] Hartschuh A, Qian H, Georgi C, et al. Tip-enhanced near-field optical microscopy of carbon nanotubes [J]. Analytical and Bioanalytical Chemistry, 2009, 394: 1787 - 1795.

[92] Nie S, Emory S R. Probing single molecules and single nanoparticles by surface-enhanced Raman scattering [J]. Science, 1997, 275: 1102 - 1106.

[93] Anderson N, Hartschuh A, Cronin S, et al. Nanoscale vibrational analysis of single-walled carbon nanotubes [J]. Journal of the American Chemical Society, 2005, 127: 2533 - 2537.

[94] Yano T, Verma P, Saito Y, et al. Pressure-assisted tip-enhanced Raman imaging at a resolution of a few nanometres [J]. Nature Photonics, 2009, 3: 473 - 477.

[95] Hillenbrand R, Taubner T, Keilmann F. Phonon-enhanced light-matter interaction at the nanometre scale [J]. Nature, 2002, 418: 159 - 162.

[96] Taubner T, Hillenbrand R, Keilmann F. Nanoscale polymer recognition by spectral signature in scattering infrared near-field microscopy [J]. Applied Physics Letters, 2004, 85 (21): 5064 - 5066.

[97] Brehm M, Taubner T, Hillenbrand R, et al. Infrared spectroscopic mapping of single nanoparticles and viruses at nanoscale resolution [J]. Nano Letters, 2006, 6 (7): 1307 - 1310.

[98] Aizpurua J, Taubner T, Abajo F J G. Substrate-enhanced infrared near-field spectroscopy [J]. Optics Express, 2008, 16(3): 1529 - 1545.

[99] Royer P, Barchiesi D, Lerondel G, et al. Near-field optical patterning and structuring based on local-field enhancement at the extremity of a metal tip [J]. Philosophical Transactions of the Royal Society A, 2004, 362: 821 - 842.

[100] Tseng A A. Recent developments in nanofabrication using scanning near-field optical microscope lithography [J]. Optics and Laser Technology, 2007, 39: 514 - 526.

[101] Tarun A, Daza M R H, Hayazawa N, et al. Apertureless optical near-field fabrication using an atomic force microscope on photoresists [J]. Applied Physics Letters, 2002, 80(18): 3400 - 3402.

[102] Bachelot R, H'Dhili F, Barchiesi D, et al. Apertureless near-field optical microscopy: A study of the local tip field enhancement using photosensitive azobenzene-containing films [J]. Journal of Applied Physics, 2003, 94(3): 2060 - 2072.

[103] Nolte S, Chichkov B N, Welling H, et al. Nanostructuring with spatially localized femtosecond laser pulses [J]. Optics Letters, 1999, 24(13): 914 - 916.

[104] Credgington D, Fenwick O, Charas A, et al. High-resolution scanning near-field optical lithography of conjugated polymers [J]. Advanced Functional Materials, 2010, 20: 2842 - 2847.

[105] Haq E, Liu Z, Zhang Y, et al. Parallel scanning near-field photolithography: The snomipede [J]. Nano Letter, 2010, 10: 4375 - 4380.

[106] Srituravanich W, Pan L, Wang Y, et al. Flying plasmonic lens in the near field for high-

speed nanolithography [J]. Nature Nanotechnology, 2008, 3: 733－737

[107] Tominaga J, Nakano T, Atoda N. An approach for recording and readout beyond the diffraction limit with an Sb thin film [J]. Applied Physics Letters, 1998, 73 (15): 2078－2080.

[108] Leen J B, Hansen P, Cheng Y T, et al. Near-field optical data storage using C-apertures [J]. Applied Physics Letters, 2010, 97: 073111.

[109] Novotny L, Bian R X, Xie X S. Theory of nanometric optical tweezers [J]. Physical Review Letters, 1997, 79(4): 645－648.

[110] Chaumet P C, Rahmani A, Nieto-Vesperinas M. Optical trapping and manipulation of nano-objects with an apertureless probe [J]. Physical Review Letters, 2002, 88(12): 123601.

[111] Hannaford P. Femtosecond laser spectroscopy [M]. New York: Springer, 2005.

[112] Shah J. Ultrafast spectroscopy of semiconductors and semiconductor nanostructures [M]. Berlin: Springer, 1996.

[113] Zewail A H. Femtochemistry: Atomic-scale dynamics of the chemical bond[J]. Journal of Physical Chemistry A, 2000, 104(24): 5660－5694.

[114] Sun D, Wu Z K, Divin C, et al. Ultrafast relaxation of excited dirac fermions in epitaxial graphene using optical differential transmission spectroscopy [J]. Physical Review Letters, 2008, 101(15): 157402.

[115] Liu Y, Liu X, Deng Y, et al. Selective steering of molecular multiple dissociative channels with strong few-cycle laser pulses [J]. Physical Review Letters, 2011, 106(7): 073004.

[116] Lewis A, Ben-Ami U, Kuck N, et al. NSOM the fourth dimension: Integrating nanometric spatial and femtosecond time resolution [J]. Scanning, 1995, 17: 3－10.

[117] Smith S, Orr B G, Kopelman R, et al. 100-femtosecond/100-nanometer near-field probe [J]. Ultramicroscopy, 1995, 57: 173－175.

[118] Smith S, Holme N C R, Orr B, et al. Ultrafast measurement in GaAs thin films using NSOM [J]. Ultramicroscopy, 1998, 71: 213－223.

[119] Nechay B A, Siegner U, Morier-Genoud F, et al. Femtosecond near-field optical spectroscopy of implantation patterned semiconductors [J]. Applied Physics Letters, 1999, 74(1): 61－63.

[120] Achermann M, Nechay B A, Morier-Genoud F, et al. Direct experimental observation of different diffusive transport regimes in semiconductor nanostructures [J]. Physical Review B, 1999, 60(3): 2101－2105.

[121] Nechay B A, Siegner U, Achermann M, et al. Femtosecond pump-probe near-field optical microscopy [J]. Review of Scientific Instruments, 1999, 70(6): 2758－2764.

[122] Achermann M, Nechay B A, Siegner U, et al. Quantization energy mapping of single V-groove GaAs quantum wires by femtosecond near-field optics [J]. Applied Physics Letters, 2000, 76(19): 2695－2697.

[123] Achermann M, Siegner U, Wernersson L E, et al. Ultrafast carrier dynamics around nanoscale Schottky contacts studied by femtosecond far- and near-field optics [J]. Applied Physics Letters, 2000, 77(21): 3370－3372.

[124] Siegner U, Achermann M, Keller U. Spatially resolved femtosecond spectroscopy beyond the diffraction limit [J]. Measurement Science & Technology, 2001, 12: 1847－1857.

[125] Guenther T, Emiliani V, Intonti F, et al. Femtosecond near-field spectroscopy of a single GaAs quantum wire [J]. Applied Physics Letters, 1999, 75(22): 3500 - 3502.

[126] Emiliani V, Guenther T, Lienau C, et al. Ultrafast near-field spectroscopy of quasi-one-dimensional transport in a single quantum wire [J]. Physical Review B, 2000, 61(16): 10583 - 10586.

[127] Guenther T, Lienau C, Elsaesser T, et al. Coherent nonlinear optical response of single quantum dots studied by ultrafast near-field spectroscopy [J]. Physical Review Letters, 2002, 89(5): 57401.

[128] Unold T, Mueller K, Lienau C, et al. Optical control of excitons in a pair of quantum dots coupled by the dipole-dipole interaction [J]. Physical Review Letters, 2005, 94 (13): 137404.

[129] Nagahara T, Imura K, Okamoto H. Spectral inhomogeneities and spatially resolved dynamics in porphyrin J-aggregate studied in the near-field [J]. Chemical Physics Letters, 2003, 381: 368 - 375.

[130] Imura K, Nagahara T, Okamoto H. Imaging of surface plasmon and ultrafast dynamics in gold nanorods by near-field microscopy [J]. Journal of Physical Chemistry B, 2004, 108 (42): 16344 - 16347.

[131] Nagahara T, Imura K, Okamoto H. Time-resolved scanning near-field optical microscopy with supercontinuum light pulses generated in microstructure fiber [J]. Review of Scientific Instruments, 2004, 75(11): 4528 - 4533.

[132] 李智,张家森,杨景,等.飞秒时间分辨近场光学系统实现及其应用[J].物理学报,2007,56 (6): 3630 - 3635.

[133] Li Z, Yue S, Chen J, et al. Ultrafast spatiotemporal relaxation dynamics of excited electrons in a metal nanostructure detected by femtosecond-SNOM [J]. Optics Express, 2010, 18(13): 14232 - 14237.

[134] Yue S, Li Z, Chen J, et al. Ultrasmall and ultrafast all-optical modulation based on a plasmonic lens [J]. Applied Physics Letters, 2011, 98(16): 161108.

[135] 李智,张家森,杨景,等.超高时空分辨光谱学[J].中国科学: G 辑,2007,37(1): 1 - 8.

[136] Müller R, Lienau C. Propagation of femtosecond optical pulses through uncoated and metal-coated near-field fiber probes [J]. Applied Physics Letters, 2000, 76(23): 3367 - 3369.

[137] Lieberman K, Shani Y, Melnik I, et al. Near-field optical photomask repair with a femtosecond laser [J]. Journal of Microscopy, 1999, 194: 537 - 541.

[138] Nolte S, Chichkov B N, Welling H, et al. Nanostructuring with spatially localized femtosecond laser pulses [J]. Optics Letters, 1999, 24(13): 914 - 916.

[139] Toda Y, Sugimoto T, Nishioka M, et al. Near-field coherent excitation spectroscopy of InGaAs/GaAs self-assembled quantum dots [J]. Applied Physics Letters, 2000, 76(26): 3887 - 3889.

[140] MacDonald K F, Zheludev N I. Active plasmonics: Current status [J]. Laser & Photonics Reviews, 2010, 4(4): 562 - 567.

[141] MacDonald K F, Sámson Z L, Stockman M I, et al. Ultrafast active plasmonics [J]. Nature Photonics, 2009, 3(1): 55 - 58.

[142] Sámson Z L, MacDonald K F, Zheludev N I. Femtosecond active plasmonics: Ultrafast

control of surface plasmon propagation [J]. Journal of Optics A-pure and Applied Optics, 2009, 11(11): 114031.

[143] Imura K, Okamoto H. Ultrafast photoinduced changes of eigenfunctions of localized plasmon modes in gold nanorods [J]. Physical Review B, 2008, 77(4): 041401.

[144] 岳嵩. 表面等离激元超快/超小调控[D]. 北京: 北京大学, 2012.

[145] Sun C K, Vallee F, Acioli L H, et al. Femtosecond-tunable measurement of electron thermalization in gold [J]. Physical Review B, 1994, 50(20): 15337 – 15348.

[146] Sun C K, Vallee F, Acioli L, et al. Femtosecond investigation of electron thermalization in gold [J]. Physical Review B, 1993, 48(16): 12365 – 12368.

[147] Steele J M, Liu Z, Wang Y, et al. Resonant and non-resonant generation and focusing of surface plasmons with circular gratings [J]. Optics Express, 2006, 14(12): 5664 – 5670.

[148] Sandtke M, Engelen R J P, Schoenmaker H, et al. Novel instrument for surface plasmon polariton tracking in space and time [J]. Review of Scientific Instruments, 2008, 79 (1): 013704.

[149] Gersen H, Korterik J, van Hulst N F, et al. Tracking ultrashort pulses through dispersive media: Experiment and theory [J]. Physical Review E, 2003, 68(2): 026604.

[150] Balistreri M L M, Gersen H, Korterik J P, et al. Tracking femtosecond laser pulses in space and time [J]. Science, 2001, 294: 1080 – 1082.

[151] Engelen R J P, Sugimoto Y, Gersen H, et al. Ultrafast evolution of photonic eigenstates in k-space [J]. Nature Physics, 2007, 3: 401 – 405.

[152] Sandtke M, Kuipers L. Spatial distribution and near-field coupling of surface plasmon polariton Bloch modes [J]. Physical Review B, 2008, 77(23): 235439.

[153] Sandtke M, Kuipers L. Slow guided surface plasmons at telecom frequencies [J]. Nature Photonics, 2007, 1(10): 573 – 576.

[154] Zhou Y, Chen R, Wang J, et al. Tunable low loss 1D surface plasmons in InAs nanowires [J]. Advanced Materials, 2018, 30(35): 1802551.

[155] Lundeberg M B, Gao Y, Asgari R, et al. Tuning quantum nonlocal effects in graphene plasmonics [J]. Science, 2017, 357(6347): 187 – 191.

[156] Hu F, Luan Y, Scott M E, et al. Imaging exciton-polariton transport in $MoSe_2$ waveguides [J]. Nature Photonics, 2017, 11(6): 356 – 360.

[157] Li P, Yang X, Maß T W W, et al. Reversible optical switching of highly confined phonon-polaritons with an ultrathin phase-change material [J]. Nature Materials, 2016, 15(8): 870 – 875.

[158] Dai S, Ma Q, Liu M K, et al. Graphene on hexagonal boron nitride as a tunable hyperbolic metamaterial [J]. Nature Nanotechnology, 2015, 10(8): 682 – 686.

[159] Alonso-González P, Nikitin A Y, Golmar F, et al. Controlling graphene plasmons with resonant metal antennas and spatial conductivity patterns [J]. Science, 2014, 344(6190): 1369 – 1373.

[160] Alonso-González P, Nikitin A Y, Gao Y, et al. Acoustic terahertz graphene plasmons revealed by photocurrent nanoscopy [J]. Nature Nanotechnology, 2017, 12(1): 31 – 35.

第 8 章

超高时空分辨光电子显微镜的原理及其应用

（吕国伟　龚旗煌）

时间和空间是科学研究中描述物质运动规律的两个重要的基本维度。首先以时间维度为例，任何物理过程的发生都对应着相应的时间尺度，如化学反应过程中化学键的断裂与形成过程发生在皮秒或亚皮秒量级[1]，原子内部电子的运动周期发生在阿秒量级[2]。更快的物理过程要求人类有更快的时间分辨能力进行探测，更深入地分析超快现象背后蕴藏的物理原理。目前人类拥有的响应速度最快的电子学仪器是条纹相机，其时间分辨能力可以达到皮秒量级[3,4]。随着脉冲激光技术的不断发展，皮秒量级[5]、飞秒量级[6]甚至阿秒量级[7]的脉冲激光相继被发明，人类将脉冲激光与泵浦探测技术相结合，获得了一个响应速度非常快的"快门"，可以对更快的物理过程进行探测。

再以空间维度为例，一头大象的高度约为 3 m，指甲的厚度约为 1 mm，头发直径约为 50 μm（1 μm = 10^{-6} m），一般分子的直径在纳米量级（1 nm = 10^{-9} m），原子核的直径在飞米量级（1 fm = 10^{-15} m）。人类需要更精密的空间分辨仪器来探查微观世界的每个角落。17 世纪 70 年代，荷兰商人列文虎克发明了第一台显微镜，为人类打开了微观世界的大门，他利用自己磨制的玻璃镜片组成了放大 270 倍的显微镜，首次观察到了微生物，最早记录了肌纤维和血管中红细胞的流动。随着人们不断提高显微镜的分辨能力，发现显微镜的空间分辨能力到了 200 nm 就再也无法提高了。直到 1873 年，德国科学家阿贝（E. Abbe）首次提出衍射极限理论[8]，即由于光学透镜的孔径衍射效应，光学显微镜不可能将光束进行无限的聚焦，光学显微镜的空间分辨率为 $0.61\lambda_0/n\sin\theta$ [8]，其中 λ_0 为入射光在真空中的波长，$n\sin\theta$ 为物镜的数值孔径。为了突破衍射极限获得更高的空间分辨能力，1928 年申奇（E. Synge）提出了近场超分辨原理[9]，即将一个带有纳米尺度的小孔的平板放置在被测物体上方，平板和物体之间有几个纳米的距离，光通过该平板后照到样品表面,远场收集到的光信号只来自小孔下方的微小区域,使小孔在样品上逐点扫描即可获得整个样品的超分辨图像,近场扫描成像理论上可以获得 10 nm 的空间分辨能力。另一种突破衍射极限的方法是减小探测波长,1923 年法国科学家德布罗意提出任何微观粒子(包括电子)都具有波粒二象性,电子的波长远远小于光的波长。如果使用电子代替光进行成像就可以获得更高的空间分辨能力,电子显微镜应运而生。

当代前沿研究的物理或化学问题往往需要同时具备超高时间分辨和超高空间分辨能力。光学瞬态吸收显微技术利用飞秒激光脉冲的泵浦探测原理,可以获得飞秒量级的时间分辨能力,但是受光学衍射极限的限制,空间分辨能力在亚波长量级;利用电子显微镜及其他表面探测技术,如扫描隧道显微镜(STM)和原子力显微镜(AFM),可以获得纳米甚至埃量级 (1 Å = 10^{-10} m) 的空间分辨能力,但同时缺失了时间分辨能力。光发射电子显微镜[10,11](photoemission electron microscopy, PEEM)是指利用电子光学系统采集样品表面基于光电效应产生的光电子进行平行投影成像的实验装置,成像基本过程是光电子被样品与物镜之间的高压电场加速收集,并且通过后续电磁透镜可放大至千倍,最终由电子敏感探测器记录光电子成像。时间分辨光电子显微镜将飞秒泵浦探测技术与电子显微镜技术结合,可以同时获得飞秒量级的时间分辨能力和纳米量级的空间分辨能力。本章首先将介绍时间分辨光电子显微镜的基本原理,再结合超高时空分辨技术的优势阐明光电子显微镜在科学研究中的应用。

8.1 光电子显微镜的基本原理

8.1.1 电子显微镜的发展历程

1923 年法国科学家德布罗意提出物质波理论[12],高速运动的电子具有比光波更短的波长。根据阿贝衍射极限理论,如果使用波长更短的电子进行成像,就可以突破光学分辨率极限。1927 年,Davisson 和 Germer[13]把一束低速电子束垂直入射到镍单晶表面,发现当电子动能为 54 eV 时,在与入射方向夹角 50° 的方向上探测到反射束的强度出现极大值。测量结果不能由粒子的运动性来说明,但是可以由电子在镍晶格中发生布拉格衍射来解释,即 $n\lambda = a\sin\theta$,其中 λ 对应电子波长,a 为镍晶格常数。Davisson 和 Germer 直接实验证实了德布罗意物质波理论的正确性。1926 年,布什(Busch)提出磁聚焦理论[14],类似于透镜对光束的会聚或发散作用,电子束通过轴对称的电磁场后也可以会聚或发散。以上这些事件为电子显微镜的发明做好了理论准备。

1932 年,卢斯卡(Ruska)和克诺尔(Knoll)成功研制出第一台电子显微镜[15],其结构如图 8.1(a)所示,包括电子源、电磁透镜、样品架、探测器等部件,镜筒中是超高真空,可以保证电子不会在运动过程中被吸收或偏转。图 8.1(b)是电子显微镜拍摄到的镍网格的图像,放大倍数为 12 倍;图 8.1(c)是由普通光学显微镜拍摄图像,可以发现电子显微镜可以得到与光学显微镜相似的图像,这为电子显微镜的进一步发展奠定了基础。1939 年,卢斯卡在德国西门子公司研制的第一台商用电子显微镜问世,其分辨率优于 10 nm,随后电子显微镜被广泛应用于金属、生物、医学等领域,获得了巨大的成功。卢斯卡也因为几十年来不断改进电子显微镜、推进人类对微观世界的探索,而在 1986 年获得了诺贝尔物理学奖。

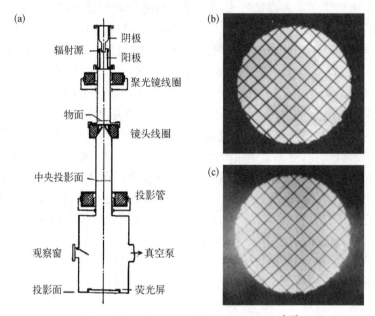

图 8.1　第一台电子显微镜及其拍摄图片[15]

(a) 卢斯卡和克诺尔发明的第一台电子显微镜结构图;(b) 电子显微镜拍摄到的镍网格图像;
(c) 光学显微镜拍摄到的镍网格图像

8.1.2　光电子显微镜的工作原理

1887 年,德国物理学家赫兹首先发现了光电效应,当紫外光入射到间隙处会产生火花。1905 年爱因斯坦对光电效应给出理论解释[图 8.2(a)],将光束描述为离散的光子,具有的能量和频率关系为 $h\upsilon$,其中 h 为普朗克常数,当光子能量大于材料的逸出功时材料才会发射出电子,这也解释了为什么低频率的光子即使光强更强也无法产生光电效应。

最早的以光电效应为基础设计的光电子显微镜在 1933 年由布鲁赫(Brüch)所研制,首次实现了利用紫外光照射对金属阴极表面成像[16]。在此后的几十年中,许多研究者继续探索研究光电子成像技术,PEEM 被不断改进和延伸发展。第一个商业化 PEEM 设备出现于 20 世纪 60 年代,是由 Engel 设计和测试的,并将其发展成为成型可销售设备,其最高空间分辨率可达 12 nm[17]。1991 年,Engel 等提出一种新的光电子显微镜结构[18],如图 8.2(b)所示,样品接入零电势,物镜接入 +20 kV电势,向样品表面入射能量为 hv 的光子后溢出光电子并被物镜收集,加速后的电子经过中间透镜、投影透镜调节放大倍率后再经过减速管减速,减速后的电子动能小于 2 keV,撞击到微通道板上实现电子倍增后被光电探测器所探测。整个镜筒连接真空泵处于超高真空中,还有一个固定的电子光阑可以限制电子发散角,该电镜可实现最大 400 µm 的视场和最小 100 nm 的空间分辨率。

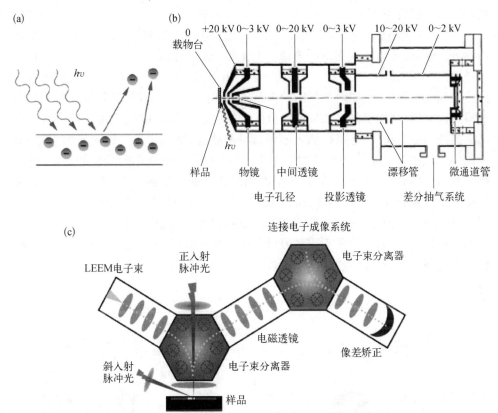

图 8.2　(a) 光电效应示意图;(b) 1991 年 Engel 等设计的光电子显微镜结构图[18];(c) 多功能像差矫正光发射电子显微镜,包含低能电子显微镜和镜像电子显微镜等功能

　　当今商业化 PEEM 设备吸收利用了多项新技术,如超高真空技术、分压器、电子透镜、静电透镜、微通道板、冷却电荷耦合器件、磁分束镜、像差矫正电子反射镜、半球能量分析仪等,其成像质量得到极大提高。配置像差矫正电子反射镜的 PEEM 系统,如图 8.2(c)所示的 Elmitec 公司 AC – SPELEEM 型号多功能像差矫正光发射电子显微镜,其空间分辨率可优于 3 nm,光电子能量分辨率可达 60 meV,可以在微纳米尺度获得原位显微成像、角分辨成像、光电子能谱等,是表面科学研究的多功能技术手段。

PEEM 是一种表面探测分析技术,尽管激发光源的穿透深度可以达到数十纳米,但是由于固态材料中的电子平均自由程很小,因此出射光电子一般源自样品表面约几个纳米的浅层区域。而且,PEEM 的成像衬度来源于各种表面非均一性因素,如表面形貌构造不平整使得光电子出射方向各异,由此导致局域光电子发射特性的差异;还有样品表面功函数的差异,使相同能量的入射光子在功函数较低的位置激发光电子强度越强;还有电子态密度的差异,电子态密度越高的样品光电子发射强度越强。其他影响 PEEM 图像衬度的因素还包括样品表面元素分布不同、近场局域电场强度不同等。

光电子显微镜不仅可以在实空间成像,通过合理调整中间透镜、投影镜和半球能量分析仪,还可以实现倒空间成像和光电子能谱分析[19]。如图 8.3(a)所示,光电子逸出样品表面后经物镜收集加速,调整中间透镜和能量分析仪,把物镜的后焦面成像到能量狭缝处,同时把物镜的像面成像到投影镜的物面,最后投影镜把像面成像到探测器,从而实现 PEEM 的实空间成像。在此模式下,我们可以插入对比度光阑提高图像对比度,还可以插入不同直径的狭缝,微调样品位置的起始电势,从而选择不同能量的电子进行成像。如图 8.3(b)所示,改变中间透镜的焦距,可以将物镜的后焦面成像由实空间模式下的能量狭缝处改变到投影镜的物面,投影镜再将这个后焦面成像到探测器,从而实现倒空间成像,可以测量电子衍射图样。如图 8.3(c)所示,光电子能谱分析模式与实空间成像模式相比,在最后两个投影镜之前的设置是相同的,区别在于调整最后两个投影镜将能量狭缝处的电子能量色散面成像到探测器,从而实现能谱分析。

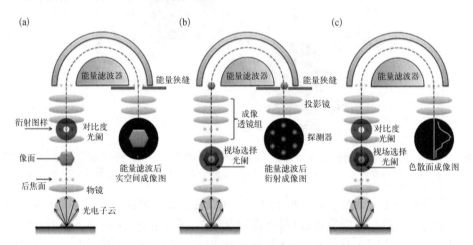

图 8.3 光电子显微镜的三种工作模式[19]

(a)实空间成像模式;(b)倒空间成像模式;(c)光电子能谱分析模式

随着科学技术的进步,PEEM 功能获得很大的扩展,其应用领域也拓展很宽,能够对表面结构、电子态、化学反应等表面物理化学性质进行原位和动态研究,在化学、物理、材料等研究领域有着重要的应用。

8.1.3　不同激发方式的光电子显微镜

光电子显微镜工作原理是基于光电效应,利用光照射下样品表面会出射光电子现象,由表面发射出来的光电子被物镜收集成像,从而获得样品表面的形貌、化学成分和磁性等信息。可用作激发的光源有同步辐射光源、X 射线、紫外光乃至可见红外光的超短脉冲光源,即广义上可包含能够产生表面光电子发射的电离辐射的各种过程,这种特性使得 PEEM 能与多种光源技术融合发展。

UV-PEEM 指利用汞灯、氙灯等含有紫外光谱成分的光源作为 PEEM 的激发光源。以汞灯为例,可以发射非偏振的非相干的紫外光源,光子能量约为 4.9 eV,通过单光子过程激发光电子成像,通常用于观察样品形貌等。

Laser-PEEM 指利用激光相干光作为 PEEM 的激发光源,结合脉冲光泵浦探测技术,使 PEEM 具备超快时间分辨能力。以图 8.4 所示的双色泵浦探测光路为例,激光器产生近红外脉冲(中心波长 800 nm,脉宽 100 fs)经倍频晶体倍频后产生中心波长 400 nm 脉冲激光,其中一部分作为泵浦光,另一部分与 800 nm 脉冲经过和频过程产生中心波长 266 nm 脉宽作为探测光。探测光通过平移台调整与泵浦光的时间延迟,随后泵浦光探测光合束,正入射至样品表面激发光电子被 PEEM 收集探测。由于倍频与和频过程通过倍频晶体使脉宽展宽,PEEM 实际时间分辨能力约为 300 fs。Laser-PEEM 通常被用于等离激元模式寿命、半导体载流子弛豫等超快过程的研究。

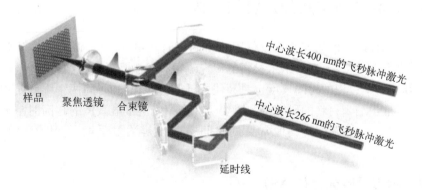

样品　聚焦透镜　合束镜　　　　中心波长 400 nm 的飞秒脉冲激光　　中心波长 266 nm 的飞秒脉冲激光　　延时线

图 8.4　Laser-PEEM 光路图[20]

低能量电子显微镜(low energy electron microscope,LEEM)和 PEEM 的成像系统完全相同,PEEM 可集成电子枪模块乃至自旋电子源,组成 LEEM/PEEM 系统。如图 8.2(c)中电子枪发射出 20 keV 动能的电子,通过磁场后旋转 60°正入射到样品表面,由于物镜和样品之间存在 20 keV 的电势差,电子束在到达样品表面时动能小于 100 eV,故称低能电子。低能电子与样品碰撞产生背散射弹性电子,重新被物镜收集,利用同一 PEEM 成像系统成像。LEEM 反射电子的强度和样品表面形貌、功函数差异等因素有关,如图 8.5(a)和(b)所示,GaAs 功函数比石墨烯高,两者组成异质结经 LEEM 成像后,GaAs 反射电子强度明显高于石墨烯,因而 LEEM可用于原位探测样品真空态高度[20]。

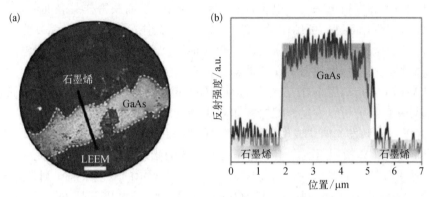

图 8.5　(a) LEEM 对石墨烯/GaAs 异质结成像图;(b) 沿(a)图中黑线反射电子强度变化图[20]

随着同步辐射光源的出现,具有皮秒量级 X 射线脉冲光源成为新的研究热点,利用同步辐射光源的高亮度、准直性、相干性、宽能量波段和偏振性等特性,时间分辨 X-PEEM 技术得到长足发展。X-PEEM 主要利用 X 射线激发二次电子或光电子成像,在样品表面元素分析、磁畴结构分析等领域有着重要应用价值。

8.2　其他时间空间分辨测量手段

许多物理问题的研究并不仅仅限于空间或时间单一维度,两者往往是紧密关联的。进入 21 世纪人们对纳米材料的研究竞争日趋激烈,纳米材料本身空间尺度很小,其动力学过程的时间尺度也是超快的,同时在空间和时间两个维度实现超高分辨对于推进纳米材料的研究至关重要。在介绍光电子显微镜的超高时空分辨应用之前,我们先介绍一些其他常见的时间空间分辨测量手段,并比较他们的优缺点。

8.2.1　瞬态吸收光谱(TAS)

常见的瞬态吸收光谱(transient absorption spectrum, TAS)光路如图 8.6 所示[21]。掺钛蓝宝石激光器产生的飞秒脉冲激光通过分束器(BS)后分为两束:第一束作为泵浦光首先通过法拉第隔离器(FI)后被声光调制器(AOM)斩波,斩波后的泵浦光重复频率在几十万赫兹量级,经扩束器(BE)扩束后通过半波片和偏振片调整光强和偏振;另一束作为探测光通过光学参量振荡器(OPO)调谐后被扩束,再通过延迟器调整泵浦光和探测光之间的光程差。泵浦光和探测光在二向色镜

（DM）会和,通过 4f 光学系统后被一个数值孔径很高的物镜会聚到样品表面,压电台（PZS）和高速扫描振镜（GSM）可以调整样品及探测光斑的位置,实现对整块样品不同位置的扫描成像。样品将入射光反射后,泵浦光被滤光片滤除以提高探测光信噪比,雪崩二极管（APD）对反射的探测光的光信号放大并由锁相放大器（LIA）提取出探测光强度的微弱变化。

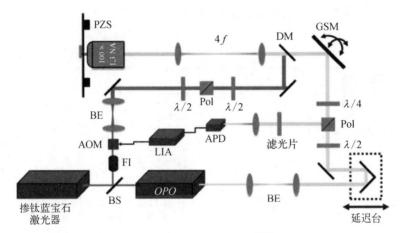

图 8.6　瞬态吸收光路图[21]

瞬态吸收光谱的原理是样品处于基态时对探测光存在基态吸收,泵浦光激发样品使电子处于高能级态,引起样品对探测光的基态吸收减弱。调节延迟器使探测光在泵浦探测零点前后移动,在不同延迟时刻下探测光反/透射强度的变化 $\Delta R/R_0 = (R - R_0)/R_0$ 被记录（当样品很薄或放置在透明衬底上时,也可以测量透射强度的变化）,我们由此可以得到样品载流子迁移、复合等超快物理过程的时间尺度。下面举一个瞬态吸收光谱应用的例子。

以 MoS_2 为代表的过渡族金属硫化物（TMDs）材料由三维体材料转变为二维单层材料时,其带隙由间接带隙转变为直接带隙,荧光的产生不需要声子参与动量匹配,因此具有很强的发光效率[22],同时二维材料具有很强的量子限制效应和微弱的静电屏蔽,载流子之间存在强库仑作用,利于光激发形成紧束缚激子。激子-激子湮灭是一个多体相互作用过程,一个激子在湮灭的同时把能量传递给了另一个激子,与半导体物理学中自由载流子的非辐射俄歇复合过程极为类似。

2014 年,美国哥伦比亚大学 Sun 等利用瞬态吸收光谱测量了单层二硫化钼（MoS_2）材料中的激子-激子湮灭过程[23]。该实验样品如图 8.7（a）中插图所示,单层 MoS_2 材料被机械剥离后转移到石英衬底上,在室温下测得 A 激子 1.88 eV 荧光峰,同时还有 B 激子微弱的 2.05 eV 荧光峰,与图 8.7（b）中蓝线样品对探测光的两个吸收峰分别对应,图 8.7（b）中红线为加入 2.14 eV 泵浦光后,在泵浦探测延迟 0.2 ps 时样品对探测光吸收率的减小,可以发现-ΔA 线型与 A 激子吸收峰轮廓一致,并由点状洛伦兹线型拟合。他们还发现样品对探测光吸收率的变化和泵浦光功率有关,如图 8.7(c)所示,高功率泵浦时激子密度衰退曲线可以用双指数拟合,他们提出激子-激子湮灭速率和激子密度 N_{ex} 的平方成正比,即 $\dfrac{\mathrm{d}N_{ex}}{\mathrm{d}t} = -\gamma N_{ex}^2$,将该方程和实验仪器相应函数卷积,对 MoS_2 激子密度超快衰退曲线拟合,得到室温下激子-激子湮灭速率 $\gamma = (4.4 \pm 1.1) \times 10^{-2}\ \mathrm{cm^2/s}$。

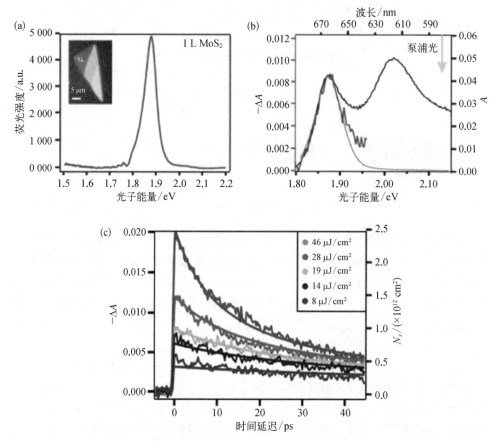

图 8.7 瞬态吸收光谱用于测量单层二硫化钼中的超快激子-激子湮灭过程[22]

(a) 室温下单层 MoS_2 的荧光光谱,插图为石英衬底上机械剥离的单层 MoS_2 光学图像;(b) 红线为泵浦探测 0.2 ps 延迟时单层 MoS_2 的瞬态吸收光谱,蓝线为没有泵浦光时样品的吸收谱,点状线为洛伦兹拟合曲线;(c) 不同泵浦功率时激子密度的动力学过程,实线理论拟合曲线

8.2.2 扫描超快电子显微镜

扫描超快电子显微镜[24](scanning ultrafast electron microscopy, SUEM)是一种光泵浦-电子探测的装置,可以直接在亚皮秒和纳米两个尺度观察超快光生载流子

动力学过程。一束波长 515 nm 的超快泵浦光激发样品,随后一束超快紫外线照射光电阴极产生亚皮秒量级电子脉冲,电子束加速至 30 keV 撞击样品表面产生二次电子(SEs)并被探测器收集,电子(空穴)静积累处二次电子出射增强(减弱),由于使用二次电子成像,SUEM 空间分辨能力可优于 10 nm。泵浦光和电子束脉冲之间通过平移台调节时间延迟,移动电子束对整个样品扫描逐点成像,即可实现整个样品的超高时间空间分辨成像。

2017 年,美国加州理工学院 Zewail 课题组利用 SUEM 对黑磷平面内各向异性光生载流子动力学进行了超高时空分辨[25]。黑磷具有独特的光电性质,其直接带隙从体材料 0.3 eV 逐渐过渡到单层材料 1.45 eV[26]。如图 8.8(a)所示,黑磷被机械剥离后转移到 ITO 玻璃衬底上,超快泵浦脉冲斜入射到样品表面形成椭圆形光斑,超快电子束脉冲激发二次电子扫描样品成像。由于转移样品时黑磷在空气中氧化,产生表面势,所以光激发热空穴集中在样品表面,而热电子集中在材料内部。

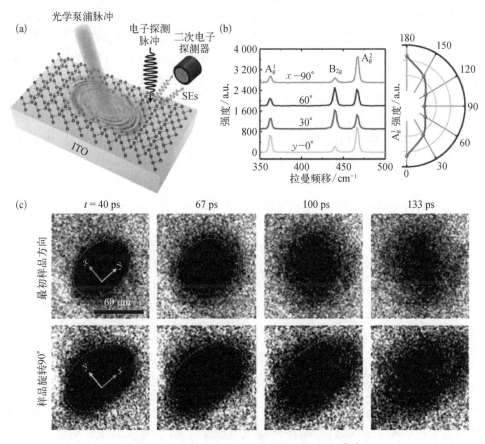

图 8.8　利用 SUEM 测量黑磷各向异性性质[25]

(a) SUEM 实验示意图;(b) 黑磷的偏振依赖拉曼峰强度变化;(c) SUEM 测得黑磷表面空穴扩散

电子脉冲激发的二次电子主要来自样品表面几纳米深度内,所以观察到热空穴的迁移。黑磷具有强烈的面内各向异性特征,图 8.8(b)所示黑磷拉曼光谱 A_g^1 峰强度随激发光偏振而变化,强度最弱的偏振方向对应黑磷 x(armchair)方向,强度最强的偏振方向对应黑磷 y(zigzag)方向。图 8.8(c)为 SUEM 测量结果,40 ps 延迟时探测到的热空穴的轮廓与椭圆泵浦光斑形状一致,随着延迟时间增长,黑磷表面热空穴沿 x 方向扩散更快,是 y 方向扩散速度的 15 倍,热空穴轮廓沿原椭圆短轴方向被拉长。图 8.8(c)第二行中样品被旋转 90°后 x、y 方向互换,测量结果依然是热空穴沿 x 方向迅速扩散,区别在于椭圆轮廓沿长轴方向被拉长。值得说明的是黑磷热空穴扩散与超快泵浦光偏振无关,仅与黑磷面内 x、y 方向有关。

8.2.3 小结

本节介绍了瞬态吸收光谱和扫描超快电子显微镜两种时间空间分辨手段,其他的技术方法还有扫描近场光学显微镜、光学非线性显微镜等。瞬态吸收光谱可以获得亚皮秒量级的时间分辨能力,但是基于传统的光学显微镜成像,无法突破衍射极限,空间分辨能力在百纳米量级。扫描近场光学显微镜可以突破光学衍射极限,获得几十纳米的空间分辨能力,同时结合飞秒激光获得亚皮秒时间分辨能力,但是近场光学显微镜存在信号微弱和信噪比差等问题。扫描超快电子显微镜同时具有亚皮秒和纳米量级的超高时间空间分辨能力,但是成像的时间分辨率还有待提高,另外对整个样品扫描成像导致成像速率低。在下一节中我们将介绍时间分辨光电子显微镜实现超高时间空间分辨成像的特点。

8.3 时间分辨光电子显微镜的应用

在寻求超高时空分辨成像技术方面,结合超快脉冲光泵浦探测技术的时间分辨光电子显微镜(TR-PEEM)非常适合于观察表面上超快动力学过程。由于光电器件功能材料的外层电子能级一般在几个电子伏特左右,基于台式化可见红外脉冲光源的 TR-PEEM 特别适合研究这类问题。这里简要介绍最近表面等离激元、半导体载流子和磁性材料在微纳尺度的超快动力学观测方面获得的几项代表性研究进展。

8.3.1 光电子显微镜在金属表面等离激元研究中的应用

表面等离激元是入射光在金属和介质交界面激发起的电子集体振荡模式,该模式主要被局限在金属表面,而在界面两侧迅速衰减,光场被局限在亚波长尺度,从而实现近场电磁场巨增强。在表面等离激元研究领域存在一些难题:由于纳米结构尺寸在光衍射极限之下,观测其纳米尺度局域光场增强的热点非常困难;同时由于表面等离激元的共振模式衰减非常快,约为 10 飞秒量级,观测其动力学过程也非常困难。TR-PEEM 技术的超高时空分辨观测能力为这些问题提供了有效解决途径。

通常远场观测手段是研究等离激元的主要方式,但无法直接探测等离激元的近场局域增强效应。2016 年,日本北海道大学 Misawa 研究小组利用汞灯光源 UV-PEEM 对金石碑纳米结构的完整轮廓进行高分辨成像[27],见图 8.9(a)右侧。汞灯发射紫外光的截止能量在 4.9 eV,金的功函数通常在 4.6~5.1 eV,可以产生单光子发射,而 ITO 衬底不足以溢出光电子,功函数的差异形成图像衬度。接着利用百飞秒可调谐脉冲光激发金石碑纳米结构的局域表面等离激元模式,并利用 PEEM 进行近场成像[27]。如图 8.9(a)所示,760 nm 和 850 nm 波长激发时石碑结构光电子出射强度极大,如图 8.9 右上方的 1 号与 3 号近场成像图;在 800 nm 波长激发时石碑结构光电子出射极小,如图 8.9 右上方的 2 号近场成像图。飞秒脉冲激光的光子能量低于金材料功函数,无法直接激发材料的光电子,此时非线性多光子过程发挥作用,光电子发射强度(PE)正比于激发光子强度的 n 次方($PE \propto I^n$),n 即为多光子数。当激发波长与等离激元近场模式共振时,金纳米结构棱角处的近场增强形成"热点"将促进多光子激发光电子过程。图 8.9(b)和(c)中分别测量了石碑

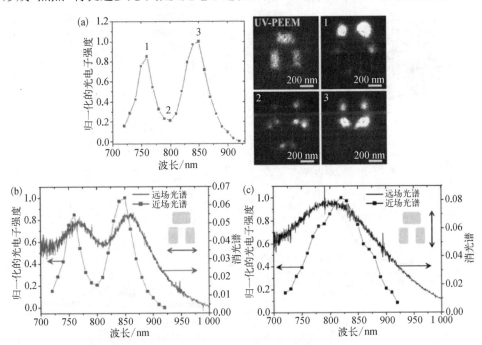

图 8.9 　(a)金石碑形纳米结构的光电子强度随激发波长的变化,图右分别为汞灯下石碑结构轮廓图和三个特征波长对应的石碑结构近场成像;(b)水平偏振方向(与石碑结构对称轴垂直)时石碑结构的远场消光谱和近场光电子谱;(c)竖直偏振方向(与石碑结构对称轴平行)时石碑结构的远场消光谱和近场光电子谱[27]

结构在水平、竖直两个偏振方向激发时的远场消光谱和近场光电子谱,比较发现两者波峰位置几乎一致。

2016 年,Misawa 课题组利用时间分辨光电子显微镜(TR-PEEM)对表面等离激元的超快动力学进行研究[28]。200 nm 边长的正方形金纳米块具有对称结构,线偏光正入射时只能激发局域表面等离激元共振(LSPR)偶极模式,而四极模式被抑制。如果将百飞秒调谐激光 74°斜入射到对称金纳米块,如图 8.10(a),当激光 s 偏振时会激发 LSPR 的四极模式,而 p 偏振会激发出偶极模式,这是由于斜入射时相位延迟效应以及入射光与 LSPR 辐射模式干涉而导致的。随后该课题组将超短 7 fs 脉冲激光(中心波长 850 nm,频谱范围 650~1 000 nm)通过迈赫-增德尔干涉仪产生相位延迟泵浦探测光,74°斜入射到金纳米结构,改变偏振分别激发 LSPR 的偶极模式和四极模式。如图 8.10(b)和(c)中振荡曲线所示,每次移动平移台产生 0.7 fs 延迟,记录每个延迟时刻金纳米结构的光电子发射强度,该振荡曲线包括三个过程:① 当延迟很小时,泵浦和探测光重叠,LSPR"热点"随激光载波频率振荡;② 当延迟逐渐变大,泵浦光和探测光分开,分别激发不同的振动模式不再同步相互干涉,"热点"振荡强度衰减;③ 当延迟很大时,不同的振动模式衰减为零互不

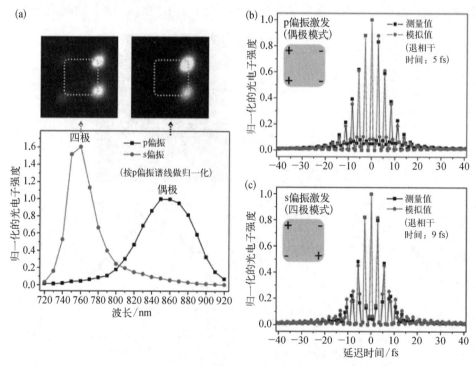

图 8.10 表面等离激元的超快动力学[28]

(a) 正方形金纳米结构在调谐激光 74°斜入射时的光电子发射谱,s 偏振时激发四极模式,p 偏振时激发偶极模式,虚线为金结构完整轮廓;(b) 偶极模式退相干时间实验和模拟结果;
(c) 四极模式退相干时间实验和模拟结果

影响,"热点"强度保持不变。建立阻尼谐振子模型对等离激元电场强度随延迟时间振荡曲线模拟:

$$E_{\mathrm{pl}}(t) \propto \int_{-\infty}^{t} \frac{1}{\omega_0} K(t') e^{-\gamma(t-t')} \sin[\omega_0(t-t')] \mathrm{d}t'$$

式中,ω_0 为等离激元共振频率;$K(t')$ 为驱动场,由泵浦光和探测光叠加而成,$K(t') = E(t) + E(t+t_{\mathrm{d}})$,$t_{\mathrm{d}}$ 为泵浦光和探测光的延迟;$\gamma = 1/(2T)$,T 即为等离激元的退相干时间。得到"热点"振荡强度:

$$I(t_{\mathrm{d}}) \propto \int_{-\infty}^{+\infty} |E_{\mathrm{pl}}(t)|^{2N} \mathrm{d}t$$

这里 N 代表参与非线性光电子发射的光子数,对于 p 偏振激发和 s 偏振激发 N 分别为 3.7 和 3.6。如图 8.10(b)和(c)所示,当 $I(t_{\mathrm{d}})$ 模拟曲线和实验振荡曲线最接近时得到等离激元退相干时间 T,可以得到偶极模式退相干时间为 5 fs,而四极模式则为 9 fs。从图 8.10(a)近场光电子谱也可以发现四极模式比偶极模式线宽更窄,四极模式可以看作两个偶极模式的叠加,且存在 π 相位差,两个偶极模式的远场辐射相互抑制,使四极模式退相干时间更长,这与时间分辨光电子谱定量分析结果一致。

2018 年,北京大学龚旗煌研究团队通过调节等离激元传播模式(SPP)和局域模式(LSPR)之间的强耦合,实现对等离激元的退相干时间的调控[29]。LSPR 模式具有更小的模式体积和更短的退相干时间,而 SPP 模式与之相反,将两者的优势结合可以产生新的模式分布,扩展等离激元应用范围。图 8.11(a)为实验样品结构和模式示意图,在 ITO 导电衬底上磁控溅射 20 nm 厚的金膜用于支持 SPP 模式,再利用原子层沉积(ALD)在金膜上镀 25 nm 氧化铝作为隔离层,最后利用电子束曝光(EBL)在氧化铝膜上制备 40 nm 厚的金方块阵列,金块用于支持 LSPR 模式,金块边长 100~160 nm,从而调节 LSPR 的能量。图 8.11(b)为样品扫描透射电子显微镜(STEM)截面图;图 8.11(c)为样品扫描电子显微镜俯视图;图 8.11(d)为样品横截面能量色散 X 射线光谱(EDS)成像图。其中品红色为金元素,黄色为铝元素,青色为铟元素。

$$K_{\mathrm{spp}} = K_0 \sin\theta_0 \pm p \frac{2\pi}{D_x} u_x \pm q \frac{2\pi}{D_y} u_y$$

金方块阵列可以为激发金膜的 SPP 模式提供额外的相位补偿。上式中,θ_0 为激发光入射角;u_x 和 u_y 为周期金方块结构倒格矢;D_x 和 D_y 为结构周期;p 和 q 为整数,代表 SPP 传播方向。

图 8.12(a)和(b)中给出了 400 nm 和 500 nm 金方块周期时,改变不同金方块边长时样品的远场消光谱。改变周期可以调控 SPP 能量,改变金方块边长可以调

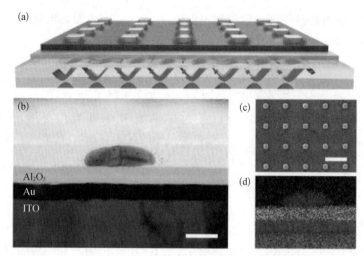

图 8.11 LSPR 和 SPP 强耦合样品图[30]

(a) 实验样品结构和模式示意图;(b) 样品横截面 STEM 成像图,比例尺为 50 nm;(c) 样品 SEM 俯视图, 比例尺为 500 nm;(d) 样品横截面 EDS 成像图

控 LSPR 的能量。图 8.12(a) 中左侧峰并未随着金方块边长的变化而变化,说明固定周期下 SPP 模式能量固定,而右侧峰随金方块边长变大而红移,但是如虚线所示 LSPR 和 SPP 模式并未发生耦合。而在 500 nm 周期时,如图 8.12(b) 所示,LSPR 模式和 SPP 模式发生耦合,呈现出反交叉行为。图 8.12(b) 与(d) 的模式色散曲线分别与图 8.12(a) 和(b) 对应,红点为实验测量结果,虚线为拟合曲线。建立耦合振子模型,当 LSPR 和 SPP 模式能量相等时,产生 144 meV 的拉比劈裂,同时计算出两个模式相互作用能量 78 meV,大于平均损耗 74 meV,证明了两个模式之间存在强耦合。

随后北京大学团队成员利用超快时间分辨光电子能谱探测不同失谐量 ($E_{SPP} - E_{LSPR}$) 时等离激元退相干时间。如图 8.13 所示,利用百飞秒调谐激光器在 720~920 nm 激发样品光电子,五个样品中金方块纳米结构边长都是 115 nm,而周期自下而上从 400~600 nm,间隔为 50 nm。在 400 nm 周期时频域近场谱线分裂为右侧主峰和左侧弱峰,失谐量为 221 meV,对应图 8.13(c) 时域曲线主峰寿命为 6 fs,说明 LSPR 模式占主导,而另一个弱峰寿命为 13 fs,说明 SPP 模式占主导。当周期为 500 nm 时,失谐量减小 25 meV,时域曲线上两个峰的寿命均为 10 fs,说明耦合模式中 SPP 模式和 LSPR 模式占比相当。当周期增加到 550 nm,失谐量为 −61 meV,此时频域近场谱线上左侧变为主峰且寿命为 8 fs,右侧变为弱峰且寿命为 12 fs,说明此时左侧主峰已由 SPP 模式变为 LSPR 模式占主导,右侧弱峰与之相反。当周期增大到 600 nm 时只有一个频域近场发射峰,寿命为 6.5 fs。综上所述,通过调节 LSPR 模式和 SPP 模式的失谐量,可以对模式寿命进行调控,拓展了等离激元的应用范围。

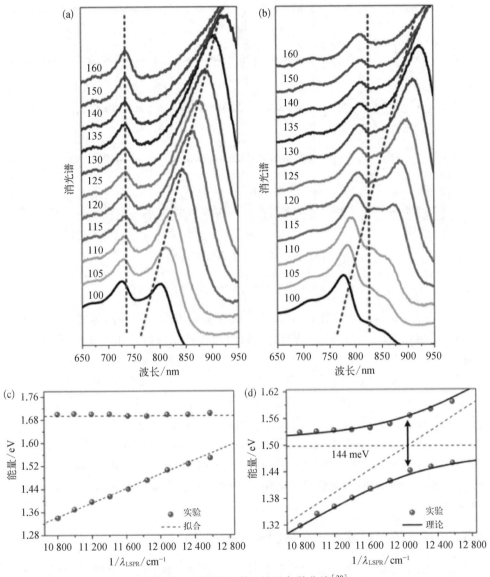

图 8.12　远场消光谱和能量色散曲线[30]

(a)和(b)分别为 400 nm、500 nm 结构周期,方块边长从 100 nm 至 160 nm 变化样品的远场消光谱;
(c)和(d)分别对应(a)和(b)中左右两个峰的色散曲线。(c)中两个峰未耦合,
(d)中两个峰强耦合,且拉比劈裂为 144 meV

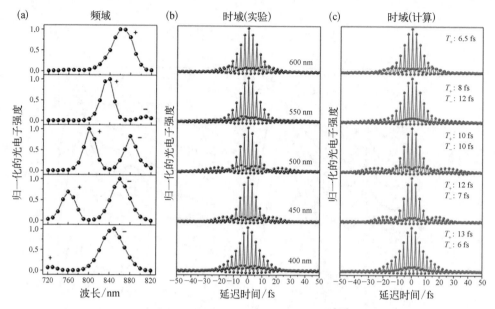

图 8.13 频域和时域下光电子发射谱[29]

金方块的边长为 115 nm,结构周期从 400 nm 至 600 nm 变化。(a) 图为近场频域光电子发射谱;(b) 图为时域光电子发射谱;(c) 图为理论拟合时域光电子发射谱

2017 年,Spektor 等利用 TR-PEEM 首次在实验上观测到表面等离激元涡旋模式的超快演化过程[30],而此前只能通过数值模拟这个过程。如图 8.14 所示,研究者将一束圆偏振超短脉冲(脉宽小于 23 fs,中心波长 800 nm)经过迈赫-增德尔干涉仪分为延迟 Δt 的泵浦光和探测光,泵浦光先到达样品表面,阿基米德螺旋结构可以将光子的自旋角动量转化为轨道角动量,激发出具有轨道角动量的表面等离激元模式在金膜上旋转。Δt 延迟后探测光到达样品表面,和涡旋等离激元干涉发射光电子,被 PEEM 收集成像。调节延迟时间,可以在空间上观测到明显的表面等离激元涡旋模式的产生、演化和衰退过程[图 8.14(d) ~ (f)],时间分辨达到飞秒量级[30]。通过测量表面等离激元涡旋模式旋转的角速度 ω_R,还可以得到光子轨道角动量 $\hbar\omega/\omega_R$。

8.3.2 光电子显微镜在半导体材料中的应用

观测电子、激子等各种元激发态的动力学行为对揭示光电器件工作机理和设计优化器件性能是至关重要的,TR-PEEM 技术方法在这方面有着独特的优势。2014 年,东京工业大学 Fukumoto 等利用 TR-PEEM 首次对 GaAs 表面电子复合、输运行为进行直接超高时空分辨观测[31]。如图 8.15(a) 所示,GaAs 具有 1.42 eV 的直接带隙和 4.07 eV 的电子亲和能,光子能量为 2.4 eV 的超短脉冲可以直接将 GaAs 价带电子激发至导带,经过 Δt 延迟后,一束光子能量为 4.8 eV 的探测光将导

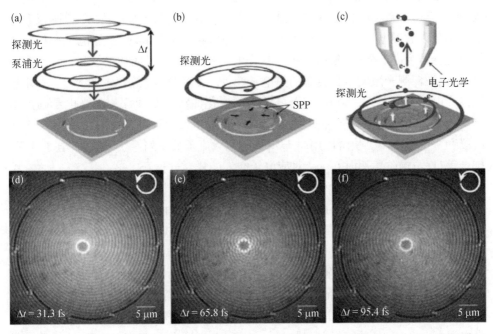

图 8.14　(a) 两束延迟为 Δt 的圆偏振超短脉冲光激发等离激元涡旋模式；(b) 泵浦光先到达
样品激发 SPP 模式；(c) 探测光与 SPP 干涉，发射光电子被 PEEM 收集；
(d~f) 涡旋等离激元模式的产生、演化、衰退过程[30]

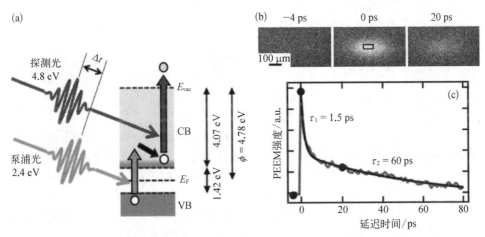

图 8.15　TR-PEEM 观测 GaAs 载流子动力学[31]：(a) GaAs 双色泵浦探测过程；(b) 延迟为
−4 ps、0 ps、20 ps 时 PEEM 成像图；(c) 时间分辨光电子强度变化曲线图

注：CB 为导带；VB 为价带；E_F 为费米能级；E_{vac} 为真空能级

带热电子激发至真空态。由 PEEM 收集光电子成像。图 8.15(b)中给出了延迟为-4 ps、0 ps、20 ps 时 PEEM 成像图:延迟-4 ps 时,光电子强度为零,说明仅有泵浦光不足以激发电子至真空态;延迟 0 ps 时,光电子强度最强,且热电子在材料表面密度分布为高斯分布;延迟 20 ps 时,光电子强度减弱,说明热电子和价带空穴复合,可以被探测光激发至真空态的热电子变少。图 8.15(c)绘制了图 8.15(b)矩形框内光电子强度在-4~80 ps 延迟范围内的变化曲线。泵浦探测的光电子强度上升沿约 230 fs,对应激光脉冲宽度;零点后使用双指数函数对曲线拟合,分为一个快阶段和一个慢阶段。快阶段用时 1.5 ps,对应载流子被缺陷俘获或散射、电子-声子耦合等过程;慢阶段用时 60 ps,对应电子空穴的复合过程。

TR-PEEM 的应用范围不止局限在单一材料体系,日本冲绳理工大学 Man 等观测了 InSe/GaAs 层间异质结光生载流子产生和扩散过程,证实了电子在不同半导体之间从高能态向低能态自发转移的过程[32]。如图 8.16(a)所示,将机械剥离的少层 InSe 样品转移至 GaAs 衬底上构成 InSe/GaAs 异质结,具有图 8.16(b)中所示第二型能带结构。InSe 是直接带隙材料,厚度越厚的样品带隙越小,其导带底位置越低。InSe 带隙为 1.25 eV,GaAs 带隙为 1.42 eV,用光子能量 1.55 eV 的近红外泵浦光激发样品,同时将 InSe 和 GaAs 的价带电子激发至导带。由于 InSe 和 GaAs 的导带之间存在 0.58 eV 的能级差,热电子会从 GaAs 高能级导带底向 InSe 更低的导带底转移。另一束延迟为 Δt 的三倍频 4.66 eV 紫外脉冲将导带电子激发至真空态,最终被 PEEM 收集成像,调节不同延迟时间,完整的电子转移过程[图 8.16(c)]就

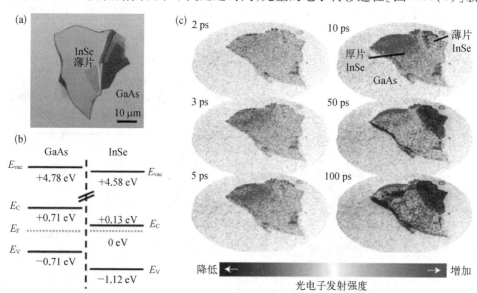

图 8.16 TR-PEEM 观测 InSe/GaAs 异质结中载流子动力学过程[32]

(a) 机械剥离 InSe 转移至 GaAs 衬底;(b) InSe/GaAs 异质结能带结构示意图;
(c) PEEM 记录不同延迟时间下热电子增益或损耗情况

被记录下来：延迟零点时，整个异质结表面都是热电子增益信号，随着延迟时间拉长，GaAs 上的热电子衰减并向 InSe 转移，当延迟为 10 ps 时，薄的 InSe 样品上热电子也逐渐衰减并向更厚的区域转移，直至 100 ps 时，整个异质结只剩最厚的 InSe 残存有热电子增益信号。该实验充分体现了 TR-PEEM 超高时间空间分辨能力的优越性，可以帮助人们更深入地了解光发射探测器、光伏电池器件、低维材料等光电过程中的物理机制。

2019 年，北京大学龚旗煌研究团队将双色泵浦探测技术与 PEEM 结合，通过调节 GaAs 衬底不同的掺杂程度，实现对石墨烯/GaAs 异质结超快载流子动力学的调控[20]。如图 8.17(a) 所示，石墨烯/GaAs 异质结中石墨烯热电子寿命为 14.7 ps，GaAs 热电子寿命为 6.1 ps，零点之前光电子信号上升过程用时 0.3 ps，代表仪器的时间分辨能力。而对于石墨烯/n 型 GaAs 异质结，如图 8.17(b) 所示，石墨烯热电子寿命为 2.6 ps，GaAs 热电子寿命为 4.9 ps，n 型 GaAs 衬底上的石墨烯热电子寿命下降约 80%。

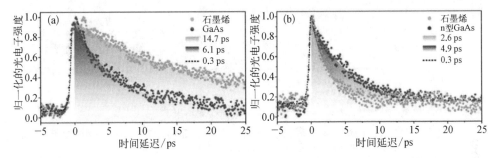

图 8.17　(a) 石墨烯/GaAs 异质结的时间分辨光电子发射谱；(b) 石墨烯/n 型 GaAs 异质结的时间分辨光电子发射谱[20]

龚旗煌课题组继续利用 LEEM 确定异质结样品真空态弯曲情况。由图 8.18(a) 电子反射谱（即反射电子强度随入射电子能量变化曲线）可知 GaAs 真空态比石墨烯高出 0.24 eV。当 GaAs 与石墨烯形成异质结后，两者费米能级高度一致，然而 GaAs 的功函数高于石墨烯，导致 GaAs 真空态能级向石墨烯弯曲。如图 8.18(b) 示意图所示，入射电子与石墨烯碰撞产生大量损耗，因而反射电子强度较小，而 GaAs 更高的真空态使入射电子与样品碰撞前就被反射，因而反射电子强度更强。同理，n 型掺杂使 GaAs 的费米能级抬高同时功函数减小，如图 8.18(d) 中石墨烯真空态能级向 n 型 GaAs 弯曲。图 8.18(c) 给出了石墨烯/n 型 GaAs 异质结电子反射谱，测定石墨烯的真空态比 n 型 GaAs 高 0.17 eV。

LEEM 原位确定了掺杂对异质结样品真空态高低的影响，可以帮助我们解释为什么 n 型 GaAs 上石墨烯热电子寿命比普通 GaAs 上缩短近六倍。如图 8.19(a) 所示，超快泵浦光同时激发石墨烯和 GaAs 中价带电子至导带，同时产生大量价带空穴。随后由于电子-电子相互作用及电子声子相互作用，GaAs 上的热电子向导

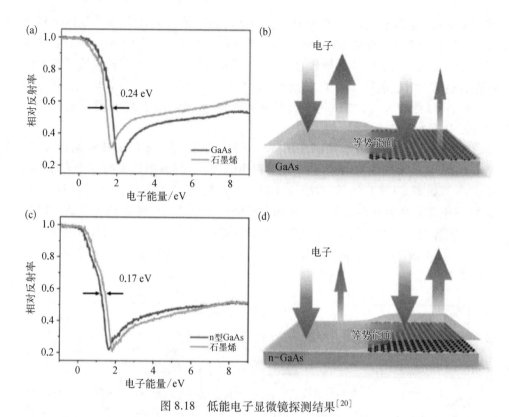

图 8.18　低能电子显微镜探测结果[20]

(a~b) 根据电子反射谱,石墨烯/GaAs 异质结中 GaAs 的真空态比石墨烯高 0.24 eV;(c~d) 根据电子反射谱,
石墨烯/n 型 GaAs 异质结中石墨烯的真空态比 n 型 GaAs 高 0.17 eV

带底弛豫,石墨烯上的热电子向狄拉克锥弛豫。由于 GaAs 真空态能级比石墨烯高,能带弯曲使 GaAs 上的热电子向石墨烯流动,同时石墨烯中的热空穴也向 GaAs 流动。GaAs 如同一个"蓄水池"为石墨烯提供额外的热电子来源,石墨烯也没有足够多的热空穴和热电子复合,所以经时间分辨光电子发射谱探测到石墨烯具有 14.7 ps 的较长寿命。相反,对于图 8.19(b) 中所示的石墨烯/n 型 GaAs 异质结而言,石墨烯的真空态能级高于 n 型 GaAs,热电子热空穴的流动方向改变,在石墨烯中存在很少的热电子和很多的热空穴,更有利于热电子被复合消耗,使石墨烯热电子寿命缩短为 2.6 ps。综上所述,通过改变衬底的掺杂方式可以改变材料的超快动力学过程,为今后发展和优化新型半导体器件提供了新的可能。

8.3.3　光电子显微镜在磁性材料中的应用

利用同步辐射提供的 X 射线与 PEEM 结合而成的 X-PEEM,可以探测铁磁性材料的磁圆二色性(MCD)和反铁磁性材料的磁线二色性(MLD),从而直接探测磁性材料的磁畴[33]。铁磁性材料的费米面附近自旋向上或向下的电子态密度是不

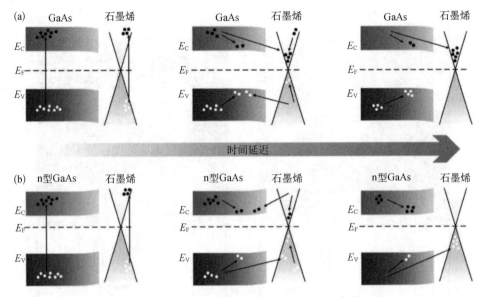

图 8.19　异质结样品中热电子动力学过程[20]

(a) 石墨烯/GaAs 异质结被激发后热电子从 GaAs 流向石墨烯;(b) 石墨烯/n 型 GaAs 异质结
被激发后热电子从石墨烯流向 n 型 GaAs

同的,根据跃迁选择定则,对左旋或右旋圆偏振 X 射线的吸收率不同,即磁圆二色性(MCD)。利用 MCD 可以定量测量磁性材料的自旋磁矩和轨道磁矩[34],还可以调整 X 射线的能量和不同元素共振,探究样品中不同元素的磁性[35]。对于反铁磁性材料,相邻电子自旋相反,对外表现净磁矩为零。改变同步辐射 X 射线的线偏振方向平行或垂直于电子自旋方向,反铁磁材料对 X 射线吸收率也会发生变化,即磁线二色性(MLD)。

2000 年,美国劳伦斯伯克利国家实验室 Nolting 等利用分子束外延技术在 $SrTiO_3(001)$ 衬底上生长出 40 nm 的反铁磁性 $LaFeO_3$ 薄膜,再生长 1.2 nm 的铁磁性 Co 膜,利用 X-PEEM 可以观察该样品中的铁磁磁畴和反铁磁磁畴及其耦合性质[33]。图 8.20(a) 为 $LaFeO_3$ 中铁元素 L 吸收边(710 eV) 的 XMLD 成像图,水平方向的反铁磁磁矩衬度为白色,垂直方向的为黑色。图 8.20(b) 为 Co 元素 L 吸收边(780 eV) 的 XMCD 成像图,垂直向上的铁磁性磁畴衬度为黑色,垂直向下的为白色,水平方向的为灰色。比较两图发现在此交换偏置体系中的铁磁性 Co 的自旋和反铁磁磁轴平行或反平行排列。

8.4　本章小结

光电子显微镜由于使用电子成像可以突破光学衍射极限,获得纳米量级的空间分辨能力,再结合飞秒脉冲激光泵浦探测技术,使其同时具备飞秒量级的时间分

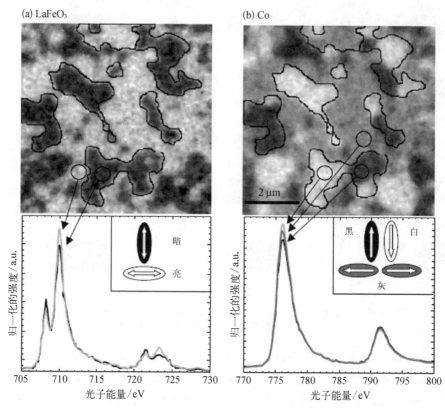

图 8.20 Co/LaFeO$_3$/SrTiO$_3$(001)样品的反铁磁磁畴(a)和
铁磁磁畴(b)成像图及其 X 射线吸收谱[33]

辨能力。超高时间空间分辨能力使 TR-PEEM 在研究微纳光子器件、低维纳米材料等空间小尺度材料的超快动力学过程上具有独特的优势。目前国内的北京大学、重庆大学、长春理工大学、中国科学院大连化学物理所等单位都建立了 PEEM 测量系统。其中北京大学龚旗煌团队研制的时间分辨光电子显微镜系统,其激发光源波长覆盖范围从极紫外到近红外,并且实现微纳样品制备技术与 PEEM 设备真空互联,将进一步拓展 PEEM 的应用前景。

参 考 文 献

[1] Zewail A H. Femtochemistry: Atomic-scale dynamics of the chemical bond [J]. Journal of Physical Chemistry A, 2000, 104(24): 5660 – 5694.

[2] Baltuška A, Udem Th, Uiberacker M, et al. Attosecond control of electronic processes by intense light fields [J]. Nature, 2003, 421(6923): 611 – 615.

[3] Schelev M Y, Richardson M C, Alcock A J. Image-converter streak camera with picosecond resolution [J]. Applied Physics Letters, 1971, 18(8): 354 – 357.

[4] Bradley D J, Liddy B, Sleat W E. Direct linear measurement of ultrashort light pulses with a

picosecond streak camera [J]. Optics Communications, 1971, 2(8): 391-395.

[5] DeMaria A J, Stetser D A, Heynau H. Self mode-locking of lasers with saturable absorbers [J]. Applied Physics Letters, 1966, 8(7): 174-176.

[6] Ruddock I S, Bradley D J. Bandwidth-limited subpicosecond pulse generation in mode-locked cw dye lasers [J]. Applied Physics Letters, 1976, 29(5): 296-297.

[7] Paul P M, Toma E S, Breger P, et al. Observation of a train of attosecond pulses from high harmonic generation [J]. Science, 2001, 292(5522): 1689-1692.

[8] Abbe E. Beiträge zur theorie des mikroskops und der mikroskopischen Wahrnehmung [J]. Archiv für mikroskopische Anatomie, 1873, 9(1): 413-418.

[9] Synge E H. A suggested method for extending microscopic resolution into the ultra-microscopic region [J]. The London, Edinburgh, and Dublin Philosophical Magazine and Journal of Science, 1928, 6(35): 356-362.

[10] 杨京寰,杨宏,龚旗煌.超快时间分辨光电子显微镜技术及应用[J].物理,2017,46(12):793.

[11] 孙泉,祖帅,上野贡生,等.超快光电子显微技术在纳米光子学中的应用[J].中国激光, 2019,46(5):11-20.

[12] De Broglie L. Waves and quanta [J]. Nature, 1923, 112(2815): 540.

[13] Davisson C, Germer L H. Diffraction of electrons by a crystal of nickel [J]. Physical Review, 1927, 30(6): 705.

[14] Busch H. Berechnung der Bahn von Kathodenstrahlen im axialsymmetrischen elektromagnetischen Felde [J]. Annalen der Physik, 1926, 386(25): 974-993.

[15] Knoll M, Ernst R. Das elektronenmikroskop [J]. Zeitschrift für Physic, 1932, 78(5-6): 318-339.

[16] Brüche E. Elektronenmikroskopische abbildung mit lichtelektrischen elektronen [J]. Zeitschrift für Physik A Hadrons and Nuclei, 1933, 86(7): 448-450.

[17] Bauer E. Cathode lens electron microscopy: Past and future [J]. Journal of Physics: Condensed Matter, 2009, 21(31): 314001.

[18] Engel W, Kordesch M E, Rotermund H H. et al. A UHV-compatible photoelectron emission microscope for applications in surface science [J]. Ultramicroscopy, 1991, 36(1-3): 148-153.

[19] Menteş T O, Locatelli A. Angle-resolved X-ray photoemission electron microscopy [J]. Journal of Electron Spectroscopy and Related Phenomena, 2012, 185(10): 323-329.

[20] Yang J H, Sun Q, Liu W, et al. Engineering ultrafast carrier dynamics at the graphene/GaAs interface by bulk doping level [J]. Advanced Optical Materials, 2019, 7(19): 1900580.

[21] Devadas M S, Devkota T, Johns P, et al. Imaging nano-objects by linear and nonlinear optical absorption microscopies [J]. Nanotechnology, 2015, 26(35): 354001.

[22] Splendiani A, Sun L, Zhang Y, et al. Emerging photoluminescence in monolayer MoS_2 [J]. Nano Letters, 2010, 10(4): 1271-1275.

[23] Sun D, Rao Y, Reider G A, et al. Observation of rapid exciton-exciton annihilation in monolayer molybdenum disulfide [J]. Nano Letters, 2014, 14(10): 5625-5629.

[24] Najafi E, Scarborough T D, Tang J, et al. Four-dimensional imaging of carrier interface dynamics in pn junctions [J]. Science, 347(6218): 164-167.

[25] Liao B, Zhao H, Najafi E, et al. Spatial-temporal imaging of anisotropic photocarrier dynamics in black phosphorus [J]. Nano Letters, 2017, 17(6): 3675 – 3680.

[26] Liu H, Neal A T, Zhu Z, et al. Phosphorene: An unexplored 2D semiconductor with a high hole mobility [J]. ACS Nano, 2014,8(4): 4033 – 4041.

[27] Yu H, Sun Q, Ueno K, et al. Exploring coupled plasmonic nanostructures in the near field by photoemission electron microscopy [J]. ACS Nano, 2016, 10(11): 10373 – 10381.

[28] Sun Q, Yu H, Ueno K, et al. Dissecting the few-femtosecond dephasing time of dipole and quadrupole modes in gold nanoparticles using polarized photoemission electron microscopy [J]. ACS Nano, 2016, 10(3): 3835 – 3842.

[29] Yang J H, Sun Q, Ueno K, et al. Manipulation of the dephasing time by strong coupling between localized and propagating surface plasmon modes [J]. Nature Communications, 2018, 9(1): 4858.

[30] Spektor G, Kilbane D, Mahro A K, et al. Revealing the subfemtosecond dynamics of orbital angular momentum in nanoplasmonic vortices [J]. Science, 2017, 355(6330): 1187 – 1191.

[31] Fukumoto K, Yamada Y, Onda K, et al. Direct imaging of electron recombination and transport on a semiconductor surface by femtosecond time-resolved photoemission electron microscopy [J]. Applied Physics Letters, 2014, 104(5): 053117.

[32] Man M K, Margiolakis A, Deckoff-Jones S, et al. Imaging the motion of electrons across semiconductor heterojunctions [J]. Nature Nanotechnology, 2017, 12(1): 36.

[33] Nolting, F, Scholl A, Stöhr J, et al. Direct observation of the alignment of ferromagnetic spins by antiferromagnetic spins [J]. Nature, 2000, 405(6788): 767.

[34] Chen C T, Idzerda Y U, Lin H, et al. Experimental confirmation of the X-ray magnetic circular dichroism sum rules for iron and cobalt [J]. Physical Review Letters, 1995, 75(1): 152 – 155.

[35] Bonfim M, Ghiringhelli G, Montaigne F, et al. Element-selective nanosecond magnetization dynamics in magnetic heterostructures [J]. Physical Review Letters, 2001, 86 (16): 3646 – 3649.

第 **9** 章

激光等离子体时间分辨测量

（蒋红兵　孙泉）

近年来超短激光脉冲在介质内的非线性传输引起人们高度重视。超短脉冲的传输有许多新的现象,如等离子通道的产生、超连续光的产生等。研究相关领域,需要对等离子体的密度、碰撞时间以及他们随时间的变化进行测量。目前的时间分辨测量方法主要是光学测量方法,包括阴影成像法[1]、光学干涉成像法[1-3]、光学衍射法[4,5]、太赫兹波折射法[2]。干涉法和衍射法又分横向和纵向。除光学方法之外,也有用时间分辨电导法[5],不过这种方法用得比较少。

光学方法关键是对等离子体引起的折射率的变化做测量,电学方法测量导电特性。这些方法各有优势,也各有不足之处。下面分别做介绍。

9.1　光学测量

根据等离子体波动理论可以证明,频率为 ω 的电磁波在等离子体中传播时,电磁波的色散关系为

$$\omega^2 = \omega_p^2 + c^2 k^2 \tag{9.1}$$

式中,ω_p 为等离子频率, $\omega_p^2 = \dfrac{n_e e^2}{\varepsilon_0 m_e}$, ω 为光的频率,n_e 为电子密度,ε_0 和 m_e 则分别是真空介电常数和电子的质量;k 为波矢。可见只有当 $\omega > \omega_p$ 时,电磁波才能在等离子体传播,或者说当 $\omega < \omega_p$ 时,电磁波在等离子体中不能传播,会发生反射和折射。

当 $\omega > \omega_p$,由式(9.1)得到光在等离子体中的折射率满足如下的关系:

$$n^2 = 1 - \frac{\omega_p^2}{\omega^2} = 1 - \frac{n_e}{n_c} \tag{9.2}$$

其中,$n_c = \dfrac{\varepsilon_0 \omega^2 m_e}{e^2}$。

等离子体对通过其区域的光的相位的改变:

$$\Delta\varphi = \int (k - k_0)\,\mathrm{d}x = \int (n - n_0)\,\omega/c\,\mathrm{d}x \tag{9.3}$$

$$\Delta\varphi = \frac{\omega}{c}\int\left[\left(1 - \frac{n_e}{n_c}\right)^{1/2} - 1\right]\mathrm{d}x \tag{9.4}$$

在 $n_e/n_c \ll 1$ 时,上式可表示为

$$\Delta\varphi = \frac{\omega}{2cn_c}\int n_e\,\mathrm{d}x \tag{9.5}$$

如果光学测量得到相位改变,可以推算电子密度。

同时,光在等离子体中传输时,还会被吸收。光强经过等离子体区域时须遵循下式:

$$\frac{\mathrm{d}I_p}{\mathrm{d}x} = -\alpha I_p = -\sigma n_e I_p \tag{9.6}$$

式中,x 是沿光传输方向的空间坐标;α 为吸收系数;n_e 代表电子密度;σ 是逆韧致辐射的吸收截面。根据 Drude 模型[6]:

$$\sigma = \frac{ke^2\tau}{m_e\varepsilon_0\omega[1 + (\omega\tau)^2]} \tag{9.7}$$

$k = 2\pi n_0/\lambda$,n_0 是样品的线性折射率,λ 与 ω 分别是探测光的波长与角频率,另一个参数 τ 是电子碰撞时间。

如果光经过等离子体前后光强分别为 I_{p0} 和 I_{pd},由式(9.6)可以得到

$$\frac{1}{\sigma}\ln\frac{I_{p0}}{I_{pd}} = \int n_e\,\mathrm{d}x \tag{9.8}$$

由测量探测光经过等离子体前后强度变化,可以得到碰撞时间和电子浓度相关信息。

时间分辨光学测量方法就是等离子体区域探测折射率和等离子体对光的吸收随时间的变化,由此计算出电子密度和碰撞时间随时间的演化。下面分别介绍阴影法、干涉法、衍射法和太赫兹波折射法。

9.1.1　阴影法

在光的频率大于等离子体频率时,吸收强度直接与电子浓度以及电子碰撞时

间相关。吸收随时间的变化过程可以反映浓度变化和碰撞时间变化过程。同时电子浓度在空间的扩散也可以在阴影图中得到表现。

图 9.1 为我们对石英玻璃中飞秒激光产生的等离子体进行诊断时使用的阴影成像法的装置示意图[1]，飞秒激光脉冲由一个 Ti：蓝宝石啁啾脉冲放大(CPA)系统所提供，激光脉冲的中心波长为 800 nm，最小脉宽 110 fs，最大能量为 8 mJ。从激光器出来的激光脉冲经过一个半透半反镜分成两路：其中一路光为泵浦光，它经显微物镜 A 聚焦到样品体内，为了提高光束的质量，我们对泵浦光进行了空间滤波；另一路光为探测光，它经过一个延迟线后垂直照射到泵浦光与样品的作用区，再经过显微物镜 B 成像到 CCD 上并输出图像到计算机上。为了获得单脉冲与样品进行作用，我们在光路上加了一个电子快门，它由计算机控制实现与激光器、CCD 的同步。调节延迟线的位置可以得到泵浦光作用后不同时刻的阴影图，从而可以来研究泵浦光与样品作用的动态过程。另外，泵浦光与探测光的能量可以分别通过一对格兰棱镜和半波片的组合(图中未画出)来调节，并通过玻璃片反射一部分光到二极管并且接到示波器上实现能量的实时监测。

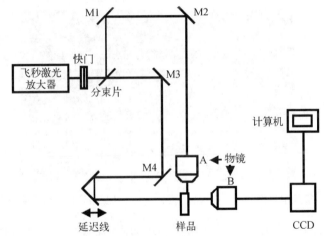

图 9.1　阴影成像法诊断激光等离子体的实验装置示意图[1]

通过比较经过等离子体区域的光强和未经过等离子体区域的光强(参考光强)可以定性地判断出电子等离子体对光的吸收及其演化过程。

假设在探测光方向分布均匀，则可以利用式(9.7)及式(9.8)得到：

$$n_e = \frac{\ln \dfrac{I_{p0}}{I_{pd}}}{\sigma L} = \frac{m_e \varepsilon_0 \omega [\,1 + (\omega\tau)^2\,]\ln \dfrac{I_{p0}}{I_{pd}}}{k e^2 \tau L} \tag{9.9}$$

式中，L 是等离子体沿着探测光方向的宽度。知道电子碰撞时间 τ，通过实验测得

I_{p0}、I_{pd}以及 L 就可以由式(9.9)估算出电子等离子体密度 n_e。需要指出的是,在石英玻璃、水等透明材料中电子碰撞时间 τ 这个参数以前并没有从实验上测量过,大家使用的都是一些估计值。

另外还需要特别指出的是,探测光通过等离子体区域的时候除了吸收还应该有折射、反射和衍射。由于我们在实验中测得的等离子体密度在 $10^{19}/cm^3$ 量级,其导致的等离子体区域的折射率改变 Δn 在 10^{-2} 量级,因此在等离子体范围内折射、反射和衍射可以忽略,我们这里可以只考虑等离子体对探测光的吸收。

图 9.2(a)是我们实验中得到的一张典型的阴影图,图上各点的相对强度可以通过 CCD 的控制软件读出。其中变暗的区域就是等离子体区域。通过比较阴影部分区域和非阴影部分的光的强度(背景强度)就可以得到等离子体对探测光的吸收率。不过我们注意到由于各种原因探测光的背景不是很均匀,这样就很难确定背景强度。于是我们就在泵浦光照射前先取一幅背景,如图 9.2(b)所示,然后再将阴影图与相应的背景图相除得到的新的阴影图,其背景部分的强度就比较均匀了。图 9.2(c)即为图 9.2(a)与图 9.2(b)相除的结果。

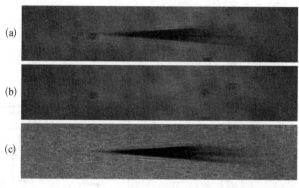

图 9.2　实验中典型的阴影图(a)、背景图(b),以及扣除背景后的阴影图(c)

图 9.3 是石英玻璃中几个不同时间延迟的阴影图,时间零点为泵浦光和探测光同时到达 $Z=0$ 的时刻,泵浦光的聚焦功率密度为 7×10^{13} W/cm^2。从图中可以看出泵浦光从右向左传播,并且吸收衰减得很快。根据前面阴影成像法原理的介绍,我们可以固定某一个位置来计算不同时刻等离子体对探测光的吸收率 $\ln(I_{p0}/I_{pd})$,其中 I_{pd} 为经过该位置等离子体的探测光强度,I_{p0} 为入射强度。

图 9.4 为 $Z=120\ \mu m$ 处探测光的吸收率随着时间延迟的改变情况。可以看到一定延迟时间范围内吸收率随时间呈指数衰减,图中实线拟合得到的衰减时间为 170 fs。在拟合时我们没有考虑 600 fs 的点,这是因为泵浦光在到达 $Z=120\ \mu m$ 位置的时候已经超过 500 fs 了,在 600 fs 的时候泵浦光还没有离开这个位置,等离子体还在不断被激发出来。图 9.5 则是 $Z=92\ \mu m$ 处的情况,拟合的衰减时间为 125 fs。

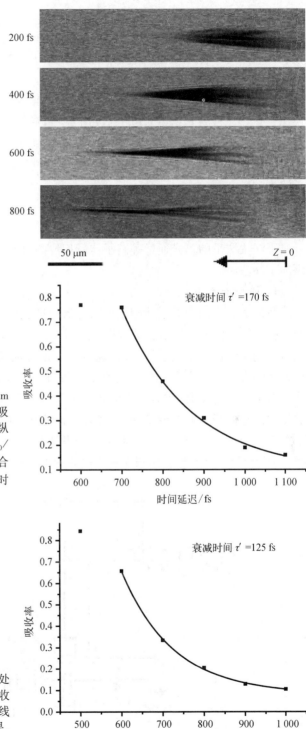

图 9.3 石英玻璃在飞秒激光作用后不同时刻的阴影图,泵浦光由右向左传播

图 9.4 石英玻璃中, $Z = 120\ \mu m$ 处等离子体对探测光的吸收情况随时间的演化。纵轴代表吸收率,由 $\ln(I_{p0}/I_{pd})$ 表示,实线是指数拟合曲线,拟合得到的衰减时间 τ' 为 170 fs

图 9.5 石英玻璃中, $Z = 92\ \mu m$ 处等离子体对探测光的吸收情况随时间的演化。实线是数据衰减的拟合结果,衰减时间 τ' 为 125 fs

这里测量得到的是一个超快的衰减过程。我们可以估算导带电子密度,选取电子碰撞时间 1.7 fs(我们自己的测量值,下面干涉成像法将会具体介绍),图 9.4 和图 9.5 对应的最大的电子密度分别是 5.0×10^{19} cm^{-3} 和 8.3×10^{19} cm^{-3}。通常来说,较高的电子密度对应较高的电子平均能量。

快速衰减有两个可能的来源,一是电子浓度快速下降,另一个是电子碰撞时间快速变化。飞秒激光结束时电子不处于热平衡态。速度越快的电子其碰撞时间越短。电子和分子离子或声子碰撞后失去部分能量,速度减慢,使碰撞时间变长,因而吸收的快速衰减也可能来自电子的热平衡过程。单独用吸收测量,不能算出电子浓度。

9.1.2 干涉法

干涉法测量的是光通过等离子体后相位的改变。干涉法又分为横向干涉法和纵向干涉法。

1. 横向干涉法

我们实验中使用的干涉测量方法是沃拉斯顿(Wollaston)干涉法。图 9.6 是我们实验中使用的干涉法实验装置图,主体部分和前面的阴影成像法实验装置类似。飞秒激光先经过一个电子快门,再通过分束镜分成泵浦光和探测光两路。泵浦光光路和阴影法装置完全一样。探测光光路与阴影成像法装置图相比,只是在延迟线后多了一个起偏器、在显微物镜 B 后多了一个沃拉斯顿棱镜和一个检偏器。我们使用的起偏器为格兰棱镜,检偏器为一有机偏振片,实验中让起偏器和检偏器的偏振方向保持垂直或平行。Wollaston 的发散角为 2°,其光轴的方向与起偏器的偏振方向呈 45°。泵浦光和探测光的能量分别由一对半波片和格兰棱镜组合来控制。

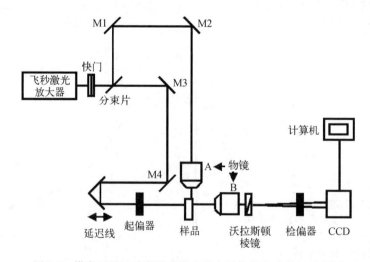

图 9.6　横向干涉法诊断飞秒激光等离子体的实验装置示意图

　　探测光是经过等离子体区后再经过 Wollaston 棱镜分成偏振相互垂直、传输方向有一个小夹角的两束光,并且使得两束光在接收面上部分重合。经过等离子体部分的一束光和未经过等离子体部分的另一束光重合而得到含有等离子体相移信息的干涉图。

　　图 9.7 是用我们在实验中拍得的一张典型的干涉图。从中可以看到等离子体区域干涉条纹明显的畸变(弯曲)。我们是这样来计算相位移动大小的。首先计算条纹宽度,可以由多条条纹的总宽度除以条纹数得到。然后在弯曲区的上方和下方各读取 N 行(如 $N=20$)像素值并将之相加后得到作为参考的干涉曲线。选择所要考察的亮条纹,由 CCD 的软件读出该亮条纹最大移动处的峰值的位置,该像素值与上述参考干涉曲线对应的峰值的位置的差即是绝对的条纹移动量,再将它除以条纹宽度便是该条纹的相移大小(D)。

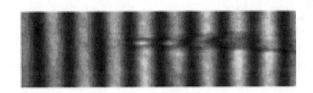

图 9.7　石英玻璃体中等离子体的典型干涉图

　　图 9.8 为时间延迟为 400 fs、泵浦光聚焦功率密度为 7×10^{13} W/cm^2 时的阴影图和干涉图,泵浦光由右向左传播。

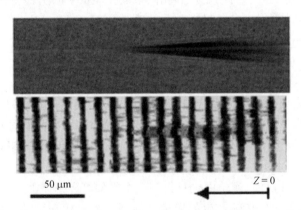

50 μm　　　　　　　　　　　$Z=0$

图 9.8　石英玻璃体中时间延迟为 400 fs 时的阴影图(上图)和干涉图(下图),
泵浦光由右向左传播的聚焦功率密度为 7×10^{13} W/cm^2

　　注:图中 $Z=92\ \mu m$ 处的相位移动 $D=0.16\pm0.04$。计算得到此处的电子等离子体密度为 $5.3\times10^{19}/cm^3$。对应的阴影图中此位置的探测光透过率 I_{pd}/I_{p0} 为 0.445,得到电子碰撞时间 τ 为 1.4 ± 0.4 fs。这里可以估计的电子碰撞时间 τ 的测量误差主要是相位移动 D 的测量误差,在我们的实验中 D 的误差为 ±0.5 像素。

　　在干涉图上,相位移动是通过条纹移动量来体现的,通常用 D 表示条纹移动的条数(移动量除以条纹空间周期),相位差在实验上就体现为

$$\Delta\varphi = 2\pi D \tag{9.10}$$

联立式(9.5)和式(9.10)便可以得到

$$2\pi D = \frac{\omega}{2cn_c}\int n_e \mathrm{d}x \tag{9.11}$$

从式(9.11)可以看到,如果粗略地认为等离子体沿着探测光方向为均匀分布的话,则可以通过下式来估算得到等离子体的密度。

$$n_e = \frac{4\pi cD}{\omega L}n_c \tag{9.12}$$

式中,L是等离子体沿探测光方向的宽度。

结合阴影图得到的吸收

$$\frac{1}{\sigma}\ln\frac{I_{p0}}{I_{pd}} = \int n_e \mathrm{d}x \tag{9.13}$$

可以得到

$$\frac{\ln(I_{p0}/I_{pd})}{4\pi n_0 D}\frac{1 + (\omega\tau)^2}{\omega\tau} - 1 = 0 \tag{9.14}$$

这样我们在得到同一时间延迟和相同泵浦光能量下的阴影图和干涉图后就可以通过式(9.14)计算得到电子碰撞时间的值。

由式(9.13)得到的电子等离子体密度只是一个平均电子密度,事实上,电子等离子体是有一定的空间分布的。对于在空间具有柱对称的等离子体,可以由干涉图得到$\Delta\varphi(x)$,对其做 Abel 反演法得到电子等离子体密度的径向分布 $n_e(r)$。由于 Abel 反演法是要将干涉图沿着横向分成 M 段,也就是把条纹移动量离散化,从而根据 Abel 法则计算得到离散的 $n_e(r)$,如果 M 足够大的话,也就可以得到准连续的 $n_e(r)$分布。不过由于在石英玻璃中紧聚焦条件下的等离子体区域的宽度只有几个微米,也就是对应几个 CCD 的像素,再进行离散化也就失去了意义,所以我们这里就没有用 Abel 反演,实验中也只得到一个平均等离子体密度。

飞秒激光在气体中传输产生的等离子体通道直径比在固体中大,一般在百微米量级,因而可以用 Abel 反演得到电子密度在轴向的分布(图9.10)。Sergey 等[2]用横向迈克耳孙(Michelson)干涉法对空气中的等离子通道进行研究,实验装置如图9.9 所示,探测光垂直通过等离子体区域,由倒置望远镜成像到 CCD。光路上用迈克耳孙干涉法,但两路的反射镜反射角有小差别,使其在 CCD 上时形成干涉条纹。由等离子体区域条纹移动得到电子密度峰值接近 10^{17} cm^{-3},Abel 反演得到等离子体直径 90 μm;延迟 200 ps 时电子密度衰减到开始的 1/4,直径扩散到 130 μm。

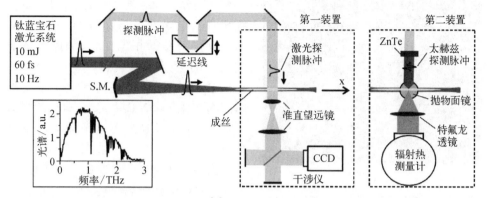

图 9.9　Sergey 横向干涉法光路示意图[2]，右图替换左图中虚线部分为 THz 折射法示意图

2. 纵向干涉法

横向测量时，探测光通过的等离子体区域短，位相变化比较小，有实验用纵向干涉法，由于在等离子体中传输距离比较长，因而可以探测到较低的等离子体浓度。

Fontaine 等[3]用纵向光谱干涉法对空气中的等离子体进行测量，图 9.11 为其光路示意图。

三束光共线传输，泵浦光产生等离子体通道，参考光在泵浦光之前通过，探测光在泵浦光之后，二维 CCD 记录参考光和探测光的光谱干涉条纹，纵向上

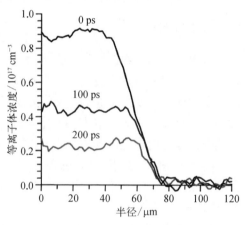

图 9.10　Abel 反演得到的等离子体空间分布图[2]

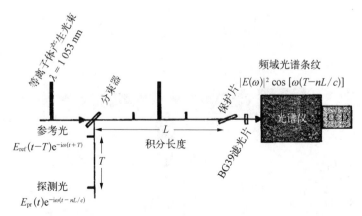

图 9.11　纵向干涉法光路示意图[3]

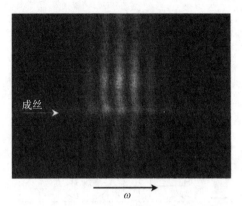

图 9.12　纵向干涉法得到的光谱干涉图[3]

具有空间分辨。等离子体区域的干涉条纹相对无电离的区域发生明显移动,因而可以得到总的相位变化,考虑到传输过程中的衍射,推算出等离子体密度。扫描泵浦光时间,可以得到电子密度随时间的变化过程。图 9.12 为典型的光谱干涉图,计算得到的等离子体初始密度约为 2×10^{15} cm^{-3}。

纵向干涉法来计算等离子体密度,因为探测光传输的距离较长,需要考虑探测光传输过程中的衍射,数据处理比横向干涉麻烦一些,但其探测的等离子体密度范围大一些。

9.1.3　衍射法

等离子体的存在改变了折射率,探测光经过等离子体区域发生衍射,其光束的远场横向强度分布发生改变。根据远场横向分布,可以反推折射率的变化,从而算出电子浓度。改变探测光与电离光的延迟时间,可以得到电子浓度随时间的变化过程。如果探测光的传输方向与电离光束沿同一条线,称之为纵向衍射法。如果探测光传输方向与电离光束垂直,称之为横向衍射法。

与干涉法相比,衍射法可以测量更小的相位变化。明显的干涉条纹变化需要比较大的相位变化,比较小的相位变化可以导致远场光斑横向分布的变化。

Liu 等用纵向衍射法对空气中弱等离子体进行了测量[4],图 9.13 为他们的装置示意图和衍射光强度分布图。

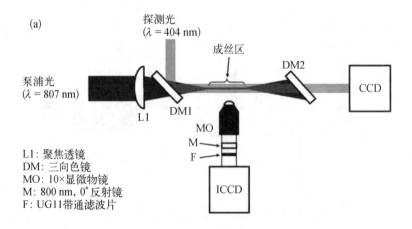

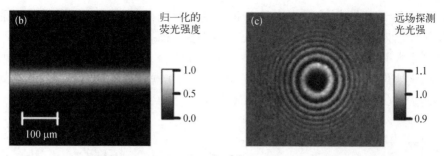

图 9.13　（a）纵向衍射法实验装置示意图[4]；（b）ICCD 得到的等离子体成像图；
（c）CCD 获得的探测光远场强度分布图

Tzortzakis 等[5]还用横向衍射法测量折射率变化,算出等离子体浓度。图 9.14 为他们的光路示意图。

泵浦光从左往右传输,探测光垂直通过等离子体区域,焦点在到达等离子体之前 3 cm 处,等离子体区域折射率小,对光有散焦作用。通过等离子体后光斑产生衍射条纹。CCD 记录光场远场分布,考虑光的传输,反推计算得到电子浓度,结果如图 9.15 所示。

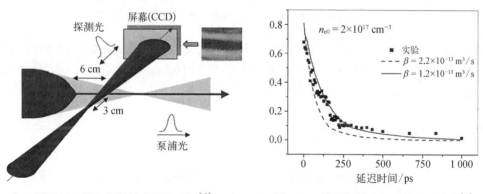

图 9.14　横向衍射法光路示意图[5]　　　图 9.15　横向衍射法得到的电子浓度[5]

空气中峰值电子浓度在 10^{17} cm^{-3},此时衰减很快,到 $1/e$ 只有百皮秒。

9.1.4　太赫兹波折射法

干涉法适用于较高的电子浓度,衍射法适用于稍低的电子浓度。当电子浓度更低时,光波折射率变化太小以至于以上方法都不适用。此时可以用太赫兹波的折射。太赫兹波频率小于等离子体频率,此时等离子体对太赫兹波的介电常数为负,折射率为虚数。当太赫兹波碰到不均匀的等离子体时会被折射。利用折射强度变化可以得到等离子体浓度变化。

激光产生等离子体后,等离子体密度逐步衰减。在此过程中,Sergey 等[2]用横向迈克尔孙干涉法对空气中的等离子体前期过程进行研究,用太赫兹波的折射对等离子体后期低浓度的变化进行研究。实验装置图如 9.9 所示,探测光照射 ZnTe 晶体产生太赫兹脉冲(脉宽 1~2 ps,中心频率约为 1 THz),其由焦距 5 cm 的离轴抛物面镜聚焦到等离子体区域,由另一抛物面镜在垂直方向收集太赫兹波送到辐射热测量仪(bolometer)。测量结果在图 9.16。

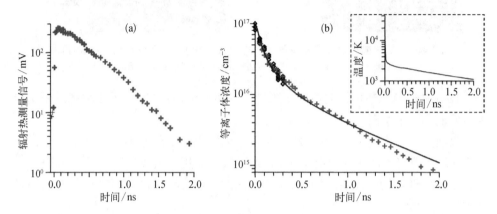

图 9.16　(a)为太赫兹折射强度随时间变化图;(b)为计算得到的电子密度,其中蓝色点为干涉法得到的,红色点为太赫兹折射法得到的结果[2]

Sergey 等用此方法与上面的横向衍射法一起完成对电子浓度变化的测量。等离子体区域小(约 100 μm),横向衍射法只能测到 10^{16} cm^{-3},太赫兹波不容易得到电子浓度的绝对值,与衍射法对比来定标,可以测到低一个量级的电子密度。

9.2　时间分辨电导法

一般电导法用两个电极垂直安装在等离子体通道上,静电场平行于等离子体通道,激光照射产生等离子体后可以检测到电流,测量电流大小可推算出电子密度。但是普通电导法无法获得电子密度随时间的变化,Tzortzakis 等发展了一种时间分辨电导法[5],装置示意图见图 9.17。

两个铜电极中间打孔,左边孔直径 1.5 mm,右边孔直径 8 mm。两电极相距 16 mm,电压 2 kV。等离子体直径只有 100 μm 左右,右边孔大,使激光产生的等离子体通道不能和电极相通,因而不能形成电流。用另一束光斜穿过右孔形成开关通道,两个等离子体通道作用下形成电流。电路中加入 8.2 kΩ 电阻,测量其上电压得到电流,电流峰值反映电子密度。改变开关激光与泵浦光之间的延时,即可得到电子密度随时间的变化过程。图 9.17(b)即为测得得结果。6 ns 延时的电子密度比 2 ns 时低了近一个量级。由于激光通过两个电极之间的距离需要一定的时间,即等离子体通道形成需要一定时间,电导方法的时间分辨不会短于这个时间。

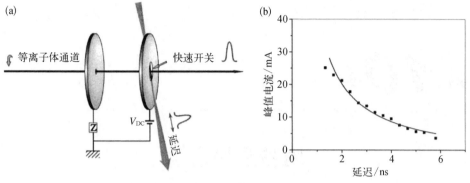

图 9.17　时间分辨导电法测量电子浓度的演化[5]

（a）装置示意图；（b）测量结果

所以这种方法的时间分辨本领比前面的光学方法要低。

　　本章介绍了常用的时间分辨测量等离子体参数的方法。光的干涉法和衍射法可以得到光通过等离子体区域后相位的改变,计算出电子密度,结合阴影成像法测量的吸收可以得到电子碰撞时间。在空气中用以上方法可以探测到 10^{16} cm^{-3} 的电子浓度。太赫兹波折射法可以探测到 10^{15} cm^{-3} 的电子浓度,与上面方法同时使用可以定标浓度绝对值。时间分辨电导法可以获得更低的电子浓度随时间的变化,但时间分辨率比较低,且电子浓度绝对值不容易算出来。

参 考 文 献

［ 1 ］Sun Q, Jiang H B, Liu Y, et al. Measurement of the collision time of dense electronic plasma induced by a femtosecond laser in fused silica［J］. Optics Letters, 2005, 30(3)：320 – 322.

［ 2 ］Sergey B, Vladimir B, Maxim T, et al. Plasma filament investigation by transverse optical interferometry and terahertz scattering［J］. Optics Express, 2011, 19(7)：6829 – 6835.

［ 3 ］La Fontaine B, Vidal F, Jiang Z, et al. Filamentation of ultrashort pulse laser beams resulting from their propagation over long distances in air［J］. Physics of Plasmas, 1999, 6：1615.

［ 4 ］Liu J, Duan Z, Zeng Z, et al. Time-resolved investigation of low-density plasma channels produced by a kilohertz femtosecond laser in air［J］. Physical Review E, 2005, 72：026412.

［ 5 ］Tzortzakis S, Prade B, Franco M, et al. Time-evolution of the plasma channel at the trail of a self-guided IR femtosecond laser pulse in air ［J］. Optics Communications, 2000, 181：123 – 127.

第 *10* 章

阿秒超快谱学

（吴成印　戴晨　龚旗煌）

原子分子内的电子运动时间尺度在阿秒（$1 \text{ as} = 10^{-18} \text{ s}$）量级，能够追踪和测量原子或分子中电子的运动一直是物理学家的重要目标之一。啁啾脉冲放大（chirped pulse amplification, CPA）技术和掺钛蓝宝石晶体的出现，使得实验室能够比较容易地获得超强的飞秒激光脉冲。它与气体原子分子相互作用是极端的非线性过程，产生了一系列新的现象。特别是气体高次谐波，为人类产生持续时间极短的孤立阿秒脉冲（isolated attosecond pulse, IAP）提供了途径。阿秒脉冲的产生，极大地丰富了电子动力学的研究手段，使得对电子的实时探测也成为可能，涌现出很多新兴研究领域。关于阿秒科学和阿秒技术的进展，已经有专著[1-4]和综述文章[5-24]做了总结。本章从一个实验学家的角度出发，对当前先进的阿秒超快谱学进行介绍。为了保持内容的完整，本章从飞秒激光与原子分子相互作用观察到的强场现象开始介绍，然后介绍人们基于原子分子强场现象开展的阿秒动力学测量，最后介绍阿秒激光的产生、表征以及应用。

10.1 原子分子强场现象

电离是强激光与原子分子相互作用最基本的物理过程，当激光电场强度与库仑场相比拟时，电子有一定的概率隧穿激光电场与库仑场叠加形成的势垒而发生电离，即隧穿电离（tunneling ionization, TI）。电离电子在激光电场的作用下，会和母核发生再碰撞（recollision），导致了一系列原子分子强场现象。1993 年，Corkum 和 Schafer 等提出了一个半经典模型，即 simple-man 模型，用于描述强场中电离电子的行为，成功地解释了很多强场现象[25,26]。simple-man 模型物理图像非常清晰，也被称为三步模型。如图 10.1 所示，第一步，在外加强激光场的作用下，原子分子的势能曲线被压弯形成势垒，电子隧穿势垒进入连续态，且其初始位置和动量均忽略不计。第二步，忽略核库仑势的影响，仅仅考虑外加激光场对电子的作用，部分电子隧穿以后不再与母核发生相互作用,称之为直接电离电子;另一部分电子在隧穿之后,在激光场作用下返回母核,称之为再散射(rescattering)电子。第三步,再散射电子重新返回到母核附近,与母核发生碰撞,产生一系列强场现象。

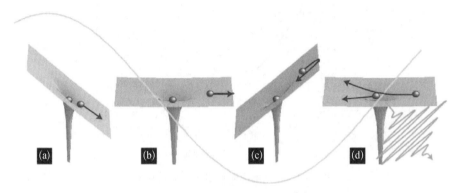

图 10.1　电子再碰撞示意图[6]

根据 simple-man 模型,电子在线偏振光作用下发生隧穿电离,初始动量与初始位置都为零。忽略核库仑势的影响,在外加激光场驱动下,电子的运动可简化为一维运动。除特别说明外,本章将采用原子单位制,电子电荷和电子质量均等于 1。设激光电场的形式如下:

$$E(t) = E_0 \cos(\omega t) \tag{10.1}$$

其中,E_0 为激光电场的峰值强度;ω 为载波频率。电子在激光场中的加速度为

$$a(t) = -E_0 \cos(\omega t) \tag{10.2}$$

经过积分可以得到电子的速度和位置分别为

$$v(t) = \int_{t_0}^{t} a(t)\,\mathrm{d}t = \frac{E_0}{\omega}\left[-\sin(\omega t) + \sin(\omega t_0)\right] \tag{10.3}$$

$$x(t) = \int_{t_0}^{t} v(t)\,\mathrm{d}t = \frac{E_0}{\omega^2}\left[\cos(\omega t) - \cos(\omega t_0) + \omega(t - t_0)\sin(\omega t_0)\right] \tag{10.4}$$

其中,t_0 表示电子的电离时刻。

根据式(10.4),我们可以计算出不同电离时刻电子的运动轨迹。如图 10.2 所示,在激光电场峰值前沿电离的电子被激光场直接拉走,不会回到核附近,被称为直接电离电子(黑色轨迹,$\omega t_0 < 0$)。直接电离电子的动能只与电离时刻有关,最大动能为 $2U_p$,$U_p = E_0^2/4\omega^2$ 代表电子的有质动能(ponderomotive energy)。而在激光电场峰值后沿电离的电子会重新回到核附近,与核发生作用,被称为再散射电子(红色轨迹,$\omega t_0 > 0$)。

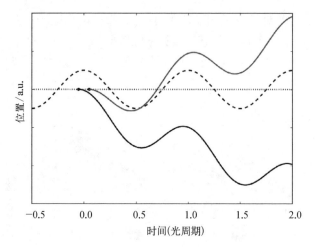

图 10.2　不同电离时刻电子的运动轨迹

令 $x(t) = 0$，可以得出电子与核发生再碰撞的时刻 t_c，即

$$\cos(\omega t_c) - \cos(\omega t_0) + \omega(t_c - t_0)\sin(\omega t_0) = 0 \tag{10.5}$$

图 10.3 直线与余弦曲线的交点即为式(10.5)的解，具体先做出余弦曲线 $\cos(\omega t)$，然后选定一个电离时刻 t_0，过 $[t_0, \cos(\omega t_0)]$ 做一条斜率为 $-\omega\sin(\omega t_0)$ 的直线，则直线与余弦曲线的交点即为电子的再碰撞时刻 t_c。可以看到，根据电离时刻的不同，直线与余弦曲线可以有一个或者多个交点，多个交点代表电子可以与母核发生多次碰撞。

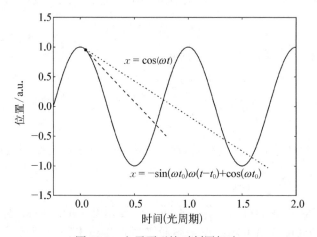

图 10.3　电子再碰撞时刻图解法

将再碰撞时刻 t_c 代入式(10.3)，可以得到电子再碰撞时的速度为

$$v(t_c) = \frac{E_0}{\omega}[-\sin(\omega t_c) + \sin(\omega t_0)] \tag{10.6}$$

对应的再碰撞时电子的动能为

$$\mathrm{KE}_{\mathrm{colli}} = \frac{1}{2}v^2(t_c) = 2U_p[-\sin(\omega t_c) + \sin(\omega t_0)]^2 \tag{10.7}$$

图 10.4 给出了电子再碰撞时的动能与电子电离时刻的关系,从图中可以看到,激光峰值后 17°电离的电子获得的再碰撞能量最大,其最大能量约为 $3.17U_p$,而在 17°前后电离的电子再碰撞能量均小于最大值。对于每一个电子再碰撞能量,都有两个不同轨迹相对应,即一条开始于 17°前的轨迹和一条开始于 17°后的轨迹。根据上面的图解法可知,17°前的轨迹电子返回较晚,电子在激光场中运动的时间更久,这种轨道叫作长轨道,而 17°后的轨迹,电子会很快返回核,对应的叫作短轨道。

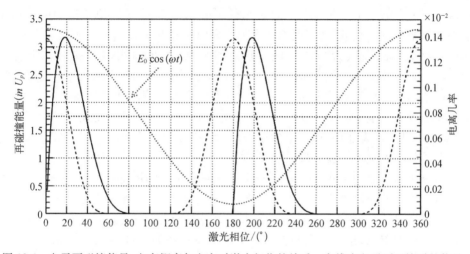

图 10.4　电子再碰撞能量、电离概率与电离时激光相位的关系。实线为电子再碰撞时的能量,点划线代表电离概率[27]

再散射过程是强场物理中最基本的过程之一,可以很好地解释一些非常著名的原子分子强场现象,下面对这些现象做个简要介绍。

1. 高阶阈上电离(high order above threshold ionization,HATI)

电子与母核发生的碰撞可能是弹性碰撞也可能是非弹性碰撞。当发生弹性碰撞时,大部分电子只被偏离一个较小的角度,即散射角比较小,这种散射就是前向散射(forward scattering)。会有少部分的电子发生大角度散射,这种情况叫作背向散射(backward scattering)。极端情况,具有再碰撞时能量最大的电子(能量为 $3.17U_p$)发生 180°散射。散射后电子会被激光场继续加速。由于电子的再碰撞时刻大都在 270°附近,电子被激光场进一步加速获得的动量为 $\sqrt{2U_p}$。最终电子的动能为

$$(\sqrt{3.17U_p} + \sqrt{2U_p})^2 \approx 10U_p \qquad (10.8)$$

上述经典模型很好地解释了高阶阈上电离电子的由来,而且上述估计与实验中测得的电子的截止能量相符[28,29]。在电子能谱中,大部分电子能量集中于 $0 \sim 2U_p$,并且呈现快速衰减趋势,主要对应于直接电离的电子。在 $2 \sim 10U_p$ 之间电子数量变化不明显,形成所谓的平台区,主要对应发生再碰撞的电子。当能量超过 $10U_p$ 时,电子能谱快速截止。

2. 非序列双电离(nonsequential double ionization,NSDI)

强激光场中,原子分子有可能失去两个电子,发生双电离。20 世纪 90 年代,科学家们精确测量了 He 原子双电离产率随光强的变化关系[30,31]。当光强很高时,实验测量结果与单电子近似的计算结果吻合得很好。但是随着激光强度的降低,双电离产率要比单电子近似预测的结果高多个数量级,双电离产率随光强的变化曲线呈现著名的"knee"型结构。这种条件下的双电离,电子与电子之间的关联作用不可忽略,被称为非序列双电离。作为研究原子尺度上的电子关联的重要体系,非序列双电离已经成为强场物理的热点研究问题,可以用再散射过程进行解释[32,33]。由于电离电子与母核碰撞时,可以获得高达 $3.17U_p$ 的能量,在一定光强下就可以将第二个电子撞击出来,从而增加双电离的产率。非序列双电离过程中,电子关联效应在电子动量关联谱上得到很好的体现。依赖于激光强度或者电离体系,实验上已经发现非序列双电离的电子关联谱呈手指形结构[34,35],阈值下双电离的电子关联谱呈现关联和反关联结构[36,37]。

3. 高次谐波产生(high order harmonic generation,HHG)

电子在线偏振红外激光场中隧穿电离后,在激光场作用下可能会返回到母核附近。如果电子与母核发生复合,电子从连续态再跃迁回基态,多余能量以高能光子的形式辐射出去,这就是高次谐波的产生。单色激光场和惰性气体原子相互作用时,只会产生奇数次的高次谐波。典型的高次谐波谱可以分为三个部分:随着光子能量的增加,低阶高次谐波的强度呈指数衰减;然后强度几乎不变,形成一个平台区;最后在某个光子能量附近截止。高次谐波谱的这些特征和 simple-man 模型预测结果一致。由于能够返回的电子在返回时刻的最大能量为 $3.17U_p$,这个能够返回核的最大能量电子就对应高次谐波的截止能量,为电子最大能量 $3.17U_p$ 与电离势 I_p 的和。同时 simple-man 模型也很好地解释了高次谐波产率随着激光椭偏率的增加而下降的问题,这是因为椭圆偏振的激光脉冲使电子无法准确回到母核位置附近,导致电子和母核复合的概率大大降低。由于高次谐波的量子效应非常明显,1994 年 Lewenstein 等[38]从全量子的角度进一步阐述了高次谐波的产生过程,将电子和母核的复合过程描述为电子从自由态向基态波函数之间的 dipole 跃迁,该理论已经成为计算高次谐波的最广泛的理论。

4. 受挫隧道电离(frustrated tunneling ionization,FTI)

在 simple-man 模型中,电子在隧穿后仅考虑了激光场的作用,而忽略了母核库仑势的影响。如果考虑库仑势,隧穿电子在库仑势和激光场共同作用下,一部分电子会被母核俘获到里德堡态上。再俘获的电子末态能量小于零,即电子隧穿出去后却没有发生电离,这种现象被称为受挫隧道电离。2008 年德国马克斯波恩研究所的 Sander 小组首次观察到这种受挫隧道电离现象[39],实验中他们发现:He 原子在强激光作用下,尽管激光强度处在隧道电离区,但是有一部分 He 原子没有发生电离,而是以中性激发态原子的形式留存下来。实验中他们还发现这些中性激发态原子的产率随椭偏率的增大而急剧减小,该现象具有电子再散射过程的典型特征。在椭偏率增大时,由于横向的运动,电子无法回到母核附近与母核发生再碰撞。利用带有库仑势的经典轨迹蒙特卡洛模型,理论研究发现在激光峰值前沿隧穿的一部分电子在激光脉冲消失后最终会被束缚到离核较远的里德堡轨道上而没有电离,形成激发态的中性原子。

　　5. 低能电子结构(low-energy structure,LES)

　　除了高阶阈上电离电子,低能电子也会受到电子再散射过程的影响。2009 年美国俄亥俄州立大学的 DiMauro 实验小组发现:中红外激光场驱动的原子阈上电离,其电子能谱在低能端出现了令人惊异的峰状新结构,被命名为低能电子结构[40]。几乎与此同时,中国科学院武汉物理与数学研究所、中国科学院上海光学精密机械研究所以及中国工程物理研究院北京应用物理与计算数学研究所的研究人员紧密合作,实验上也观察到这个低能电子结构[41]。这些结果的出现立刻引起了理论学家和实验学家的兴趣[42-44],更低能的电子结构(very-low-energy structure,VLES)在随后的实验研究中也被观察到[45]。结合理论模型,一般认为所谓的前向散射是这种低能电子结构形成的主要原因,其中长程库仑相互作用起了重要作用。

10.2　原子分子阿秒动力学

　　泵浦-探测技术是时间分辨测量的常用手段,其时间分辨水平取决于光源的脉冲宽度。因此要提高时间分辨率,通常的办法就是要产生持续时间更短的激光脉冲。Zewail 教授利用飞秒激光泵浦-探测技术,将时间分辨水平提高到飞秒量级,观测到分子化学键的断裂和形成过程,因此获得 1999 年诺贝尔化学奖。自然,要想在阿秒时间尺度上对原子分子的电子动力学进行测量,人们都在期待阿秒激光的产生。考虑到强激光场下原子分子电离是一个极端的非线性过程,电离概率指数地依赖于激光电场的瞬时强度,因此强激光原子分子电离会产生一个阿秒电离电子束。在激光电场与母核库仑场共同作用下,电离电子的动力学也可以在亚光学周期的时间精度内确定。这样以激光电离时刻作为时间零点,以产生的阿秒电离电子束作为时间探针,人们利用飞秒激光实现了原子分子动力学的阿秒时间精度测量。

1. 基于电子再碰撞激发的分子动力学

由于电子的隧穿过程和再碰撞过程都被局限在一个非常小的时间尺度内,故再碰撞过程可以看成是一个具有超高时间分辨率的泵浦-探测过程。利用这一原理,加拿大的 Corkum 研究小组提出分子钟(molecular clock)的概念,设计了一个巧妙的研究方案,利用单束飞秒激光脉冲在阿秒时间精度上实现了分子离子超快振动动力学的探测[46]。实验中他们选择合适的激光强度,使 D_2 分子电离生成关联的分子离子 D_2^+ 的振动波包和电子波包。如图 10.5 所示,D_2 分子在激光场的最大值处被电离,D_2^+ 振动波包将沿基电子态的势能面运动。大约三分之二个激光周期之后电子被激光场拉回核,与母核发生再碰撞,电子的再碰撞会将 D_2^+ 分子激发到解离态解离,通过测量 D^+ 碎片的动能可以得到再碰撞时刻 D_2^+ 的核间距离。上述测量相当于标准的泵浦-探测实验中,D_2 分子电离时刻作为时间零点,电离电子与 D_2^+ 碰撞时刻由激光波长决定,大约三分之二个激光周期。这样通过改变激光波长就可以改变电子从电离到再碰撞时刻之间的时间差,通过离子碎片 D^+ 的动能就可以确定再碰撞时刻的分子核间距离,这样通过改变激光波长就可以得到原子核间距随时间的演化,这就是分子钟的原理。

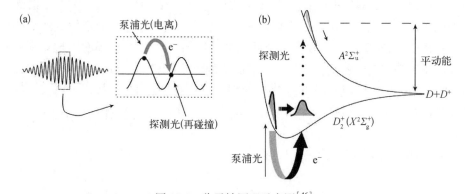

图 10.5 分子钟原理示意图[46]

(a) 电离电子再碰撞过程;(b) D_2^+ 势能曲线示意图

研究人员分别测量了在波长为 800 nm、1 200 nm、1 530 nm、1 850 nm 的激光作用下,D_2 分子电离解离产生的碎片离子 D^+ 的平动能。由于电离电子与 D_2^+ 碰撞时刻大约为三分之二个激光周期,因此这相当于分别在 1.7 fs、2.6 fs、3.3 fs、4.1 fs 的延迟时间处用一个电子去探测 D_2^+ 的核间距离,结果如图 10.6 所示,时间和空间的分辨率分别达到了约 200 as 和 0.05 Å 的精度。通过分子钟的方法,人们首次观测到分子亚飞秒的超快振动过程,尽管研究人员对于阿秒钟的时间读取还存在一些争议[47,48]。

2. 基于高次谐波的分子动力学

分子高次谐波产生的动力学过程也可以用 simple-man 模型进行解释,当驱动激光入射时,会压低分子的库仑势垒,电子能够通过隧道电离方式逃离母核的束缚,进入连续态;进入连续态的电子在激光电场的作用下加速运动,并获得一定的能量;当激光电场反向时,有一定概率将连续态电子拉回母核附近并发生复合,电子在激光场中获得的动能则以光子的形式辐射出去,产生高次谐波辐射。整个过程每半个激光周期重复一次,不同级次谐波对应不同的电子碰撞时间。分子高次谐波强度近似与核自相关函数模的平方成正比,核自相关函数 $c(\tau) = \int \chi(R, 0)\chi(R, \tau)\mathrm{d}R$,其中 $\chi(R, 0)$ 和 $\chi(R, \tau)$ 代表母体离子初始

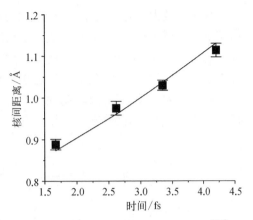

图 10.6　不同碰撞时间时 D_2^+ 核间距离[46]

函数和传播振动波函数,R 为核运动参数。因此相对于轻的同位素分子,重的同位素分子由于核的运动较慢,相应的高次谐波强度会增强。随着谐波级次的增加,母体离子演化的时间更长,这种效应会更加明显。英国伦敦帝国理工学院的 Marangos 研究小组实验中测量了 CH_4 和 CD_4 不同级次谐波强度比[49]。如图 10.7(a) 所示,对于 CD_4 和 CH_4 产生的谐波强度比值,任一级次谐波该比值都大于1,而且该比值随着谐波级次的增加而增大。理论计算表明中性 CH_4 分子平衡时呈正四面体结构,而 CH_4^+ 稳态构型为 C_{2v} 结构,因此 CH_4 分子电离后质子会发生快速重排。上述测量结果也表明电离后 CH_4^+ 分子构型变化比 CD_4^+ 分子构型变化快,亚光学周期内质子发生重排。该方法对于光电离后初始几个飞秒内,质子趋于平衡位置运动的探测非常灵敏。

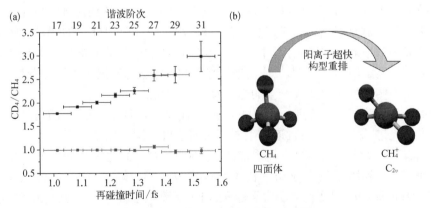

图 10.7　分子结构重组探测示意图[49]

(a) 黑色方块代表 CD_4 和 CH_4 谐波强度比值与谐波阶次的关系,该比值随谐波阶次的增加而增大;

(b) CH_4 和 CH_4^+ 稳态构型,表明电离发生后,CH_4 会由正四面体结构快速变为 CH_4^+ 的 C_{2v} 结构

　　华中科技大学超快光学实验室在实验上发现了分裂的高次谐波辐射光谱,在此基础上发展了轨道分辨的高次谐波光谱技术,并实现了阿秒时间分辨的分子动力学测量[50]。根据 simple-man 模型,高次谐波产生有长轨道和短轨道。长轨道在激光上升沿相位匹配更好,而短轨道在激光下降沿相位匹配更佳。因此,来自长轨道的高次谐波会发生光谱蓝移,而来自短轨道的高次谐波光谱会发生红移。如图10.8 所示,频谱上这两个轨迹可以分开。

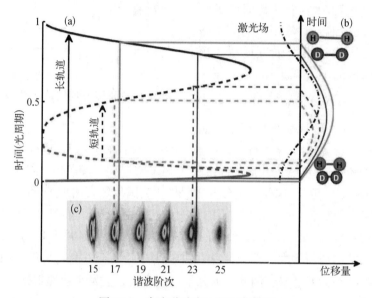

图 10.8　高次谐波产生的经典模型

(a) 不同费曼路径的电离时刻(红色线)和再碰撞时刻(蓝色线)与高次谐波阶次的对应关系;
(b) 不同电离时刻电离电子的轨迹;(c) 轨道分辨的高次谐波光谱

　　激光场下电子的运动可以用费曼路径描述,根据费曼路径的特性,高次谐波的光子频率和辐射时间一一对应,这一特征可以用于阿秒时间分辨的测量。然而对于每个光子频率的高次谐波,半个激光周期内有两条费曼量子路径产生贡献。基于瞬时相位匹配原理,研究人员成功地在空间和频域上分辨出了不同的费曼路径,并建立了不同费曼路径高次谐波的光子频率和时间的一对一映射,从而获得了更完整的信息和时间测量范围。图 10.9 给出了 H_2 和其同位素分子 D_2 的轨道分辨的高次谐波光谱,短轨道和长轨道产生的高次谐波可以同时用来获得母体离子核的运动信息。相对于仅用短轨道高次谐波,这将测量的时间范围扩展了一个光学周期。研究人员利用该技术成功重构了同位素分子(H_2 和 D_2,CH_4 和 CD_4,NH_3 和 ND_3)的核间距随时间变化的动力学过程,时间分辨率达到 100 as,空间分辨率达到亚埃量级[50]。

　　3. 阿秒钟

　　在圆偏或者高椭偏率的红外场中,由于激光场在横向会给电子一个较大的速

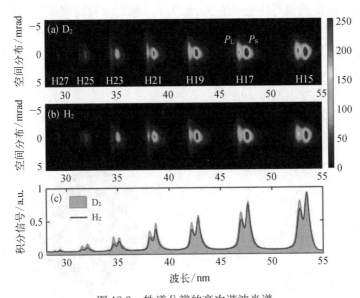

图 10.9　轨道分辨的高次谐波光谱

（a）D_2 和（b）H_2 分子产生的高次谐波光谱；（c）高次谐波光谱的强度积分信号[50]

度,这时一般电子很难再回到原子核附近与核发生碰撞,因此在圆偏或者高椭偏率的红外激光场中很难观测到再散射和高次谐波的发生。以圆偏光为例,圆偏光和原子的库仑势形成了一个随着电场方向旋转的势垒,每时每刻电子都可以通过这个旋转的势垒隧穿出来。由于势垒的旋转,不同时刻电离出来的电子,当激光结束后在动量谱上会分布到不同的角度,这就是阿秒钟的基本思想[51,52]。以 800 nm 的圆偏振红外光场为例,其一个周期大约为 2.7 fs,那么圆偏光的电场矢量旋转 1° 对应的时间就是 7.5 as,所以阿秒钟可以用来处理对时间分辨率要求很高的物理问题。利用这种阿秒钟的装置,研究人员对强激光场下隧穿时间等基本问题进行了深入研究[53-56]。如图 10.10 所示,假设圆偏光的光矢量是逆时针旋转的,在 $t = 0$ 时电场达到最大值,此时对应的角度为 $\phi = 90°$。 在隧穿图像中,这个时刻的势垒被压得最低,对应的电离率最大。假设没有隧穿时间和库仑势的作用,同时不考虑电子在隧穿出口处的初速度,那么电子在激光结束后的末态动量为 $p = -A(t)$。 对圆偏光来说,每一时刻矢势和电场矢量都是垂直的,我们可以预测在 $t = 0$ 时刻电离的电子,在动量谱上会在垂直于电场矢量方向 $\phi = 0°$ 被探测到。库仑势或者可能存在的隧穿时间,会导致最终动量谱上观测到的最可几动量的分布偏离 $\phi = 0°$ 方向,这个偏离的角度标记为 θ。为了研究隧穿时间问题,人们对偏转角 θ_m 进行测量。同时,在半经典模型中,根据隧穿电离的机制,假设电子在激光场最大值时刻电离概率最大,也就是说隧穿是不需要时间的,电子从势垒中隧穿出来后,电离过程就结束了,其后电子的运动可以用牛顿方程描述。这样在半经典模型中提取出来的偏转角只与库仑势有关,记为 θ_C,那么隧穿时间就可以从 $t = (\theta_m - \theta_C)/\omega$ 中提取出来。利用阿秒钟这种光学计时装置,澳大利亚格里菲斯大学研究人员把隧穿时间测量提高到一个新的精度[57]。它们测量了氢原子的隧穿时间,由于氢原子只含有一个电子,电子相互作用对隧穿时间的影响可以忽略,因此测量结果更加可靠。他们发现氢原子的量子隧穿过程最多需要 1.8 as,如果以光速前进,这个时间对应的距离只有5.4 Å。这个结果表明,在实验不确定度范围内,隧穿是不需要时间的。

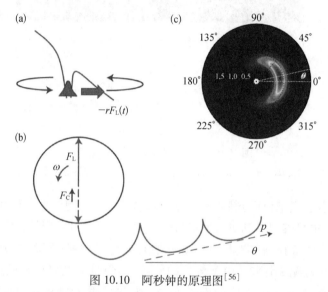

图 10.10   阿秒钟的原理图[56]

(a) 圆偏场和库仑势形成了一个随着时间旋转的势垒;(b) 不同时刻从势垒中隧穿出来的电子,末态动量会
达到不同的方向;(c) 基态的氢原子被单周期的红外场电离后产生的动量谱,θ 为实验上的可观测量

最近,北京大学现代光学研究所的研究人员进一步发展了阿秒钟技术,他们采用同向旋转的双色(400 nm+800 nm)圆偏振激光开展实验研究,实现了一种双指针阿秒钟测量技术[58]。实验原理如图 10.11 所示,其中 400 nm 圆偏振激光(激光电场相当于分针)是强的电离光脉冲,将电子从原子中电离,另外一束弱的 800 nm 圆偏振激光(激光电场相当于时针)对电子波包进行测量。因为电离时刻相差一个 400 nm 光周期的两个电子波包,将受到 800 nm 光场的相反作用。这两个电子波包振幅和相位的变化将被映射到光电子干涉图案以及电子能谱中。这种干涉测量方法加上阿秒钟本身具备的时间分辨特性,使得整个测量装置可以类比于空间旋转的时域杨氏双缝实验。实验上,他们基于自行搭建的双色飞秒光场和高分辨的冷靶电子离子动量谱仪测量到了高分辨的光电子干涉图案。同时发展了一种基于傅里叶变换的提取电子波包振幅和相位的方法,通过电子干涉图案获得电离电子的波包信息,提取电子波包的相位和振幅。需要指出的是该提取方案不依赖于任何理论模型,能够实现在阿秒时间尺度上对隧穿电子波包的相干成像。

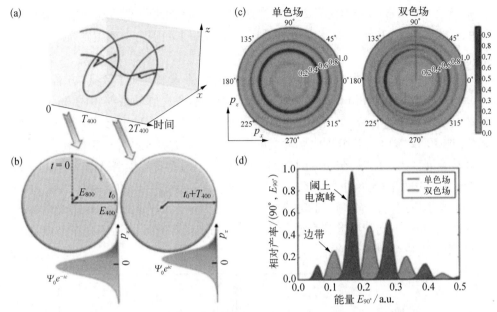

图 10.11　(a) 双指针同向旋双色光场；(b) 电离时刻相差一个 800 nm 光周期的两个隧穿电子波包；(c) 强场近似理论计算的单色 400 nm 光场和双指针光场下的光电子干涉图案；(d) 图 (c) 中沿 90° 出射角的光电子能谱，即图 (b) 中的两个电子波包的干涉条纹

10.3　孤立阿秒脉冲的产生

对于脉冲宽度为 τ、光谱宽度为 $\Delta\omega$ 的高斯脉冲，它们之间需要满足量子力学的测不准关系。如果是无啁啾的傅里叶变换极限脉冲，则脉冲宽度 τ(as) 和光谱宽度 $\Delta\omega$(eV) 的乘积满足关系：$\tau \cdot \Delta\omega = 1\,835$。假设脉冲宽度为 100 as，则光谱宽度需要达到 18.35 eV。因此要产生阿秒脉冲，需要一个超宽的光谱来支持，而且脉冲中心波长在真空紫外或者软 X 射线波段。对于脉冲宽度为 τ 的傅里叶变换极限脉冲，如果含有线性啁啾（即 $d^2\varphi/d^2\omega$ 为常数），则脉冲宽度 τ 会被展宽为 $\tau \cdot \sqrt{1 + \left(4\ln 2 \dfrac{d^2\varphi}{d^2\omega}/\tau^2\right)^2}$。例如无啁啾的情况下阿秒脉冲宽度为 100 as，如果含有线性啁啾，当 $d^2\varphi/d^2\omega$ 为 5 000 as^2 或者 $-5\,000$ as^2 时，则脉冲宽度都会展宽为 171 as。可见对于啁啾脉冲，需要更宽的光谱宽度才能合成阿秒脉冲。气相原子分子与飞秒激光相互作用产生的气体高次谐波能够提供超宽的频谱，是实验室产生阿秒脉冲的主要手段。如果从高次谐波平台区选取若干级次谐波进行合成，则合成后的时域电场可以写成：

$$E_{\mathrm{XUV}}(t) = \sum E_{2q+1}(t)\cos\left[(2q+1)\omega t + \varphi_{2q+1}\right] \tag{10.9}$$

式中，$E_{2q+1}(t)$ 和 ϕ_{2q+1} 分别代表 $2q+1$ 次谐波的振幅和相位。假设所选取的高次谐波的振幅 $E_{2q+1}(t)$ 和相位 ϕ_{2q+1} 都相同，则可以合成一束间隔为半个激光周期的阿秒脉冲串。

1997 年美国密西根大学的研究人员通过数值求解含时薛定谔方程（time-dependent Schrödinger Equation，TDSE）发现，当驱动激光脉冲足够短时，选取截止区的高次谐波进行合成，可直接产生孤立阿秒脉冲[59]。图 10.12 给出了理论计算结果，图 10.12(a) 和(d) 分别为脉冲宽度 10 fs 和 5 fs 的激光脉冲产生的高次谐波。当脉冲宽度变为 5 fs 时，截止区附近的光谱结构消失，趋于连续谱。图 10.12(b) 和(c) 分别为 10 fs 激光脉冲产生的高次谐波，不同阶次谐波合成的阿秒脉冲串，即间隔半个光学周期，有一个阿秒脉冲产生。图 10.12(e) 和(f) 分别为 5 fs 激光脉冲产生的高次谐波，不同阶次谐波合成的结果。当筛选出截止区附近的高次谐波进行合成，则产生单个阿秒脉冲。

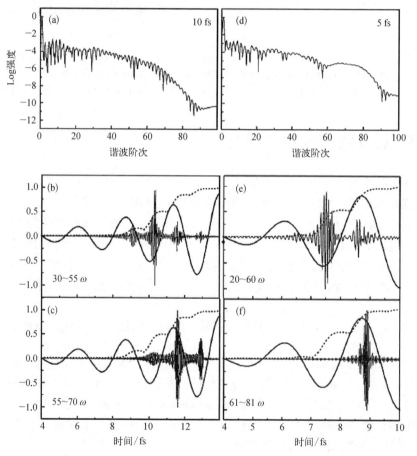

图 10.12 理论预测短脉冲驱动的高次谐波谱。左图激光脉宽为 10 fs，右图激光脉宽为 5 fs。可以看到当驱动激光脉宽为 5 fs 时，截止区附近的高次谐波可以合成孤立阿秒脉冲[59]

根据气体高次谐波理论,高次谐波辐射可由长轨道和短轨道两种量子路径产生,这样通过选取平台区高次谐波进行叠加,每个基频激光周期会产生四个阿秒脉冲。考虑宏观传播效应,长轨道气体高次谐波会被抑制,每个基频激光周期只剩下短轨道产生的两个阿秒脉冲。对于泵浦-探测技术开展的超高时间分辨测量,为了能够精确确定阿秒脉冲的作用时间,必须采用单个阿秒脉冲。气体高次谐波合成的阿秒脉冲通常为阿秒脉冲串,基于气体高次谐波技术产生孤立阿秒脉冲有两种方法:一种是从阿秒脉冲串中选出单个阿秒脉冲,这在实验上非常困难;另一种是对驱动激光进行控制,使驱动激光每个脉冲只产生一个阿秒脉冲,这是目前实验室普遍采用的方法。

如果产生高次谐波的激光电场是多周期的,由于激光电场的每半个周期内都产生一个阿秒级别的脉冲,则合成的高次谐波可以描述为在时间上间隔为 $T/2$ 的阿秒脉冲串。如果能够将有效产生高次谐波的电场宽度限制在一个光学周期内,那么将这样的高次谐波合成就可以获得孤立阿秒脉冲。因此产生孤立阿秒脉冲的方案可以分为两类:① 使用少周期的驱动激光,使能够有效产生高次谐波的电场的时间宽度小于一个光周期。如图 10.13 所示,在强飞秒激光作用下,原子分子的电子以隧穿电离的方式离开母核,并在强激光场中被加速。当激光电场反向时,电子以一定的概率与母核碰撞,从而将从激光场获得的能量以 X 射线光子的形式辐射出来,并具有很好的时间相干性和空间相干性。如果驱动的飞秒激光的载波包络相位(carrier envelope phase, CEP)稳定并可控的话,当 CEP 为零时,截止区附近高次谐波光谱上呈现连续谱分布,对应时域上就是孤立阿秒脉冲。因此基于高次谐波技术产生孤立阿秒脉冲,最直接的方式就是用单周期 CEP 稳定的飞秒激光作为驱动光。② 利用特殊的技术,将高次谐波的产生限制在一个光学周期内。如利用高次谐波的强度与激光椭偏率的关系,将高次谐波的产生时间限制在一个光学

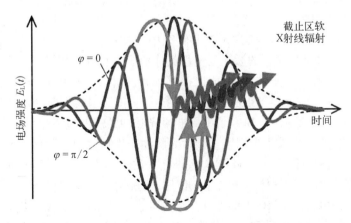

图 10.13　少周期飞秒激光驱动高次谐波产生。当 CEP 为零时,截止区附近的高次谐波光谱上呈现连续谱分布,对应时域上就是孤立阿秒脉冲[60]

周期内。高次谐波的一个特性是高次谐波的强度随着激光椭偏率的增大而迅速减小,图 10.14 是美国劳伦斯利弗莫尔国家实验室的研究人员测量的高次谐波对驱动激光椭偏率的依赖关系[61]。可以看到当激光的椭偏率为 0.2 时,每个级次谐波的强度相较于线性偏振的时候下降了一个数量级。因此如果能够在时域上改变激光的椭偏率,使得激光只在很小的时间范围内是线性偏振的,而在其他的时间范围内是圆偏振或者椭圆偏振的,这样的激光驱动下就有可能产生孤立阿秒脉冲。据此研究人员发展了多种选通门技术(gating techniques),将多周期的飞秒激光产生高次谐波的时间限制在小于一个光学周期,从而产生孤立阿秒脉冲。下面我们对实验室产生孤立阿秒脉冲的常用方法进行介绍。

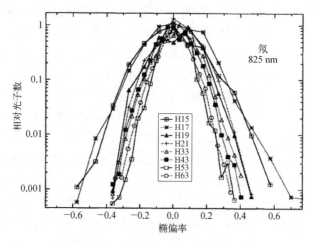

图 10.14　实验测量的原子高次谐波对驱动激光椭偏率的依赖关系[61]

1. 单色少周期激光场(one-color few-cycle laser field)

产生孤立阿秒脉冲最直接的方法就是减小泵浦激光的脉冲宽度,使有效产生高次谐波的激光电场的时间宽度小于一个光周期。2001 年,奥地利维也纳科技大学、德国比勒费尔德大学和加拿大国家研究中心的研究人员合作[62,63],使用中心波长 770 nm、脉冲宽度 7 fs 的激光与惰性气体原子氖相互作用产生高次谐波,将截止区附近的谐波筛选出来,首次合成出孤立阿秒脉冲。光子中心能量为 90 eV,脉冲宽度为 650 as。2003 年奥地利维也纳科技大学和德国马克斯-普朗克量子光学研究所的研究人员又进一步研究了少周期激光脉冲的载波包络相位对气体高次谐波产生的影响,并指出采用少周期飞秒激光脉冲产生孤立阿秒脉冲,少周期飞秒激光的 CEP 也需要稳定[60]。2004 年这些研究人员使用中心波长 750 nm、CEP 稳定的 5 fs 激光脉冲和惰性气体原子氖相互作用,通过调节 CEP,直接产生了光子中心能量 93 eV、脉冲宽度为 250 as 的孤立阿秒脉冲[64]。2008 年德国马克斯-普朗克量子光学研究所、慕尼黑大学和美国劳伦斯伯克利国家实验室的研究人员合作,首次获得 100 as 以下的孤立阿秒脉冲[65]。他们采用 CEP 稳定的 3.3 fs 的激光脉冲电

离惰性气体原子氖,在 80 eV 光子能量附近获得高次谐波连续谱,光谱宽度达到
28 eV,脉冲能量为 0.5 nJ。如图 10.15 所示,利用阿秒条纹技术测量,合成的孤立
阿秒脉冲的脉冲宽度确定为 80 as。

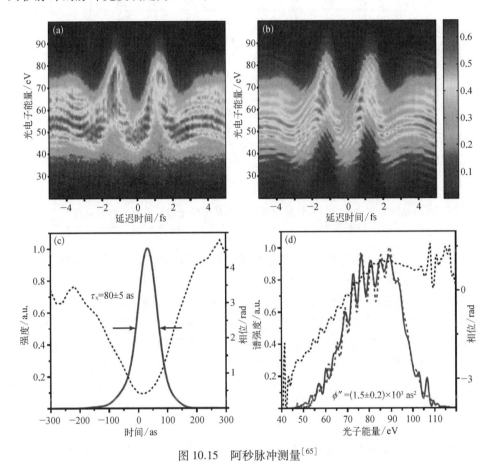

图 10.15　阿秒脉冲测量[65]

(a) 实验测量;(b) 理论重构的阿秒条纹谱;(c) 阿秒脉冲时域分布;(d) 阿秒脉冲能谱分布

2. 双色场(two-color field)

产生孤立阿秒脉冲要求将有效产生高次谐波的激光电场的时间宽度局限到半
个光学周期,2006 年美国劳伦斯伯克利国家实验室的研究人员理论上指出,在基
频激光场上叠加一个倍频激光场,可以使每半个激光周期产生一个阿秒脉冲变为
每个周期产生一个阿秒脉冲[66]。图 10.16 给出双色场方案的示意图,在基频光上
叠加一个相位锁定的倍频光,即使倍频光强度是基频光强度的 1%,电离电子在碰
撞时最大平动能量也会受到极大程度的调制,导致最大平动能量的电子每一个激
光周期产生一次。这样将截止区附近的高次谐波筛选出来,多周期的驱动激光也
可以产生孤立阿秒脉冲。

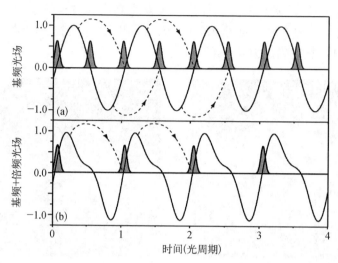

图 10.16　双色场方案产生孤立阿秒脉冲示意图。在基频激光场上叠加一个倍频激光场,可以使每半个激光周期产生一个阿秒脉冲变为每个周期产生一个阿秒脉冲[66]

　　2007 年中国科学院上海光学精密机械研究所的研究人员计算了基频光(波长 800 nm、脉冲宽度 6 fs)和倍频光(波长 400 nm、脉冲宽度 21.3 fs)组成的双色场与模型原子氦相互作用时的高次谐波产生[67]。他们发现通过精确地优化基频光与倍频光之间的相位,可以获得带宽达到 148 eV 的高次谐波连续谱。即使不考虑相位补偿,这样宽的高次谐波连续谱也支持产生孤立阿秒脉冲,脉冲宽度为 65 as。实验上他们利用基频光(波长 800 nm、脉冲宽度 6 fs)和倍频光(波长 400 nm、脉冲宽度 21.3 fs)组成的双色场与惰性气体原子氩相互作用[68],如图 10.17 所示,通过精确控制基频光与倍频光之间的延时,截止区附近的高次谐波谱的调制度大大降低,连续谱变得更宽,谐波效率也显著增强。

　　很快科学家又将双色场方案拓展到非倍频场,2013 年日本科学家采用光学参量放大技术产生中红外的飞秒激光,然后和近红外的飞秒激光构建双色场,将产生孤立阿秒脉冲的驱动激光的脉冲宽度要求放缓到几十飞秒[69]。由于脉冲宽度几十飞秒的激光脉冲可以拥有很高的单脉冲能量,因此非倍频光的双色场方案可以产生通量很高的孤立阿秒脉冲。实验中他们通过光学参量放大技术将钛宝石激光系统的高能量激光脉冲的波长从 800 nm 变换到 1 320 nm,然后将基频光(800 nm)和非倍频光(1 320 nm)组成的双色场与惰性气体原子氩相互作用。从图 10.18 的实验结果可以看出,非倍频光双色场可以产生连续的宽带高次谐波谱。他们用反射镜将连续谱筛选出来,通过自相关测量,宣称获得中心能量 30 eV、脉冲宽度 500 as 的孤立脉冲,单脉冲能量达到 1.3 μJ。由于该实验中的激光脉冲相位以及双色场之间的延时均不够稳定,孤立阿秒脉冲的实验结论并没有得到普遍接受,认为在主脉冲之外还存在边带脉冲。

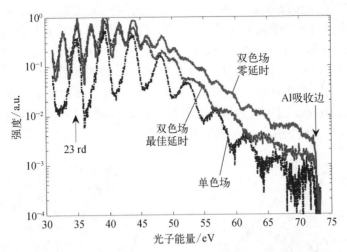

图 10.17　实验测量的高次谐波谱。单色场,双色场零延时,双色场最佳延时[68]

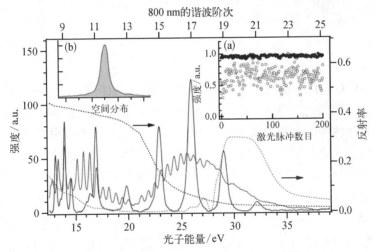

图 10.18　双色场驱动氩原子高次谐波谱[69]

蓝色线代表驱动光场为 800 nm 单色场,红色代表驱动光场为 800 nm/1 300 nm 双色场。黑色和灰色点划线分别为 SiC 反射镜和 Sc/Si 多层膜反射镜的反射率

3. 偏振选通门(polarization gating,PG)

利用单周期 CEP 稳定的飞秒光源和气体靶相互作用来产生孤立阿秒脉冲,这种方法对驱动光源要求非常高,技术难度相当大。为了放宽对驱动激光的要求,促使人们探索新的孤立阿秒脉冲的产生方法。利用高次谐波对激光的偏振非常敏感,研究人员提出利用椭偏率随时间变化的激光场和气相原子分子相互作用产生高次谐波。如果能够使得激光场处于线偏振的时间控制到半个激光周期之内,就会产生孤立阿秒脉冲。这种方法被称为偏振选通门。

图 10.19 给出传统偏振选通门产生的光路,驱动激光垂直入射到一个石英片上,石英片光轴与激光偏振方向呈 45°夹角。由于石英片快轴和慢轴的折射率存在差异,沿快轴和慢轴方向的激光分量将在时间上分开,形成偏振方向相互垂直、具有一定延时的两束线偏振激光脉冲。然后这两个线偏振的激光脉冲通过一个零阶的四分之一波片,产生具有一定延迟的一对反向旋转的圆偏振光。这对反向旋转的圆偏振光之间的延时可以通过石英片的厚度进行调节,时间重合时的电场是线偏振的,合成一个偏振选通门所需的激光脉冲。

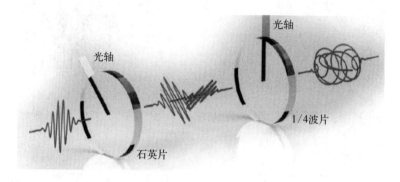

光轴

1/4波片

光轴

石英片

图 10.19　偏振选通门产生示意图

图 10.20 是偏振选通门产生孤立阿秒脉冲的原理图[70],具有一定延时的反方向旋转的一对圆偏振光通过零阶四分之一波片,形成的激光脉冲的椭偏率高度依赖于时间。在脉冲的上升沿和下降沿都是椭圆极化的,只有在脉冲的中间部分才是线偏振的。因此在激光脉冲的上升沿和下降沿的高次谐波产生得到极大的抑制,而只有中间线偏振部分才可以有效地产生高次谐波。偏振选通门的门宽 Δt_G 由驱动激光的脉冲宽度 τ 以及相互之间的延时 T_d 决定,可以近似地用公式 $\Delta t_G \approx 0.3\varepsilon\tau^2/T_d$ 表示,式中 ε 是驱动激光的椭偏率。对于传统的偏振选通门方案,驱动激光是圆偏振激光,即 $\varepsilon = 1$。原则上将偏振选通门的门宽 Δt_G 控制在驱动激光的半个光学周期,就可以产生孤立阿秒脉冲。但是当驱动激光的脉冲宽度增加时,为了保证偏振选通门的门宽,反向旋转的两束圆偏振激光之间的延时会以平方的关系增加,这导致偏振门内的激光电场非常弱,大大降低了高次谐波的产生效率,甚至不能产生高次谐波。另外选通门之前的激光会通过电离消耗掉中性原子,从而抑制高次谐波的产量。因此偏振选通门也要求激光脉冲宽度小于 10 fs,而且要想产生孤立阿秒脉冲,还必须精确控制选通门内的电场的 CEP。综上所述,偏振选通门技术虽然可以用来产生孤立阿秒脉冲,但是对飞秒激光以及实验控制仍然有着比较严格的要求。

多个研究小组成功地运用偏振选通门技术产生了孤立阿秒脉冲,其中最具代表性的工作是意大利的科学家[71],他们利用中心波长 750 nm、CEP 稳定的 5 fs 激

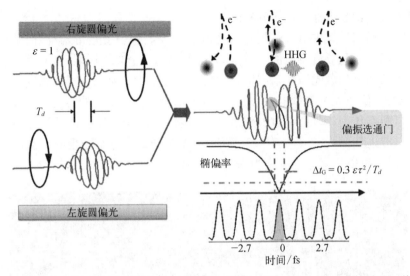

图 10.20　偏振选通门产生孤立阿秒脉冲示意图。具有一定延时的一对反向旋转的圆偏振光，其合成激光只有中心是线偏振的，称之为偏振选通门，用来产生谐波[70]

光脉冲和偏振选通门方案，实验上产生了孤立阿秒脉冲，中心能量在 36 eV，脉冲宽度为 130 as。图 10.21 是该孤立阿秒脉冲和惰性气体原子氩相互作用，测量到的光电子能谱随阿秒脉冲与红外激光脉冲相对延迟变化。利用光电子能谱随延时变化，他们重构出的阿秒脉冲的相位和时域分布，其中虚线为相位分布，实线为脉冲时域分布，脉冲宽度确定为 130 as。

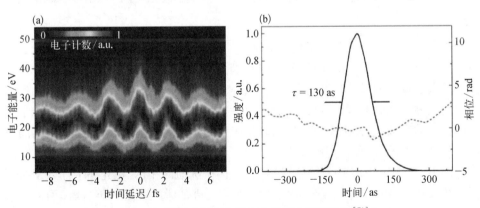

图 10.21　偏振选通门方案产生的孤立阿秒脉冲[71]

(a) 实验测量的阿秒条纹谱，驱动激光为 CEP 稳定的 5 fs 激光；
(b) 理论重构的阿秒脉冲时域分布和相位分布，脉冲宽度确定为 130 as

4. 双光学选通门(double optical gating, DOG)

偏振选通门技术虽然可以用来产生孤立阿秒脉冲，但是对飞秒激光以及实验技术都有着比较严格的要求。为了降低对驱动激光的限制，美国堪萨斯州立大学的研究人员在偏振选通门技术的基础上,提出双光学选通门方案[72]。其主要思想是在偏振选通门方案中引入基频光的倍频光场,破坏基频光场的对称性,从而结合偏振选通门和双色场方案的优点,将选通门增加到一个光学周期,这样可以使用持续时间更长的飞秒激光脉冲来产生孤立阿秒脉冲。为了对孤立阿秒脉冲的产生方案进行对比,研究人员测量了中心波长 790 nm、脉冲宽度 9 fs 的驱动激光和惰性气体原子氩相互作用,采用单色场、双色场、偏振选通门和双光学选通门方案所产生的高次谐波连续谱[72]。如图 10.22 所示,双光学选通门方案产生的高次谐波连续谱质量最好,可以支撑脉冲宽度为 130 as 的阿秒脉冲。

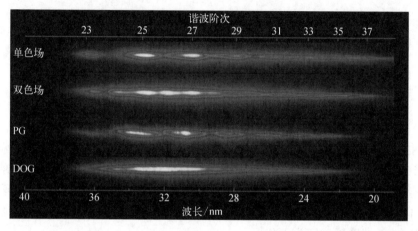

图 10.22 不同选通门方案对应的高次谐波谱。双光学选通门方案可以产生更好的高次谐波连续谱[72]

由于选通门之前的激光场电离对基态原子的消耗,也限制了激光的脉冲长度,双光学选通门能够使用的驱动激光的最大脉冲长度为 15 fs,与实验室常用的飞秒激光放大器输出的脉冲长度还有一定的距离。为了进一步放宽孤立阿秒脉冲产生对驱动飞秒激光脉冲宽度的要求,美国堪萨斯州立大学的研究人员[73]在双光学选通门方案的基础上,提出保持选通门内激光强度不变的前提下,衰减部分选通门外的驱动激光电场,这种方法被称为广义双光学选通门(general DOG, GDOG)。

图 10.23 是 GDOG 的典型实验装置,和偏振选通门相比,在光路中加入了布儒斯特角窗片和 BBO 晶体。前者用来衰减选通门外的激光强度,BBO 晶体引入倍频激光电场。GDOG 方案能够极大地放宽孤立阿秒脉冲产生对驱动飞秒激光的要求,如果将 GDOG 的选通门宽度减小到半个光学周期,则无论驱动激光的载波包络相位,都只能产生孤立阿秒脉冲,尽管 CEP 会影响孤立阿秒脉冲的强度。美国堪萨斯州立大学的研究人员利用 20 fs 的激光脉冲和惰性气体原子氩作用,采用 GDOG 方案,实验中获得了孤立阿秒脉冲。如图 10.24 所示,利用阿秒条纹谱技术进行测量,孤立阿秒脉冲的中心能量为 40 eV,脉冲宽度为 260 as。

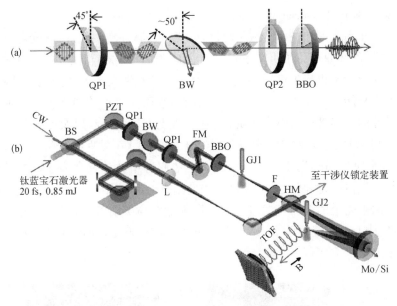

图 10.23　GDOG 方案产生孤立阿秒脉冲[73]

（a）GDOG 产生装置；（b）基于 GDOG 方案孤立阿秒脉冲的产生和测量装置

注：QP1 为石英波片；BW 为布儒斯特角窗片；QP2 为 1/4 波片；BBO 为 BBO 晶体；BS 为分束器；PZT 为压电陶瓷；FM 为聚焦镜；GJ 为气体靶；F 为滤波片；HM 为合束镜；TOF 为时间飞行谱仪；Mo/Si 为 Mo/Si 反射镜；CW 为连续光；L 为透镜

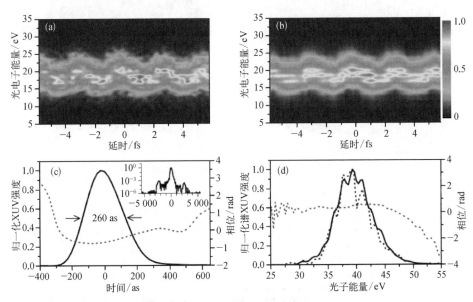

图 10.24　中心波长 790 nm、脉冲宽度 20 fs 的激光脉冲和氩原子作用，采用 GDOG 方案，获得孤立阿秒脉冲[73]

（a）实验测量的阿秒条纹谱；（b）理论重构的阿秒条纹谱；（c）重构的阿秒脉冲时域分布；
（d）实验测量的光谱（蓝色）和理论重构的光谱（黑色）和相位（红色）

5. 电离选通门(ionization gating, IG)

基于气体高次谐波技术合成阿秒脉冲,当激光脉冲宽度很短、激光电场强度又很强时,中性气体原子分子将在不到一个周期的时间内被全部电离,导致这个周期之后的激光脉冲不再产生高次谐波。由于电离只发生在半个激光周期,因此高次谐波辐射也只能发生在半个激光周期,从而导致孤立阿秒脉冲产生。这种产生孤立阿秒脉冲的方案被称为电离选通门,它对激光电场的形状以及激光强度要求非常严格。2010 年,意大利科学家报道利用电离选通门方案实验上获得了孤立的阿秒脉冲,单脉冲能量达到 2.1 nJ[74]。实验中他们选用脉冲宽度为 5 fs 的激光与惰性气体原子氙作用,控制激光电场强度超过氙原子饱和电离强度,使中性氙原子在激光上升沿被完全消耗掉。然后将截止区附近的高次谐波筛选出来,合成出孤立阿秒脉冲,中心光子能量为 30 eV。利用阿秒条纹谱技术,如图 10.25 所示,脉冲宽度被确定为小于 160 as。

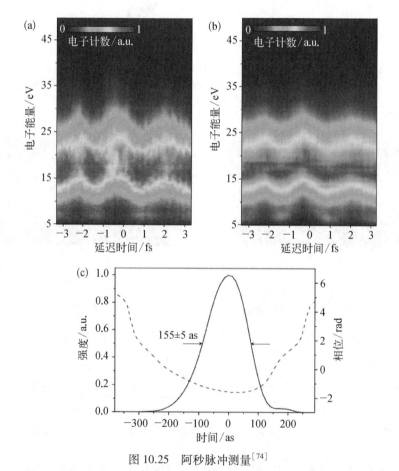

图 10.25 阿秒脉冲测量[74]

(a) 实验测量的阿秒条纹谱;(b) 理论重构的阿秒条纹谱;(c) 理论重构的阿秒脉冲时域分布和相位

6. 阿秒灯塔(attosecond lighthouse)

通常的实验条件下,气体高次谐波合成的脉冲不是孤立阿秒脉冲,而是包含多个阿秒脉冲的脉冲串。基于气体高次谐波产生孤立阿秒脉冲有两种方法:一种方法是对驱动激光进行控制,使驱动激光每个脉冲只产生一个阿秒脉冲;另一种是从阿秒脉冲串中选出单个阿秒脉冲。前面我们介绍的单色少周期激光场、双色场、偏振选通门、双光学选通门以及电离选通门等,都是通过对驱动激光进行操控,使得驱动激光每个脉冲只产生一个阿秒脉冲,从而实验上获得孤立阿秒脉冲。对于从阿秒脉冲串中选出单个阿秒脉冲,由于阿秒脉冲间隔为驱动激光的半个光学周期,目前还没有这么快的时间快门可以直接实现从阿秒脉冲串中选出孤立阿秒脉冲。2012 年,法国科学家理论上提出阿秒灯塔的方案,通过将组成阿秒脉冲串的阿秒脉冲在空间分开,从而获得孤立阿秒脉冲[75]。2013 年,他们与加拿大国家研究中心人员合作,实验上首次利用阿秒灯塔方案,获得空间分开的阿秒脉冲[76]。图 10.26 展示了阿秒灯塔原理,通过改变聚焦镜前的楔形镜角度,引入角色散使激光焦点处产生空间啁啾,导致每半周期产生的阿秒激光脉冲沿不同方向传播。当该角度大于阿秒脉冲的发散角时,每半周期产生的阿秒激光脉冲经过传输,在远场形成类似于灯塔的分布,每个阿秒脉冲在空间分开。

7. 光学合成阿秒脉冲(optical attosecond pulse synthesis)

随着激光技术的发展,实验室可以产生波长覆盖紫外到中红外的任意波形的激光脉冲。研究人员可以利用这样跨越几个倍频程波形的激光,来产生特定的激光脉冲。德国马克斯-普朗克量子光学研究所的研究人员通过对中红外到紫外波段的超快激光进行光学合成,获得孤立阿秒脉冲[77]。实验中他们将中心波长790 nm、脉冲宽度 22 fs、单脉冲能量 1 mJ 的激光通过空芯光纤,光纤中充满 2.3 个大气压的氖气。在光纤的出口处光谱被展宽,连续谱光子能量覆盖超过两个倍频程。如图 10.27 所示,将这样超连续谱使用分束镜,把光谱分为四段:1.1 ~ 1.75 eV、1.75~2.5 eV、2.5~3.5 eV 和 3.5~4.6 eV,然后分别压缩到几个飞秒以下。最后将这四段光谱进行合束,保证时间和空间上能够完全重合,包括 CEP,就可以产生阿秒脉冲。利用阿秒条纹谱,合成后的阿秒脉冲宽度确定为 380 as。

脉冲宽度和脉冲能量是脉冲激光两个非常重要的参数,也是阿秒激光发展过程中追求的两个重要指标。2001 年,奥地利维也纳科技大学、德国比勒费尔德大学和加拿大国家研究中心的研究人员合作,实验室首次产生孤立阿秒脉冲,脉冲宽度为 650 as,脉冲能量在百皮焦[63]。从此人类一直在努力寻找产生持续时间更短、脉冲能量更高的阿秒激光的途径,图 10.28 列出了阿秒脉冲宽度发展过程中的几个代表性工作。2004 年,奥地利维也纳科技大学和德国比勒费尔德大学的研究人员利用 5 fs 的驱动激光,获得了脉宽为 250 as 的孤立脉冲,中心光子能量为 93 eV[78]。2008 年,德国马克斯-普朗克量子光学研究所、慕尼黑大学和美国劳伦斯伯克利国家实验室的研究人员合作,将孤立阿秒脉冲宽度压缩

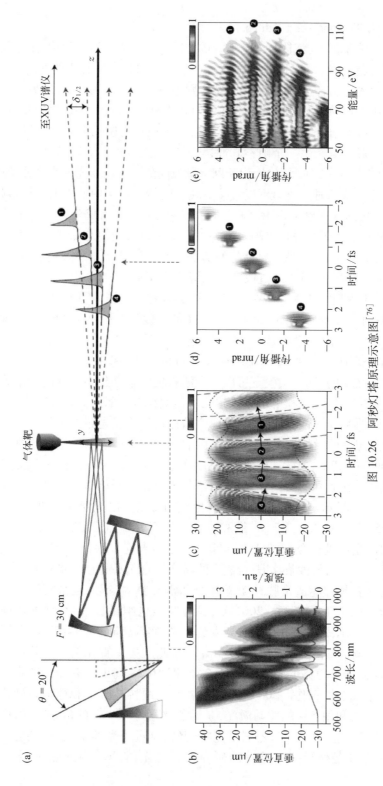

图 10.26 阿秒灯塔原理示意图[76]

(a) 实验装置示意图;(b) 含有空间啁啾的激光焦点处光谱光光谱分布, 红色实线代表驱动激光光谱分布;
(c) 和 (e) 为每半个光学周期产生的阿秒脉冲沿不同方向传播, 空间上形成类似于灯塔的分布;
(d) 为每半个光学周期产生的高次谐波谱空间传输

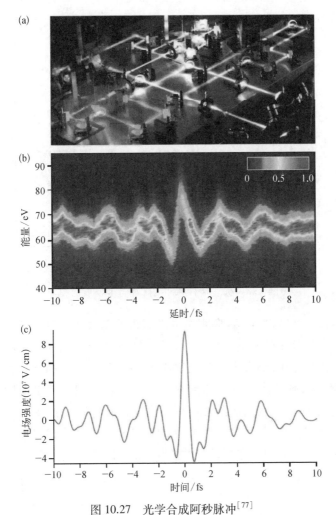

图 10.27　光学合成阿秒脉冲[77]

（a）阿秒光场合成器；（b）实验测量的阿秒条纹谱；（c）重构阿秒脉冲电场时域分布

到 100 as 以下。他们采用载波包络相位稳定的 3.3 fs 的激光脉冲电离惰性气体原子氖，筛选出 80 eV 光子能量附近的高次谐波连续谱，合成出脉冲宽度为 80 as 的孤立阿秒脉冲[65]。2012 年，美国中佛罗里达大学研究人员又进一步地将孤立阿秒脉冲的宽度缩短到 67 as，中心光子能量 90 eV[79]。2017 年，美国中佛罗里达大学研究人员又打破自己保持的记录，他们采用中心波长 1.7 μm、脉宽 12 fs 的红外激光和惰性气体原子氖作用，获得了脉宽为 53 as 的孤立阿秒脉冲，其中心光子能量为 170 eV[80]。同年，苏黎世联邦理工学院研究人员报道，他们成功地将阿秒脉冲的持续时间缩短到 43 as，这是目前的世界纪录[81]。需要指出的是，2013 年中国科学院物理研究所 Zhan 等报道，他们使用 3.8 fs 的驱动脉冲，获得了持续时间为 160 as 的孤立阿秒脉冲[82]。

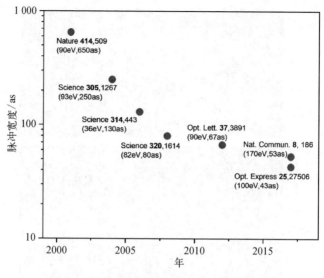

图 10.28 孤立阿秒脉冲的脉冲宽度发展简图

相对于阿秒脉冲宽度,阿秒脉冲能量进展也非常缓慢。2013 年,美国中佛罗里达大学研究人员利用脉冲宽度 15 fs、脉冲能量为 200 mJ 的高功率激光脉冲和惰性气体原子氩相互作用,结合广义双光学选通门技术,产生的高次谐波连续谱中心光子能量为 35 eV,脉冲能量可以达到 100 nJ[83]。比较遗憾的是他们没有对脉冲宽度进行测量,尽管产生的高次谐波连续谱可支持脉冲宽度为 230 as 的孤立阿秒脉冲。同年,日本研究人员采用基频光(800 nm)和非倍频光(1 320 nm)组成的双色场与惰性气体原子氪相互作用,用反射镜将高次谐波连续谱选出来,光子中心能

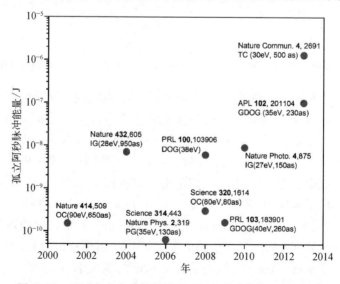

图 10.29 不同产生方法获得的孤立阿秒脉冲的能量发展简图

量为 30 eV,单脉冲能量达到 1.3 uJ[69]。通过自相关测量,他们宣称产生了脉冲宽度 500 as 的孤立脉冲。但是由于该实验中的激光脉冲相位以及双色场之间的延时均不够稳定,孤立阿秒脉冲的结论还没有完全被认可。图 10.29 列出了阿秒脉冲能量发展过程中的几个代表性工作,除上面介绍的两篇报道外,目前阿秒脉冲能量还很低,单脉冲能量基本维持在 10 nJ 的水平,还不足以开展阿秒泵浦-阿秒探测实验。

10.4　阿秒激光的表征

从前面的介绍中,我们知道飞秒激光与气相原子分子相互作用产生的高次谐波,可以用来产生孤立阿秒脉冲或者阿秒脉冲串。阿秒脉冲不仅脉冲持续时间短、光谱覆盖范围宽,而且单光子能量高,通常在真空紫外波段到软 X 射线波段。由于这些特点,阿秒脉冲的表征一直是个挑战,尤其是脉冲宽度的测量。一方面是因为脉冲宽度太短,远小于电子元件所能达到的响应时间;另一方面单光子能量高,没有合适的非线性介质,所以传统的激光脉冲表征方法不能直接推广到阿秒脉冲。目前阿秒脉冲宽度的测量主要分为两类,一类为互相关测量,另一类为自相关测量。互相关测量将待测阿秒脉冲与产生阿秒脉冲的红外激光脉冲共同作用到气相介质,通过改变阿秒脉冲与红外脉冲之间的延时,引起待测物理量的变化,利用算法重构出阿秒脉冲的相位,进而得到阿秒脉冲宽度的信息。自相关测量是将阿秒脉冲分成两束,采用阿秒泵浦-阿秒探测技术,通过测量双光子过程对两束阿秒激光延时的依赖关系,实现阿秒脉冲宽度的测量。由于自相关测量对阿秒脉冲的峰值功率要求比较高,超过绝大多数实验室能够达到的水平,因此阿秒脉冲宽度主要还是采用互相关测量获得。目前实验室常用的阿秒脉冲宽度的互相关测量方式有:双光子跃迁干涉的阿秒拍频重构(reconstruction of attosecond beating by interference of two-photon transitions, RABBITT);频率分辨光学门的孤立阿秒脉冲的完全重构(frequency resolved optical gating for complete reconstruction of attosecond bursts for isolated attosecond pulses, FROG - CRAB);欧米伽振荡滤波的相位复原(phase retrieval by omega oscillation filtering, PROOF)。下面我们对这些互相关与自相关测量方法逐一介绍。

1. 双光子跃迁干涉的阿秒拍频重构

飞秒激光和气相原子分子相互作用产生的高次谐波,激光场每半个周期都能产生一次高次谐波。如果驱动激光脉冲包含多个周期,筛选出高次谐波高能部分合成的阿秒脉冲是时间间隔半个驱动激光周期的阿秒脉冲串。阿秒脉冲串可以表示成奇数谐波的叠加,如式(10.9)所示。对阿秒脉冲串的表征,实际上就是测量谐波振幅 $E_{2q+1}(t)$ 和相位 ϕ_{2q+1}。实验上 $E_{2q+1}(t)$ 可以通过极紫外谱仪测量高次谐波的强度分布获得,因此如果能够确定谐波的相位 ϕ_{2q+1},就实现了阿秒脉冲串的表征。RABBITT 提供了一种测量谐波相位的方法,图 10.30 给出了 RABBITT 方法的实验装置和原理。由高次谐波合成的阿秒脉冲串,与产生高次谐波的相同但强度较弱的红外光场共同作用电离原子。原子可能会吸收 $2q-1$ 阶谐波光子电离,也可能吸收一个 $2q+1$ 阶谐波光子电离。除外原子还存在双光子电离通道,使得电子的动能分布在高次谐波谱峰对应的能量之间,即产生边带(sideband)S_{2q}。根据二阶微扰理论,当红外激光场强度较弱时,只有两个相邻的高次谐波才能产生相应的边带。如 S_{2q} 边带通过吸收一个 $2q-1$ 阶谐波光子和一个红外光子产生,也可以通过吸收一个 $2q+1$ 阶谐波光子和放出一个红外光子产生。这两个通道产生的电子具有相同的末态动量,从而发生干涉,其强度可以表示为

$$S_{2q}(\tau) \approx \cos(2\omega_{\text{IR}}\tau - \Delta\varphi_{\text{XUV}} - \Delta\varphi_{\text{at}}) \tag{10.10}$$

式中,τ 为阿秒脉冲串与红外脉冲的时间延迟;$\Delta\phi_{\text{XUV}}$ 为 $2q+1$ 阶与 $2q-1$ 阶谐波的相位差;$\Delta\phi_{\text{at}}$ 为电离原子散射相位。上式表明通过改变阿秒脉冲和红外场的时间延迟,测量边带 S_{2q} 强度与时间延时的关系,就可以提取出相邻阶谐波的相位差。

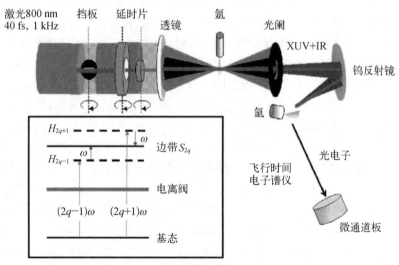

图 10.30 阿秒脉冲串产生及表征装置图,左下角给出了边带 S_{2q} 产生的两个量子通道[84]

法国与荷兰的研究人员合作,采用中心波长 800 nm、脉冲宽度 40 fs 的激光与惰性气体原子氩作用,利用钨反射镜筛选出 11~19 阶谐波,合成阿秒脉冲串[84]。图 10.31 是基于 RABBITT 方法,不同延时的阿秒脉冲串与红外激光的组合光场作用下的谐波强度分布。通过拟合边带强度与阿秒脉冲与红外激光延时的曲线,可以获得相邻级次谐波之间的相位。据此他们第一次给出了阿秒脉冲串的时域分布,如图 10.32 所示,每个阿秒脉冲的持续时间为 250 as,间隔为 1.35 fs,即驱动激光的半个周期[84]。

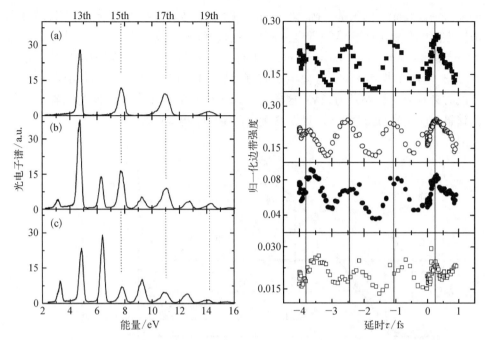

图 10.31　左图为不同光场产生的光电子谱,(a) 阿秒脉冲串,(b)(c) 不同延时的阿秒脉冲串
与红外激光组合光场。右图为阿秒脉冲串与红外激光的组合光场产生的
四个边带强度随时间延时的依赖关系[84]

2. 频率分辨光学门的孤立阿秒脉冲的完全重构

FROG－CRAB 技术是在阿秒条纹相机的基础上发展起来的,通过测量阿秒脉冲产生的光电子在附加红外激光下的调制来进行。当一个阿秒脉冲与原子相互作用,如果阿秒激光的光子能量 ω_{XUV} 大于原子的电离能 I_p,原子发生单光子电离,产生的电子能量为 $\omega_{XUV} - I_p$,能谱结构与阿秒脉冲的光子能谱结构一致,只是能量减小了 I_p。由此产生电子脉冲可以认为完全复制了阿秒脉冲的信息,受到附加的红外激光场的作用,其动量会发生改变。如果忽略掉库仑势的影响,阿秒激光产生的电子的运动

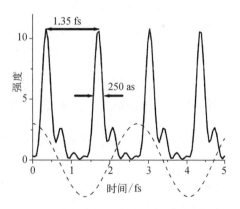

图 10.32　基于 RABBITT 方法重构的阿秒脉串的时域分布,由持续时间 250 as、间隔 1.35 fs 的阿秒脉冲组成[84]

只受到红外光场的影响。依赖电离电子诞生时刻 t_0,其在红外光场作用下的动量偏移量 $\Delta P(t_0) = \int_{t_0}^{t} e E_{IR}(t)\,\mathrm{d}t = -A_{IR}(t_0)$,式中,$E_{IR}$ 为红外激光的电场,$A_{IR}(t_0)$ 代表

电离时刻红外光场的矢势。阿秒激光产生的电离电子受红外光场的影响,沿激光偏振方向电子动量改变量等于电离时刻对应的红外光场矢势的大小,被称为阿秒动量条纹谱(attosecond momentum streaking)。图 10.33 给出了阿秒动量条纹谱的原理图,横轴代表阿秒激光电离电子时刻,纵轴代表电离电子的动量偏移量,等于电离时刻对应的红外光场矢势,这样就可以将横轴的电子电离时间与纵轴的动量偏移量对应起来,通过测量动量偏移量来确定电子电离时刻。

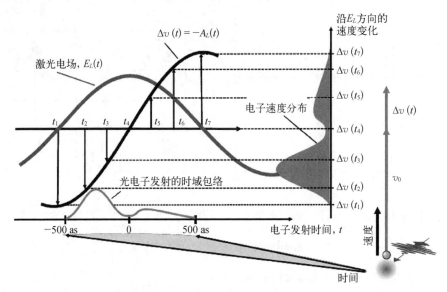

图 10.33 阿秒动量条纹谱原理图。电离电子受到红外光场的调制,其动量改变量等于电离时刻对应的红外光场的矢势[12]

实验上我们通常测量的是光电子能量,如果阿秒激光与红外激光的偏振方向相同,则光电子的能量随两束激光之间的延时的分布 $S(\nu, \tau)$ 可以表示为

$$S(\nu, \tau) = \left| \int_{-\infty}^{+\infty} dt e^{i\varphi(\nu, t)} d_{\vec{P}} E_{\text{XUV}}(t - \tau) e^{-i(W + I_p)t} \right|^2 \qquad (10.11)$$

其中,$\varphi(\nu, t) = -\int_t^{+\infty} d\tau [\nu \cdot A(\tau) + A^2(\tau)/2]$,代表光电子诞生到激光结束时刻的积分,表示红外激光对光电子的作用只是引入一个随时间变化的相位。

$S(\nu, \tau)$ 是实验观测量的阿秒脉冲和红外脉冲不同延时的光电子能谱,通常称为阿秒条纹光电子谱或者阿秒条纹谱(attosecond streaking)。对于飞秒激光测量的频率分辨光学快门(FROG),我们知道其能谱分布表达式为

$$S_{\text{FROG}}(\omega, \tau) = \left| \int_{-\infty}^{+\infty} dt P(t - \tau) G(t) e^{-i\omega t} \right|^2 \qquad (10.12)$$

阿秒条纹谱与其非常相似,因而利用 FROG 方法中广泛使用的迭代复原算法,就

可以通过阿秒条纹光电子能谱复原待测阿秒脉冲的相关信息。需要指出的是，$\varphi(\nu, t)$ 同时是能量和时间的函数，无法直接套用 FROG 的 PCGPA 算法。当阿秒脉冲的带宽相对中心频率很小时，可以近似认为 $\varphi(\nu, t) = \varphi(\nu_0, t)$，$\nu_0 = \sqrt{2W_0}$ 代表光电子中心能量，这种近似称为中心动量近似。只有在中心动量近似下，$\varphi(\nu, t)$ 只是时间的函数，才可以使用 FROG 相同的反演算法重构阿秒脉冲的电场。由于实际测量的阿秒条纹光电子能谱为功率谱，为了获取时域信息，还需要在 FROG‒CRAB 的复原算法中加入傅里叶变换。在每一次迭代运算过程中，复原参量都会朝误差减小的方向收敛，当最终误差小于设定的阈值时给出复原结果。图 10.34 展示了利用 FROG‒CRAB 方法重构出阿秒脉冲的时域分布和相位分布[85]。

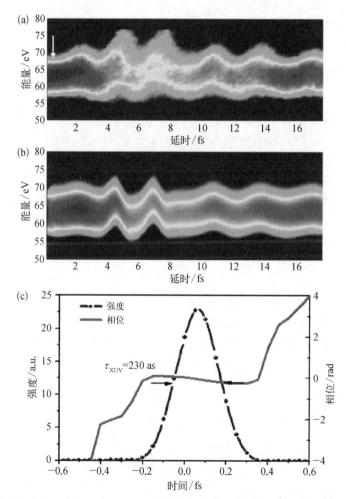

图 10.34　（a）实验测量的阿秒条纹光电子能谱；（b）FROG‒CRAB 算法重构的阿秒条纹光电子能谱；（c）基于 FROG‒CRAB 方法获得的阿秒脉冲的时域分布和相位分布[85]

理论上 FROG – CRAB 方法不仅可以重构出孤立阿秒脉冲,也可以重构阿秒脉冲串,甚至更复杂的结构。但是精确的 FROG 复原算法需要高时间分辨率的测量数据,如果对阿秒脉冲串进行重构,需要很长时间采集实验数据,将大大降低实验测量结果的可靠性。因此,阿秒脉冲串的测量一般使用 RABBITT 方法,而孤立阿秒脉冲的测量则用 FROG – CRAB 方法。

3. 欧米伽振荡滤波的相位复原

随着阿秒脉冲产生技术的发展,脉冲持续时间越来越短,光谱宽度越来越宽。对于持续时间极短的阿秒脉冲,其光谱带宽超出了 FROG – CRAB 测量方法所要求的中心动量近似的适用范围。另外 FROG – CRAB 测量方法还要求红外激光单独不能发生电离,进而限制了红外激光的强度,导致电子能谱振荡幅度远小于阿秒激光的光谱宽度,影响阿秒脉冲相位复原的精度。基于这些原因,美国堪萨斯州立大学的研究人员提出基于单频滤波的相位复原技术(PROOF),原则上可以重建任意宽度的阿秒脉冲[86]。频域内待测阿秒脉冲可以表示为

$$E_{\mathrm{XUV}}(t) = \int_{-\infty}^{+\infty} U(\omega) e^{i\varphi(\omega)} e^{i\omega t} \mathrm{d}\omega \qquad (10.13)$$

式中,$U(\omega)$ 和 $\phi(\omega)$ 分别是光谱分量 ω 的振幅强度和相位,$U(\omega)$ 可以通过真空紫外谱仪直接测量得到。如果能够确定 $\phi(\omega)$,则可以准确描述阿秒脉冲。PROOF 方法的物理思想和 RABBITT 类似,使用一个非常弱的红外光场作为附加光场,测量阿秒脉冲和红外光场作用下产生的光电子能谱与两束光延时之间的关系。不同的是 RABBITT 测量的是阿秒脉冲串,频谱上对应的是分立的谱峰。而 PROOF 测量的是孤立阿秒脉冲,频谱上对应的是连续谱。相应地能量为 ω_ν 的光电子信号强度可以写成:

$$I(\omega_\nu, \tau) = I_0 + I_{\omega_{\mathrm{IR}}} + I_{2\omega_{\mathrm{IR}}} \qquad (10.14)$$

代表光电子信号强度与两束光延时的关系包含三个部分,不随延时改变的常数项,随红外激光频率 ω_{IR} 和 $2\omega_{\mathrm{IR}}$ 周期振荡项。

图 10.35 是 PROOF 原理示意图,PROOF 方法在进行相位复原时,将提取光电子能谱随红外激光频率 ω_{IR} 振荡的成分,这部分可以写成:

$$\begin{aligned}
I_{\omega_{\mathrm{IR}}} \propto & - U(\omega_\nu) U(\omega_\nu + \omega_{\mathrm{IR}}) e^{i[\varphi(\omega_\nu) - \varphi(\omega_\nu + \omega_{\mathrm{IR}})]} e^{(i\omega_{\mathrm{IR}}\tau)} \\
& + U(\omega_\nu) U(\omega_\nu + \omega_{\mathrm{IR}}) e^{i[\varphi(\omega_\nu + \omega_{\mathrm{IR}}) - \varphi(\omega_\nu)]} e^{(-i\omega_{\mathrm{IR}}\tau)} \\
& + U(\omega_\nu) U(\omega_\nu - \omega_{\mathrm{IR}}) e^{i[\varphi(\omega_\nu) - \varphi(\omega_\nu - \omega_{\mathrm{IR}})]} e^{(-i\omega_{\mathrm{IR}}\tau)} \\
& - U(\omega_\nu) U(\omega_\nu - \omega_{\mathrm{IR}}) e^{i[\varphi(\omega_\nu - \omega_{\mathrm{IR}}) - \varphi(\omega_\nu)]} e^{(i\omega_{\mathrm{IR}}\tau)}
\end{aligned} \qquad (10.15)$$

上式右边第一项对应的末态电子能量为是 $\omega_\nu + \omega_{\mathrm{IR}}$,可以通过两个通道产生,一个是吸收单个 $\omega_\nu + \omega_{\mathrm{IR}}$ 光子,另一个是吸收一个 ω_ν 和一个 ω_{IR} 光子,这两个通道的干

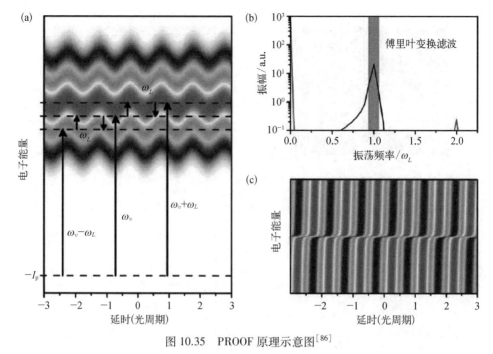

图 10.35　PROOF 原理示意图[86]

（a）孤立阿秒脉冲和弱红外激光联合光场作用下光电子能谱随两束激光延时的强度分布；
（b）对（a）选定能量区间信号的傅里叶变换结果；（c）对（b）ω_{IR} 滤波后进行逆傅里叶变换结果

涉依赖于他们之间的相对相位 $\varphi(\omega_\nu) - \varphi(\omega_\nu + \omega_{IR}) + \omega_{IR}\tau$；第二项对应的末态电子能量为是 ω_ν，也可以通过两个通道产生，一个是吸收单个 ω_ν 光子，另一个是吸收一个 $\omega_\nu + \omega_{IR}$ 和放出一个 ω_{IR} 光子，这两个通道的干涉依赖于他们之间的相对相位 $\varphi(\omega_\nu + \omega_{IR}) - \varphi(\omega_\nu) - \omega_{IR}\tau$；第三项对应的末态电子能量为是 $\omega_\nu - \omega_{IR}$，可以通过两个通道产生，一个是吸收单个 $\omega_\nu - \omega_{IR}$ 光子，另一个是吸收一个 ω_ν 和放出一个 ω_{IR} 光子，这两个通道的干涉依赖于他们之间的相对相位 $\varphi(\omega_\nu) - \varphi(\omega_\nu - \omega_{IR}) - \omega_{IR}\tau$；第四项对应的末态电子能量为是 ω_ν，也可以通过两个通道产生，一个是吸收单个 ω_ν 光子，另一个是吸收一个 $\omega_\nu - \omega_{IR}$ 和一个 ω_{IR} 光子，这两个通道的干涉依赖于他们之间的相对相位 $\varphi(\omega_\nu - \omega_{IR}) - \varphi(\omega_\nu) + \omega_{IR}\tau$。可见光电子能谱随红外激光频率 ω_{IR} 振荡的成分含有阿秒脉冲 $\varphi(\omega_\nu - \omega_{IR})$、$\varphi(\omega_\nu)$ 和 $\varphi(\omega_\nu + \omega_{IR})$ 的相对相位信息，即间隔 ω_{IR} 的频谱分量相位之间的递推关系。因此对光电子所有能量对应的能谱信号用 ω_{IR} 振荡逆调制可以复原阿秒脉冲的相位，图 10.36 是利用 PROOF 方法复原的脉宽为 53 as 的阿秒脉冲的相位和时域分布。与 FROG - CRAB 方法相比，PROOF 方法不需要利用 FROG 迭代算法，也不需要中心动量近似假设，可以适合持续时间极短的阿秒脉冲。

前面介绍的阿秒互相关测量方法，也是实验室常用的阿秒表征方法，都是将待测阿秒脉冲与产生阿秒脉冲的红外激光脉冲共同作用到气相原子，通过测量光电

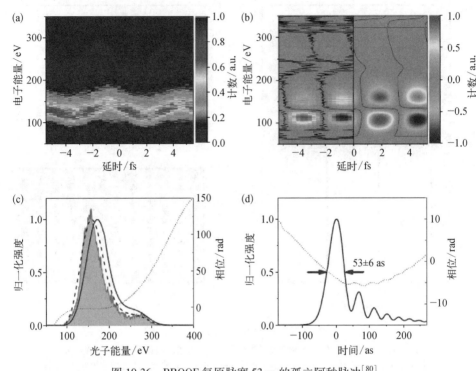

图 10.36 PROOF 复原脉宽 53 as 的孤立阿秒脉冲[80]

(a) 阿秒脉冲和红外脉冲联合光场作用下氦原子电离,光电子能谱随两束激光延时的强度分布;(b) 对(a)进行
ω_{IR} 滤波及复原;(c) 阿秒脉冲的光谱,灰色为实验测量值,黑色点划线为 PROOF 复原的结果,蓝色
实线为经过氦原子电离能修正的结果,红色为 PROOF 复原的阿秒脉冲相位;
(d) PROOF 复原的阿秒脉冲时域分布,脉冲宽度为 53 as

子谱与阿秒脉冲和红外脉冲之间延时的关系,利用算法重构出阿秒脉冲的相位,进而得到阿秒脉冲宽度的信息。2018 年,中国科学院上海光学精密机械研究所强场激光物理实验室研究人员理论上发现:当阿秒脉冲与少周期 CEP 稳定的红外脉冲共同在气体介质中传输时,依赖于红外脉冲与阿秒脉冲之间的延时以及阿秒脉冲的啁啾,阿秒脉冲光谱受到强烈调制[87]。据此计算,他们理论上提出了一个全光方法,可以用来表征光子能量比较高的孤立阿秒脉冲。

4. 阿秒脉冲的自相关测量

尽管阿秒脉冲宽度可以利用互相关测量,通过重构阿秒脉冲相位信息来间接获得,直接利用阿秒泵浦-阿秒探测自相关测量来确定阿秒脉冲宽度一直是阿秒研究人员的努力目标。由于阿秒脉冲强度的限制,难以产生可以测量的非线性现象。目前只有极少数几个研究小组报道利用自相关方法实现了阿秒脉冲宽度的测量。2003 年,德国马克斯-普朗克量子光学研究所与希腊克里特大学的研究人员合作,通过测量二阶自相关信号,直接获得了阿秒脉冲串的亚飞秒时间特性[88]。图10.37 是他们的二阶自相关测量装置图,中心波长 790 nm、脉冲宽度 130 fs 的钛宝石激光与惰性气体原子氙相互作用产生的高次谐波经铟膜滤波后,7~15 阶的高次谐波合成产生阿秒脉冲串。切为两半的分束镜(split mirror)将阿秒脉冲串分成两束,并聚焦到惰性气体原子氦上,两束阿秒脉冲串之间的延时可以通过压电陶瓷进行控制。

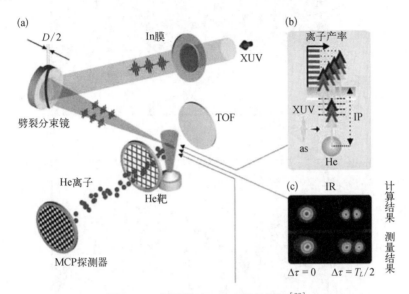

图 10.37　阿秒脉冲二阶自相关测量[88]

(a) 实验装置图;(b) 氦原子双光子电离能级图;(c) 不同延时的空间自相关图案

通过测量 He+ 信号强度与阿秒脉冲强度的依赖关系,实验探测到的 He+ 确定是双光子电离通道产生的。图 10.38 是扫描两束阿秒脉冲之间的延时,He+ 信号强度随延时的变化关系。实验中两束阿秒脉冲之间总的测量延时为 18 fs,扫描步长为 37 as。可以看到自相关信号周期性出现,间隔为红外激光的半个光学周期。通过自相关测量,阿秒脉冲宽度确定为 780 as。

2013 年,Takahashi 等利用双色场技术产生了目前单脉冲能量最高的孤立阿秒脉冲,并通过自相关测量,确定了阿秒脉冲宽度[69]。图 10.39 是他们开展双色场阿秒脉冲产生及二阶自相关测量装置图,实验中他们通过光学参量放大技术将钛宝石激光系统的波长从 800 nm 变换到1 320 nm,然后将基频光(800 nm)和非倍频光(1 320 nm)组成的双色场与惰性气体原子氙相互作用产生高次谐波。然后用反射镜筛将高次谐波连续谱筛选出来,合成的阿秒脉冲经分束镜分成两束,并聚焦到氮气分子束上,进行自相关测量。前人的研究表明氮气分子吸收光子能量超过 32 eV,电离解离产生的碎片离子 N+ 的平动能为 3 eV[89]。因此研究人员筛选出光子能量 12~21 eV 的高次谐波合成阿秒脉冲,这样氮气分子通过非序列双光子电离就可以产生平动能为 3 eV 的碎片离子,用它作为自相关信号,对阿秒脉冲进行表征。

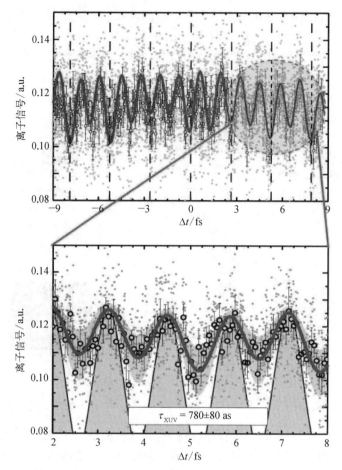

图 10.38 不同延时下 He⁺信号强度,阿秒脉冲宽度确定为 780 as[88]

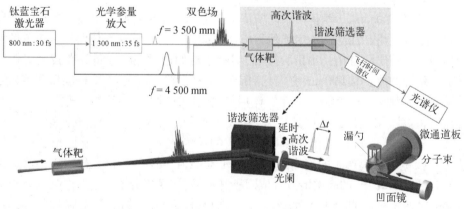

图 10.39 双色场阿秒脉冲产生及二阶自相关测量装置图[69]

图 10.40 为实验测量的自相关信号随两束阿秒激光延时的关系,左图为基频光(800 nm)和非倍频光(1 320 nm)组成的双色场产生高次谐波作用的结果,而右图为 800 nm 基频光单独产生高次谐波作用的结果。当 800 nm 激光单独产生高次谐波时,自相关信号振荡周期为 1.33 fs,为 800 nm 激光的半个振荡周期,表明产生的是一个阿秒脉冲串。而当 800 nm 和 1 320 nm 组成的双色激光产生高次谐波时,自相关信号在零延时附近呈现一个主峰,脉冲宽度确定为 500 as。

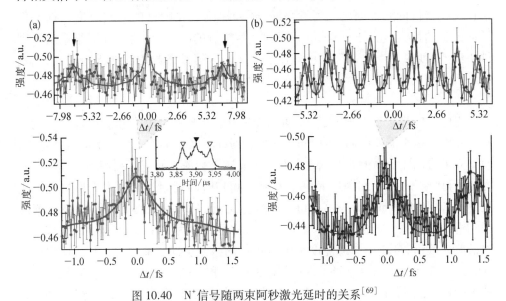

图 10.40　N⁺信号随两束阿秒激光延时的关系[69]

(a) 为双色场产生的孤立阿秒脉冲;(b) 为单色场产生的阿秒脉冲串。左下图插图给出 N⁺飞行时间质谱信号,空心倒三角代表平动能量为 3 eV 的 N⁺,即为测量的自相关信号

10.5　阿秒激光的应用

电子运动决定了物质的物理和化学性质,是解释物理、化学和生物等现象的基础。阿秒激光使人们对电子运动进行实时探测成为可能,被认为是激光科学历史上最重要的里程碑之一。从 2001 年报道产生孤立阿秒脉冲以来[61,62],研究人员不断完善阿秒脉冲的产生和表征技术,开拓阿秒脉冲的应用。2008 年,*Physics Today* 评选出的 21 世纪基础能源科学中的重要挑战时指出,基础能源科学研究已经从量子体系构建向量子体系工作机制转变,就是要在阿秒的时间尺度内控制体系的电子行为[90]。目前阿秒激光在原子[91-96]、分子[97,98]、氨基酸[99]和固体材料[100-104]中的电子超快动力学研究中取得了一系列重要突破。如 2013 年德国和美国研究人员合作,在二氧化硅电介质中观察到激光诱导的电子亚飞秒时间振荡[101],证明材料的基本导电特性能够以光场的振荡频率来进行改变,为研制处理频率达 10^{15} Hz

的电子开关器件奠定了基础,是目前电子开关处理频率的数万倍。2016 年,德国、日本和美国的研究人员合作对固体材料中电子动力学过程进行探测,发现亚飞秒时间尺度内光场和物质之间的能量转移[103]。结合理论模拟,为电子器件的发热量减小到理论极限提供可能途径。因此阿秒激光技术为研制拍赫兹的超高频电子器件开辟了道路,可将电子器件的运行速度提高几个数量级,同时还解决电子器件发热严重的问题,有望解决超高密度、超快速度和超低功耗的下一代光电子信息功能器件的瓶颈问题。阿秒泵浦-阿秒探测是在阿秒的时间尺度内探测电子动力学的最直接方法,但是由于阿秒脉冲能量的限制,目前条件下很难实现阿秒泵浦-阿秒探测。通常都是将阿秒激光和产生阿秒激光的红外激光联合,利用阿秒激光作为泵浦光或者探测光。下面给出几个例子,介绍阿秒激光的重要应用。

光电效应是量子力学中最基本的物理过程,是理解凝聚态物质内部工作的核心。光电离是否需要时间一直是研究热点,阿秒激光提供了一个精确的时间零点,使得人类可以在更高的时间精度上对这个问题进行深入研究。利用阿秒时间分辨光电子谱,原子、分子和固体光电子发射时间和时间延迟的研究方面取得重要进展[105]。2010 年,Schultze 等[94]利用脉冲宽度小于 4 fs、中心波长 750 nm 的激光脉冲和惰性气体原子氖相互作用,筛选出光子中心能量为 104 eV、带宽为 14 eV 的高次谐波连续谱,合成出脉冲宽度小于 200 as 的激光脉冲。他们进一步将该阿秒脉冲和红外脉冲一起电离氖原子,测量氖原子 2s 和 2p 轨道电子电离时间延迟。如图 10.41 所示,阿秒脉冲电离氖原子 2s 和 2p 轨道电子,由于电子出射速度不同,探

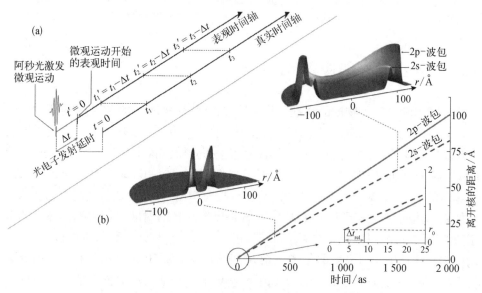

图 10.41 氖原子 2s 和 2p 轨道电子电离延迟及测量[94]

测器上可以将这两个轨道上电离电子区分开来。实验上由于不能精确地确定阿秒光子到达的时刻,因此不能给出电离的精确时间,但是可以给出不同轨道电子电离的时间延迟。图 10.42 是实验结果,利用阿秒条纹谱技术,发现氖原子 2s 轨道和 2p 轨道电子电离存在一个时间延迟,2p 轨道电子要比 2s 轨道电子滞后 (21 ± 5) as。

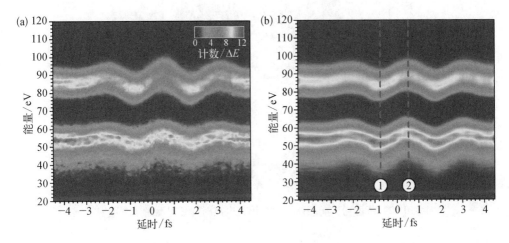

图 10.42 氖原子 2s 和 2p 电子电离延迟测量,即阿秒条纹谱[94]

(a) 实验测量;(b) 理论重构

2017 年,Siek 等[104]将阿秒条纹谱技术推广到固体,测量了范德瓦耳斯晶体二硒化钨(WSe_2)四个电离通道的时间延迟。如图 10.43 所示,他们用光子中心能量为 91 eV、脉冲宽度为 300 as 的阿秒激光和光子中心能量为 1.5 eV、脉冲宽度为 5 fs 的红外激光与范德瓦耳斯晶体二硒化钨相互作用。产生的平动能量为 87.0 eV、73.5 eV、4.2 eV 和 32.2 eV 的光电子分别来自二硒化钨的价带(valence band, VB)、Se 的 4s 轨道、W 的 4f 轨道和 Se 的 3d 轨道。图 10.44 给出了二硒化钨光电子谱随阿秒激光与红外激光延时的关系,即上述四个电离通道的阿秒条纹谱,据此确定了它们之间的电离相对延迟。

图 10.45 给出了二硒化钨四个电离通道的相对时间延迟。Se 的 4s 轨道电子首先电离;12 as 以后,二硒化钨价带电子发生电离;再过 16 as,Se 的 3d 轨道电子电离;再经过 20 as,W 的 4f 轨道电子电离。从测量结果可以看到,尽管从 Se 的 4s 轨道电离的电子的平动能量小于 WSe_2 价带电离电子的平动能量,但是 Se 的 4s 轨道电子最先电离。而且实验测量结果还表明,随电子轨道角动量的增加,电离延迟时间逐渐延长。这样的电离顺序,意味着原子内的电子关联效应对光电离动力学有重要影响。

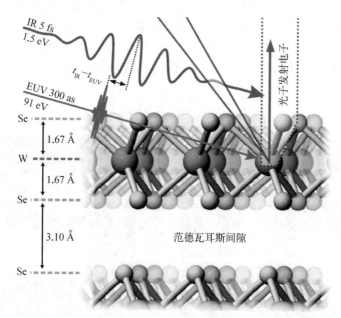

图 10.43　范德瓦耳斯晶体二硒化钨光电离时间延迟测量示意图[104]

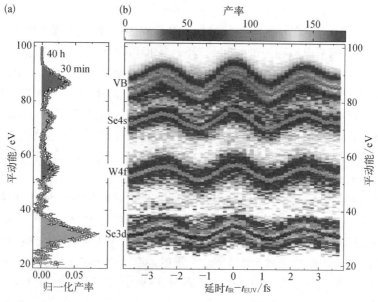

图 10.44　二硒化钨光电子能谱随两束光延时的变化,即光电离通道的阿秒条纹谱[104]

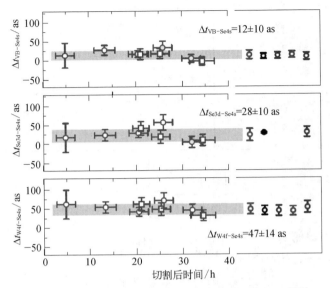

图 10.45　二硒化钨四个光电离通道的相对时间延迟[104]

　　由于不能精确地确定光子到达时间,阿秒条纹谱测量不能提供电离的绝对时间,只能给出不同电离通道之间的相对时间延迟。而绝对电离时间是理解从简单金属、半导体到复杂体系等凝聚态物质内部工作的核心,包括莫特绝缘体到超导体。原子计时(optical chronoscope)是一种可行的工具,它以光子到达时间为参考点,可以确定在凝聚态系统中光电离的绝对时序。德国研究人员[105]采用碘原子计时,实验上制备了两种样品,一种是在晶向 110 的钨晶体上放置碘原子,另一种是含碘的分子和氖原子的混合气。这里需要指出的是,由于周围环境的影响,来源于分子中的原子和来自表面的原子,其芯能级电子电离时间并不完全相同,因此选择计时原子需要特别小心。结合阿秒条纹谱技术和碘原子计时,研究人员获得光电离通道的电离绝对时间。图 10.46 给出了光子中心能量为 105 eV 的阿秒脉冲电离时,不同电离通道之间的电离延迟。表面实验表明相对于 W(110)晶体的价带电子电离,W 的 4f 轨道电子的电离延迟为 63 as。相对于碘原子的 4d 轨道电子电离,W 的 4f 轨道电子的电离延迟为 77 as。气相实验则表明相对于氖原子的 1 s 轨道电子电离,碘原子的 4d 轨道电子的电离延迟为 31 as。因此采用碘原子的 4d 轨道电子的电离作为计时,结合气相实验和表面实验结果,一旦确定氖原子的 1s 轨道电子的电离时间,就可以确定上述所有通道电离的绝对时间。理论研究确定氖原子 1s 轨道电子的电离时间与入射光子能量的关系,当光子能量为 105 eV 时,该时间为 −5.0 as[106]。根据这一结果,碘原子 4d 轨道电子的电离时间为 26 as,W 的 4f 轨道电子的电离时间为 103 as,价带电子的电离时间为 40 as。上述研究证实原子计时是切实可行的方法,可以确定凝聚相体系不同光电离通道的绝对时序,揭示引发光化学的非平衡动力学,深化人们对固体电子结构的理解。

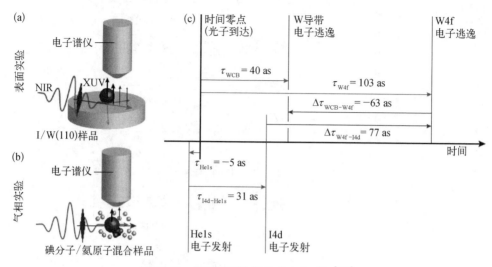

图 10.46　原子计时法测量光电离时间[105]

通过(a)表面实验和(b)气相实验,结合阿秒条纹谱技术和碘原子计时,获得光电离通道的电离绝对时间

用微波场控制半导体材料的电学和光学特性是现代电子学、信息处理和光通信的基础。将这种控制推广到光学频率,需要使用强电场来改变宽禁带材料(如电介质)的物理性质。少周期的激光脉冲可产生几伏每埃的电场来改变电介质的电学特性而对材料本身不造成破坏,可以在光学周期的时间尺度内将电介质从绝缘状态改变成导体状态。但是要将电信号控制和处理扩展到光频率,需要光场能够可逆地操纵电介质的电子结构和极化率。2013 年,德国和美国研究人员合作[101],利用阿秒瞬态吸收谱超高的时间分辨能力,研究了固体介电材料 SiO_2 的强电场调制效果。

图 10.47 是利用阿秒瞬态吸收谱的超高时间分辨能力,研究 SiO_2 的强电场调制实验装置图。他们利用中心波长 780 nm、脉冲宽度小于 4 fs 的波前控制的线偏振激光和光子中心能量 105 eV、脉冲宽度 72 as 的孤立脉冲同轴传输,共同和厚度为 125 nm 的 SiO_2 薄膜相互作用。通过测量 109 eV 附近的光子吸收率随两束激光延时的关系来获得红外激光导致的导带布居的变化,其中 109 eV 对应的是 Si 的 L 壳层和 SiO_2 导带的能级差。需要指出的是,SiO_2 导带和价带之间的能级间隔为 9 eV,差不多是 6 个红外光子的能量。图 10.48 是实验结果,109 eV 附近光子的吸收随两束光延时的变化与强场极化效应相对应,揭示了利用光的电场可逆地操纵电介质的电子结构和极化率的可行性。该项研究为研制处理频率达 10^{15} Hz 的电子开关器件奠定了基础,是目前电子开关处理频率的数万倍。

2017 年,瑞士研究人员[98]将瞬态吸收谱推进到了 X 射线水窗波段,通过测量碳元素的 K 壳层近吸收边和硫元素的 L 壳层近吸收边随两束激光延时的变化,研究了 CF_4 和 SF_6 在 800 nm 飞秒激光作用下的光化学反应过程。图 10.49 是实验装

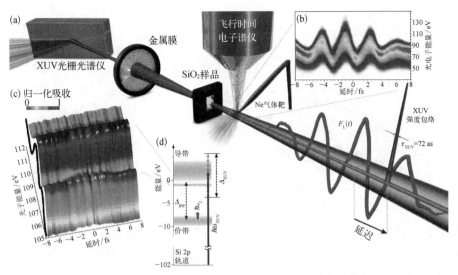

图 10.47　阿秒瞬态吸收测量 SiO_2 的强激光电场调制[101]

（a）实验装置；（b）阿秒条纹谱表征阿秒脉冲宽度；（c）阿秒瞬态吸收谱；（d）SiO_2 的相关能级

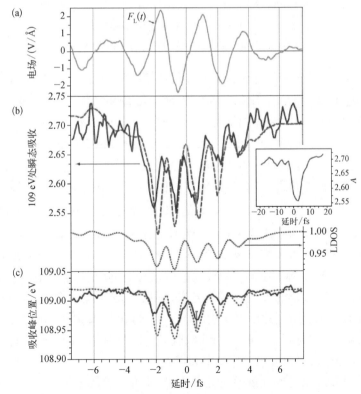

图 10.48　阿秒时间分辨的 SiO_2 薄膜强场响应[101]

（a）少周期近红外激光电场；（b）能量 109 eV 附近光子吸收率随两束激光延时的关系；（c）强场诱导的能级位移

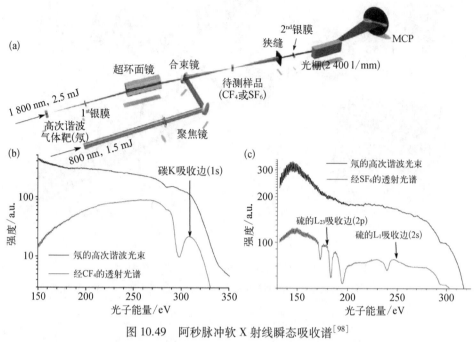

图 10.49　阿秒脉冲软 X 射线瞬态吸收谱[98]

(a) 实验装置；(b) CF$_4$ 和(c) SF$_6$ 软 X 射线瞬态吸收谱

置图,波长 1 800 nm 的中红外激光和惰性气体原子氖相互作用,产生的高次谐波连续谱涵盖 100 eV 到 350 eV,覆盖了碳元素的 K 壳层吸收边以及硫元素的 L 壳层吸收边。如图 10.50 所示,实验中他们用波长 800 nm 的中红外飞秒激光电离 CF$_4$,电离产生的 CF$_4^+$ 自发解离成 CF$_3^+$ 和 F。随着解离的进行,分子的能级会发生平移和分裂,导致碳元素 K 壳层近吸收边的平移和分裂。实验观察到的吸收谱随延时的变化可以用分子构型变化进行解释,电离产生的 CF$_4^+$ 呈四面体结构,CF$_4^+$ 解离生成的 CF$_3^+$ 呈平面三角形结构。根据群论和偶极跃迁选择定则,对称性的下降导致 CF$_4$ 中的 C 元素 1s 到 5t$_2$ 的跃迁分裂为 CF$_3^+$ 中的 C 元素 1s 到 5e′和 2a$_2'$ 两条谱线。

上述测量表明: 近边带 X 射线吸收光谱(X-ray absorption near-edge structure spectroscopy, XANES)能够探测分子未占有轨道的空间结构以及化学反应过程中的变化。因此时间分辨的 X 射线吸收光谱是研究非绝热分子动力学的关键技术,可以研究锥形交叉点附近的动力学过程。另外,近边带 X 射线吸收光谱对元素分析也非常灵敏,这样时间分辨的 X 射线吸收光谱既具有超高的时间分辨,也具有原子尺寸的空间分辨,可以开展时空高分辨测量。

超快时间分辨光谱的发展趋势之一是将时间分辨技术和空间分辨技术相结合,提供更为精细的时空分辨动力学信息。光电子发射显微镜基于光电效应,利用超快脉冲激光在样品上激发产生光电子并通过对光电子直接成像,实现对样品纳

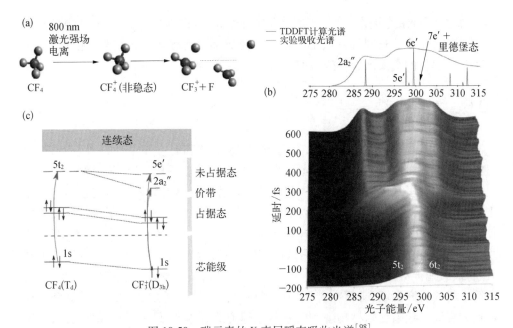

图 10.50　碳元素的 K 壳层瞬态吸收光谱[98]

（a）800 nm 近红外激光诱导 CF_4 电离解离；（b）碳元素的 K 壳层吸收随两束激光延时的关系,负的延时表示软 X 射线在前；（c）理论计算给出的对应跃迁

米量级超高空间分辨成像。阿秒条纹谱利用红外光场对阿秒激光电离产生的电子动量进行改变,进而确定阿秒脉冲和红外脉冲电场的时域分布,具有阿秒量级的时间分辨。2007 年,美国科学家和德国科学家提出将光电子发射显微镜技术和阿秒条纹谱技术结合,在阿秒的时间尺度和纳米的空间尺度上研究表面等离激元的时空演化动力学[107]。图 10.51 是表面等离激元超高时空分辨测量原理图,实验中用一束红外激光激发表面等离激元,一定延迟后用另一束阿秒激光电离激发电子,由于受到表面等离激元局域电场的作用,探测器接收到的光电子的能量会发生调制。光电子发射显微镜不仅具有超高的空间分辨,还具有超

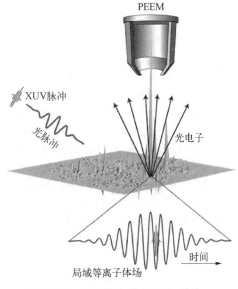

图 10.51　表面等离激元阿秒-纳米时空高分辨测量[107]

高的能量分辨。通过改变红外激光与阿秒激光之间的延时,测量不同区域产生的光电子的能量分布,可以得到表面等离激元的时间和空间演化信息。

总之,阿秒激光提供了一个超快的时间探针,可以对电子进行实时测量和操控,在物理、化学和材料等领域都取得了重要成果。阿秒激光与信息、能源以及生命科学等学科的交叉融合,必将涌现出诸多新兴的前沿研究领域。

10.6　本章小结

阿秒激光具有持续时间短、光子能量高、频谱宽和时空相干性好等特点,能够对电子进行实时探测,为人类认识微观世界提供了全新手段,被认为是激光科学历史上最重要的里程碑之一。世界上许多发达国家和地区都将阿秒激光技术列为未来10年激光科学最重要的发展方向之一,欧洲已经在匈牙利建立了极端光设施阿秒光源(Extreme Light Infrastructure Attosecond Light Pulse Source, ELI - ALPS),为用户提供高重复频率、高脉冲能量、高可靠性的阿秒光源[108]。这些阿秒束线的建立,将极大地丰富人类测量和操控电子行为的手段,拓宽物理、化学、材料、信息、生命等学科的研究领域,有望在能源科学、材料科学、信息科学和生命科学等领域取得重大突破。我国在阿秒物理和阿秒科学研究方面取得了一系列重要成果,在国际上有一定的影响力。但在阿秒光源建设方面,和国际先进水平还有一定的差距,目前阿秒光源主要分布在欧美的一些先进实验室。基于阿秒光源的重要发展前景,我国也正在布局阿秒先进光源的建设,以推动阿秒激光在各个科研领域的应用。

参 考 文 献

[1] Chang Z. Fundamentals of attosecond optics [M]. Boca Raton:CRC Press, 2011.

[2] Plaja L, Torres R, Zair A. Attosecond physics:Attosecond measurements and control of physical systems [M]. Berlin, Heidelberg:Springer, 2013.

[3] 曾志男,李儒新.阿秒激光技术[M].北京:国防工业出版社,2016.

[4] Lin C D, Le A T, Jin C, et al. Attosecond and strong-field physics [M]. Cambridge:Cambridge University Press, 2018.

[5] Agostini P, DiMauro L F. The physics of attosecond light pulses [J]. Reports on Progress in Physics, 2004, 67(6):813 - 855.

[6] Corkum P B, Krausz F. Attosecond science [J]. Nature Physics, 2007, 3(6):381 - 387.

[7] Bucksbaum P H. The future of attosecond spectroscopy [J]. Science, 2007, 317(5839):766 - 769.

[8] Goulielmakis E, Yakovlev V S, Cavalieri A L, et al. Attosecond control and measurement:Lightwave electronics [J]. Science, 2007, 317(5839):769 - 775.

[9] Kapteyn H, Cohen O, Christov I, et al. Harnessing attosecond science in the quest for coherent X-rays [J]. Science, 2007, 317(5839):775 - 778.

[10] Kling M F, Vrakking M J J. Attosecond electron dynamics [J]. Annual Review of Physical Chemistry, 2008, 59(1):463 - 492.

[11] Nisoli M, Sansone G. New frontiers in attosecond science [J]. Progress in Quantum Electronics, 2009, 33(1): 17 - 59.

[12] Krausz F, Ivanov M. Attosecond physics [J]. Reviews of Modern Physics, 2009, 81(1): 163 - 234.

[13] Popmintchev T, Chen M C, Arpin P, et al. The attosecond nonlinear optics of bright coherent X-ray generation [J]. Nature Photonics, 2010, 4(12): 822 - 832.

[14] Gallmann L, Cirelli C, Keller U. Attosecond science: Recent highlights and future trends [J]. Annual Review Physical Chemistry, 2012, 63(1): 447 - 469.

[15] Salières P, Maquet A, Haessler S, et al. Imaging orbitals with attosecond and ångström resolutions: Toward attochemistry? [J]. Reports on Progress in Physics, 2012, 75(6): 062401.

[16] Chini M, Zhao K, Chang Z. The generation, characterization and applications of broadband isolated attosecond pulses [J]. Nature Photonics, 2014, 8(3): 178 - 186.

[17] Krausz F, Stockman M I. Attosecond metrology: From electron capture to future signal processing [J]. Nature Photonics, 2014, 8(3): 205 - 213.

[18] Lépine F, Ivanov M Y, Vrakking M J J. Attosecond molecular dynamics: Fact or fiction? [J]. Nature Photonics, 2014, 8(3): 195 - 204.

[19] Landsman A S, Keller U. Attosecond science and the tunnelling time problem [J]. Physics Reports, 2015, 547(5): 1 - 24.

[20] Peng L Y, Jiang W C, Geng J W, et al. Tracing and controlling electronic dynamics in atoms and molecules by attosecond pulses [J]. Physics Reports, 2015, 575(18): 1 - 71.

[21] Ramasesha K, Leone S R, Neumark D M. Real-time probing of electron dynamics using attosecond time-resolved spectroscopy [J]. Annual Review of Physical Chemistry, 2016, 67(1): 41 - 63.

[22] Calegari F, Sansone G, Stagira S, et al. Advances in attosecond science [J]. Journal of Physics B-atomic Molecular and Optical Physics, 2016, 49(6): 062001.

[23] Ciappina M F, Pérez-Hernández J A, Landsman A S, et al. Attosecond physics at the Nanoscale [J]. Reports on Progress in Physics, 2017, 80(5): 054401.

[24] Nisoli M, Decleva P, Calegari F, et al. Attosecond electron dynamics in molecules [J]. Chemical Reviews, 2017, 117(16): 10760 - 10825.

[25] Corkum P B. Plasma perspective on strong field multiphoton ionization [J]. Physical Review Letters, 1993, 71(13): 1994 - 1997.

[26] Schafer K J, Yang B, DiMauro L F, et al. Above threshold ionization beyond the high harmonic cutoff [J]. Physical Review Letters, 1993, 70(11): 1599 - 1602.

[27] Staudte A. Subfemtosecond electron dynamics of H_2 in strong fields [D]. Frankfurt: Johann Wolfgang Goethe-Universität Frankfurt am Main, 2005.

[28] Paulus G G, Nicklich W, Xu H, et al. Plateau in above threshold ionization spectra [J]. Physical Review Letters, 1994, 72(18): 2851 - 2854.

[29] Paulus G G, Becker W, Nicklich W, et al. Rescattering effects in above-threshold ionization: A classical model [J]. Journal of Physics B-atomic Molecular and Optical Physics, 1994, 27(21): 703 - 708.

[30] Fittinghoff D N, Bolton P R, Chang B, et al. Observation of nonsequential double ionization

of helium with optical tunneling [J]. Physical Review Letters, 1992, 69(18): 2642 - 2645.

[31] Walker B, Sheehy B, DiMauro L F, et al. Precision measurement of strong field double ionization of Helium [J]. Physical Review Letters, 1994, 73(9): 1227 - 1230.

[32] Weber T, Giessen H, Weckenbrock M, et al. Correlated electron emission in multiphoton double ionization [J]. Nature, 2000, 405(6787): 658 - 661.

[33] Becker W, Liu X, Ho P J, et al. Theories of photoelectron correlation in laser-driven multiple atomic ionization [J]. Reviews of Modern Physics, 2012, 84(3): 1011 - 1043.

[34] Staudte A, Ruiz C, Schöffler M, et al. Binary and recoil collisions in strong field double ionization of Helium [J]. Physical Review Letters, 2007, 99(26): 263002.

[35] Rudenko A, de Jesus V L B, Ergler T, et al. Correlated two-electron momentum spectra for strong-field nonsequential double ionization of He at 800 nm [J]. Physical Review Letters, 2007, 99(26): 263003.

[36] Liu Y, Tschuch S, Rudenko A, et al. Strong-field double ionization of Ar below the recollision threshold [J]. Physical Review Letters, 2008, 101(5): 053001.

[37] Liu Y, Ye D, Liu J, et al. Multiphoton double ionization of Ar and Ne close to threshold [J]. Physical Review Letters, 2010, 104(17): 173002.

[38] Lewenstein M, Balcou P, Ivanov M Y, et al. Theory of high-harmonic generation by low-frequency laser fields [J]. Physical Review A, 1994, 49(3): 2117 - 2132.

[39] Nubbemeyer T, Gorling K, Saenz A, et al. Strong-field tunneling without ionization [J]. Physical Review Letters, 2008, 101(23): 233001.

[40] Blaga C I, Catoire F, Colosimo P, et al. Strong-field photoionization revisited [J]. Nature Physics, 2009, 5(5): 335 - 338.

[41] Quan W, Lin Z, Wu M, et al. Classical aspects in above-threshold ionization with a midinfrared strong laser field [J]. Physical Review Letters, 2009, 103(9): 093001.

[42] Liu C, Hatsagortsyan K Z. Origin of unexpected low energy structure in photoelectron spectra induced by midinfrared strong laser fields [J]. Physical Review Letters, 2010, 105(11): 113003.

[43] Yan T M, Popruzhenko S V, Vrakking M J J, et al. Low-energy structures in strong field ionization revealed by quantum orbits [J]. Physical Review Letters, 2010, 105(25): 253002.

[44] Kästner A, Saalmann U, Rost J M. Electron-energy bunching in laser-driven soft recollisions [J]. Physical Review Letters, 2012, 108(3): 033201.

[45] Wu C Y, Yang Y D, Liu Y Q, et al. Characteristic spectrum of very low-energy photoelectron from above-threshold ionization in the tunneling regime [J]. Physical Review Letters, 2012, 109(4): 043001.

[46] Niikura H, Légaré F, Hasbani R, et al. Probing molecular dynamics with attosecond resolution using correlated wave packet pairs [J]. Nature, 2003, 421(6925): 826 - 829.

[47] Tong X M, Zhao Z X, Lin C D. Probing molecular dynamics at attosecond resolution with femtosecond laser pulses [J]. Physical Review Letters, 2003, 91(23): 233203.

[48] Hu J, Han K L, He G Z. Correlation quantum dynamics between an electron and D_2^+ molecule with attosecond resolution [J]. Physical Review Letters, 2005, 95(12): 123001.

[49] Baker S, Robinson J S, Haworth C A, et al. Probing proton dynamics in molecules on an attosecond time scale [J]. Science, 2006, 312(5772): 424-427.

[50] Lan P, Ruhmann M, He L, et al. Attosecond probing of nuclear dynamics with trajectory-resolved high-harmonic spectroscopy [J]. Physical Review Letters, 2017, 119(3): 033201.

[51] Eckle P, Smolarski M, Schlup P, et al. Attosecond angular streaking [J]. Nature Physics, 2008, 4(7): 565-570.

[52] Wu J, Magrakvelidze M, Schmidt L P H, et al. Understanding the role of phase in chemical bond breaking with coincidence angular streaking [J]. Nature Communications, 2013, 4(1): 2177.

[53] Eckle P, Pfeiffer A N, Cirelli C, et al. Attosecond ionization and tunneling delay time measurements in Helium [J]. Science, 2008, 322(5907): 1525-1529.

[54] Pfeiffer A N, Cirelli C, Smolarski M, et al. Timing the release in sequential double ionization [J]. Nature Physics, 2011, 7(5): 428-433.

[55] Pfeiffer A N, Cirelli C, Smolarski M, et al. Attoclock reveals natural coordinates of the laser-induced tunnelling current flow in atoms [J]. Nature Physics, 2012, 8(1): 76-80.

[56] Torlina L, Morales F, Kaushal J, et al. Interpreting attoclock measurements of tunnelling times [J]. Nature Physics, 2015, 11(6): 503-508.

[57] Sainadh U S, Xu H, Wang X, et al. Attosecond angular streaking and tunnelling time in atomic hydrogen [J]. Nature, 2019, 568(7750): 75-77.

[58] Ge P, Han M, Deng Y, et al. Universal description of the attoclock with two-color corotating circular fields [J]. Physical Review Letters, 2019, 122(1): 013201.

[59] Christov I P, Murnane M M, Kapteyn H C. High-harmonic generation of attosecond pulses in the "single-cycle" regime [J]. Physical Review Letters, 1997, 78(7): 1251-1254.

[60] Baltuška A, Udem T, Uiberacker M, et al. Attosecond control of electronic processes by intense light fields [J]. Nature, 2003, 421(6923): 611-615.

[61] Budil K S, Salières P, L'Huillier A, et al. Influence of ellipticity on harmonic generation [J]. Physical Review A, 1993, 48(5): R3437-R3440.

[62] Drescher M, Hentschel M, Kienberger R, et al. X-ray pulses approaching the attosecond frontier [J]. Science, 2001, 291(5510): 1923-1927.

[63] Hentschel M, Kienberger R, Spielmann C, et al. Attosecond metrology [J]. Nature, 2001, 414(6863): 509-513.

[64] Kienberger R, Goulielmakis E, Uiberacker M, et al. Atomic transient recorder [J]. Nature, 2004, 427(6977): 817-821.

[65] Goulielmakis E, Schultze M, Hofstetter M, et al. Single-cycle nonlinear optics [J]. Science, 2008, 320(5883): 1614-1617.

[66] Pfeifer T, Gallmann L, Abel M J, et al. Single attosecond pulse generation in the multicycle-driver regime by adding a weak second-harmonic field [J]. Optics Letters, 2006, 31(7): 975-977.

[67] Zeng Z, Cheng Y, Song X, et al. Generation of an extreme ultraviolet supercontinuum in a two-color laser field [J]. Physical Review Letters, 2007, 98(20): 203901.

[68] Zheng Y, Zeng Z, Li X, et al. Enhancement and broadening of extreme-ultraviolet supercontinuum in a relative phase controlled two-color laser field [J]. Optics Letters, 2008,

33(3):234-236.

[69] Takahashi E J, Lan P, Mücke O D, et al. Attosecond nonlinear optics using gigawatt-scale isolated attosecond pulses [J]. Nature Communications, 2013, 4(1):2691.

[70] Shan B, Ghimire S, Chang Z. Generation of the attosecond extreme ultraviolet supercontinuum by a polarization gating [J]. Journal of Modern Optics, 2005, 52(2-3):277-283.

[71] Sansone G, Benedetti E, Calegari F, et al. Isolated single-cycle attosecond pulses [J]. Science, 2006, 314(5798):443-446.

[72] Mashiko H, Gilbertson S, Li C, et al. Double optical gating of high-order harmonic generation with carrier-envelope phase stabilized lasers [J]. Physical Review Letters, 2008, 100 (10):103906.

[73] Feng X, Gilbertson S, Mashiko H, et al. Generation of isolated attosecond pulses with 20 to 28 femtosecond lasers [J]. Physical Review Letters, 2009, 103(18):183901.

[74] Ferrari F, Calegari F, Lucchini M, et al. High-energy isolated attosecond pulses generated by above-saturation few-cycle fields [J]. Nature Photonics, 2010, 4(12):875-879.

[75] Vincenti H, Quéré F. Attosecond lighthouses: How to use spatiotemporally coupled light fields to generate isolated attosecond pulses [J]. Physical Review Letters, 2012, 108 (11): 113904.

[76] Kim K T, Zhang C, Ruchon T, et al. Photonic streaking of attosecond pulse trains [J]. Nature Photonics, 2013, 7(8):651-656.

[77] Hassan M T, Luu T T, Moulet A, et al. Optical attosecond pulses and tracking the nonlinear response of bound electrons [J]. Nature, 2016, 530(7588):66-70.

[78] Goulielmakis E, Uiberacker M, Kienberger R, et al. Direct measurement of light waves [J]. Science, 2004, 305(5688):1267-1269.

[79] Zhao K, Zhang Q, Chini M, et al. Tailoring a 67 attosecond pulse through advantageous phase-mismatch [J]. Optics Letters, 2012, 37(18):3891.

[80] Li J, Ren X, Yin Y, et al. 53-attosecond X-ray pulses reach the carbon K-edge [J]. Nature Communications, 2017, 8(1):186.

[81] Gaumnitz T, Jain A, Pertot Y, et al. Streaking of 43-attosecond soft-X-ray pulses generated by a passively CEP-stable mid-infrared driver [J]. Optics Express, 2017, 25(22):27506.

[82] Zhan M J, Ye P, Teng H, et al. Generation and measurement of isolated 160-attosecond XUV laser pulses at 82 eV [J]. Chinese Physics Letters, 2013, 30(9):093201.

[83] Wu Y, Cunningham E, Zhang H, et al. Generation of high-flux Attosecond extreme ultraviolet continuum with a 10 TW laser [J]. Applied Physics Letters, 2013, 102(20):201104.

[84] Paul P M. Observation of a train of attosecond pulses from high harmonic generation [J]. Science, 2001, 292(5522):1689-1692.

[85] Zherebtsov S, Wirth A, Uphues T, et al. Attosecond imaging of XUV-induced atomic photoemission and Auger decay in strong laser fields [J]. Journal of Physics B-atomic Molecular and Optical Physics, 2011, 44(10):105601.

[86] Chini M, Gilbertson S, Khan S D, et al. Characterizing ultrabroadband attosecond lasers [J]. Optics Express, 2010, 18(12):13006.

[87] Xue J, Liu C, Zheng Y, et al. Infrared-laser-induced ultrafast modulation on the spectrum of an extreme-ultraviolet attosecond pulse [J]. Optics Express, 2018, 26(7):9243.

[88] Tzallas P, Charalambidis D, Papadogiannis N A, et al. Direct observation of attosecond light bunching [J]. Nature, 2003, 426(6964): 267 - 271.

[89] Aoto T, Ito K, Hikosaka Y, et al. Inner-valence states of N^{2+} and the dissociation dynamics studied by threshold photoelectron spectroscopy and configuration interaction calculation [J]. Journal of Chemical Physics, 2006, 124(23): 234306.

[90] Fleming G R, Ratner M A. Grand challenges in basic energy sciences [J]. Physics Today, 2008, 61(7): 28 - 33.

[91] Drescher M, Hentschel M, Kienberger R, et al. Time-resolved atomic inner-shell spectroscopy [J]. Nature, 2002, 419(6909): 803 - 807.

[92] Uiberacker M, Uphues T, Schultze M, et al. Attosecond real-time observation of electron tunnelling in atoms [J]. Nature, 2007, 446(7136): 627 - 632.

[93] Goulielmakis E, Loh Z H, Wirth A, et al. Real-time observation of valence electron motion [J]. Nature, 2010, 466(7307): 739 - 743.

[94] Schultze M, Fiess M, Karpowicz N, et al. Delay in photoemission [J]. Science, 2010, 328 (5986): 1658 - 1662.

[95] Ott C, Kaldun A, Raith P, et al. Lorentz meets fano in spectral line shapes: A universal phase and its laser control [J]. Science, 2013, 340(6133): 716 - 720.

[96] Kaldun A, Blättermann A, Stooß V, et al. Observing the ultrafast buildup of a fano resonance in the time domain [J]. Science, 2016, 354(6313): 738 - 741.

[97] Sansone G, Kelkensberg F, Pérez-Torres J F, et al. Electron localization following attosecond molecular photoionization [J]. Nature, 2010, 465(7299): 763 - 766.

[98] Pertot Y, Schmidt C, Matthews M, et al. Time-resolved X-ray absorption spectroscopy with a water window high-harmonic source [J]. Science, 2017, 355(6322): 264 - 267.

[99] Calegari F, Ayuso D, Trabattoni A, et al. Ultrafast electron dynamics in phenylalanine initiated by attosecond pulses [J]. Science, 2014, 346(6207): 336 - 339.

[100] Cavalieri A L, Müller N, Uphues T, et al. Attosecond spectroscopy in condensed matter [J]. Nature, 2007, 449(7165): 1029 - 1032.

[101] Schultze M, Bothschafter E M, Sommer A, et al. Controlling dielectrics with the electric field of light [J]. Nature, 2013, 493(7430): 75 - 78.

[102] Schultze M, Ramasesha K, Pemmaraju C D, et al. Attosecond band-gap dynamics in silicon [J]. Science, 2014, 346(6215): 1348 - 1352.

[103] Sommer A, Bothschafter E M, Sato S A, et al. Attosecond nonlinear polarization and light-matter energy transfer in solids [J]. Nature, 2016, 534(7605): 86 - 90.

[104] Siek F, Neb S, Bartz P, et al. Angular momentum-induced delays in solid-state photoemission enhanced by intra-atomic interactions [J]. Science, 2017, 357(6357): 1274 - 1277.

[105] Ossiander M, Riemensberger J, Neppl S, et al. Absolute timing of the photoelectric effect [J]. Nature, 2018, 561(7723): 374 - 377.

[106] Pazourek R, Nagele S, Burgdörfer J. Attosecond chronoscopy of photoemission [J]. Reviews of Modern Physics, 2015, 87(3): 765 - 802.

[107] Stockman M I, Kling M F, Kleineberg U, et al. Attosecond nanoplasmonic-field microscope [J]. Nature Photonics, 2007, 1(9): 539 - 544.

[108] Kuhn S, Dumergue M, Kahaly S, et al. The ELI-ALPS facility: The next generation of Attosecond sources [J]. Journal of Physics B: Atomic, Molecular and Optical Physics, 2017, 50(13): 132002.

第11章

飞秒激光微纳制造

（李萌 李焱）

    飞秒激光微纳制造提供了前所未有的极端制造技术，近年来发展非常迅速。飞秒激光在与材料相互作用时，其超短的脉冲持续时间远小于材料内部受激电子的弛豫时间，抑制了热扩散，加工热影响区小，精度高，可实现相对意义上的"冷"加工；其超短脉宽下产生的超强的峰值功率，可以超过任何材料的光学激发阈值，因而可以实现全材料制造；特别的，超高的光强可以诱导电介质材料的多光子非线性吸收，可以深入介质内部，实现突破衍射极限超高精度三维制备，具有许多连续和长脉冲激光加工不能实现的优势。长脉冲激光与超短脉冲激光加工过程的对比如图 11.1 所示。

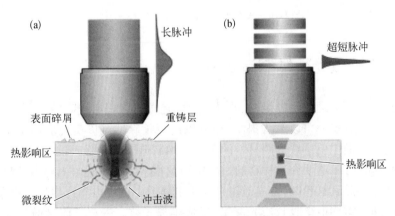

图 11.1　长脉冲激光和超短脉冲激光加工过程对比

    飞秒激光微纳制造技术大大拓展了激光加工的潜力和应用范围，可以实现：① 金属或非金属材料的去除加工，通过烧蚀进行刻蚀、打孔和切割等，比如引擎喷嘴钻孔、半导体晶圆切割、印刷电路板切割打孔、显示触摸屏玻璃的切割和金属铜的蚀刻等；② 在一些金属、介质材料表面诱导微纳米结构，改变材料表面光学性能、润湿性能、摩擦性能等,制备宽光谱吸收、超亲/疏水(油)、抗结冰、超光滑等功能性表面;③ 体内三维加工,如在透明介质材料内部加工光波导和集成光学器件,通过微爆炸实现高密度信息存储等;④ 诱导双光子/多光子吸收引发聚合过程,制备微纳光学器件、微机械元件、生物细胞支架、光子晶体等;⑤ 眼科和牙科修复和治疗等生物医疗[1,2]。目前,飞秒激光微纳制造技术在光、电、医学以及机械等领域都得到了普遍应用,在逐渐改变和改善人类的生活(图 11.2)。

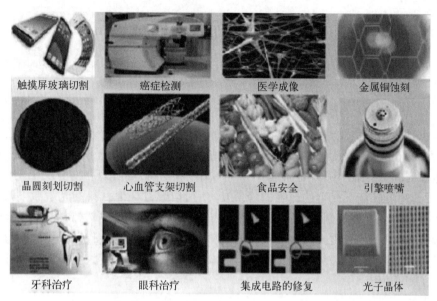

图 11.2　飞秒激光在各个领域中的应用[2]

11.1　飞秒激光微纳制造机制

飞秒激光可以通过诱导烧蚀、改性、聚合、还原等过程实现高精度制造,不仅二维加工的空间分辨率可以大大提高,还可以进行长脉冲难以实现的透明材料体内微纳制造。下面主要围绕透明材料的三维微纳制造展开介绍。

飞秒激光加工透明介质材料的过程中涉及很多物理过程。当峰值功率足够高的飞秒激光辐照到材料时,首先通过多光子电离或者隧道电离产生导带电子,导带电子继而通过雪崩电离吸收激光能量,形成等离子体。等离子体又通过光子声子耦合把能量传递给晶格。晶格被加热后,物质融化或者升华。物质的热扩散和声冲击波将引起周围结构发生变化。

11.1.1　飞秒激光加工透明介质材料的物理过程

可见光或近红外波段的飞秒激光脉冲没有足够的光子能量引发玻璃等透明介

质材料的线性吸收,但非线性光电离过程则可以有效促进电子从价带跃迁到导带,该电离过程包括由激光频率、激光强度决定的多光子电离和隧道电离。如果初始时刻自由电子处于导带,那么发生自由载流子吸收时会导致碰撞电离,进而引发电子雪崩。

激光辐照透明材料时,需要同时吸收多个光子才能够跃过带隙。多光子吸收时的载流子产生速率 $\mathrm{d}N/\mathrm{d}t$ 和激光强度相关:

$$\frac{\mathrm{d}N}{\mathrm{d}t} = \sigma_m I^m \tag{11.1}$$

其中,m 是多光子过程的阶数,即跃过带隙 E_g 所需要吸收的光子数,须满足 $mh\nu > E_g$;σ_m 是吸收截面。在低激光强度和高激光频率条件下,多光子吸收是非线性光电离过程中的主导过程,而在高激光强度和低激光频率条件下,非线性光电离过程中的主导过程变为隧道电离。多光子电离和隧道电离其实可以用同一种理论框架来解释,两者之间的转变可以用 Keldysh 参数(γ)来描述:

$$\gamma = \frac{\omega}{e}\sqrt{\frac{m_e c n \varepsilon_0 E_g}{I}} \tag{11.2}$$

其中,ω 是激光频率;I 是激光焦点强度;m_e 是有效电子质量;e 是基本电子电荷;c 是光速;n 是线性折射率;E_g 是带隙;ε_0 是真空介电常数。如图 11.3 所示,当 γ 小于(大于)1.5 时,隧道(多光子)电离占主导;当 γ 约等于 1.5 时,隧道电离和多光子电离同时起主要作用。

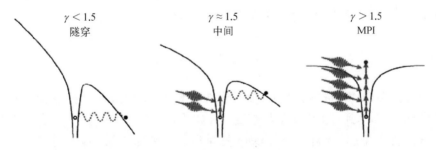

图 11.3　电子在原子势阱里对应于不同 γ 值的非线性光电离过程示意图。隧道电离($\gamma < 1.5$)和多光子电离($\gamma > 1.5$)以及两者共同作用($\gamma \approx 1.5$)的情况[3]

与图 11.4(a)所示的电子从价带跃迁到导带的多光子电离过程不同,初始时已处于导带的电子可能会通过自由载流子吸收过程线性吸收激光光子,如图 11.4(b)所示,接连吸收几个光子后,处于导带的单电子能量将比最小能级至少大一个带隙能量。热电子可以碰撞电离价带束缚电子,导致两个受激电子处于导带最小能级,如图 11.4(c)所示。这两个电子经历了自由载流子吸收和碰撞电离,并且只要激光场一直存在且足够强就会一直重复这两个过程,最终导致雪崩电离。

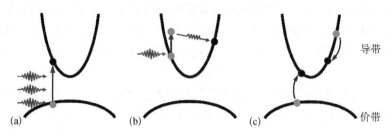

图 11.4 （a）多光子电离;（b）种子电子自由载流子吸收;（c）碰撞电离[4]

雪崩电离过程中,导带电子密度 N 满足:

$$\frac{\mathrm{d}N}{\mathrm{d}t} = \alpha I N \tag{11.3}$$

其中,α 是雪崩电离系数。电子复合和扩散带来的损耗相对于亚皮秒脉冲宽度可以忽略,雪崩电离和多光子电离过程带来的自由电子密度净变化可以表示为

$$\frac{\mathrm{d}N}{\mathrm{d}t} = \alpha I N + \sigma_m I^m \tag{11.4}$$

雪崩电离需要足够多的价带种子电子,这些种子电子可以通过热激发缺陷态的杂质产生,或者通过直接的多光子电离和隧道电离产生。对于亚皮秒脉宽激光而言,吸收过程快于能量转移给晶格的过程,所以吸收和晶格受热过程是解耦的。导带电子密度通过雪崩电离过程增长,直至等离子体频率接近激光频率,这个时候等离子体将会发生强吸收,等离子体密度由下式表示:

$$\omega_\mathrm{p} = \sqrt{\frac{e^2 N}{\varepsilon_0 m_\mathrm{e}}} \tag{11.5}$$

当波长为 1 045 nm 的激光照射时,等离子体频率等于激光频率,载流子密度接近 10^{21} cm^{-3},即达到自由电子临界密度。在如此高的载流子密度下,只有一小部分入射激光被等离子体反射,大部分激光能量都会传递给等离子体后通过自由载流子吸收过程吸收掉。当载流子数量达到临界值时,容易发生光学击穿或破坏。在玻璃中,引发光学击穿的激光强度大约是 10^{13} W/cm^2。由于晶格加热时间在 10 ps 量级,所以一个飞秒激光脉冲传播过后很长时间吸收的激光能量才转移到晶格。超短脉冲只需要较低的功率就可以产生光学击穿,所以对材料改性的精细程度超过长脉冲。与此同时,光电离过程诱发的雪崩电离导致的光学击穿是确定的,而长激光脉冲作用下的雪崩电离通过随机分布于材料中的低浓度(单位焦点体积带来约一个价带杂质电子)杂质电子诱发,重复性差。Lenzner 等发现,对于非常短的激光脉冲(熔融石英中<10 fs,硼硅酸盐玻璃中<100 fs),光电离过程能够控制雪崩电

离,产生的等离子体密度足够大时可以直接破坏材料。

11.1.2　飞秒激光改性

飞秒激光诱导的介质材料改性对激光的能量和脉冲宽度具有很大依赖性。如图 11.5 所示,在较低脉冲能量和较短脉冲宽度作用下,激光作用区折射率平滑改变;在较高脉冲能量和较长脉冲宽度作用下,介质发生破坏性损伤,如微爆炸形成的微孔;而在脉冲能量和脉冲宽度介于上述水平之间时,可能诱导出纳米微结构。

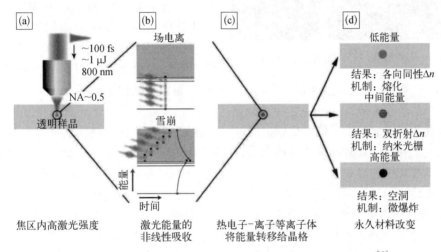

图 11.5　飞秒脉冲聚焦于透明材料内发生的相互作用物理过程[5]

(a) 激光聚焦于样品内部,焦点处能量最大;(b) 能量被非线性吸收,通过多光子电离或隧道电离和雪崩电离产生自由电子等离子体;(c) 等离子体将其能量传递给晶格,时间尺度约 10 ps,随后产生永久的材料折射率变化;(d) 在低脉冲能量下快速淬火过程引发的各向同性折射率变化,稍高脉冲能量下激光-等离子体干涉过程引发的双折射纳米光栅,高脉冲能量下微爆炸和冲击波传输过程引发的微孔洞

日本京都大学的 Hirao 小组首先发现了聚焦飞秒激光的辐照可以引起玻璃折射率增大的现象,并应用于光波导的制备[6]。随后,飞秒激光诱导透明介质材料改性被广泛用于光波导和集成光学器件的制备,根据所使用激光强度的不同,将折射率改变分为以下两种类型[7]。

1. Ⅰ 型折射率改变

当激光脉冲能量高于介质的电离阈值但低于或接近自聚焦阈值时,能量可以均匀地沉积到透明介质内部,激发的载流子等离子体密度适中。激光作用区域未出现损伤且折射率增大,可以直接作为光波导。这种情况被称为 Ⅰ 型折射率改变。对于 Ⅰ 型折射率改变中折射率增大的原因存在多种观点,这与不同材料和加工参数下折射率改变机制差异有关。

(1) 致密化。使用原子力显微镜观察飞秒激光在玻璃中加工波导的端面,发现波导区域相对玻璃表面发生凹陷收缩,如图 11.6 所示,波导区域发生致密化[8]。

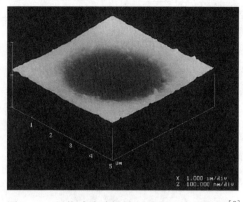

图 11.6　石英玻璃波导端面的原子力显微图[8]

对多种玻璃直写波导区的拉曼光谱进行分析,拉曼频移显示化学结构变化可能是致密化的成因,比如:石英玻璃中部分 5、6 元 Si—O 环变成 3、4 元 Si—O 环以及 Si—O 键键长增长和 Si—O—Si 平均键角减小;$As_{40}S_{60}$ 玻璃中部分 As—S 键断裂,而 As—As 和 S—S 键增多;磷酸盐玻璃中 P—O 键长减小;等等。致密化导致的体积变化会使周围产生应力双折射,但是从硼硅酸盐和石英玻璃的双折射光斑推测的折射率变化比实际小一个数量级,从而推断折射率的增加不应只是由致密化导致的[7]。

（2）色心形成。在超短脉冲激光作用下,光子、载流子和声子发生相互耦合,自捕获激子造成等离子体发生辐射跃迁、无辐射跃迁或转化为点缺陷等弛豫过程。拉曼光谱和电子自旋共振谱分析表明,在飞秒激光作用下介质内出现了色心缺陷,如石英玻璃中的过氧根、Si E′色心、非桥氧空穴中心,氟化物晶体的 F_2、F_3^+ 等色心,钠钙硅玻璃中的 H_3^+ 色心等。位于激光作用区浓度足够高的色心缺陷可以通过 K–K 机制导致折射率改变。但是退火实验表明退火温度增加时色心减少速度比折射率改变减少速度大得多,说明色心不是产生折射率变化的唯一原因[7]。由于色心热稳定性差,会导致波导性能退化,所以为了获得长寿命稳定波导器件应该先对波导器件进行热退火或光漂白处理。

（3）离子重新分布。在中高重复频率（大于 100 kHz）飞秒激光作用下,焦点附近玻璃组成元素会发生重新分布。图 11.7 所示是冕牌玻璃受到飞秒激光（200 kHz,120 fs）辐照 1 s 后的 6 种离子的相对浓度分布。焦点中心玻璃网络形成元素（Si、O）相对浓度增加,网络修饰元素（K、Na、Ca、Zn）相对浓度减小,这可能是由于后者化学键强度比前者小得多,所以在飞秒激光作用下更容易断裂并使元素向周围扩散[9]。热累积效应导致的温度梯度被认为是元素重分布的主要原因。元素重分布的化学组分变化会改变介质的光学性质,且与折射率分布具有很强的相关性。但是大多数飞秒激光在制备波导器件的过程中,要求扫描速度比较快,而且所用的激光也不尽是具有热积累效应的,因此元素重新分布导致的折射率变化在多数情况下也是很有限的[7]。

除此之外,还有黏流化、光折变等观点,以上各种机制被认为对折射率改变都有贡献,只是在不同条件下其相对大小会有不同。虽然 I 型折射率增加最早被用于制备光波导,但并不是任何材料在激光作用时折射率都会增加。对于具有完善结构的晶体,激光引起的晶格损伤和缺陷往往会导致密度减小。在晶体中制备 I 型波导比在玻璃中更加困难,所需要的激光能量密度更高,而在高能量下晶体中的

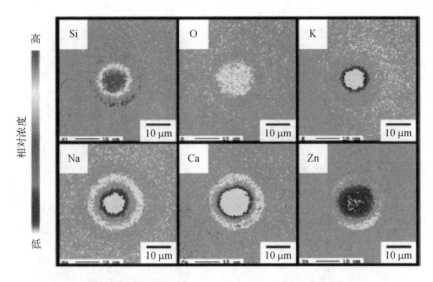

图 11.7　冕牌玻璃在激光作用后六种元素离子相对浓度分布

非线性传播和非线性吸收会导致能量无法有效沉积到焦点,而降低激光能量只会使波导折射率改变更弱。目前只在少数晶体中获得了 I 型波导,如 $LiNbO_3$、ZnSe 多晶和硼酸盐晶体,且这些 I 型晶体波导只能传输 TM 偏振模式。

2. II 型折射率改变

当飞秒激光功率较高时,激光能量快速沉积产生高密度等离子体,库仑排斥和高温高压将物质和能量以冲击波形式从焦点向外输送,导致稀疏化或微爆炸,最终使焦点处折射率减小或形成空洞。而焦点周围的介质由于受到挤压,密度及对应折射率会增大,将激光直接作用区域作为包层或应力场区域作为芯区可形成波导,这种情况被称为 II 型折射率改变。对于各向异性晶体,压力场还将造成双折射现象。II 型波导的激光损伤区和波导区域不重合,从而波导很好地保持了材料的增益、荧光、电光和非线性特性。II 型波导有可能实现两种偏振模式的传播,但很大程度上取决于材料本身的性质,而且应力诱导的 II 型波导在高温条件下依然保持稳定。图 11.8 是在相同脉冲能量不同脉冲宽度下 $LiNbO_3$ 晶体中形成的两种类型波导折射率分布和 633 nm 波长下模场分布。其中前者属于 I 型波导,而后者属于应力诱导的 II 型波导[10]。

根据波导芯区和包层的形成方式,飞秒激光在透明介质中加工的光波导一般可分为图 11.9 中(a)、(b)、(c)所示的三种类型[11],分别是对应于折射率增大的 I 型直写波导以及折射率减小的应力诱导波导和凹陷包层波导。根据所诱导折射率的变化分类,凹陷包层波导似乎被归为应力诱导波导,但其实它们的几何结构有着显著的差异。凹陷包层波导是由数量众多折射率降低的损伤轨迹包围未被激光照射的波导芯构成,如图 11.9(c)所示。损伤轨迹线相互紧邻,间距通常为几微米,构

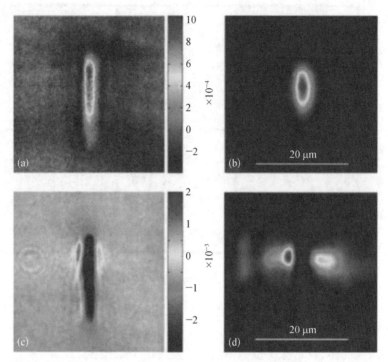

图 11.8 激光脉冲能量为 0.2 μJ 时,不同脉冲宽度下直写的铌酸锂波导。脉冲宽度为 220 fs 的
激光直写出的 I 型直写波导的折射率变化分布形貌(a)和其在 633 nm 波长处的
导模(b);脉冲宽度为 1.1 ps 的激光直写出的应力诱导波导的折射率变化
分布形貌(c)和其在 633 nm 波长处的导模(d)

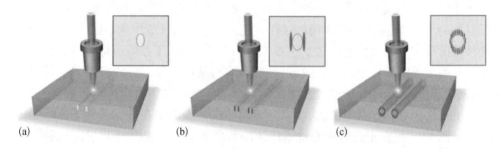

图 11.9 飞秒激光加工波导类型图[11]

(a) I型直写波导;(b) 应力诱导波导;(c) 凹陷包层波导。图中阴影部分代表飞秒激光改性材料产生的轨迹,
虚线代表波导芯的空间位置,插图表示波导的截面形貌

造出一个准连续的折射率降低的势垒墙,从而将传导的光场限制在其内部。凹陷
包层波导的一个非常重要的优点是在大多数晶体中都支持 TE、TM 两种正交偏振
的近乎无差异的传播。

当飞秒激光能量介于 I、II 型折射率变化之间时,在一些材料中(如石英玻璃、
硼硅酸盐玻璃等)会诱导形成自组织纳米结构。2003 年,Shimotsuma 等在掺锗石

英玻璃中使用线偏振飞秒激光诱导出 20 nm 宽、周期为波长量级的纳米条纹结构
[图 11.10(A)],条纹与激光偏振方向垂直,条纹周期随脉冲数增加而减小。俄歇
光谱分析表明:沿垂直于激光偏振方向排列的条纹状周期性结构的暗区域的氧浓
度偏低,而 Si 的浓度基本相同,周期结构由周期分布的缺氧区域(SiO_{2-x})组成[图
11.10(B)]。条纹形成原因被认为是由入射激光和入射光诱导的高密度等离子体
波发生干涉,玻璃内部等离子体密度被周期性调制导致[12]。

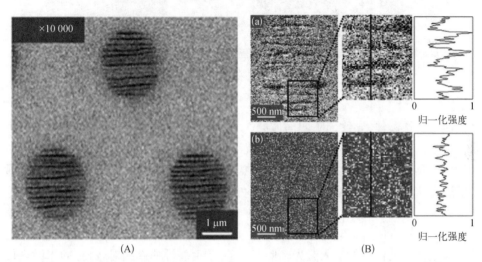

(A)　　　　　　　　　　　　　　(B)

图 11.10　飞秒激光诱导的纳米条纹结构(A),纳米条纹区域的俄歇光谱(B)[12]

(a)为氧,(b)为硅

　　2004 年,Bricchi 等发现石英玻璃中诱导的周期性条纹是由折射率增加和减少
的区域交替形成[13]。2006 年,Bhardwaj 等发现在任意角度线偏振光辐照下慢慢移
动样品,自组织周期纳米结构可以维持到宏观尺度,条纹周期为 $\lambda_0/2n$(λ_0 为自由
空间波长,n 为石英玻璃折射率),并提出局域场增强效应解释条纹成因[14]。图
11.11 所示为线偏振和圆偏振飞秒激光诱导的纳米结构,可以看出线偏振诱导的条
纹始终和偏振方向垂直,而圆偏振光诱导的结构则是无序的。尽管微纳结构形成
的动力学过程并不清楚,但是这些结构却具有特殊的光学性质,如各向异性光散
射、双折射、各向异性反射、负折射率改变等。利用飞秒激光诱导的周期性结构可
以实现具有特殊功能的器件,如偏振相关波导和偏振分束器或耦合器等。

　　飞秒激光对玻璃或晶体进行区域性改性可以加速其腐蚀速度,再通过化学试
剂将加工区域选择性腐蚀去除,从而制备微流体通道[15]。例如,当飞秒激光聚焦
到石英玻璃内部时,若焦点区域辐照功率超过玻璃的光学损伤阈值,则仅位于焦点
区附近的玻璃材料被改性,该区域被氢氟酸溶液腐蚀的速率是非辐照区的 30~50
倍,利用飞秒激光诱导石英玻璃选择性腐蚀的这一特性可以加工三维微流通道,如
图 11.12 所示。其机制仍在探讨之中,有分析认为这种改性源于飞秒激光在玻璃

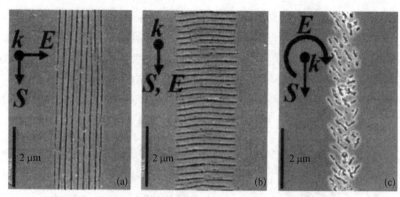

图 11.11　飞秒激光诱导形成的偏振相关纳米光栅结构[14]

(a)和(b)为线偏振;(c)为圆偏振

体内诱导的微爆炸,导致 SiO_4 四面体的 $O_3 \equiv Si—(O)—Si \equiv O_3$ 的平均键角 114° 减小。由于氧的价电子结构变形,致密石英键角的减小反而增加了氧的反应活性,与酸反应时具有更好的化学活性,因而腐蚀速率更高[16]。此外,研究表明,液体对通道的腐蚀速率与激光的偏振方向有关,这是由于飞秒激光在通道内表面诱导了垂直激光偏振方向的周期性条纹,且条纹取向大大影响了液体的流通性。当激光偏振方向与直写方向平行时,产生的条纹垂直于直写方向排列,氢氟酸溶液需要逐层腐蚀这些条纹结构才能进入激光辐照区内部,因而腐蚀速率相对较慢;而当激光偏振方向与直写方向垂直时,条纹沿直写方向排列,氢氟酸溶液就可以很容易地进入激光辐照区内部,因而腐蚀速率相对较快。而且,对不同偏振态而言,腐蚀速率与脉冲能量密切相关:初始时,腐蚀速率随脉冲能量的增加而增加,但当脉冲能量升高到一定程度时,腐蚀速率会先趋于饱和,随后有所下降。此外,还有液体辅助的飞秒激光直写[17],以及基于多孔玻璃的飞秒激光直写[18]等技术可以实现微流通道的制备。

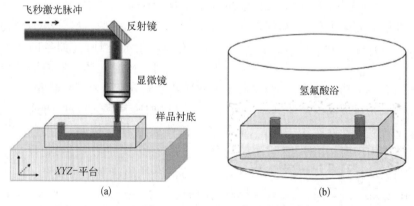

图 11.12　(a)飞秒激光辐照石英玻璃样品;(b)石英玻璃样品在氢氟酸溶液中选择性腐蚀示意图[15]

11.1.3　体内微爆炸和烧蚀

将飞秒激光聚焦到透明材料内部,当激光焦点处的能量密度超过材料损伤阈值时,可以在焦点附近形成超高温高压的等离子体,引起体内微爆炸,在焦点处形成极小的空洞,微腔周围的材料因压缩而致密。如果这个过程发生在材料表面,由于表面附近具有更低的损伤阈值,更容易在焦点附近产生高温高压的等离子体,随着等离子体的迅速膨胀,产生的强大冲击波足以使表面的材料喷溅出去,这就导致了界面处的烧蚀。

1. 体内微爆炸

1996 和 1997 年,哈佛大学 Mazur 小组研究了光学玻璃、熔融石英和蓝宝石晶体等透明材料中微爆炸形成的微腔的尺寸[19,20]。当波长为 780 nm、能量为 0.5 μJ 的 100 fs 的脉冲经过 NA 为 0.65 的显微镜物镜聚焦到玻璃内部时,微爆炸形成的微腔直径约为 200 nm,小于衍射极限,如图 11.13(a)所示[19]。将介质体内发生破坏和没有发生破坏的地方进行"0"与"1"编码,从而存储信息。由于体内微爆炸形成的空洞非常小,并且飞秒激光可以在透明材料的不同深度进行加工,所以同一层的存储密度大大增加的同时还可以在不同层记录信息,从而实现高密度三维存储,存储密度可达 10^{13} bit/cm^3。存储的信息一般采用显微镜直接观察读出或者通过观察微孔荧光谱的方法并行读出。

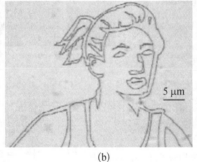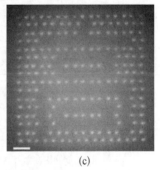

(a) (b) (c)

图 11.13　(a) 微孔 SEM 图[19];(b) 在掺 Au 的树脂材料中的飞秒激光点存储[21];
(c) 手指甲上的飞秒激光点存储[22],标尺为 10 μm

利用内部微爆炸形成的微小空洞进行多层点存储虽然存储密度高,但是在读出时必须逐点读出,速度较慢。北京大学李焱课题组利用飞秒激光在透明介质内部诱导的微爆炸实现了在石英玻璃内部存储永久性计算全息图[23],此全息图可以用一束准直激光快速读出。实验中先将原图[图 11.14(a)]进行编码,生成二值的编码图[图 11.14(b)],然后用飞秒激光直接在玻璃内部写入编码图[图 11.14(c)],即实现了在透明玻璃内部存储计算全息图。全息图中,发生微爆炸的位置由于强烈散射不再透明,代表"0";未辐照的位置依然透光,代表"1"。如图 11.15

所示,用氦氖激光可方便地对全息图进行再现[23]。这种方法发展了微爆炸在石英玻璃内部进行的点存储,同时利用全息方法大大提高了读出效率,而且由于飞秒激光可实现较小尺度的加工,相对传统计算全息图,又省去了光学缩版环节。

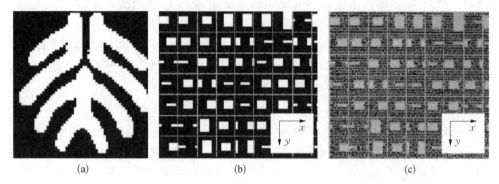

图 11.14 (a)"北大"原图;(b)编码图;(c)石英玻璃内部制备图[23]

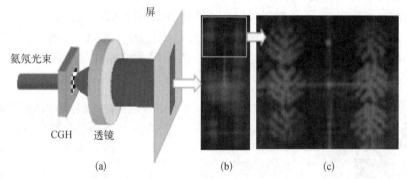

图 11.15 (a)用氦氖激光对计算全息图(CGH)再现的装置示意图[23];
(b)再现图;(c)局部放大图

2. 界面处烧蚀

相对于长脉冲激光,飞秒激光在界面处的烧蚀对周围材料的热影响非常小,可以避免微裂纹等的产生,获得极高的加工精度,从而对透明介质进行亚微米尺寸的表面刻蚀、打孔以及切割等。

2000 年,日本东京工业大学的 Kawamura 等用分束镜把飞秒激光分成两束,使之在钻石等材料的表面相遇形成干涉,产生明暗相间的条纹,当干涉亮条纹处的能量超过阈值时,就会使表面发生烧蚀,形成不可擦除的体光栅[24]。2002 年,李焱等在大阪大学利用制作全息光栅的方法在石英玻璃、钠玻璃、铅玻璃和有机玻璃的表面存储并重建了二值图像[25,26],如图 11.16 所示。普通钠玻璃和有机玻璃与传统的全息存储材料相比,具有容易制造、价格便宜、均匀性好等优点,因此展示出良好的应用前景。

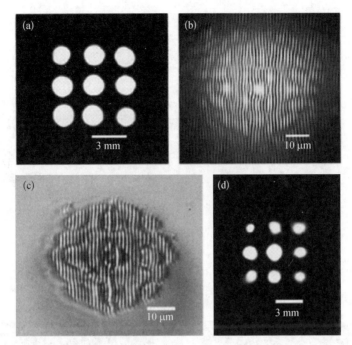

图 11.16　(a) 全息记录模板；(b) 双光束干涉图；(c) 钠钙玻璃中记录的干涉图样；
(d) 再现读出图[25]

由于微孔是微流控芯片微通道网络的基本组成部分，因此用飞秒激光在透明材料中加工微孔成为一个活跃的研究领域。1997 年，德国的 Varel 等在氮气和真空环境中对比了飞秒及皮秒、纳秒激光聚焦于石英的表面加工的微孔，表明飞秒激光加工的微孔具有较高的表面质量、可控性以及可重复性[27]。2001 年，美国中佛罗里达大学的 Richardson 小组在钠钙玻璃和铅玻璃中用焦距为 20 cm 的平凸透镜把飞秒及纳秒激光聚焦于样品表面，加工得到了微孔[28]。这种直接在表面的制备会使微孔产生锥形形貌，为克服这一弊端，并且进一步制备复杂的三维微通道，其他的一些方法先后被提出。

2001 年，李焱等首次在飞秒激光打孔过程中引入了水辅助的方法[17]。从石英玻璃接触水的后表面开始加工，使水参与飞秒激光烧蚀材料的过程，大大减少了碎屑沉积于孔壁，避免了阻塞，增加了孔的深度，同时也显著提高了孔壁的光滑度。在此基础上，2005 年，李焱课题组通过把横向孔与纵向孔连接，得到了真三维的微通道[29]，如图 11.17 所示，并在高入射能量时，利用多焦点效应，同时高速得到多条横向孔[30]。利用水辅助的方法，快速扫描在石英玻璃内部得到了较大尺度的微腔[31]。

传统的切割方式，切割面只能平行于激光入射方向。由于烧蚀碎屑的阻塞和沉积，不能实现切割面垂直于激光入射方向的切割。安然等通过结合切割面平行与垂直于激光入射方向两种方式，灵活地在玻璃样品中切割出微小结构[30,31]（图 11.18）。

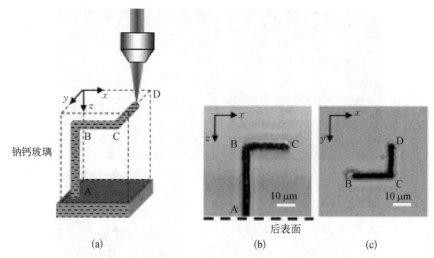

图 11.17 （a）水辅助方法制备真三维微孔的示意图[29]；（b）制备得到的真三维微孔的侧视图片；
（c）制备得到的真三维微孔的俯视图片。脉冲能量为 1.4 μJ

图 11.18 （a）从石英玻璃中切割下来的长宽高分别为 60 μm、20 μm 和 70 μm 的长方体块；
（b）切割的同时在样品中加工出的长方体状微腔；（a）图中的 A 和 B 与
（b）图中微腔下底面的 A′ 和 B′ 分别对应

11.1.4 光聚合

　　光聚合材料是一种具有光敏化学作用的聚合材料。双光子聚合是双光子吸收引发的聚合反应，一般以红外波段的飞秒激光作为光源，聚合材料通过双光子吸收作用吸收能量引发聚合反应，使液态的小分子交联成固态的大分子，将未聚合的材料用溶剂洗掉就留下已经聚合的结构。飞秒激光双光子聚合如图 11.19 所示。

双光子聚合作用的过程可以分为初始、加长和终止三个阶段[32]。当具有高峰值功率的近红外或红外激光聚焦到光敏树脂内部时,聚焦区域的光子密度增大。每个引发剂在吸收 2 个红外光子后成为自由基,合成的自由基切断了单体和低聚物中丙烯基上的碳双键,并在单体和低聚物的某端依次产生新的自由基。自由基再与另一个单体结合,这个过程以链式反应的形式不断增长,直到链上的自由基遇到另一个链状自由基,反应才停止。

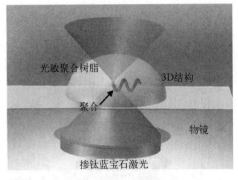

图 11.19　飞秒激光双光子聚合示意图[33]

双光子吸收是指分子同时吸收两个光子的能量从一种状态激发到能量更高的状态的现象。与单光子吸收不同,双光子吸收是三阶过程,它的吸收速率正比于光强的平方,因此正常情况下它的吸收速率远小于单光子吸收,在高激光强度下才有明显的吸收现象。图 11.20 中激发的荧光空间分布能够反映单光子吸收与双光子吸收之间的区别[34]。图 11.20(a)由波长为 488 nm 的激光激发单光子吸收,在初入介质时,光束还未聚焦,就表现出明显的单光子吸收,光束的强度迅速衰减,不能深入介质。图 11.20(b)由波长 960 nm 的飞秒激光激发双光子吸收,在焦平面以外的区域没有明显的双光子吸收,能量足够深入介质。尽管飞秒激光提高了激光的瞬时功率,图 11.20(b)表明只有在焦点处光强足够大,才出现明显的双光子吸收现象。

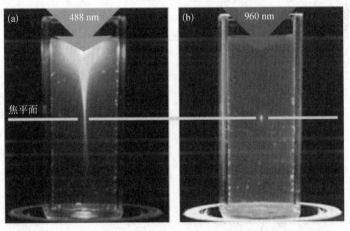

图 11.20　单光子吸收(a)与双光子吸收(b)激发的荧光空间分布对比[34]

1997 年,Maruo 等利用飞秒激光脉冲首次实现了双光子聚合微加工,制备了微米尺度的三维螺旋结构[32](图 11.21)。双光子吸收使激光能量能够深入聚合材料内部,将聚合区域限制在焦点附近,控制焦点在聚合材料中按设计的路径移动,就

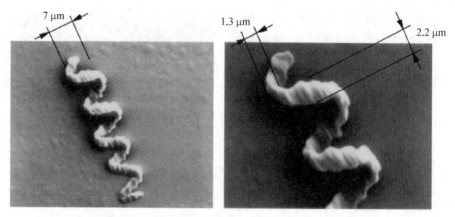

图 11.21 首次实现双光子聚合的三维螺旋结构[32]

能聚合出任意形状的三维器件。

2001 年,日本大阪大学的 Kawata 等在光敏树脂内部利用飞秒激光双光子聚合技术制备出红细胞大小的微米牛结构[35],如图 11.22 所示。这是科学家利用飞秒激光双光子聚合技术首次突破衍射极限(400 nm)获得 120 nm 的加工分辨率,实现了利用双光子聚合技术制造亚微米精度三维结构的目标,并证明应用飞秒激光可以实现复杂形貌的加工。微米牛也因此成为该技术的标志性成果。

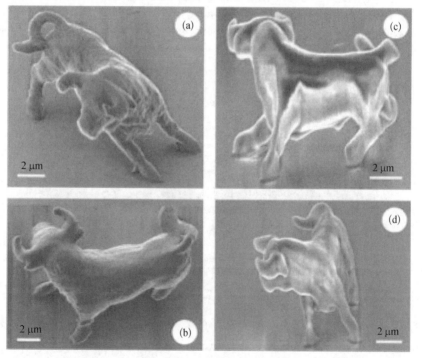

图 11.22 飞秒激光双光子聚合技术制备的微米牛[35]

2019 年,北京大学李焱研究组结合三维焦场整形和飞秒激光双光子聚合技术,通过平移台移动聚焦光场在聚合物材料中位置的同时,空间光调制器变换输入光场调制信息,使聚焦光场的形貌与所处位置切片形貌一致,单次扫描曝光快速制备出大体积三维长城结构[36],整个扫描过程仅需要 4.9 s。如图 11.23 所示,长城的门、垛口等中空的精细结构都能较好地表现出来。

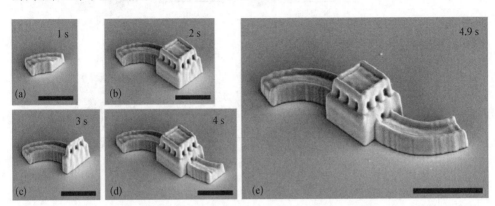

图 11.23　三维长城模型一维扫描的加工效果,(a)至(d)分别为扫描曝光 1 s、2 s、3 s、4 s 后未完成的三维长城模型;(e)扫描曝光 4.9 s 后已完成的三维长城模型[36]

注:图中比例尺为 10 μm

11.1.5　光还原

激光与材料相互作用是一个复杂的过程,相互作用会导致多样的效果,其中就包括激光诱导的氧化还原。氧化多发生在纳秒级激光脉冲与金属表面的作用过程,激光起到一个加热热源的作用,金属物质在激光作用下会与空气或液相中的氧发生氧化反应,形成金属氧化物薄膜。然而,飞秒激光处理金属表面时并没有明显的氧化过程,金属元素成分没有明显的氧含量,仍是一些化合物[37]。但是飞秒激光还原金属离子确实是一个很重要的物理过程。

双光子、多光子聚合类似,采用飞秒激光多光子还原制备金属微结构能够有效地将还原区域限制在焦点附近很小的体积内,从而获得高分辨率的金属微纳结构的加工。不同的是,金属离子的还原包含电子转移过程,使其化学反应过程的复杂性大大增加。多光子还原方法通过金属纳米颗粒聚集形成金属微纳结构,金属纳米颗粒聚集过程随机性大,这一方法还需关注金属纳米颗粒聚集的过程。此外在光强极高时,由于金属颗粒具有很强的光热转换能力,热还原过程的加剧使得加工精度难以控制。

如图 11.24 所示,金属离子的光化学反应主要有两类[38]:一种为在光子作用下,金属离子直接从周围环境中获得电子,还原生成金属原子,金属原子进一步生长形成金属纳米颗粒,最终金属纳米颗粒再团聚得到所需结构;另一种为通过光敏化合物吸收光子产生具有还原性的中间产物,中间产物将金属离子还原为金属原子,金属原子生长形成金属纳米颗粒。

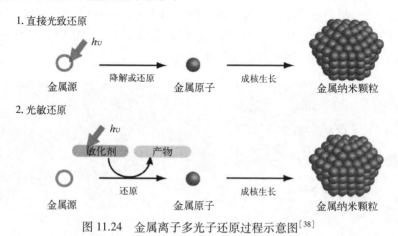

图 11.24　金属离子多光子还原过程示意图[38]

目前的多光子还原制备主要包括以下两类。

1. 聚合物基质中多光子还原制备金属微纳结构

将金属离子掺杂在聚合物基质中,多光子还原金属离子的同时,聚合物基质发生多光子聚合,从而形成掺杂有金属颗粒的聚合物结构。由于聚合物基质具有容易成型的优点,这为掺杂在其中的金属结构提供了支撑,使本不易成型的金属结构易于制备。

2000 年,加利福尼亚大学 Wu 研究组在掺杂了硝酸银溶液的水凝胶中成功制备出金属三维微米螺旋结构[图 11.25(a)],开启了聚合物基质中制备金属微纳米结构的序幕[39]。但由于这种方法得到的聚合物中的金属多以分散的金属纳米颗粒形式存在,需后续的工艺才能得到连续的金属结构,增加了制备过程的复杂程度。2002 年,亚利桑那大学 Stellacci 研究组在掺有金属盐及金属颗粒的聚合物中加入光还原染料,制备了高度为 100 μm 的三维光子晶体结构[40][图 11.25(b)]。2008 年,横滨国立大学 Maruo 研究组报道了采用多光子还原聚乙烯吡咯烷酮(PVP)中的银离子制备三维银金字塔结构[41][图 11.25(c)],并且通过调节聚合物中银离子的浓度和激光功率加工银线[41][图 11.25(d)],测量其导电性能。经过优化后,银线的电阻率可以降低到 3.48×10^{-7} $\Omega \cdot$ m。2011 年,纽约州立大学布法罗分校 Prasad 研究组在商用 SU-8 光刻胶中掺入了 10% $HAuCl_4$ 和 1%的双光子光敏剂 AF380,在多光子加工的过程中,随着光刻胶单体的聚合,金离子同时被还原,加工了掺有金的聚合物微纳结构[42][图 11.25(e)]。聚合与还原同步进行,阻止了金纳米颗粒的进一步扩散与聚集。当掺入 30%的 $HAuCl_4$ 时,加工出了 800 nm 宽、300 μm 长的聚合物/金线,采用四探针法测得金线的电阻率为 2.5×10^{-7} $\Omega \cdot$ m,仅为体块金材料的 4 倍。

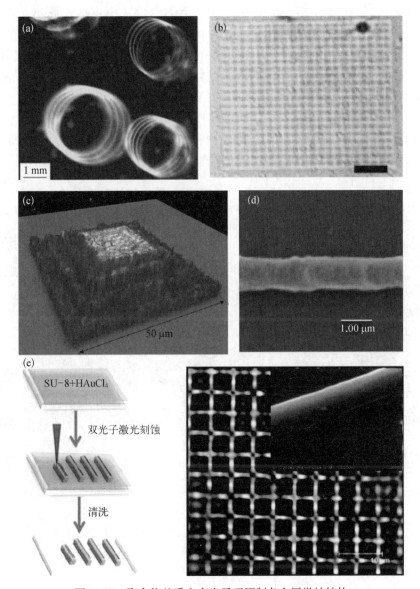

图 11.25　聚合物基质中多光子还原制备金属微纳结构

(a) 水凝胶基质中制备的三维螺旋结构[39]；(b) 聚合物基质中三维光子晶体结构[40]；(c) PVP 基质中制备的
三维金字塔结构[41]；(d) PVP 基质中制备的银纳米线结构[41]；(e) SU-8 基质中高分辨金结构[42]

2. 金属盐溶液中多光子还原制备金属微纳结构

虽然利用多光子还原的方法在聚合物基质中较容易制备复杂的金属微纳结构，但由于还原出的金属多为掺杂在聚合物结构中的颗粒，导致金属结构连续性较差，电阻率较高。因此研究人员发展了一种在金属盐溶液中直接对金属离子多光子还原制备微纳结构的方法。

2006 年，大阪大学 Kawata 研究组在 $AgNO_3$ 水溶液中直接还原出了电阻率 $(5.03×10^{-8}$ Ω · m) 非常接近体块银材料电阻率 $(1.6×10^{-8}$ Ω · m)、分辨率约为 1 μm 的金属线和三维门结构[43]。这是利用多光子还原技术进行金属三维微纳结构制备的首次报道，直接还原得到的金属颗粒尺寸较大，导致制备的结构表面粗糙、分辨率较低[图 11.26(a)]。同年，该研究组还通过在溶液中加入双光子吸收的染料，将还原阈值从 14.97 mW 降低到 1.88 mW，并实现了 400 nm 银线的加工[图 11.26(b)]。他们还制备了二维银线网格结构[图 11.26(c)]、三维倾斜立柱[图 11.26(d)]和三维碗结构[图 11.26(e)]。这些结构由连续的银纳米颗粒组成，具有较好的导电性[44]。

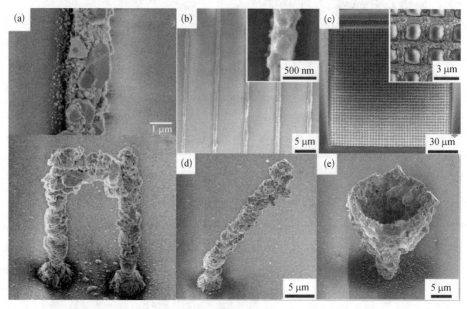

图 11.26 金属盐溶液中多光子还原制备的金属微纳结构

(a) $AgNO_3$ 溶液中直接还原制备的银线及三维门结构[43]；掺杂光敏染料的硝酸银溶液中还原制备的 (b) 400 nm 银线,(c) 二维银线网格结构,(d) 三维倾斜立柱结构和(e) 三维碗结构[44]

11.2 飞秒激光制造的特点

飞秒激光微纳制造，是通过紧聚焦超短脉冲激光得到具有超高能量密度的焦点，在微尺度下与材料发生非线性相互作用，从而诱导加工材料的"改性"和"成型"。与传统激光制备相比，飞秒激光制备具有以下几个特点。

11.2.1 "快"——热影响小

传统的激光加工技术多使用纳秒激光或脉宽更长的脉冲激光。由于脉宽较长,即使将光斑聚焦成微米级别,在对材料进行加工时仍有热影响,从而会降低加工精度。而常用的飞秒激光光源,其脉冲宽度多为几十到几百飞秒。在与材料相互作用时,作用时间极短,会从根本上改变激光与材料相互作用的物理机制,从而可以使能量快速且准确地沉积到材料内部。在飞秒激光辐照过程中,载流子在数百飞秒内通过吸收光子能量而被激发,在这个阶段,材料晶格基本保持原状。当脉冲激光作用结束后,通过电子-晶格散射,能量从电子转移到晶格。自由电子与晶格之间的热传递取决于材料中的电子-声子耦合强度,通常情况下为 $1 \sim 100$ ps,这时间远大于电子重新达到热平衡的时间。因此当激光脉宽小于电子-声子耦合时间时,激光辐照区域周围的热扩散几乎可以忽略不计。

为了验证飞秒激光加工区域热影响小的特点,Chichkov 等利用不同脉宽的激光在 $100 \ \mu m$ 厚的钢片上进行钻孔实验[45]。图 11.27 是利用飞秒激光、皮秒激光和纳秒激光分别进行钻孔实验的电镜图。可以明显看出,飞秒激光制备的孔结构,边缘较为光滑,孔壁较为陡峭,没有形成明显的热影响区域;而利用皮秒和纳秒激光制备的孔结构,可以看到明显的热影响区,孔周围有液体溅射的痕迹,孔边缘形成柱状毛刺结构,孔壁也较为粗糙。通过实验对比可以证明飞秒激光加工热影响区小的"冷加工"特性。

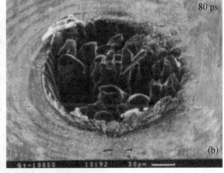

图 11.27 飞秒激光(a)、皮秒激光(b)和纳秒激光(c)在 $100 \ \mu m$ 厚的钢片进行钻孔实验的 SEM 图,可以明显看出飞秒激光加工的结构热影响区小,整体更光滑[45]

11.2.2 "准"——突破衍射极限

飞秒激光制备的"准"体现在飞秒激光作用材料时存在非线性吸收效应,从而加工分辨率高,可以突破衍射极限。在飞秒激光加工玻璃和宽带隙晶体等透明材料时,电子从价带到导带的激发是通过多光子吸收等非线性过程引发的。如图 11.28 所示,传统的线性单光子吸收,要求光子能量超过材料的带隙,从而通过吸收单个光子使电子从价带激发到导带,因此光子能量小于带隙的光不能直接激发电子。当入射光的光子能量密度极高时,电子可以通过同时吸收多个光子而被激发,在这种情况下,飞秒激光脉冲与透明材料之间的相互作用只发生在峰值强度足够引起多光子吸收的焦点附近[46]。前面提到,加工区域热影响的抑制可以提升飞秒激光加工精度,再结合非线性多光子吸收的特性,可以使加工分辨率突破衍射极限。在理想情况下,飞秒激光的强度分布为高斯分布,对于单光子吸收,材料吸收的能量空间分布与聚焦光斑的空间分布一致;而对于多光子吸收,由于 n 光子吸收与激光强度的 n 次方成正比,材料吸收的能量空间分布相比于理想情况会变窄[33](图 11.29)。而且激光阈值强度高于吸收反应时,可以调节激光强度进一步提高加工分辨率。

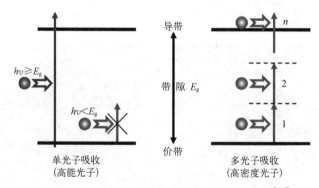

图 11.28 单光子吸收及多光子吸收过程示意图[46]

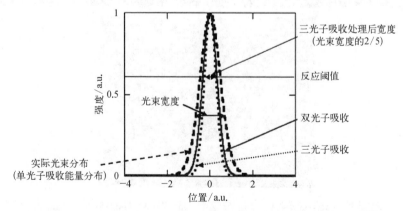

图 11.29 单光子、双光子和三光子吸收机制下对应光强空间分布[33]

对于 n 光子吸收,有效的聚焦光斑直径为 $\omega = \dfrac{\omega_0}{\sqrt{n}}$,其中 $\omega_0 = \dfrac{0.61\lambda}{NA}$,$\lambda$ 为入射激光的波长,NA 是聚焦物镜数值孔径。结合阈值效应并使用高 NA 物镜进行加工,就可以使得加工分辨率突破衍射极限。

11.2.3 "狠"——全材料加工

飞秒激光加工的特点"狠"体现在飞秒激光具有超强的峰值功率,几乎适用于任何材料的加工。飞秒激光与材料相互作用时,主要发生的是多光子吸收、雪崩电离、库仑爆炸等非线性过程,所以激光的强度在整个加工过程中起主要作用。目前主流商用飞秒激光器,其脉冲宽度均在百飞秒量级。当能量被压缩在这个时间单位内时,通过紧聚焦,功率密度可达 10^{12} W/cm^2 左右,峰值功率则可达 10^{21} W/cm^2 左右。这样高的激光强度,基本可以超过任何材料的光学激发阈值,使其电子瞬间脱离电场束缚,从而让材料对光进行吸收,实现材料加工。由于多光子吸收(非共振吸收)及电离阈值仅与材料中原子特征有关,与自由电子浓度无关,因此飞秒激光可对任何材料进行精细加工,而与材料的种类及特性无关。因此,飞秒激光可以

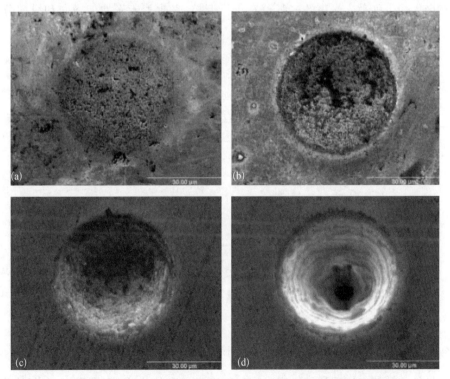

图 11.30　飞秒激光在金刚石表面进行微加工[47]。脉冲宽度为 150 fs,单脉冲能量 54 μJ。
图(a)至(d)的脉冲数量分别为 10、50、250、1 000

加工金属、光学玻璃、陶瓷、各类电介质材料、各种半导体、聚合物以及各种生物材料乃至生物组织。

金刚石作为硬度最高的材料,Dumitru 等在其表面进行飞秒激光微加工实验,验证了飞秒激光在超硬材料上的加工能力[47]。如图 11.30 所示,随着有效作用脉冲数量的增加,金刚石表面出现了明显的孔洞结构。

11.2.4 脉冲整形与焦场调控

通常飞秒激光直写方法有横向直写和纵向直写两种,横向直写是指激光焦点垂直于激光光轴方向扫描,而纵向直写是指激光焦点沿着激光传输方向扫描。横向直写的灵活性强,可直写出任意长度或曲线的微结构,但是横截面不对称(纵横比比较大)。在飞秒激光直写光波导中,波导横截面不对称会造成损耗的增加,一方面横截面不对称的光波导会给光束耦合带来困难;另一方面,若波导横截面是呈长轴沿光轴方向的椭圆状,很难满足单模条件,会造成多模输出和较大能量损耗。纵向直写的横截面中心对称性更好,但是纵向直写的加工深度受物镜工作距离的限制,尤其是高数值孔径的物镜其工作距离较短,使得加工长度十分有限。在实际应用中,广泛采用的是横向直写方式,在利用其优势的同时,需要借助光束整形技术对聚焦的飞秒激光光束的光强分布进行调控,来改善激光加工横向和纵向分辨率不对称的问题[16]。

1. 空间域焦场整形

为了获得理想的波导截面形貌,需要引入光束整形技术。最早提出的空间域焦场整形方案是通过在一个聚焦物镜之前加入柱透镜望远镜系统[48],系统的放大比率能够减小光束在某一方向上的尺寸,产生出椭圆形的光斑,然后通过移动望远镜中的一个透镜来调控光束像差,从而达到改变焦点形状的目的,实验装置如图11.31 所示。

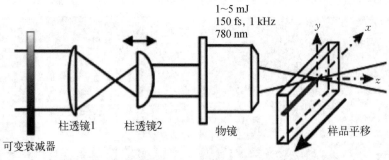

图 11.31　柱透镜望远镜法横向扫描制备波导的实验装置示意图[48]

另外一种被广泛采用的方案是用一个百微米宽的狭缝(宽度沿 y 轴,长度沿 x 轴)取代望远镜系统[49],该方案的实验装置简化了许多,如图 11.32 所示,作用效果相当于以入射椭圆高斯光束取代了原本圆对称的高斯光束,椭圆高斯光束的纵横比为 $R_x/R_y(> 1)$,其中 R_x 和 R_y 分别为其沿 x 轴和 y 轴的半径,所以光束在透镜聚焦面上沿 y 方向的束腰扩大了 R_x/R_y 倍,而在 x 方向保持束腰尺寸保持不变,聚焦这样的椭圆高斯光束沿 x 轴横向扫描出的波导在 y - z 平面上的截面便可以由纵横比较大的椭圆形调整为纵横比接近 1 的圆形。

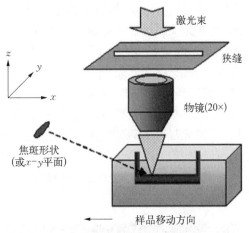

图 11.32　狭缝法横向扫描制备波导的实验装置示意图[49]

　　图 11.33 是分别入射圆形高斯光束和入射椭圆高斯光束($R_x/R_y = 6$)后焦点在 y - z 平面上的光强分布模拟结果[49],从图 11.33(b)可以清晰地看到纵横比有了显著改善。但这两种方法都只能调整一个维度的截面形貌,即激光扫描方向相对于透镜组光轴以及狭缝缝宽方向是特定的才能发挥作用,当所制备的几何结构沿多个方向分布时,就需要不断调整柱透镜或狭缝的方向,虽然有研究者用空间光调制器(SLM)变换所加载的相位板实现了"虚拟狭缝"的动态转向[50],但在器件制备中仍不够灵活和高效。

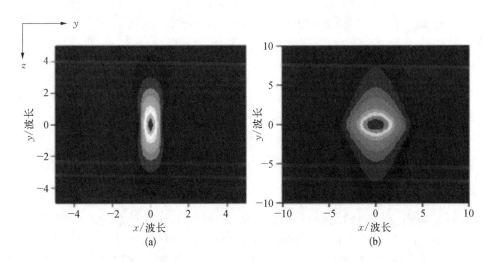

图 11.33　入射圆形高斯光束(a)和纵横比 R_x/R_y 为 6 的椭圆高斯光束(b)后焦点在 y - z 平面上的光强分布模拟图[49]

　　另外也可以通过解析式法计算出所需的平面光强分布。作为亥姆霍兹方程的基函数,拉盖尔-高斯函数常用于描述旋转对称的光束,由于拉盖尔多项式具有正交归一特性,所以任意结构的涡旋光束,即带有轨道角动量的光束,都可以用拉盖尔-高斯光束的线性叠加形式来表示[51]。利用涡旋光束及其叠加形式可以调控垂直于激光传播方向的焦平面上的二维光强分布,如图11.34所示。具体来说,通过叠加拉盖尔-高斯光束模式平面中斜率为1的直线上的模式,得到具有可加性、旋转不变性和平移不变性的特殊螺旋光束[6],结合目标二维曲线的参数方程,便可以获得对应该曲线构型的二维螺旋光场,比如阿基米德螺旋线光场、三叶草型光场、星型光场和圆环形光场等,可用于制备一些演示型器件,比如利用圆环形光场可以制备出中空的微柱[52]。但是这种解析的方法只适用于产生能够用解析的参数方程表达出来的特定结构的光场,不具有普适性,在应用方面具有很大的局限。

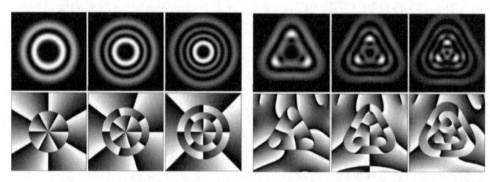

图11.34　不同螺旋光束模式叠加产生的光场场强度(上行)及其相位(下行)[6]

注:黑色代表强度和相位为零,白色代表强度最大、相位为2π

在激光微加工、成像和光镊等相关研究领域的应用中,实现焦场光强分布的三维整形是十分必要的。前面提到通过叠加涡旋光束可以实现垂直于激光传播方向的焦平面上沿特定二维曲线的光强分布,更进一步,这种叠加可以扩展到构造三维光强分布焦场,比如通过叠加拉盖尔-高斯模式平面内斜率为整数的模式,可以生成三维双螺旋光焦场,可基于双光子吸收在聚合物中制备手性双螺旋阵列器件[53],左旋圆偏振光和右旋圆偏振光入射到该阵列上时反射率有所不同,如图11.35所示。

Rodrigo等采用无需迭代的解析方法产生出强度和相位可沿任意三维曲线分布且具有高强度梯度和高相位梯度的光束,避免了解决复杂的光传播反演问题[54]。他们基于结构稳定的相干的单色光束理论,在傍轴近似条件下,可以产生在垂直于激光传播方向的焦平面上强度沿任意二维曲线(比如阿基米德螺旋线、圆环线、三叶草型线、星型线等)分布的标量光束,通过二次相位函数修正解析式里的每个相位项便可以将二维曲线推广到三维空间曲线,如图11.36所示,这些光束在轴向传播过程中除了一定的缩放和旋转外,形状(横向光强分布)保持不变,但同样地,这种解析的方法只局限于产生一些特定的解析的光场。

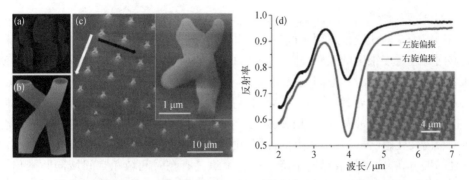

图 11.35　在空间光调制器上加载相位板(a)获得的双螺旋形三维光焦场模拟强度分布(b)；
利用该焦场在聚合物中制备的双螺旋阵列电镜显微图(c)；(d)镀金的双螺旋
阵列对一定波长范围内入射的左旋偏振光和右旋偏振光具有不同的反射率[53]

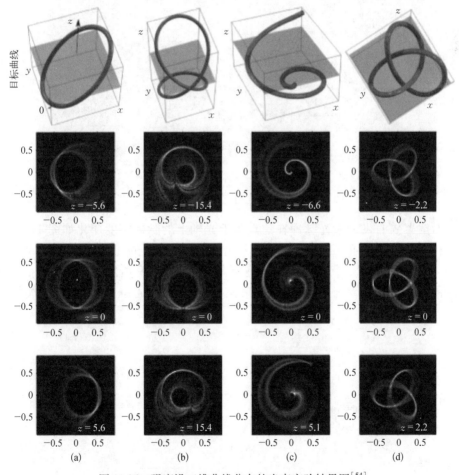

图 11.36　强度沿三维曲线分布的光束实验结果图[54]

（a）倾斜圆环；（b）Viviani 曲线；（c）阿基米德螺旋线；（d）三叶草型线。第二、三、四行
分别为光束传播于焦平面之前、之上、之后的强度分布，单位为 mm

2. 时间域脉冲整形

固定不变的狭缝仅适用于改善单一维度的波导截面形貌,而时空聚焦整形法能够同时进行多维度的改善[16,55],如图 11.37 所示,该方法是:先利用一对光栅使脉冲的不同频率分量在空间上展开,引入一定的空间啁啾,再利用物镜进行聚焦。只有在物镜的焦点处,脉冲的不同频率分量在空间上才是重合的,可以达到傅里叶变换极限的最短脉冲宽度,峰值光强也最高。时间脉冲宽度和频谱空间重叠度会随着距离变化,在偏离几何焦点的位置,由于不同频率分量在空间上分开造成脉冲宽度的展宽,峰值光强会迅速下降。时空聚焦具有在时间域和空间域同时聚焦的效果。值得注意的是,在飞秒激光脉冲进入光栅对(G1 - G2)之前,需要引入一定的正啁啾来补偿光栅对引入的负啁啾[56]。

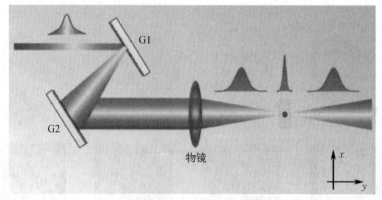

图 11.37　飞秒激光时空聚焦原理示意图[56]

时空聚焦的飞秒激光脉冲在焦点附近光轴上的脉冲宽度变化如图 11.38 所示,可以看出脉冲宽度强烈依赖于空间位置[56]。在物镜的几何焦点处,脉冲宽度最短,一旦偏离几何焦点,脉冲宽度迅速被展宽。图 11.39 给出了在聚焦的数值孔径相同的情况下,传统聚焦和时空聚焦在焦点处的光强分布的理论模拟结

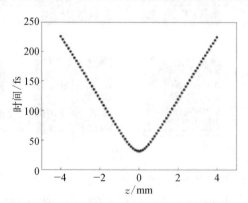

图 11.38　时空聚焦飞秒激光脉冲在几何焦点附近光轴上脉冲宽度的变化[56]

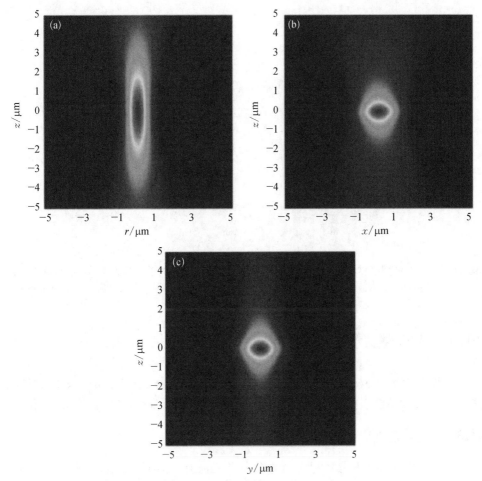

图 11.39 传统聚焦(a)和时空聚焦(b)、(c)在焦点处的光强分布[55]

果[16,55,56]。可以看出,两种聚焦方式的焦斑大小完全相同。而采用时空聚焦技术,在偏离几何焦点的位置,由于脉宽的展宽,光强下降得更剧烈,与传统聚焦方式相比,可以使沿着光轴方向的焦深有大幅度的缩短。更重要的是,利用时空聚焦技术可以在 xy 和 xz 面同时获得近似圆形的光强分布。说明其焦点处的光强分布近似为球形。

时空聚焦的光束已被运用于加工微流芯片器件和提高多光子显微成像中的信噪比等领域。如图 11.40 所示,飞秒激光时空聚焦技术被应用于沿不同直写方向制备具有圆形截面的微流通道,通过调整参数,可以使微流通道截面纵横比在 0.8~1.7 范围内逐渐变化。在合适的参数下,沿 x 和 y 方向均可获得具有圆形截面的微流通道[55]。但利用这种技术只能产生圆形的波导截面,想获得其他形貌还需要另寻他法,因此也具有一定的局限性。

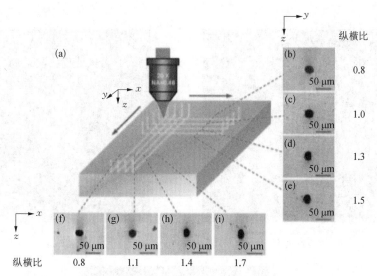

图 11.40　（a）利用飞秒激光时空聚焦光束技术直写三维微流通道。箭头表示样品移动方向；
　　　　　（b）至（i）为波导截面光学显微图，可以看出该截面在两个正交方向上都是圆形的[55]

11.3　飞秒激光微纳制造的应用

　　随着飞秒激光与材料相互作用的研究不断深入，激光加工工艺的不断发展和成熟，飞秒激光微纳制造技术在光学、电学、医学和机械领域都有着极其广泛的应用。

11.3.1　光学领域

　　飞秒激光在玻璃和晶体里可以直写制备光波导、定向耦合器、分束器、光栅及集成光子学器件；可以在聚合材料中制备微透镜、光子晶体、超材料等。

　　1996 年，日本京都大学的 Hirao 小组首先在掺锗石英玻璃内部写入折射率分布为中央高、边缘低的梯度折射率型的波导[57]。1999 年，Homoelle 等使用红外飞秒激光在石英玻璃中制备了光波导结构，并由此制作出了 Y 型波导分束器[58]，如图 11.41 所示。

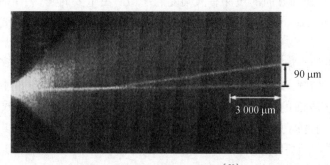

图 11.41　Y 型波导分束器[58]

2003 年,Watanabe 等使用波长为 800 nm、重复频率为 1 kHz 的飞秒激光在石英玻璃上制备了三维方向耦合器及波长转换器[59],如图 11.42 所示。2005 年,他们在石英玻璃中制作了能够将单模输出变为多模输出的多模干涉波导[60]。

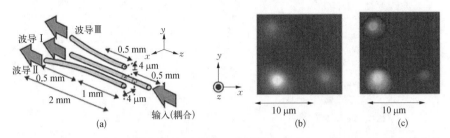

图 11.42　(a) 三维方向耦合器示意图;(b) 用波长为 632.8 nm 的 He－Ne 激光耦合的
　　　　　近场输出图;(c) 超连续白光耦合的近场输出图[59]

2009 年,英国布里斯托尔大学的 O'Brien 小组和澳大利亚麦考瑞大学的 Withford 小组联合首次采用飞秒激光直写技术制备出了二维波导光量子回路,展示了基于集成光学器件实现的多光子量子干涉[61],如图 11.43 所示。自此,利用飞秒激光直写真三维结构超高精度波导集成复杂光量子回路网络成为量子信息科学中热点研究方向。量子逻辑门[62]、量子随机行走[63]、玻色采样[64]和量子模拟[65]等大量重要的光量子信息操作原理验证器件都是利用飞秒激光直写技术制备的,如图 11.44 所示。运用这种技术制备出的波导可以在操纵单光子的同时避免对相位、空间模式以及偏振等属性产生破坏效应,为可扩展的量子信息科学搭建了理想的平台。

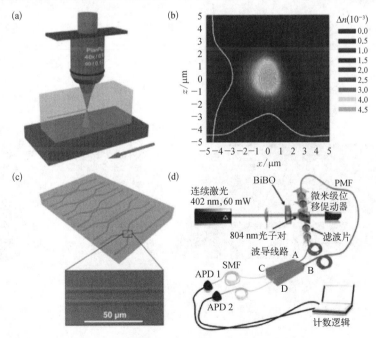

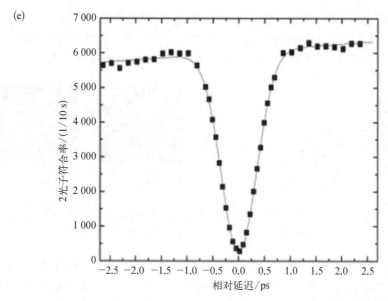

图 11.43 飞秒激光直写定向耦合器示意图和测得的 HOM 干涉曲线[61]

（a）飞秒激光横向直写波导示意图；（b）飞秒激光在波导截面引起的折射率变化；（c）飞秒激光直写的定向耦合器阵列；（d）量子光源表征定向耦合器的实验装置；（e）双光子符合计数随光子间相对延迟差的变化曲线

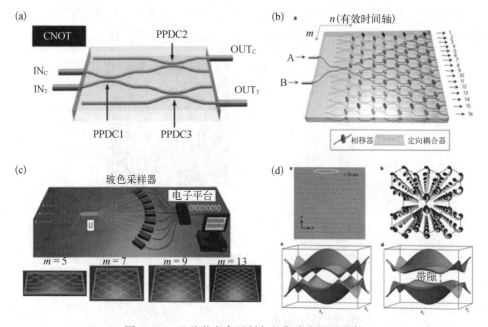

图 11.44 飞秒激光直写制备的集成光量子器件

（a）CNOT 量子逻辑门[62]；（b）量子随机行走[63]；（c）光子玻色采样[64]；（d）量子模拟，光子拓扑绝缘体[65]

1999 年,Kondo 等使用红外飞秒激光制作了长周期光纤光栅(LPFG)。通过测试,他们发现使用飞秒激光制作的光栅有极好的热稳定性,这是使用 UV 光刻写时所不能具有的特性[66]。2003 年,Mihailov 等利用飞秒激光和相位模板在康宁 SMF－28 型光纤上制作了光纤布拉格光栅,并对光栅加热使其温度保持 300℃两周时间光栅特性不变,证明这种光栅具有良好的稳定性[67]。2004 年,Grobnic 等使用飞秒激光透过栅距为 3.213 μm 的相位模板在光纤上制作光栅,当相位模板和光纤的距离为 3 mm 时±1 级双光束干涉刻写形成的光栅,由于是双光束干涉,刻写所得的光栅非常均匀,且刻写区域仅在光纤纤芯上,故这种方法可用于制作抑制包层模式的高质量光栅[68],如图 11.45 所示。

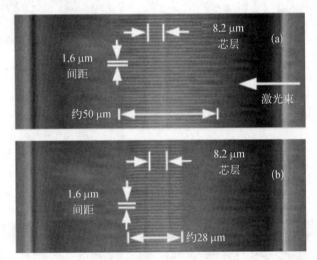

图 11.45　飞秒激光(125 fs、800 nm)透过栅距为 3.213 μm 的相位模板
在 SMF－28 光纤上制作的光栅[68]

由于常用的光聚合材料在可见光波段基本呈透明状,而飞秒激光双光子聚合加工技术具有分辨率高、加工结构表面粗糙度低、复杂三维结构成型等优点,因此可以实现诸如微光学元件、光子晶体、超材料等的高质量制备。

微光学元件已经广泛应用在光学成像、聚焦和光通信等领域。Li 等在 SU－8 光刻胶内部制备了八阶相位型菲涅耳波带片[69],衍射效率高达 73.9%。Malinauskas 等在光纤端面利用双光子聚合技术集成了由非球面透镜和棱镜组成的混合光学元件[70]。Brasselet 等在 SZ2080 光刻胶内制备了高分辨率螺旋相位板,可以高效、直接地产生涡旋光[71]。Tian 等制备了包含不同曲率半径的高精度微透镜阵列,并进行了聚焦和成像实验[72]。相关器件如图 11.46 所示。

光子晶体,是一种具有光子带隙的周期性结构。利用飞秒激光的真三维加工能力,可以在聚合物材料内部制备出各种三维非线性光子晶体并实现各种功能。孙洪波等首次利用飞秒激光双光子聚合加工出 Z 方向周期为 20 的三维光子晶

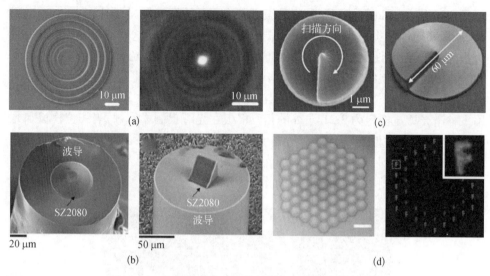

图 11.46 飞秒激光在光聚合材料内制备的微光学元件

(a) 菲涅耳波带片[69];(b) 光纤端面集成的微透镜和棱镜[70];
(c) 相位型螺旋相位板[71];(d) 不同曲率的微透镜阵列[72]

体[73],在红外区观察到明显的带隙效应。通过引入特殊的晶格结构,光子晶体还能控制光束的传播[74]。Digaum 等使用双光子直写技术制造出了晶格取向随位置变化的光子晶体[75],能引导光束偏转 90°,如图 11.47 所示。

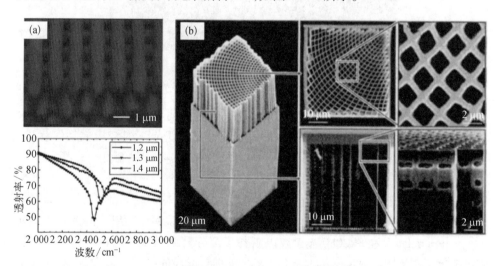

图 11.47 飞秒激光双光子聚合技术制备光子晶体

(a) 堆叠型光子晶体及其红外透射谱[73];(b) 晶格取向随位置变化的光子晶体[75]

超材料,是一种具有独特性质的人造材料,可以使电磁波改变它们的固有性质。配合一定的后续工艺处理,飞秒激光双光子聚合加工技术同样可以制备具有特殊功能的复杂三维超材料结构。Gansel 等首先在正光刻胶内部加工出具有螺旋性质的三维结构,再利用电化学沉积的方法在结构上镀一层金,制备出的超材料就可以用作紧凑型的宽带圆形偏振器[76]。随后,他们改变了螺旋结构的形貌,同样工艺下制备出的超材料结构具有更好的消光比和带宽,既可以做偏振器,也可以做分析仪[77]。Bückmann 等制备了具有正/零/负泊松比的超材料结构[78],并且具有足够大的尺寸直接用于机械表征。相关结果如图 11.48 所示。

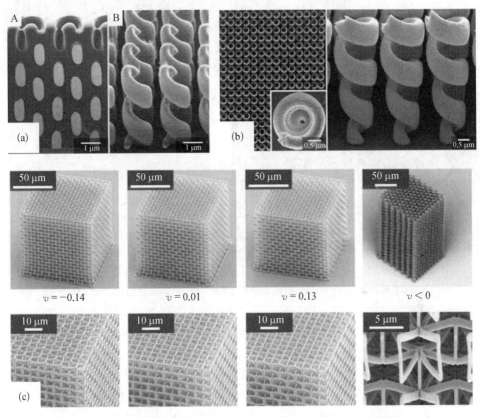

图 11.48 飞秒激光在光聚合材料内部制备各种复杂超材料结构

(a) 螺旋型[76];(b) 直径改变的螺旋型[77];(c) 不同泊松比的超材料结构[78]

2019 年,北京大学李焱课题组首次通过飞秒激光多光子还原制备技术直接从银前驱体溶液中单次曝光制备出直立的银双螺旋结构超材料[79],结构表面粗糙度相对较低,增强了手性,并拓宽了工作带宽,如图 11.49 所示。

11.3.2 电学领域

利用飞秒激光微纳制备技术,可以实现一些 MEMS 器件的空间立体布线,这是传统二维工艺难以实现的。在金属盐溶液中引入还原剂,在还原剂作用下经过长

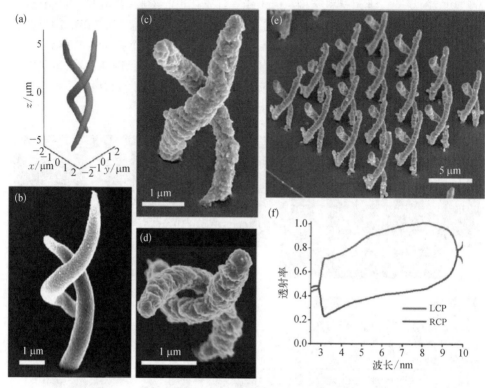

图 11.49 飞秒激光多光子还原技术制备银双螺旋超材料[79]

(a) 优化的双螺旋焦场光强分布;(b) 双光子聚合双螺旋结构电镜图;(c)、(d) 多光子还原制备的
银双螺旋结构;(e) 银双螺旋结构阵列;(f) 银双螺旋结构阵列的左、右旋偏振光透射谱

时间放置,金属自身的还原是可以缓慢进行的。在此基础上,再引入飞秒激光对溶液进行照射,可以给焦点位置的还原反应提供额外的能量,激光扫描过的路径就可以还原出金属线。随着三维衬底的起伏进行扫描,扫描的路径是三维的,还原出的金属线也是三维线[80]。如图 11.50 所示,吉林大学孙洪波报道在直径为 20 μm 的 SU-8 光刻胶制备的聚合物半球上实现了双螺旋线圈布线功能[81]。从放大图可以看出,布线连续、表面形貌好并且布线与基底完美结合。他们还在 SU-8 光刻胶制备的 5 个正四棱台构成的环形基底上实现三维布线[81],在转角处布线连续,表面平滑。由此可见,飞秒激光直写沉降还原金属制备技术可以实现任意三维基底布线,一步制备微电路或者电互联等功能结构,此外还可以通过飞秒激光对氧化的石墨烯进行还原,为将来柔性集成电路的制备提供新思路。

飞秒激光经物镜聚焦后,在焦点处会形成高温高压的极端物理场,造成材料化学键键角的减小,辐照区材料的化学反应活性增加,并伴随自组装纳米结构的形成,形成局域的光影响区。材料光影响区与化学腐蚀液中的反应速度会大于未经激光辐照的区域,从而可在后续化学湿法刻蚀中实现材料快速去除,注入液态金属

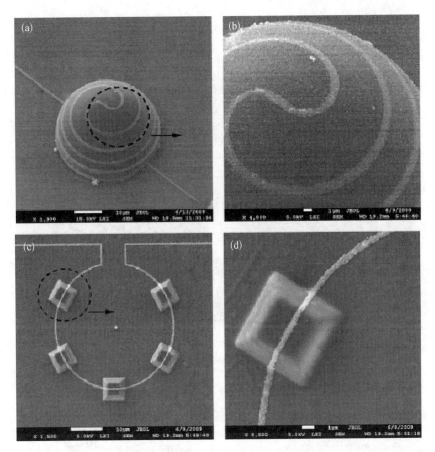

图 11.50　(a) 在直径 20 μm 的聚合物半球上实现三维金属布线的 SEM 图；(b) 半球顶部布线放大 SEM 图；(c) 环形棱台上布线的 SEM 图；(d) 单棱台上布线的放大 SEM 图[81]

实现三维结构形成。三维螺旋通道是一种真三维的曲线型复杂结构，相当于把原来的直线通道在三维空间密集缠绕，能够在三维空间提高通道集成度。图 11.51 为采用飞秒激光湿法刻蚀在石英内部制备出的螺旋通道阵列[82]，还可以制备成小型化的罗氏线圈电流传感器[83]，具有快速响应时间和宽工作带宽的特点，可以集成到功能电路微系统，用于高频电信号探测和电路保护。

　　飞秒激光微纳制备技术还可以应用到钙钛矿薄膜太阳能电池领域。钙钛矿薄膜太阳能电池过去一直采用印刷技术生产，受到印刷精度的限制，组件的有效使用面积只有 80%。飞秒激光技术能够对钙钛矿薄膜太阳能电池中厚度仅为几十纳米的各功能层进行选择性剥离和去除，使组件的有效使用面积提高到 95% 以上[2]，如图 11.52(a) 所示。而且选择性地只对需要的功能层进行加工，还可以降低能耗和缩短生产时间。飞秒激光还可以在锂电池材料表面形成三维微纳结构，大幅度提高表面润湿速度，降低晶刺形成，从而延长锂电池使用寿命，如图 11.52(b) 所示。

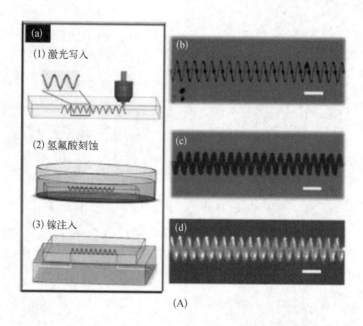

(A)

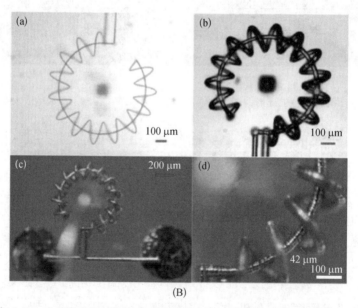

(B)

图 11.51　飞秒激光湿法刻蚀在石英内部制备三维螺旋通道阵列[82]（A）和
小型化罗氏线圈电流传感器[83]（B）

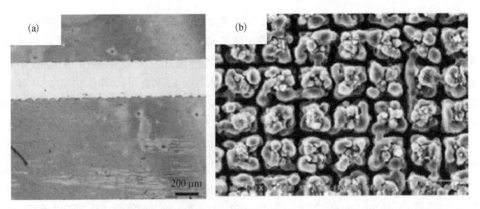

图 11.52　（a）柔性基板表面钙钛矿切线示意图（表面无残留，且未对基板造成损伤）；
（b）虹拓飞秒激光加工的三维锂电池[2]

11.3.3　医学领域

　　飞秒激光以其高聚焦、高精准、超快、低损伤的特性在生物医学领域得到深入研究，飞秒激光结合生物相容性材料进行超细微加工对生物体进行修复或者医疗有着重要的现实意义。而飞秒激光在生物医疗器械、医疗手术等方面也有着重要应用前景[84]。

　　飞秒激光微纳制备技术在生物医学领域的一个重要应用就是利用飞秒激光在各种光聚合材料中制备出具有生物相容性的三维细胞支架来观察细胞行为、组织再生等生理过程。Maciulaitis等在 SZ2080 材料内部制备了尺寸为 $2.1×2.1×0.21 \ mm^3$ 的三维细胞支架[85]，并在体外和兔体内进行了细胞的相关测试。Bastmeyer 等在水凝胶 PEG-DA 内制备了两种具有不同力学性能和蛋白结合性能的三维细胞支架，通过这种支架，可以完全控制细胞黏附位点的形成，从而实现对细胞三维形貌控制[86]。Juodkazis 等将水凝胶和光刻胶结合使用，制备出具有多功能化的三维细胞支架[87]，该支架具有良好的生物兼容性，可以适用于原代干细胞的培养。相关结构如图 11.53 所示。

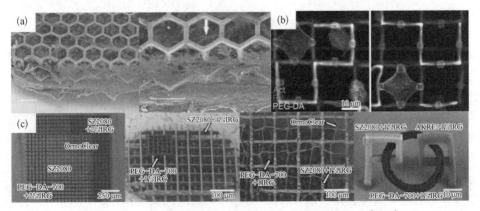

图 11.53　飞秒激光在光聚合材料中制备的三种细胞支架[85-87]

　　飞秒激光手术具有准确、无感染、术后愈合周期短、无痛等特点,极大满足了现在生物医疗的需求[84]。Alarfaj 等比较了 LASEK 和 LASIK 两种眼科手术[88],论述了飞秒激光与角膜组织的相互作用机制以及飞秒激光在屈光手术中的运用,可以高精准切割眼角膜(图 11.54)。在 LASIK 手术中,飞秒激光代替传统的制备角膜瓣方法,通过系统设定,制备出超越预期的角膜瓣,避免了角膜感染,而且术后角膜厚度显著降低,各项角膜生物力学指标显著下降,3 min 后基本趋于稳定。Vickers等论述了飞秒激光在眼科手术中具有很好的辅助作用[89],在白内障手术、角膜成形术和青光眼手术等术后都有较好的恢复效果。通过新型全飞秒激光角膜手术融合尖端的飞秒激光技术和微透镜的准确取出,可以进行微创视力矫正。在完整的角膜中制作角膜屈光微透镜,并通过微小切口取出。无需准分子切削,无角膜瓣,一步完成。

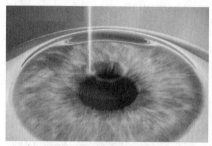

(a) 飞秒激光扫描在角膜内制作微透镜

(b) 完成在角膜内制作微透镜

(c) 飞秒激光制作微小切口

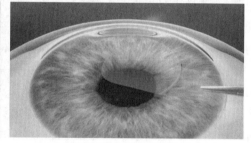

(d) 取出恢复视力的微透镜

图 11.54　全飞秒激光眼科手术

　　利用前文提到的时空聚焦技术可以有效地提高飞秒激光对生物组织的烧蚀精度[56]。图 11.55(a)、(b)、(e) 和(f) 给出了利用时空聚焦的飞秒激光对动物晶状体组织烧蚀的效果,而图 11.55(c)、(d)、(g) 和(h) 给出了利用相同参数的传统聚焦飞秒激光对动物晶状体的烧蚀效果。通过对比可以看出,传统聚焦的飞秒激光对样品烧蚀时,切口纵向深度达到 1 mm,而且伤口深入晶状体内部。而利用时空聚焦技术时,切口的纵向深度仅为 200 μm。时空聚焦技术可以抑制焦点外的非线性效应,切口被限制于晶状体表面,样品内部完全没有被破坏。因此飞秒激光时空聚焦技术可以有效地提高飞秒激光对生物组织烧蚀的精度,将来有望用于人体组织的精密切割手术等医学领域。

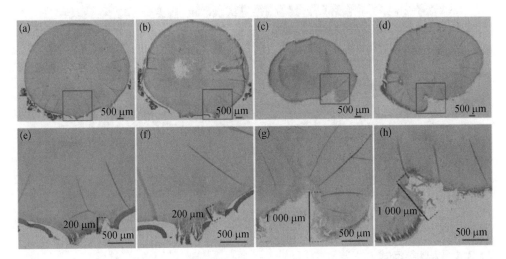

图 11.55 利用时空聚焦(a)、(b)和传统聚焦(c)、(d)的飞秒激光对动物晶状体表层的烧蚀效果，(e)~(h)为(a)~(d)的局部放大图[56]

飞秒激光除了运用于细胞支架、医疗器械和激光手术外，在 DNA 排序、蛋白质分析和药物检验等方面也有运用[84]。目前在激光治疗中，主要是在 DNA 损伤修复方面的应用[90]，如果 DNA 没有得到完全的修复就会发生突变，甚至出现肿瘤。利用飞秒激光直写技术可以有效微处理蛋白质、聚乙二醇等材料，在相当温和的水溶液环境下的非接触加工可以使处理完的蛋白质活性很高。Karki 等用激光电喷雾质谱法和电喷雾电离质谱法比较了不同盐溶液浓度下溶菌酶的检测结果，结果表明前者比后者大约多出两个数量级的耐盐性[91]。

飞秒激光加工的微通道可以构成微流控芯片，在毫米、百微米甚至微米尺度下对流体进行精确操纵，可以将生物、化学、医学、光学以及力学等领域涉及的一些基本功能集成到一个微小面积的芯片上，因此又被称为"芯片实验室"(lab on a chip)。微流控芯片系统在合成、分析、检测、分离、传感、催化、治疗等实验领域有着广泛应用，特别是在免疫分析、肿瘤活检筛查、基因测序、DNA 扩增、核酸浓度纯化、基因治疗等先进的生物医学研究中。2010 年，Osellame 小组利用飞秒激光直写技术，在石英玻璃上同时加工微流通道和光波导[92]，微流通道用来输送细胞，两根波导垂直分布于通道两侧并严格对准，构成一个理想的光延伸器[93]，如图 11.56 (A)所示。当细胞随流体进入检测区，首先用功率较低的光束捕获细胞，然后增加光束功率使细胞发生拉伸变形，通过对细胞变形能力的分析，可以区分癌细胞和正常细胞，还可以辨别转移性和非转移性癌细胞。2014 年，Osellame 小组又根据流式细胞仪器筛选目标细胞的计数技术，在飞秒激光直写制备的微流控芯片上利用流动聚焦，将细胞束缚在一条很窄的芯流里面，保证单个细胞依次通过，每秒可检测 5 000 个细胞，大大减小了设备的体积和成本[94]，如图 11.56(B)所示。

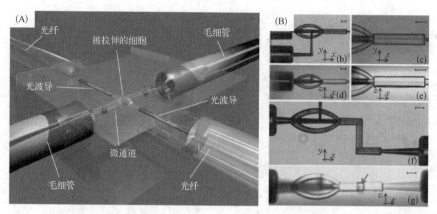

图 11.56 （A）微流通道捕获和辨别癌细胞[92]；（B）微流控芯片流动聚焦实现细胞计数[94]

11.3.4 机械领域

飞秒激光微纳制备技术在机械领域一个很突出的应用就是制备微机械器件，微机械在通信、医药和能源等领域应用广泛。一般情况下，微机械往往拥有可移动的微型元件，或者具有复杂的支撑结构，而在双光子聚合中，光刻胶内部无机械结构，不会发生相对流动，高黏滞性的光刻胶能够支撑可移动的微型元件，使微机械的加工成为可能。

飞秒激光双光子聚合技术被广泛用于在光聚合材料中制备各种复杂的微机械器件。2003 年，Maruo 等制备了一种光束驱动的亚微米探针[95]，可以在连续激光的驱动下，沿固定轴做运动。光束起到光镊的作用，移动光束可驱动探针的收缩与旋转，进而操纵微小物体。随后他们又加工了更复杂的可光控微泵[96]，并在微通道中通过微泵的转动来驱动液体中的粒子进行定向运动，如图 11.57 所示。

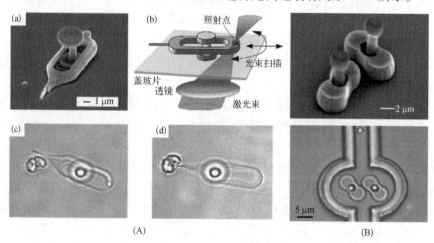

图 11.57 飞秒激光在光聚合材料中加工的光驱动微型探针[95]（A）和微型泵[96]（B）

Aekbote 等设计并利用双光子聚合技术制造了光镊驱动的细胞操纵器[97]，如图 11.58 所示，细胞操纵器具有四个驱动点，能够操纵细胞三维平移及旋转。

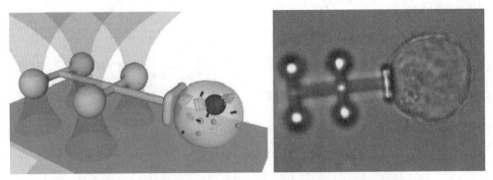

图 11.58　飞秒激光双光子聚合制造的光镊驱动的细胞操纵器[97]

2009 年，吉林大学孙洪波课题组首先通过在光刻胶内部掺杂 Fe_3O_4 粒子制备了一种受磁控的微弹簧[98]，通过改变外加磁场的方向，可以实现伸长、弯曲、摆动等运动。随后，他们用同样的工艺手段制备了一种微型涡轮机[99]，可以通过外加磁场使其发生旋转运动，如图 11.59 所示。

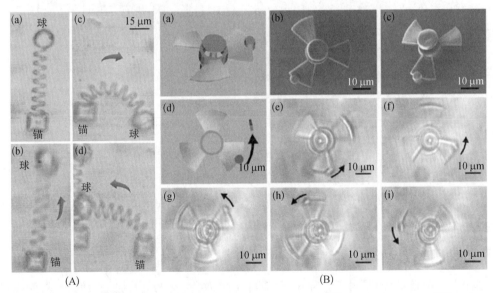

图 11.59　飞秒激光在光聚合材料中加工的磁驱动微型弹簧[98]（A）和微型涡轮机[99]（B）

Hu 等通过化学方法配制磁性光刻胶，结合飞秒激光双光子直写技术制备了在微通道中工作的磁驱动四叶微过滤器[100]。当微过滤器的磁轴和外界施加的磁场方向不一致时，外界磁场将会对微过滤器施加磁扭矩，从而使其转动，直到磁轴的方向也就是过滤页的方向与磁场对齐。将该过滤器集成到传统的微流控芯片中，通过微过滤器对磁场的响应来控制不同直径粒子的截取与释放,如图 11.60 所示。该过滤器将有可能用于血液中血红细胞和白细胞的分离以及过滤生物组织研磨液中的异常大细胞。

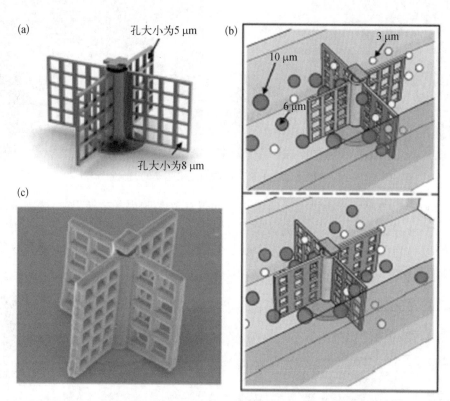

图 11.60　飞秒激光在磁性光刻胶中双光子聚合制备的四叶微过滤器[100]

微机械中加入光学元件,能够在应用微机械的时候检测力学量的变化。2018 年,Power 等设计并加工了带有光学谐振器的微型抓取器[101]。如图 11.61所示,光学谐振器的周期随抓取器上施力的大小改变,监测设备通过光纤与光学谐振器相连,根据光学谐振器的反射频谱变换,能够实时检测抓取器上施力的大小。

除了微机械领域,飞秒激光还被广泛用于航空航天等领域。传统的微孔加工多用电火花技术,但是对于孔径小于 200 μm 的微孔,电火花的加工精度受限,而飞秒激光微孔加工技术可以精密加工 100 μm 以下的微孔。图 11.62(a)是发动机喷油嘴的打孔情况,图 11.62(b)是燃气轮机叶片的打孔情况。飞秒激光还可以做超光滑表面加工,在气缸内壁加工微槽用于储油,可大幅降低摩擦力,延长零部件使用寿命,同时还可以降低发热、磨损和噪声[2]。图 11.62(c)是飞秒激光处理的光滑表面。

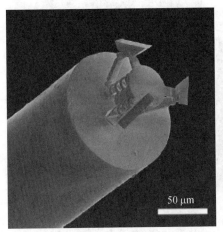

图 11.61　带有光学谐振器的微型抓取器[101]

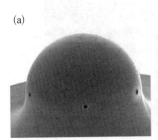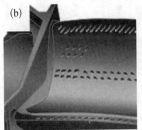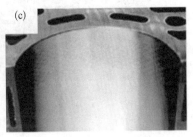

图 11.62　（a）发动机喷油嘴打孔；（b）燃气轮机叶片打孔；（c）气缸表面处理降低磨损

　　飞秒激光还可以实现不同材料表面特殊浸润特性结构的制备。Han 等利用飞秒激光在铜表面制备了微米锥形周期结构[102]，在微锥结构上随机分布了纳米颗粒。通过测试，该表面呈现出超亲水特性。Lin 等利用飞秒激光在硅表面制备出微坑周期结构[103]，在结构内随机分布了纳米颗粒，经化学修饰后呈现出超疏水性。Ye 等利用飞秒激光在金属钛表面制备出了微孔阵列[104]，这种表面呈现水下超疏油的特性，而改变微孔周期排布还可以实现油水分离的功能。Li 等利用液体辅助飞秒激光加工，在金属镍表面制备出微锥结构[105]，通过对结构的区域组合，使得该结构具有超疏水与超亲水的复合功能，实现水下定向运输油滴的功能，相关结果如图 11.63 所示。

　　飞秒激光还是实现陶瓷焊接的先进加工手段。2019 年，Garay 等报道了一种在室温下通过超快激光焊接陶瓷的新方法[106]（图 11.64）。当超快激光聚焦在待焊接界面上时，在极小的激光-陶瓷相互作用体积内将激发非线性多光子吸收，从而导致材料界面局域熔融而不是烧蚀。与玻璃不同的是，陶瓷对激光往往是半透明或不透明的，因此通过调节陶瓷的光学透明度，就能调节激光能量与材料耦合的

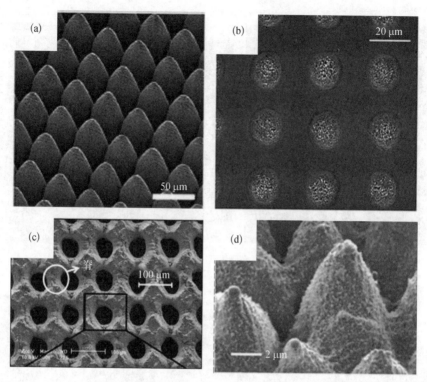

图 11.63　利用飞秒激光在不同材料表面制备出的具有特殊浸润特性的表面微纳结构
(a)铜[102]；(b)硅[103]；(c)钛[104]；(d)镍[105]

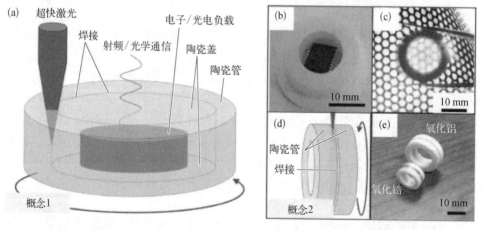

图 11.64　超快激光焊接陶瓷的两种概念,光电器件的陶瓷封装和陶瓷之间的几何连接[106]

相互作用,从而实现超快激光焊接陶瓷。通过将能量集中在特定的地方,可以避免在整个陶瓷中产生温度梯度,因此可以在不损坏它们的情况下封装对温度敏感的材料。

11.4 本章小结

飞秒激光微纳制造具有独特的优势,如热影响区小、加工精度突破衍射极限、实现全材料加工、深入材料内部实现真三维加工等。在飞秒激光与材料相互作用的过程中,可以诱导烧蚀、改性、聚合、还原等多种过程,实现亚微米与纳米级制造,提供了前所未有的极端制造技术和精密制造效果。飞秒激光微纳制造广泛应用于光学、电学、医学和机械等方面,正逐渐走向实际制造领域,如高端工业制造、航空航天制造等。飞秒激光微纳制造技术方兴未艾,前景光明。

参 考 文 献

[1] 肖荣诗,张寰臻,黄婷.飞秒激光加工最新研究进展[J].机械工程学报,2016,52(17): 176－186.

[2] 曹祥东.飞秒激光在航空航天领域的应用[J].军民两用技术与产品,2018,(13): 6.

[3] Schaffer C B, Brodeur A, Mazur E. Laser-induced breakdown and damage in bulk transparent materials induced by tightly focused femtosecond laser pulses [J]. Measurement Science & Technology, 2001, 12(11): 1784－1794.

[4] Mao S S, Quéré F, Guizard S, et al. Dynamics of femtosecond laser interactions with dielectrics [J]. Applied Physics A, 2004, 79(7): 1695－1709.

[5] Itoh K, Watanabe W, Nolte S, et al. Ultrafast processes for bulk modification of transparent materials [J]. MRS Bulletin, 2006, 31(8): 620－625.

[6] Abramochkin E G, Volostnikov V G. Spiral light beams [J]. Physics-Uspekhi, 2004, 47(12): 1177.

[7] 董明明,林耿,赵全忠.飞秒激光在透明介质中制备波导器件进展[J].激光与光电子学进展,2013,50(1): 15－34.

[8] Hirao K, Miura K. Writing waveguides and gratings in silica and related materials by a femtosecond laser [J]. Journal of Non-crystalline Solids, 1998, 239(1－3): 91－95.

[9] Kanehira S, Miura K, Hirao K. Ion exchange in glass using femtosecond laser irradiation [J]. Applied Physics Letters, 2008, 93(2): 023112.

[10] Burghoff J, Nolte S, Tünnermann A. Origins of waveguiding in femtosecond laser-structured LiNbO$_3$[J]. Applied Physics A, 2007, 89(1): 127－132.

[11] Chen F, De Aldana J V. Optical waveguides in crystalline dielectric materials produced by femtosecond-laser micromachining [J]. Laser & Photonics Reviews, 2014, 8(2): 251－275.

[12] Shimotsuma Y, Kazansky P G, Qiu J, et al. Self-organized nanogratings in glass irradiated by ultrashort light pulses [J]. Physical Review Letters, 2003, 91(24): 247405.

[13] Bricchi E, Klappauf B G, Kazansky P G. Form birefringence and negative index change created by femtosecond direct writing in transparent materials [J]. Optics Letters, 2004, 29(1): 119－121.

[14] Bhardwaj V, Simova E, Rajeev P, et al. Optically produced arrays of planar nanostructures inside fused silica [J]. Physical Review Letters, 2006, 96(5): 057404.

[15] Vishnubhatla K C, Clark J, Lanzani G, et al. Femtosecond laser fabrication of microfluidic channels for organic photonic devices [J]. Applied Optics, 2009, 48(31): G114 - G118.

[16] 何飞,廖洋,程亚.利用飞秒激光直写实现透明介电材料中三维维微纳结构的制备与集成 [J].物理学进展,2012,(2): 3.

[17] Li Y, Itoh K, Watanabe W, et al. Three-dimensional hole drilling of silica glass from the rear surface with femtosecond laser pulses [J]. Optics Letters, 2001, 26(23): 1912 - 1914.

[18] Liao Y, Ju Y, Zhang L, et al. Three-dimensional microfluidic channel with arbitrary length and configuration fabricated inside glass by femtosecond laser direct writing [J]. Optics Letters, 2010, 35(19): 3225 - 3227.

[19] Glezer E, Milosavljevic M, Huang L, et al. Three-dimensional optical storage inside transparent materials [J]. Optics Letters, 1996, 21(24): 2023 - 2025.

[20] Glezer E N, Mazur E. Ultrafast-laser driven micro-explosions in transparent materials [J]. Applied Physics Letters, 1997, 71(7): 882 - 884.

[21] Hong M, Luk'yanchuk B, Huang S, et al. Femtosecond laser application for high capacity optical data storage [J]. Applied Physics A, 2004, 79(4 - 6): 791 - 794.

[22] Takita A, Yamamoto H, Hayasaki Y, et al. Three-dimensional optical memory using a human fingernail [J]. Optic Express, 2005, 13(12): 4560 - 4567.

[23] Li Y, Dou Y, An R, et al. Permanent computer-generated holograms embedded in silica glass by femtosecond laser pulses [J]. Optic Express, 2005, 13(7): 2433 - 2438.

[24] Kawamura K I, Sarukura N, Hirano M, et al. Holographic encoding of permanent gratings embedded in diamond by two beam interference of a single femtosecond near-infrared laser pulse [J]. Japan Society of Applied Physics, 2000, 39(8A): L767.

[25] Li Y, Watanabe W, Itoh K, et al. Holographic data storage on nonphotosensitive glass with a single femtosecond laser pulse [J]. Applied Physics Letters, 2002, 81(11): 1952 - 1954.

[26] Li Y, Yamada K, Ishizuka T, et al. Single femtosecond pulse holography using polymethyl methacrylate [J]. Optic Express, 2002, 10(21): 1173 - 1178.

[27] Varel H, Ashkenasi D, Rosenfeld A, et al. Micromachining of quartz with ultrashort laser pulses [J]. Applied Physics A: Materials Science & Processing, 1997, 65(4): 367 - 373.

[28] Shah L, Tawney J, Richardson M, et al. Femtosecond laser deep hole drilling of silicate glasses in air [J]. Applied Surface Science, 2001, 183(3 - 4): 151 - 164.

[29] Ran A, Li Y, Yan P D, et al. Laser micro-hole drilling of soda-lime glass with femtosecond pulses [J]. Chinese Physics Letters, 2004, 21(12): 2465.

[30] An R, Li Y, Dou Y, et al. Simultaneous multi-microhole drilling of soda-lime glass by water-assisted ablation with femtosecond laser pulses [J]. Optics Express, 2005, 13(6): 1855 - 1859.

[31] An R, Li Y, Dou Y, et al. Water-assisted drilling of microfluidic chambers inside silica glass with femtosecond laser pulses [J]. Applied Physics A, 2006, 83(1): 27 - 29.

[32] Maruo S, Nakamura O, Kawata S. Three-dimensional microfabrication with two-photon-absorbed photopolymerization [J]. Optics Letters, 1997, 22(2): 132 - 134.

[33] Sugioka K, Cheng Y. Ultrafast lasers-reliable tools for advanced materials processing [J]. Light: Science & Applications, 2014, 3(4): e149.

[34] Zipfel W R, Williams R M, Webb W W. Nonlinear magic: Multiphoton microscopy in the

biosciences [J]. Nature Biotechnology, 2003, 21(11): 1369-1377.

[35] Kawata S, Sun H B, Tanaka T, et al. Finer features for functional microdevices [J]. Nature, 2001, 412(6848): 697-698.

[36] Yang D, Liu L, Gong Q, et al. Rapid two-photon polymerization of an arbitrary 3D microstructure with 3D focal field engineering [J]. Macromolecular Rapid Communications, 2019, 40(8): 1900041.

[37] 刘忠民,张庆茂.激光诱导金属表面着色技术研究进展[J].科技与创新,2017,(10): 39-41.

[38] Sakamoto M, Majima T. Photochemistry for the synthesis of noble metal nanoparticles [J]. Bulletin of the Chemical Society of Japan, 2010, 83(10): 1133-1154.

[39] Wu P W, Cheng W, Martini I B, et al. Two-photon photographic production of three-dimensional metallic structures within a dielectric matrix [J]. Advanced Materials, 2000, 12 (19): 1438-1441.

[40] Stellacci F, Bauer C A, Meyer-Friedrichsen T, et al. Laser and electron-beam induced growth of nanoparticles for 2D and 3D metal patterning [J]. Advanced Materials, 2002, 14(3): 194-198.

[41] Maruo S, Saeki T. Femtosecond laser direct writing of metallic microstructures by photoreduction of silver nitrate in a polymer matrix [J]. Optics Express, 2008, 16(2): 1174-1179.

[42] Shukla S, Vidal X, Furlani E P, et al. Subwavelength direct laser patterning of conductive gold nanostructures by simultaneous photopolymerization and photoreduction [J]. ACS Nano, 2011, 5(3): 1947-1957.

[43] Tanaka T, Ishikawa A, Kawata S. Two-photon-induced reduction of metal ions for fabricating three-dimensional electrically conductive metallic microstructure [J]. Applied Physics Letters, 2006, 88(8): 081107.

[44] Ishikawa A, Tanaka T, Kawata S. Improvement in the reduction of silver ions in aqueous solution using two-photon sensitive dye [J]. Applied Physics Letters, 2006, 89 (11): 113102.

[45] Chichkov B N, Momma C, Nolte S, et al. Femtosecond, picosecond and nanosecond laser ablation of solids [J]. Applied Physics A, 1996, 63(2): 109-115.

[46] Sugioka K, Cheng Y. Femtosecond laser 3D micromachining for microfluidic and optofluidic applications [M]. Berlin: Springer Science & Business Media, 2013.

[47] Dumitru G, Romano V, Weber H, et al. Femtosecond ablation of ultrahard materials [J]. Applied Physics A, 2002, 74(6): 729-739.

[48] Cerullo G, Osellame R, Taccheo S, et al. Femtosecond micromachining of symmetric waveguides at 1.5 μm by astigmatic beam focusing [J]. Optics Letters, 2002, 27(21): 1938-1940.

[49] Cheng Y, Sugioka K, Midorikawa K, et al. Control of the cross-sectional shape of a hollow microchannel embedded in photostructurable glass by use of a femtosecond laser [J]. Optics Letters, 2003, 28(1): 55-57.

[50] Salter P, Jesacher A, Spring J, et al. Adaptive slit beam shaping for direct laser written waveguides [J]. Optics Letters, 2012, 37(4): 470-472.

[51] Yao A M, Padgett M J. Orbital angular momentum: Origins, behavior and applications [J]. Advances in Optics and Photonics, 2011, 3(2): 161-204.

[52] Mills B, Kundys D, Farsari M, et al. Single-pulse multiphoton fabrication of high aspect ratio structures with sub-micron features using vortex beams [J]. Applied Physics A, 2012, 108(3): 651-655.

[53] Zhang S J, Li Y, Liu Z P, et al. Two-photon polymerization of a three dimensional structure using beams with orbital angular momentum [J]. Applied Physics Letters, 2014, 105(6): 061101.

[54] Rodrigo J A, Alieva T, Abramochkin E, et al. Shaping of light beams along curves in three dimensions [J]. Optics Express, 2013, 21(18): 20544-20555.

[55] He F, Xu H, Cheng Y, et al. Fabrication of microfluidic channels with a circular cross section using spatiotemporally focused femtosecond laser pulses [J]. Optics Letters, 2010, 35(7): 1106-1108.

[56] 井晨睿,王朝晖,程亚.基于飞秒激光时空聚焦技术的三维微纳加工[J].激光与光电子学进展,2017,54(4): 040005.

[57] Davis K M, Miura K, Sugimoto N, et al. Writing waveguides in glass with a femtosecond laser [J]. Optics Letters, 1996, 21(21): 1729-1731.

[58] Homoelle D, Wielandy S, Gaeta A L, et al. Infrared photosensitivity in silica glasses exposed to femtosecond laser pulses [J]. Optics Letters, 1999, 24(18): 1311-1313.

[59] Watanabe W, Asano T, Yamada K, et al. Wavelength division with three-dimensional couplers fabricated by filamentation of femtosecond laser pulses [J]. Optics Letters, 2003, 28(24): 2491-2493.

[60] Watanabe W, Note Y, Itoh K. Fabrication of multimode interference waveguides in glass by use of a femtosecond laser [J]. Optics Letters, 2005, 30(21): 2888-2890.

[61] Marshall G D, Politi A, Matthews J C, et al. Laser written waveguide photonic quantum circuits [J]. Optics Express, 2009, 17(15): 12546-12554.

[62] Crespi A, Ramponi R, Osellame R, et al. Integrated photonic quantum gates for polarization qubits [J]. Nature Communications, 2011, 2: 566.

[63] Crespi A, Osellame R, Ramponi R, et al. Anderson localization of entangled photons in an integrated quantum walk [J]. Nature Photonics, 2013, 7(4): 322.

[64] Spagnolo N, Vitelli C, Bentivegna M, et al. Experimental validation of photonic boson sampling [J]. Nature Photonics, 2014, 8(8): 615.

[65] Rechtsman M C, Zeuner J M, Plotnik Y, et al. Photonic floquet topological insulators [J]. Nature, 2013, 496(7444): 196.

[66] Kondo Y, Nouchi K, Mitsuyu T, et al. Fabrication of long-period fiber gratings by focused irradiation of infrared femtosecond laser pulses [J]. Optics Letters, 1999, 24(10): 646-648.

[67] Mihailov S J, Smelser C W, Lu P, et al. Fiber Bragg gratings made with a phase mask and 800 nm femtosecond radiation [J]. Optics Letters, 2003, 28(12): 995-997.

[68] Grobnic D, Smelser C, Mihailov S, et al. Fiber Bragg gratings with suppressed cladding modes made in SMF-28 with a femtosecond IR laser and a phase mask [J]. IEEE Photonics Technology Letters, 2004, 16(8): 1864-1866.

[69] Li Y, Yu Y, Guo L, et al. High efficiency multilevel phase-type Fresnel zone plates produced by two-photon polymerization of SU‐8 [J]. Journal of Optics, 2010, 12(3): 035203.

[70] Malinauskas M, Žukauskas A, Purlys V, et al. Femtosecond laser polymerization of hybrid/integrated micro-optical elements and their characterization [J]. Journal of Optics, 2010, 12(12): 124010.

[71] Brasselet E, Malinauskas M, Žukauskas A, et al. Photopolymerized microscopic vortex beam generators: Precise delivery of optical orbital angular momentum [J]. Applied Physics Letters, 2010, 97(21): 211108.

[72] Tian Z N, Yao W G, Xu J J, et al. Focal varying microlens array [J]. Optics Letters, 2015, 40(18): 4222‐4225.

[73] Sun H B, Matsuo S, Misawa H. Three-dimensional photonic crystal structures achieved with two-photon-absorption photopolymerization of resin [J]. Applied Physics Letters, 1999, 74(6): 786‐788.

[74] 杨栋,刘力谱,杨宏,等.激光微纳三维打印[J].激光与光电子学进展,2018,55(1): 011411.

[75] Digaum J L, Pazos J J, Chiles J, et al. Tight control of light beams in photonic crystals with spatially-variant lattice orientation [J]. Optics Express, 2014, 22(21): 25788‐25804.

[76] Gansel J K, Thiel M, Rill M S, et al. Gold helix photonic metamaterial as broadband circular polarizer [J]. Science, 2009, 325(5947): 1513‐1515.

[77] Gansel J K, Latzel M, Frölich A, et al. Tapered gold-helix metamaterials as improved circular polarizers [J]. Applied Physics Letters, 2012, 100(10): 101109.

[78] Bückmann T, Stenger N, Kadic M, et al. Tailored 3D mechanical metamaterials made by dip-in direct-laser-writing optical lithography [J]. Advanced Materials, 2012, 24(20): 2710‐2714.

[79] Liu L, Yang D, Wan W, et al. Fast fabrication of silver helical metamaterial with single-exposure femtosecond laser photoreduction [J]. Nanophotonics, 2019, 8(6): 1087‐1093.

[80] 孙洪波.超快激光的光电应用[J].光学与光电技术,2017,(4): 1‐6.

[81] Xu B B, Xia H, Niu L G, et al. Flexible nanowiring of metal on nonplanar substrates by femtosecond-laser-induced electroless plating [J]. Small, 2010, 6(16): 1762‐1766.

[82] He S, Chen F, Yang Q, et al. Facile fabrication of true three-dimensional microcoils inside fused silica by a femtosecond laser [J]. Journal of Micromechanics and Microengineering, 2012, 22(10): 105017.

[83] Bian H, Shan C, Liu K, et al. A miniaturized Rogowski current transducer with wide bandwidth and fast response [J]. Journal of Micromechanics and Microengineering, 2016, 26(11): 115015.

[84] 杨涵,于希辰,吴一帆,等.飞秒激光在微加工领域的研究进展及其应用[J].应用激光, 2019,39(2): 346.

[85] Mačiulaitis J, Deveikytė M, Rekštytė S, et al. Preclinical study of SZ2080 material 3D microstructured scaffolds for cartilage tissue engineering made by femtosecond direct laser writing lithography [J]. Biofabrication, 2015, 7(1): 015015.

[86] Klein F, Richter B, Striebel T, et al. Two-component polymer scaffolds for controlled three-dimensional cell culture [J]. Advanced Materials, 2011, 23(11): 1341‐1345.

[87] Malinauskas M, Rekštytė S, Lukoševičius L, et al. 3D microporous scaffolds manufactured via

combination of fused filament fabrication and direct laser writing ablation [J]. Micromachines, 2014, 5(4): 839-858.

[88] Alarfaj K, Hantera M M. Comparison of LASEK, mechanical microkeratome LASIK and Femtosecond LASIK in low and moderate myopia [J]. Saudi Journal of Ophthalmology, 2014, 28(3): 214-219.

[89] Vickers L A, Gupta P K. Femtosecond laser-assisted keratotomy [J]. Current Opinion in Ophthalmology, 2016, 27(4): 277-284.

[90] 王东.基于DNA损伤修复的分子靶向治疗:肿瘤靶向治疗的新篇章[J].第三军医大学学报,2014,36(22):2243.

[91] Karki S, Shi F, Archer J J, et al. Direct analysis of proteins from solutions with high salt concentration using laser electrospray mass spectrometry [J]. Journal of the American Society for Mass Spectrometry, 2018, 29(5): 1002-1011.

[92] Bellini N, Vishnubhatla K, Bragheri F, et al. Femtosecond laser fabricated monolithic chip for optical trapping and stretching of single cells [J]. Optics Express, 2010, 18(5): 4679-4688.

[93] 唐文来,项楠,黄笛,等.基于微流控技术的单细胞生物物理特性表征[J].化学进展,2014, 26(6): 1050-1064.

[94] Paiè P, Bragheri F, Vazquez R M, et al. Straightforward 3D hydrodynamic focusing in femtosecond laser fabricated microfluidic channels [J]. Lab on a Chip, 2014, 14(11): 1826-1833.

[95] Maruo S, Ikuta K, Korogi H. Submicron manipulation tools driven by light in a liquid [J]. Applied Physics Letters, 2003, 82(1): 133-135.

[96] Maruo S, Inoue H. Optically driven micropump produced by three-dimensional two-photon microfabrication [J]. Applied Physics Letters, 2006, 89(14): 144101.

[97] Aekbote B L, Fekete T, Jacak J, et al. Surface-modified complex SU-8 microstructures for indirect optical manipulation of single cells [J]. Biomedical Optics Express, 2016, 7(1): 45-56.

[98] Wang J, Xia H, Xu B B, et al. Remote manipulation of micronanomachines containing magnetic nanoparticles [J]. Optics Letters, 2009, 34(5): 581-583.

[99] Xia H, Wang J, Tian Y, et al. Ferrofluids for fabrication of remotely controllable micro-nanomachines by two-photon polymerization [J]. Advanced Materials, 2010, 22(29): 3204-3207.

[100] Hu Z, Yang L, Xu B, et al. Integration of functional microstructures inside a microfluidic chip by direct femtosecond laser writing [C]. 9th International Symposium on Advanced Optical Manufacturing and Testing Technologies: Subdiffraction-limited Plasmonic Lithography and Innovative Manufacturing Technology, 2019: 108420J.

[101] Power M, Thompson A J, Anastasova S, et al. A monolithic force-sensitive 3D microgripper fabricated on the tip of an optical fiber using 2-photon polymerization [J]. Small, 2018, 14(16): 1703964.

[102] Han J, Cai M, Lin Y, et al. Comprehensively durable superhydrophobic metallic hierarchical surfaces via tunable micro-cone design to protect functional nanostructures [J]. RSC Advances, 2018, 8(12): 6733-6744.

[103] Lin Y, Han J, Cai M, et al. Durable and robust transparent superhydrophobic glass surfaces fabricated by a femtosecond laser with exceptional water repellency and thermostability [J]. Journal of Materials Chemistry A, 2018, 6(19): 9049 – 9056.

[104] Ye S, Cao Q, Wang Q, et al. A highly efficient, stable, durable, and recyclable filter fabricated by femtosecond laser drilling of a titanium foil for oil-water separation [J]. Scientific Reports, 2016, 6: 37591.

[105] Li G, Lu Y, Wu P, et al. Fish scale inspired design of underwater superoleophobic microcone arrays by sucrose solution assisted femtosecond laser irradiation for multifunctional liquid manipulation [J]. Journal of Materials Chemistry A, 2015, 3(36): 18675 – 18683.

[106] Penilla E, Devia-Cruz L, Wieg A, et al. Ultrafast laser welding of ceramics [J]. Science, 2019, 365(6455): 803 – 808.